T0281601

Übungsaufgaben und Berechnungen für den Baubetrieb

Thomas Krause · Bernd Ulke

(Hrsg.)

Übungsaufgaben und Berechnungen für den Baubetrieb

Klausurvorbereitung mit ausführlichen Lösungen

3. Auflage

Hrsg.

Thomas Krause
FH Aachen
Aachen, Deutschland

Bernd Ulke
FH Aachen
Aachen, Deutschland

ISBN 978-3-658-23126-2   ISBN 978-3-658-23127-9 (eBook)
https://doi.org/10.1007/978-3-658-23127-9

Die Deutsche Nationalbibliothek verzeichnet diese Publikation in der Deutschen Nationalbibliografie; detaillierte bibliografische Daten sind im Internet über http://dnb.d-nb.de abrufbar.

Springer Vieweg
© Springer Fachmedien Wiesbaden GmbH, ein Teil von Springer Nature 2019

Lektorat: Karina Danulat

Springer Vieweg ist ein Imprint der eingetragenen Gesellschaft Springer Fachmedien Wiesbaden GmbH und ist ein Teil von Springer Nature.
Die Anschrift der Gesellschaft ist: Abraham-Lincoln-Str. 46, 65189 Wiesbaden, Germany

Vorwort

Mit der dritten Auflage zu *„Beispiele aus der Baubetriebspraxis"* – die nun unter dem neuen Namen *„Übungsaufgaben und Berechnungen für den Baubetrieb"* erscheint, wurden umfangreiche Änderungen zu den ersten beiden Auflagen umgesetzt.

Die Zielgruppe sind vor allem Studierende des Bauingenieurwesens an Fachhochschulen und Universitäten – vorzugsweise Vertiefer der Fachrichtung Baubetrieb – sowie junge Absolventen, die sich für praktische Beispiele zu den theoretischen Ausführungen im Standardwerk „Zahlentafeln für den Baubetrieb" – derzeit in der 9. Auflage erschienen – interessieren.

Der Umfang wurde im Vergleich zu den Vorgängerauflagen erweitert und die aktuellen Normen und Regelwerke werden nunmehr angewendet.

Aus den verschiedenen Bereichen – angefangen von der Vermessung und der Baukonstruktion – werden die Sachgebiete, Kalkulation und Finanzierung, Terminplanung, Arbeitsvorbereitung und Ablaufplanung sowie Schalungsbau und Tiefbau umfangreich mit praktischen Beispielen erklärt. Das Baurecht wurde neu aufgenommen und wird auch in der folgenden 10. Auflage der „Zahlentafeln für den Baubetrieb" Eingang finden.

Wir freuen uns, dass wir auch zahlreiche Autoren neu gewinnen konnten und bedanken uns bei allen, die an der Entstehung dieses Werkes mitgewirkt haben.

Für Anregungen und Verbesserungsvorschläge sind die Autoren dankbar und hoffen, allen Lesern durch die praktischen Beispiele einen nachhaltigen Bezug zu baubetrieblichen Fragestellungen zu ermöglichen.

Aachen   Thomas Krause
im September 2018   Bernd Ulke

Inhaltsverzeichnis

Bemessung von Baukonstruktionen 1

Joachim Martin

1.1 Vorbemerkung

Im Folgenden soll der Zusammenhang zwischen statischen Systemen, Lasten, Schnittgrößen und Bemessungen an einem anschaulichen Beispiel deutlich gemacht werden. Dabei wird der Schwerpunkt auf die Zuordnung der einzelnen Bemessungsaufgaben und nicht auf eine vollständige statische Berechnung gelegt.

1.2 Beispielaufgabe

1.2.1 Querschnitt durch das Gebäude

Das folgende Bild zeigt einen skizzierten Querschnitt durch ein mehrgeschossiges Wohngebäude. Beispielhaft werden für die Decke über dem EG eine Lastermittlung nach DIN EN 1991-1-1 und eine Bemessung der Stahlbetonplatte nach DIN EN 1992-1-1 sowie für die Wand im EG eine Bemessung im Mauerwerksbau nach DIN EN 1996-3 durchgeführt.

J. Martin (✉)
FH Aachen
Aachen, Deutschland
E-Mail: martin@fh-aachen.de

© Springer Fachmedien Wiesbaden GmbH, ein Teil von Springer Nature 2019
T. Krause, B. Ulke (Hrsg.), *Übungsaufgaben und Berechnungen für den Baubetrieb*,
https://doi.org/10.1007/978-3-658-23127-9_1

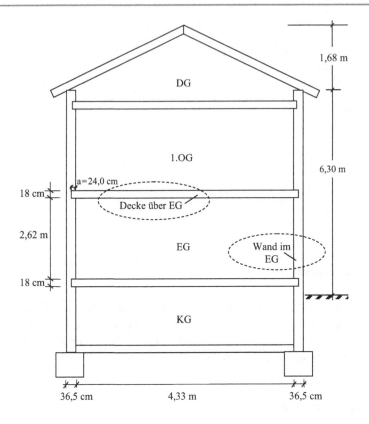

1.2.2   Lastermittlung

Gegeben ist der typische Deckenaufbau einer Geschossdecke im Wohnungsbau.

Für eventuellen späteren Ausbau sollen leichte Trennwände durch einen gleichmäßig verteilten Zuschlag zur Nutzlast in der Berechnung berücksichtigt werden.

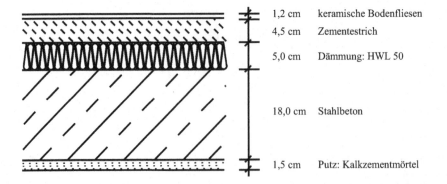

1,2 cm	keramische Bodenfliesen
4,5 cm	Zementestrich
5,0 cm	Dämmung: HWL 50
18,0 cm	Stahlbeton
1,5 cm	Putz: Kalkzementmörtel

Charakteristische Werte der Einwirkungen

- aus Eigenlasten ständig vorhandene, unveränderliche Einwirkungen gemäß DIN EN 1991-1-1:
  (Wichten und Flächenlasten von Baustoffen vgl. Krause/Ulke, Zahlentafeln für den Baubetrieb, Abschn. 1.3.1)

Stahlbetonplatte, h = 18 cm	0,18 cm · 25 kN/m^3 = 4,50 kN/m^2
Keramische Bodenfliese, d = 1,2 cm	1,2 cm · 0,22 kN/m^2/cm = 0,26 kN/m^2
Zementestrich, d = 4,5 cm	4,5 cm · 0,22 kN/m^2/cm = 0,99 kN/m^2
Holzwolle-Leichtbauplatten HWL 50, d = 5 cm	5,0 cm · 0,06 kN/m^2/cm = 0,30 kN/m^2
Kalkzementputz, d = 1,5 cm	1,5cm/2cm · 0,40 kN/m^2 = 0,30 kN/m^2

Charakteristischer Wert der ständigen Einwirkungen: g_k = 6,35 kN/m^2

- aus Nutzlasten nicht ständig vorhandene, veränderliche oder bewegliche Einwirkungen (z. B. Personen, Einrichtungsgegenstände, unbelastete leichte Trennwände) gemäß DIN EN 1991-1-1:
  (lotrechte Nutzlasten für Decken, Treppen und Balkone vgl. Krause/Ulke, Zahlentafeln für den Baubetrieb, Abschn. 1.3.2)

Decke im Wohn- und Aufenthaltsraum mit ausreichender Querverteilung der Lasten (= Stahlbetondecke)	1,50 kN/m^2
Zuschlag für leichte, unbelastete Trennwände (Annahme: Wandlast einschl.Putz $\leq$ 3 kN pro Meter Wandlänge)	0,80 kN/m^2

Charakteristischer Wert der veränderlichen Einwirkungen: q_k = 2,30 kN/m^2

Die ermittelten Werte g_k und q_k werden nicht addiert, denn sie müssen für das zur Bemessung der Stahlbetonplatte zu bestimmende Biegemoment mit unterschiedlichen Teilsicherheitsfaktoren multipliziert werden.

1.2.3 Bemessung einer Stahlbetonplatte

Die Decke über EG ist in Beton C20/25 auszuführen und mit Betonstahlmatten B500A zu bewehren. Sie wird als auf den Außenwänden frei aufliegende, einachsig gespannte Platte betrachtet.

Expositionsklasse
Nach DIN EN 1992-1-1 erfolgt für jedes Bauteil in Abhängigkeit von den Umgebungsbedingungen, denen es direkt ausgesetzt ist, eine Zuordnung in sog. Expositionsklassen:

Klasse	Beschreibung der Umgebung	Beispiele für die Zuordnung von Expositionsklassen
1 Kein Korrosions- oder Angriffsrisiko		
X0	Kein Angriffsrisiko	Bauteil ohne Bewehrung in nicht betonangreifender Umgebung, z. B. Fundamente ohne Bewehrung ohne Frost, Innenbauteile ohne Bewehrung
2 Bewehrungskorrosion, ausgelöst durch Karbonatisierung		
XC1	Trocken oder ständig nass	Bauteile in Innenräumen mit normaler Luftfeuchte (einschließlich Küche, Bad und Waschküche in Wohngebäuden); Bauteile, die sich ständig unter Wasser befinden
XC2	Nass, selten trocken	Teile von Wasserbehältern; Gründungsbauteile
XC3	Mäßige Feuchte	Bauteile, zu denen die Außenluft häufig oder ständig Zugang hat, z. B. offene Hallen; Innenräume mit hoher Luftfeuchte, z. B. in gewerblichen Küchen, Bädern, Wäschereien, in Feuchträumen von Hallenbädern und in Viehställen

(vgl. Krause/Ulke, Zahlentafeln für den Baubetrieb, Abschn. 2.2.6.11).

Bei dem vorliegenden Beispiel handelt es sich um ein Bauteil in einem Innenraum mit normaler Luftfeuchte → **Expositionsklasse XC1**.

Stützweite
Nach DIN EN 1992-1-1 muss die effektive Stützweite l_{eff} bei nicht durchlaufenden Bauteilen, d.h. bei Einfeldträgern und -platten, aus dem lichten Abstand l_n und dem Abstand zwischen Auflagervorderkante und den rechnerischen Auflagerlinien des betrachteten Felds gemäß Skizze nach folgender Formel bestimmt werden:

$$l_{eff} = l_n + a_1 + a_2$$

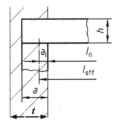

mit $a_i = \min\{1/2h; 1/2t\}$

hier: l_n = 4,33 m   (lichte Stützweite)
     t = 0,365 m   (Wanddicke)
     h = 0,18 m   (Deckenstärke)

→ l_{eff} = 4,33 m + 1/2 · 0,18 m · 2

l_{eff} = **4,51 m**

Statisches System und Belastung
Betrachtet wird ein 1 m breiter Plattenstreifen:

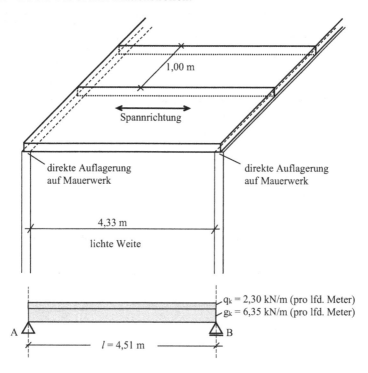

Auflagerkräfte

aus ständigen Einwirkungen:

$$A_{(g)} = B_{(g)} = g_k \cdot l/2 = 6{,}35 \cdot 4{,}51/2$$

$$\mathbf{A_{(g)} = B_{(g)} = 14{,}32\,kN} \text{ (pro lfd. Meter)}$$

aus nicht ständigen Einwirkungen:

$$A_{(q)} = B_{(q)} = q_k \cdot l/2 = 2{,}30 \cdot 4{,}51/2$$

$$\underline{\mathbf{A_{(q)} = B_{(q)} = 5{,}19\,kN}} \text{ (pro lfd. Meter)}$$

Die Auflagerkräfte werden mit den charakteristischen Werten der Einwirkungen berechnet und als Belastungskräfte G_k und Q_k auf die darunter stehenden Wände weiter geleitet.

Bemessungsmoment M_{Ed}
Zur Ermittlung von Bemessungsschnittgrößen müssen die charakteristischen Werte der Einwirkungen mit den zugehörigen Teilsicherheitsfaktoren $\gamma_G = 1{,}35$ und $\gamma_Q = 1{,}5$

multipliziert werden.

aus ständigen Einwirkungen: $g_d = \gamma_G \cdot g_k = 1{,}35 \cdot 6{,}35\,\text{kN/m} = 8{,}57\,\text{kN/m}$

aus nicht ständigen Einwirkungen: $q_d = \gamma_Q \cdot q_k = 1{,}50 \cdot 2{,}30\,\text{kN/m} = \underline{3{,}45\,\text{kN/m}}$

$$\text{gesamt:} \quad g_d + q_d = 12{,}02\,\text{kN/m}$$

(Teilsicherheitsbeiwerte für Einwirkungen γ_G und γ_Q vgl. Krause/Ulke, Zahlentafeln für den Baubetrieb, Abschn. 1.8.3)

Biegemoment in Plattenmitte für die Bemessung:

$$M_{Ed} = g_d \cdot l^2/8 + q_d \cdot l^2/8$$

$$M_{Ed} = (g_d + q_d) \cdot l^2/8$$

$$M_{Ed} = 12{,}02 \cdot 4{,}51^2/8$$

$$\underline{M_{Ed} = \mathbf{30{,}57\,kN\,m}} \text{ (für einen 1 m breiten Plattenstreifen)}$$

Mit dem Bemessungsmoment M_{Ed} wird die erforderliche Biegezugbewehrung in Feldmitte der Platte bestimmt.

Verlegemaß der Bewehrung c_v

$c_v \geq c_{nom}$

$\qquad c_{nom} = c_{min} + \Delta c$

$\qquad\qquad c_{nom}$ = Nennmaß der Betondeckung

$\qquad\qquad c_{min}$ = Mindestbetondeckung in Abhängigkeit von der maßgebenden Expositionsklasse (s. Tabelle) zur Sicherstellung des Schutzes der Bewehrung vor Korrosion, zur sicheren Übertragung von Verbundkräften und zur Sicherstellung des erforderlichen Feuerwiderstandes

$\qquad\qquad \Delta c$ = Vorhaltemaß zur Berücksichtigung von unplanmäßigen Abweichungen

Die Mindestbetondeckung und das Vorhaltemaß ergeben sich aus der Expositionsklasse:

	Mindestbetondeckung c_{min} [mm]		Vorhaltemaß Δc [mm]
Klasse	Betonstahl	Spannglieder im sofortigen Verbund und im nachträglichen Verbund	
XC1	10	20	10
XC2	20	30	15
XC3	20	30	
XC4	25	35	
XD1	40	50	
XD2			
XD3			
XS1	40	50	
XS2			
XS3			

(Verlegemaß c_v vgl. Krause/Ulke, Zahlentafeln für den Baubetrieb, Abschn. 2.2.7.3).

hier: $c_{nom} = 1{,}0 + 1{,}0 = 2{,}0\,\text{cm}$

$$\rightarrow c_v = 2{,}0\,\text{cm}$$

statische Höhe d

bei einlagiger Mattenbewehrung: $\qquad d = h - c_v - d_s/2$

bei zweilagiger Mattenbewehrung

mit gleichen Stabdurchmessern: $\qquad d = h - c_v - 3 \cdot d_s/2$

Annahme hier:
zweilagige Mattenbewehrung
mit $d_s \leq 7$ mm

$d = h - c_v - 3 \cdot d_s/2$
$d = 18{,}0 - 2{,}0 - 3 \cdot 0{,}7/2$
$\underline{d = 14{,}95\,\text{cm}}$

Biegebemessung

mit dem Verfahren der dimensionsgebundenen Beiwerten:

(Tabellenwerte vgl. Krause/Ulke, Zahlentafeln für den Baubetrieb, Abschn. 1.8.3)

$$k_d = \frac{d \ [\text{cm}]}{\sqrt{M_{Eds} \ [\text{kN m}]/b \ [\text{m}]}} = \frac{14{,}95}{\sqrt{30{,}57/1{,}00}} = 2{,}70$$

mit C20/25 → Tabellenwert $k_s = 2{,}462$ (interpoliert zwischen 2,46 und 2,48)
erforderlicher Stahlquerschnitt a_{S1}:

$$\text{erf} \ A_{S1} = k_S \cdot \frac{M_{Eds} \ [\text{kN m}]}{d \ [\text{cm}]} = 2{,}462 \cdot \frac{30{,}55}{14{,}95}$$

$$\textbf{erf} \ A_{S1} = \textbf{5,03 cm}^2 \quad \text{(für einen 1 m breiten Plattenstreifen)}$$

$$\text{bzw.} \ \textbf{erf} \ a_{S1} = \textbf{5,03 cm}^2\textbf{/m}$$

gewählt: zweilagige Mattenbewehrung aus Lagermatten

2 R257A

mit vorh $a_{S1} = 2 \cdot 2{,}57 = 5{,}14 \, \text{cm}^2/\text{m} > 5{,}03 \, \text{cm}^2/\text{m} = \text{erf} \, a_{S1}$

(Lagermatten vgl. Krause/Ulke, Zahlentafeln für den Baubetrieb, Abschn. 1.8.2)

alternativ: einlagige Mattenbewehrung aus Lagermatten R524A mit vorh $a_{S1} = 5{,}24 \, \text{cm}^2/\text{m}$
und Stabdurchmesser $d_S = 10 \, \text{mm}$

$$d = 18{,}0 - 2{,}0 - 1{,}0/2 = 15{,}5 \, \text{cm}$$

$$k_d = \frac{15{,}5}{\sqrt{30{,}57/1{,}00}} = 2{,}80$$

$$\text{mit} \ C \, 20/25 \rightarrow k_s = 2{,}45$$

$$\text{erf} \, a_{S1} \ [\text{cm}^2/\text{m}] = 2{,}45 \cdot \frac{30{,}57}{15{,}5} = 4{,}83 \, \text{cm}^2/\text{m}$$

$$\text{vorh} \, a_{S1} = 5{,}13 \, \text{cm}^2/\text{m} > 4{,}83 \, \text{cm}^2/\text{m} = \text{erf} \, a_{S1}$$

Neben dem hier gezeigten Nachweis für die Biegebeanspruchung müssen im Rahmen einer kompletten statischen Berechnung u. a. die Querkrafttragfähigkeit und die Gebrauchstauglichkeit (= Nachweis der Verformung) sichergestellt werden.

Ebenso sind für die Konstruktion der Bewehrung die Vorgaben der DIN EN 1992-1-1 wie z. B. Verankerungslängen sowie Mindest- und Höchstwerte der Bewehrung zu berücksichtigen und einzuhalten.

1.2.4 Bemessung einer Mauerwerkswand

Am Beispiel der Außenwand im EG wird die Anwendung der vereinfachten Berechnungsmethode für unbewehrte Mauerwerkswände bei Gebäuden mit bis zu drei Geschossen nach DIN EN 1996-3 NA (01.2012) gezeigt.

Voraussetzungen für die Anwendung des vereinfachten Verfahrens
(vgl. Krause/Ulke, Zahlentafeln für den Baubetrieb, Abschn. 1.5.2)

Maximal drei Geschosse über Gelände   *hier*: zwei Geschosse + DG

Gebäudehöhe $H \leq 20,00\,\text{m}$ *hier*: $H = 6,30\,\text{m} + 1,68\,\text{m}/2 = 7,14\,\text{m}$

Stützweite $l \leq 6,0\,\text{m}$ *hier*: $l = 4,551\,\text{m}$

Deckenauflagertiefe $a \geq 0,45 \cdot$ Wanddicke t *hier*: $a = 24\,\text{cm} > 0,45 \cdot 36,5\,\text{cm} = 16,43\,\text{cm}$

Lichte Wandhöhe $H \leq 12 \cdot$ Wanddicke t *hier*: $H = 2,62\,\text{m} < 12 \cdot 0,365\,\text{cm} = 4,38\,\text{m}$

Nutzlast $q_k \leq 5,0\,\text{kN/m}^2$ *hier*: $q_k = 2,30\,\text{kN/m}^2 < 5,00\,\text{kN/m}^2$

Alle Voraussetzungen für die Anwendung des vereinfachten Verfahrens sind erfüllt.

Bemessungswert der einwirkenden Normalkraft N_{Ed}
(vgl. Krause/Ulke, Zahlentafeln für den Baubetrieb, Abschn. 1.5.2)

$$N_{\text{Ed}} = 1,35 \cdot N_{\text{Gk}} + 1,5 \cdot N_{\text{Qk}}$$

Die einschalige Außenwand im EG dient der einachsig gespannten Stahlbetondecke über EG als Endauflager; die zusätzlichen Belastungskräfte aus Dach, aus Decke über 1. OG und aus der Wand im 1. OG müssen durch vorhergehende statische Berechnungen ermittelt werden. Für die folgende Bemessung werden sie mit dem charakteristischen Wert $G_k = 42,60\,\text{kN/lfd m}$ aus ständig wirkenden Lasten und mit dem charakteristischen Wert $Q_k = 11,50\,\text{kN/lfd m}$ aus nicht ständig wirkenden Lasten angenommen.

aus ständigen Einwirkungen: $N_{\text{Gk}} = G_{\text{k,obere Geschosse}} + G_{\text{k,Stahlbetonplatte}} + G_{\text{k,Wand}}$

Die Außenwand soll aus Kalksand-Lochsteinen mit Normalmauermörtel hergestellt werden.

Annahmen für die weitere Berechnung:

Steindruckfestigkeitsklasse $12\,\text{N/mm}^2$

Rohdichteklasse $1,6\,\text{kg/dm}^3$

Damit kann der charakteristische Wert der ständig vorhandenen, unveränderlichen Einwirkung aus der Wand bestimmt werden:

$$G_{k,\text{Wand}} = 0{,}365\,\text{m} \cdot 2{,}62\,\text{m} \cdot 16\,\text{kN/m}^3 = 15{,}30\,\text{kN/m}$$

(Wichte für Mauerwerk aus künstlichen Steinen vgl. Krause/Ulke, Zahlentafeln für den Baubetrieb, Abschn. 1.3.1)

$$N_{\text{Gk}} = 42{,}6\,\text{kN/m} + 14{,}32\,\text{kN/m} + 15{,}30\,\text{kN/m}$$
$$N_{\text{Gk}} = 72{,}22\,\text{kN/m}$$

aus nicht ständigen Einwirkungen:

$$N_{\text{Qk}} = Q_{k,\text{obere Geschosse}} + Q_{k,\text{Stahlbetonplatte}}$$
$$N_{\text{Qk}} = 11{,}50\,\text{kN/m} + 5{,}19\,\text{kN/m}$$
$$N_{\text{Qk}} = 16{,}69\,\text{kN/m}$$

$$N_{\text{Ed}} = 1{,}35 \cdot 72{,}22\,\text{kN/m} + 1{,}5 \cdot 16{,}69\,\text{kN/m}$$
$$\mathbf{N_{\text{Ed}} = 122{,}53\,\text{kN/m}}$$

Bemessungswert des vertikalen Tragwiderstandes N_{Rd}
(vgl. Krause/Ulke, Zahlentafeln für den Baubetrieb, Abschn. 1.5.2)

$$\mathbf{N_{\text{Rd}} = c_{\text{A}} \cdot f_{\text{d}} \cdot A}$$
$$c_{\text{A}} = 0{,}50 \text{ bei } h_{\text{ef}}/t_{\text{ef}} \leq 18 \quad hier: h_{\text{ef}}/t_{\text{ef}} = 2{,}62\,\text{m}/0{,}365\,\text{m} = 7{,}18 < 18$$
$$f_{\text{d}} = 0{,}5667 \cdot f_{\text{k}}$$
$$\text{mit } f_{\text{k}}5\,\text{N/mm}^2 \text{ (Steindruckfestigkeitsklasse 12\,N/mm}^2 \text{ und NM IIa)}$$
$$f_{\text{d}} = 0{,}5667 \cdot 5\,\text{N/mm}^2 = 2{,}8335\,\text{N/mm}^2 = 2{,}8335\,\text{MN/m}^2$$
$$A = 0{,}365\,\text{m} \cdot 1{,}00\,\text{m/lfd m} = 0{,}365\,\text{m}^2/\text{m}$$
$$N_{\text{Rd}} = 0{,}50 \cdot 2{,}8335\,\text{MN/m}^2 \cdot 0{,}365\,\text{m}^2/\text{m}$$
$$N_{\text{Rd}} = 0{,}51711\,\text{MN/m}$$
$$\mathbf{N_{\text{Rd}} = 517{,}11\,\text{kN/m}}$$

Nachweis im Grenzzustand der Tragfähigkeit

$$N_{Ed} \leq N_{Rd}$$

$$122{,}53\,kN/m < 517{,}1\,kN/m \rightarrow \text{Nachweis erbracht}$$

Erläuterung: Aus Gründen der Bauphysik ergibt sich häufig große Wanddicken, die zu einer geringen statischen Ausnutzung des Querschnitts führen.

Literatur

1. Krause/Ulke (Hrsg.): Zahlentafeln für den Baubetrieb, 9. Auflage, Springer Fachmedien Wiesbaden 2016
2. DIN EN 1991-1-1 (12.2010): Eurocode 1: Einwirkungen auf Tragwerke, Teil 1: Allgemeine Einwirkungen auf Tragwerke, Teil 1-1: Wichten, Eigengewicht und Nutzlasten im Hochbau
3. DIN EN 1992-1-1 (01.2011): Eurocode 2: Bemessung und Konstruktion von Stahlbeton- und Spannbetontragwerken, Teil 1-1: Allgemeine Bemessungsregeln und Regeln für den Hochbau
4. DIN EN 1996-3/NA (01.2012): Eurocode 6: Bemessung und Konstruktion von Mauerwerksbauten, Teil 3: Vereinfachte Berechnungsmethoden für unbewehrte Mauerwerksbauten, Nationaler Anhang – National festgelegte Parameter

Vermessung

2

Peter Sparla

2.1 Vorbemerkungen

Die nachfolgend aufgeführten Beispiele aus der vermessungstechnischen Praxis entsprechen nicht der Reihenfolge der „Zahlentafeln für den Baubetrieb-Kapitel Vermessung", welches von Prof. Dr.-Ing. Norbert Winkler verfasst wurde. In erster Linie werden hier einfache Aufgaben vorgestellt die Studierende aus dem Bereich Bauingenieur- und Vermessungswesen, auch ohne aufwendige Programmsysteme (CAD), verstehen und selbstständig berechnen sollten.

Auf die Problematik der Höhenreduktion und der Projektionsverzerrung bei Rechenoperationen mit Landeskoordinaten wird näher eingegangen. In Abhängigkeit von der Lage des Messgebietes bezogen auf den jeweiligen Hauptmeridian erfahren Strecken teils sehr große Korrekturen, die bei den Berechnungen unbedingt beachtet werden müssen. Neben einigen mathematischen Grundlagen beschränkt sich dieses Kapitel auf wesentliche vermessungstechnische Berechnungen, wie die Koordinatentransformation, die freie Standpunktwahl, den Geradenschnitt und die Flächenberechnung aus Koordinaten. Viele Rechenbeispiele aus der zweiten Auflage, speziell aus dem Bereich der Kurvenabsteckung, sind heutzutage nicht mehr relevant. Der Einsatz von elektronischen Tachymetern oder GNSS-Systemen hat auch die Vermessung auf Baustellen revolutioniert. Mit hoher Genauigkeit können beliebige Punkte in Lage und Höhe zu jeder Zeit und unter allen Witterungsbedingungen direkt abgesteckt werden. Lediglich die „Sichtverbindung zu den Satelliten" sollte gewährleistet sein.

P. Sparla (✉)
FH Aachen
Aachen, Deutschland
E-Mail: sparla@fh-aachen.de

© Springer Fachmedien Wiesbaden GmbH, ein Teil von Springer Nature 2019
T. Krause, B. Ulke (Hrsg.), *Übungsaufgaben und Berechnungen für den Baubetrieb*,
https://doi.org/10.1007/978-3-658-23127-9_2

Einige Kapitel aus der zweiten Auflage sind ohne Änderungen übernommen worden. An dieser Stelle möchten wir Prof. Dr.-Ing. Norbert Winkler für die Überlassung herzlichst danken.

Die hier durchgeführten Berechnungen erfolgten teils mit einem naturwissenschaftlichen Taschenrechner unter Benutzung seiner Speicher. Ausgewiesene Zwischenergebnisse sind gerundet. Für die Ermittlung der Endergebnisse werden die Speicherinhalte übernommen und anschließend auf die entsprechend sinnvolle Genauigkeit gerundet. Weiterhin erfolgten alle hier in Tabellenform präsentierten Berechnungen (Koordinatentransformation u. a.) mit Microsoft Excel. Die entsprechende Excel-Datei steht allen Interessierten auf unserer Internetseite zur Verfügung (Fachbereich Bauingenieurwesen, Lehrgebiet Mathematik und Vermessungskunde).

2.2 Allgemeine Grundlagen

2.2.1 Mathematische Grundlagen und Winkelmaße

Es folgen einige mathematische Grundlagen, die für viele vermessungstechnische Berechnungen erforderlich sind.

Für beliebige ebene Dreiecke gelten der Sinussatz und der Kosinussatz, vgl. Abb. 2.1:

Sinussatz

$$\frac{\sin \alpha}{a} = \frac{\sin \beta}{b} = \frac{\sin \gamma}{c}$$

für $\gamma = 100 \, \text{gon}(\sin \gamma = 1)$ folgt: $\sin \alpha = \frac{a}{c}$ bzw. $\sin \beta = \frac{b}{c}$

Kosinussatz

$$c^2 = a^2 + b^2 - 2ab \cos \gamma$$

für $\gamma = 100 \, \text{gon}(\cos \gamma = 0)$ folgt der Satz von Pythagoras: $c^2 = a^2 + b^2$ ($c =$ Hypotenuse, a und $b =$ Ankathete bzw. Gegenkathete)

Abb. 2.1 Beliebiges ebenes Dreieck

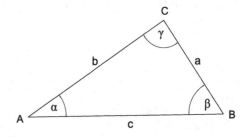

Abb. 2.2 Winkelmaße

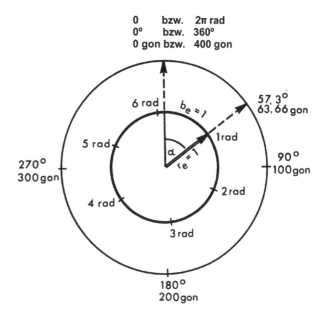

Für Winkelmaße gelten folgende Beziehungen (vgl. Abb. 2.2):

Radiant

Verhältnis des Bogenstücks b zum Radius r (gebräuchliche Winkelangabe der Mathematik).

$$\frac{b}{r} = \hat{\alpha} \ [\text{rad}]$$

Bogenmaßaufgabe

$$\frac{b}{r} = \frac{\alpha \ [\text{gon}]}{\rho^{\text{gon}}} \text{ mit } \rho^{\text{gon}} = \frac{200}{\pi} = 63{,}66198\ldots \text{ gon}$$

Für $\alpha = 63{,}66198$ gon ist $b = r$ (Bogenlänge gleich Radius). Dieser Winkel entspricht dem Bogenmaß 1 rad und wird im Vermessungswesen mit dem griechischen Buchstaben ρ (rho) bezeichnet und als Umwandlungsfaktor verwendet. Wird die Winkeleinheit Grad (°) verwendet so ist $\rho° = \frac{180}{\pi} = 57{,}29578\ldots°$. Die Bogenmaßaufgabe wird oft bei Genauigkeitsabschätzungen oder Kreisbogenlängenberechnungen verwendet.

Beispiel

geg.:   Winkel $\alpha = 15{,}56$ gon, Radius $r = 65$ m
ges.:   Kreisbogenlänge b?
Lösung: $b = \frac{r \cdot \alpha}{\delta^{\text{gon}}} = \frac{65\,\text{m} \cdot 15{,}56\,\text{gon}}{63{,}66198\,\text{gon}} = 15{,}887\,\text{m}$

Beispiel

Welche kleinste Teilkreisangabe sollte ein Theodolit besitzen, wenn man in einer Entfernung von 50 m eine Genauigkeit von 1 mm garantieren muss?

geg.: $r = 50\,\text{m}, b = 0,001\,\text{m}$
ges.: α?
Lösung: $\alpha = \frac{b \cdot \rho}{r} = \frac{0,001\,\text{m} \cdot 63,662\,\text{gon}}{50\,\text{m}} = 0,0013\,\text{gon} = 1,3\,\text{mgon}$

	°	Gon
Vollkreis (4∟)	360°	400 gon
Rechter Winkel (∟)	90°	100 gon
1 Minute [']	1/60°	–
1 Sekunde ["]	1/60'	–
1 mgon	–	0,001 gon

$1° = 10/9\,\text{gon} = 1,1111\ldots\text{gon.}$
$1\,\text{gon} = 9/10° = 0,9°.$

Beispiel

Umrechnung Sexagesimal in Dezimal °

$$18°24'32'' = 18,4089° = 20,4543\,\text{gon}$$

Lösung: $32'' = 32''/60 = 0,5333'; 24' + 0,5333' = 24,5333'; 24,5333' = 24,5333'/60 = 0,4089°; 0,4089° + 18° = 18,4089°; 18,4089° \cdot 1,111\ldots = 20,4543\,\text{gon}$

Die Umrechnung der Winkel kann auch mit dem Taschenrechner erfolgen. Die Tastenbezeichnung lautet ° ' " oder HMS.

Im Vermessungswesen wird ausschließlich die dezimale Winkelteilung Gon benutzt! Achtung: beim Taschenrechner muss die gewünschte Winkeleinheit eingestellt werden. Die verwendeten Abkürzungen für die Winkelmodi lauten Deg für Grad (°); Grad für Gon und Rad für Radiant.

2.2.2 Rechtwinkliges Koordinatensystem

Definitionen

Die positive x-Achse (= Abszisse) ist die Hauptachse jedes rechtwinkligen Koordinatensystems in der Vermessung. Sie weist im Landeskoordinatensystem nach Norden (in der Zeichnung, Plan oder Karte zum oberen Rand orientiert). Die positive y-Achse (= Ordinate) wird durch Drehen der positiven x-Achse um 100 gon im Uhrzeigersinn (= rechtsdrehend) erzeugt (vgl. Abb. 2.3).

Abb. 2.3 Das rechtwinklige
Koordinatensystem der Vermessung

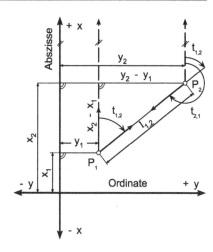

Der **Richtungswinkel** $t_1^2(t_{\text{von}}^{\text{nach}})$ oder $t_{1,2}$ ($t_{\text{von,nach}}$) ist der Winkel im Punkt 1 ausge-
hend von der Parallelen zur x-Achse im Punkt 1 rechtsdrehend bis zur Seite $l_{1,2}$.
Außerdem gilt:

$$t_{2,1} = t_{1,2} \pm 200\,\text{gon} \text{ mit } 0 \le t \le 400\,\text{gon}$$

Beispiel

$$t_{1,2} = 50\,\text{gon}$$
$$t_{2,1} = 50 + 200\,\text{gon} = 250\,\text{gon}$$

bzw.:

$$t_{2,1} = 50 - 200\,\text{gon} = -150\,\text{gon}$$

Addition mit 400 gon:

$$t_{2,1} = -150 + 400\,\text{gon} = 250\,\text{gon}$$

2.2.3 Erste und zweite Geodätische Hauptaufgabe (Grundaufgabe)

Als 1. Hauptaufgabe bezeichnet man die Umformung von Polarkoordinaten (t, l) in rechtwinklige Koordinaten (Y, X). Kurzschreibweise: polar → rechtwinklig oder P → R.
  Entsprechend werden bei der 2. Hauptaufgabe die Y- und X-Koordinaten in Polarkoordinaten umgewandelt. Kurzschreibweise: rechtwinklig → polar oder R → P.

**Berechnung von Koordinatenunterschieden aus Richtungswinkel und Strecke (P →
R)**

geg.: $t_{1,2}, l_{1,2}$
ges.: $\Delta y_{1,2}, \Delta x_{1,2}$ bzw. $\Delta y_{1,2} = y_2 - y_1$ und $\Delta x_{1,2} = x_2 - x_1$

Formeln

$$\Delta y_{1,2} = l_{1,2} \cdot \sin t_{1,2} \quad \Delta x_{1,2} = l_{1,2} \cdot \cos t_{1,2}$$

Beispiel

Berechnung von Koordinatenunterschieden

$$t_{1,2} = 58{,}216 \,\text{gon}; \, l_{1,2} = 114{,}02 \,\text{m}$$
$$\Delta y_{1,2} = 114{,}02 \cdot \sin 58{,}216 = 90{,}33 \,\text{m}$$
$$\Delta x_{1,2} = 114{,}02 \cdot \cos 58{,}216 = 69{,}58 \,\text{m}$$

Berechnung von Richtungswinkel t und Strecke l aus Koordinatenunterschieden (R → P)

geg.: $\Delta y_{1,2}, \Delta x_{1,2}$
ges.: $t_{1,2}, l_{1,2}$

Formeln

$$\Delta y_{1,2} = y_2 - y_1 \text{ und } \Delta x_{1,2} = x_2 - x_1$$
$$l_{1,2} = \sqrt{\Delta y_{1,2}^2 + \Delta x_{1,2}^2}$$
$$\tan t_{1,2} = \frac{\Delta y}{\Delta x} \text{ bzw. } t_{1,2} = \arctan \frac{\Delta y}{\Delta x} \qquad \textbf{mehrdeutig!!}$$

Quadrantenfestlegung:

Δy (Zähler)	Δx (Nenner)	Quadrant	Anzeige von t + Zuschlag $t = \arctan \frac{\Delta y}{\Delta x}$
+	+	I	Unverändert
+	−	II	Neg. Anzeige + 200
−	−	III	Pos. Anzeige + 200
−	+	IV	Neg. Anzeige + 400

Viele technisch wissenschaftliche Taschenrechner besitzen die fest eingebaute Funktion zur Umwandlung von rechtwinklig nach polar und von polar nach rechtwinklig. Die Mehrdeutigkeit bei der Auswertung des $\arctan(\Delta y/\Delta x)$ entfällt hier: bei negativer Anzeige sind zum Auffinden des richtigen Quadranten **stets 400 gon zu addieren.** Die Reihenfolge der Ein- und Ausgaben am Taschenrechner sind unbedingt zu beachten (unterschiedlich).

Beispiel
Berechnung von Richtungswinkeln und Strecken

geg.: Punkt 1 mit $y_1 = 4292{,}34$ m und $x_1 = 2817{,}16$ m und die Koordinaten der Punkte
2 bis 5 laut nachfolgender Liste
ges.: Strecken und Richtungswinkel von P_1 zu den Punkten 2 bis 5

Punkt n	y_n [m]	x_n [m]	$\Delta y_{1,n}$ [m]	$\Delta x_{1,n}$ [m]	Strecke $l_{1,n}$ [m]	Quadrant	Richtungswinkel $t_{1,n}$ [gon]
2	4382,67	2886,74	90,33	69,58	114,02	I	58,215
3	4382,67	2747,58	90,33	−69,58	114,02	II	141,785
4	4202,01	2747,58	−90,33	−69,58	114,02	III	258,215
5	4202,01	2886,74	−90,33	69,58	114,02	IV	341,785

2.2.4 ETRS89/UTM

Im Jahre 2012 wurde bundesweit das alte DHDN/Gauß-Krüger-System als Referenz-system für die Geobasisdaten der Landesvermessung durch das ETRS89/UTM System abgelöst. Wie auch bei der Gauß-Krüger Abbildung ist UTM (Universale Transversale Mercatorprojektion) eine Winkeltreue- bzw. konforme Abbildung. Bei GK (Gauß-Krüger) überdecken mehrere 3° breite Streifen das gesamte Bundesgebiet. Die „Mitte" der einzeln Streifen sind bei GK die Hauptmeridiane 6, 9, 12 und 15° östl. Länge. Jeder Streifen hat eine Kennziffer nämlich 2 für den 6° Hauptmeridian, 3 für den 9° Hauptmeridian usw. die den Rechtswerten (Y-Achse) voran gestellt wurden. Zur Vermeidung von negativen Angaben für den Rechtswert, werden grundsätzlich 500 km addiert. Der X-Achse bildet der längentreue Hauptmeridian. Die entsprechenden X-Werten werden bei GK als Hoch-werten bezeichnet. Der Hochwert stellt (grob) den Abstand zum Äquator dar. Damit die Winkeltreue (im Differentiellen) erhalten bleibt, erfahren die Koordinaten so genannte Projektionsverzerrungen, die umso größer werden, je größer der Abstand zum Hauptme-ridian ist. Die aus Koordinaten berechneten Abständen zwischen zwei Punkte entsprechen damit nicht den „tatsächlichen" Abständen in der Natur. Nähere Einzelheiten sind in der Fachliteratur nachzulesen.

Beim ETRS89/UTM System wird die Bundesrepublik durch nunmehr zwei 6° brei-te Zonen (Zone 32 und Zone 33) abgedeckt, mit den entsprechenden Mittelmeridianen 9° östl. und 15° östl. Länge. Die Zonennummern werden den Y-Werten, die jetzt als East (Ost) bezeichnet werden, vorangestellt. Wie bei den GK-Koordinaten wird auch bei ETRS89/UTM zu den Y-Werten 500 km addiert. Die X-Achse wird als North (Nord) bezeichnet. Damit die Projektionsverzerrungen noch halbwegs akzeptabel bleiben, hat der Mittelmeridian eine Verkürzung erfahren (Maßstabsfaktor $q = 0,9996$). In der Tabelle sind die Auswirkungen der Projektionsverzerrungen für eine 1 km lange Distanz bei einer geographischen Breite von 50° zusammengestellt. Stauchungen (Verkürzungen) der Strecke sind negativ (−), Dehnungen entsprechend positiv (+). Y_m stellt dabei der mittlere Abstand der beiden Punkten vom Mittelmeridian (9 oder 15° östl. Länge) dar.

Durch Projektionsverzerrungen verursachte Streckenänderungen einer 1 km langen Strecke

Y_m	[km]	0	50	100	150	**180,4**	200	220
Streckenänderungen	[mm]	−400	−369	−277	−124	0	+91	+194

Beispiel

Für den Kölner Dom ergeben sich folgende Koordinaten:

Gauß-Krüger (DHDN): Rechtswert 2.567.401 m; Hochwert 5.645.556 m

ETRS89/UTM: East 32.356.563 m; North 5.645.284 m

Der Kölner Dom liegt (567 − 500 km) 67 km östlich vom Hauptmeridian 6° östl. Länge bzw. (357 − 500 km) −143 km westlich vom Mittelmeridian 9° östl. Länge. Der Abstand zum Äquator beträgt ca. 5645 km (man beachte die unterschiedlichen X-Werte).

2.2.5 Höhenreduktion und Projektionsverzerrung

Die ETRS89/UTM Koordinaten werden auf das GRS80-Ellipsoid gerechnet. Bis auf die räumliche Lagerung dieses Bezugsellipsoids sind die Ellipsoidparameter (Halbachsen) mit denen des WGS84 (Bezugsellipsoid für GPS) identisch. Werden Abstände auf der Erdoberfläche gemessen, so sind diese auf das GRS80 Ellipsoid zu reduzieren, zwecks Koordinatenbestimmung. Dieser Vorgang wird als Höhenreduktion bezeichnet. Für die Reduktion auf der Erdoberfläche gemessenen Distanzen auf das Ellipsoid sollten die ellipsoidischen Höhen von Anfangs- und Endpunkt vorliegen. In der Regel ist die Kenntnis der mittleren Höhe des Messgebietes ausreichend. Die ellipsoidischen Höhen H_{ellp} ergeben sich aus der NHN-Höhe (H_{NHN}) und der Quasigeoid-Undulation N wie folgt:

$$H_{ellp} = H_{NHN} + U$$

Die Quasigeoidundulationen liegen in Deutschland zwischen 36 m im Norden und ca. 50 m im Süden. In Nordrhein-Westfalen kann der Mittelwert von $U = 46$ m verwendet werden.

Der formale Zusammenhang zwischen einer gemessenen Distanz e_G in einer mittleren Gebietshöhe H_m und der auf das Ellipsoid reduzierten Distanz $e_{E(H)}$ ergibt sich zu:

$$e_{E(H)} = e_G \cdot \left(1 - \frac{H_M + U}{R}\right) \quad \text{mit } R = 6.383.000 \, \text{m (mittlerer Erdradius)}$$

Beispiel

$$e_G = 1000 \, \text{m (gemessene Distanz)}$$

H_M [m]	U [m]	$e_{E(H)}$ [m]	Diff [mm/km]
0	36 (Norddeutschland)	999,994	−6
100	46	999,977	−23
200	46 (Aachen)	999,961	−39
500	46	999,914	−86

Beispiel

Eine 25 m lange Distanz in einer Gebietshöhe von 200 m ü. NHN und einer Geoid-Undulation von 46 m erfährt eine Verkürzung von genau 1 mm.

Alle aus Landeskoordinaten gerechneten Strecken sind wegen der Höhenreduktion verglichen mit den tatsächlichen (wahren) Strecken zu kurz. Um den tatsächlichen Punktabstand aus Koordinaten zu ermitteln, muss durch den Faktor $(1 - \frac{H_M + U}{R})$ geteilt werden.

Die ETRS89/UTM Koordinaten unterliegen einer so genannten Projektionsverzerrung. Dabei erhalten alle Y-Werte einen Zuschlag in der Größe von $y^3/(6 \cdot R^2)$ damit die Winkeltreue (zumindest infinitesimal) gewährleistet wird. Weiter wird der oben erwähnte Verkürzungsfaktor von 0,9996 berücksichtigt, der der Projektionsverzerrung entgegenwirkt. Als Näherungsformel für die Projektionsverzerrung bei der UTM-Abbildung kann folgender Ausdruck mit ausreichender Genauigkeit benutzt werden:

$$e_{E(P)} = e_G \cdot \left(0,9996 + \frac{y_M^2}{2 \cdot R^2}\right), \quad \text{mit } R = 6383 \, \text{km}$$

y_M ist dabei der lotrechte Abstand zum Mittelmeridian. Bei den 6° breiten Streifen nimmt y_M Werte an von ±210 km. Bis 180,4 km werden die abgebildeten Strecken gestaucht, von 180,4 bis ca. 210 km werden die Strecken gedehnt.

Beispiel

$$e_G = 1000 \, \text{m (gemessene Distanz)}$$

y_M	$e_{E(P)}$ [m]	Diff [mm]		Ortslage
(−) 210 km	1000,141	141	Dehnung	Aachen
(−) 183 km	1000,011	11	Dehnung	Borussia-Park Mönchengladbach
(−) 143 km	999,851	−149	Stauchung	Köln-Dom
35 km	999,615	−385	Stauchung	Kassel

Beispiel

Gesucht ist die wahre Strecke e_G aus UTM-Koordinaten. Eine aus UTM-Koordinaten gerechnete Distanz $e_{E(P)}$ ergibt sich zu 628,792 m. Der Abstand des Messgebiets zum Mittelmeridian beträgt $y_M = -10$ km, die mittlere Gebietshöhe beträgt 180 m ü. NHN bei einer Geoid-Undulation U von 46 m.

$$e_G = e_E / \left(\left(1 - \frac{180 + 46}{6.383.000} \right) \cdot \left(0,9996 + \frac{10^2}{2 \cdot 6383^2} \right) \right)$$

$$= 628,792 / (0,999965 \cdot 0,999601) = 629,065 \, \text{m}$$

Beispiel

Als Abbildungsverzerrung $e_{Abb.}$ bezeichnet man die Zusammenfassung beider Formel (mit Vernachlässigung des verschwindend kleinen Terms $(h \cdot y_m^2)/(2 \cdot R^3)$)

$$e_{Abb.} = e_G \cdot \left(0,9996 + \frac{y_M^2 \, [\text{km}]}{2 \cdot R^2 \, [\text{km}]} - \frac{H_m \, [\text{m}] + U \, [\text{m}]}{R \, [\text{m}]} \right);$$

man beachte die unterschiedlichen Einheiten.

2.3   Einfache Koordinatenberechnungen

2.3.1   Polares Anhängen

Als Polares Anhängen wird das Verfahren bezeichnet, bei dem Koordinaten eines unbekannten (Neu)Punktes bestimmt werden, indem vom Standpunkt aus die Entfernung zum Neupunkt und der Winkel zwischen einem koordinatenmäßig bekannten Punkt (die so genannte Anschlussrichtung) und dem jeweiligen Neupunkt gemessen wird. Mit diesen polaren Bestimmungsstücken (Winkel β und Strecke e) wird der Neupunkt am Standpunkt quasi „angehängt". Die Messungen werden mit einem elektronischen Tachymeter durchgeführt. In Abb. 2.4 ist der Instrumentenstandpunkt S und der Zielpunkt Z (Anschlussrichtung), wie auch der koordinatenmäßig unbekannte Neupunkt eingezeichnet. Gemessen werden die Richtungen zum Zielpunkt (r_Z) und zum Neupunkt (r_N) und die Horizontalentfernung zum Neupunkt $e_{S,N}$.

Mit: $\beta = r_N - r_Z$ und $t_{S,Z}$ (aus gegebenen Koordinaten berechnet) folgt: $t_{S,N} = t_{S,Z} + \beta$ und durch Umformung polar in rechtwinklig:

$$(e_{S,N}, t_{S,N}) \quad \text{P} \rightarrow \text{R} \quad (\Delta Y_{S,N}, \Delta X_{S,N}).$$

Die gesuchten Koordinaten des Neupunktes ergeben sich zu:

$$Y_N = Y_S + \Delta Y_{S,N} \quad \text{und} \quad X_N = X_S + \Delta X_{S,N}$$

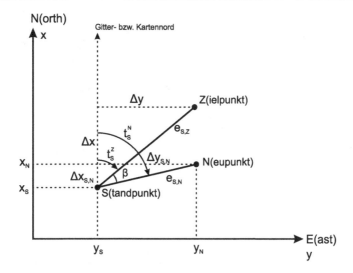

Abb. 2.4 Prinzip des polaren Anhängens

In der Regel werden mehrere Punkte in einem Arbeitsgang polar angehängt, wie z. B. bei der trigonometrischen Geländeaufnahme. Die Situation ist in Abb. 2.5 exemplarisch für 2 Punkte dargestellt. Zur Koordinatenberechnung sind lediglich die jeweiligen Richtungswinkel zu den Neupunkten mit Hilfe der gemessenen Brechungswinkel zu bestimmen:

$$t_S^{Ni} = t_S^Z + \beta_i$$

Mit den gemessenen Horizontalstrecken e_i werden dann alle $\Delta Y_{S,Ni}$ und $\Delta X_{S,Ni}$ Koordinatendifferenzen (Zuschläge) berechnet.

Beispiel
Polares Anhängen

geg.: Punkt 1 mit $y_1 = 4292{,}34$ m und $x_1 = 2817{,}16$ m und die Koordinaten des Anschlusspunktes (Zielpunktes) Punkt 2 mit $y_2 = 4382{,}67$ m und $x_2 = 2886{,}74$ m. Gemessen wurde der Horizontalwinkel zum Neupunkt N mit $\beta = 65{,}059$ gon und eine Horizontalentfernung e von 100,00 m.
ges.: die Koordinaten Y_N und X_N des Neupunktes N
ber.:

$$\Delta Y_{1,2} = 4382{,}67 - 4292{,}34 = 90{,}33 \text{ m}; \quad \Delta X_{1,2} = 2886{,}74 - 2817{,}16$$
$$= 69{,}58 \text{ m}$$
$$(\Delta Y_{1,2}; \Delta X_{1,2}) \quad R \rightarrow P \quad (e_{1,2}; t_{1,2}) \quad : \quad (90{,}33 \text{ m}; 69{,}58 \text{ m}) \quad R \rightarrow P$$
$$(114{,}02 \text{ m}; 58{,}215 \text{ gon})$$

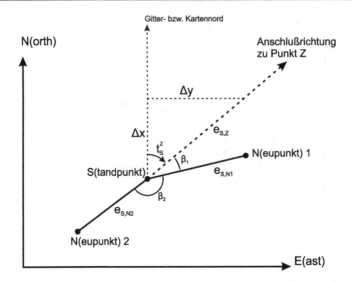

Abb. 2.5 Polares Anhängen mehrerer Neupunkte

$$t_{1,N} = t_{1,2} + \beta = 58{,}215\,\text{gon} + 65{,}059\,\text{gon} = 123{,}274\,\text{gon (Quadrant 2)}$$

$$(e_{1,N}; t_{1,N}) \quad \text{P} \to \text{R} \quad (\Delta Y_{1,2}; \Delta X_{1,2}) \quad : \quad (100{,}00\,\text{m}; 123{,}274\,\text{gon}) \quad \text{P} \to \text{R}$$

$$(93{,}39\,\text{m}; -35{,}75\,\text{m})$$

$$\mathbf{Y_N} = Y_1 + \Delta Y_{1,N} = 4292{,}34 + 93{,}39 = \mathbf{4385{,}73\,m}\ \text{und}$$

$$\mathbf{X_N} = X_1 + \Delta X_{1,N} = 2817{,}16 + (-35{,}75) = \mathbf{2781{,}41\,m}$$

Bemerkung

Die berechnete Entfernung zur Anschlussrichtung wird für das weitere Vorgehen nicht verwendet. Wird bei der Messung im Feld eine Distanzmessung zur Anschlussrichtung durchgeführt so dient diese oft zur Kontrolle ob z. B. der richtige Punkt anzielt wurde (Vermeidung von Punktverwechslungen).

Der in Abb. 2.5 befindliche Neupunkt 1 befindet sich in Bezug zum Standpunkt S im 1. Quadrant (ΔY und ΔX positiv), Neupunkt 2 im 3. Quadrant (ΔY und ΔX beide negativ).

In der Regel wird nach Anzielung der Anschlussrichtung der Horizontalkreis des Tachymeters „genullt" (die im Display angezeigten Richtungen entsprechen dann den Horizontalwinkeln β_i) oder es wird der (berechnete) Richtungswinkel $t_{S,Z}$ eingegeben und die im Display erscheinenden Richtungen entsprechen dann unmittelbar den gesuchten Richtungswinkeln.

Wird ein polar bestimmter Neupunkt wiederum als Instrumentenstandpunkt verwendet, so ergibt sich die in Abb. 2.6 dargestellte Situation. Auf Standpunkt N1 wird der Horizontalwinkel (Brechungswinkel) β_2 und die Entfernung $e_{N1,N2}$ gemessen. Der zur Koordinatenberechnung erforderliche Richtungswinkel $t_{N1,N2}$ lässt sich wie folgt bestim-

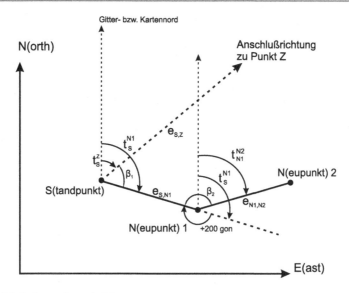

Abb. 2.6 Mehrfaches polares Anhängen

men:

$$t_{N1,N2} = t_{S,N1} \pm 200\,\text{gon} + \beta_2.$$

In Abb. 2.6 wurde zum besseren Verständnis 200 gon addiert. Wird als nächster Standpunkt der zuletzt bestimmte Neupunkt benutzt, so entsteht eine Messanordnung die als Polygonzug bezeichnet wird. Diese Polygonzügen finden z. B. Verwendung bei Tunnel- oder Kanalvortrieben, aber auch bei Innenraumvermessungen durch mehrere Räume. Wenn auf den ersten und letzten koordinatenmäßig bekannten Standpunkten keine Anschlussrichtungsmessungen zu weiteren Festpunkten stattfinden, so spricht man von einem so genannten Einrechnungszug. Ein Beispiel hierzu befindet sich in Abschn. 2.3.6.

2.3.2 Geradenschnitt

Gegeben sind die Geraden 1 und 2 mit jeweils den Koordinaten ihrer Endpunkte P_i.

Zur Koordinatenbestimmung des Schnittpunktes S (durch Polares Anhängen) ist wahlweise eines der Bestimmungsstücke $e_{S,1}$; $e_{S,2}$; $e_{S,3}$ oder $e_{S,4}$ zu berechnen (vgl. Abb. 2.7).

Formeln für das frei gewählte Dreieck P_1, P_2 und S:

$$\alpha = t_1^3 - t_1^2; \gamma = t_2^4 - t_1^3; e_{1,2} \text{ (aus Koordinaten berechnet)}$$

$$\frac{e_{2,S}}{\sin \alpha} = \frac{e_{1,2}}{\sin \gamma} \Longleftrightarrow e_{2,S} = \frac{\sin \alpha \cdot e_{1,2}}{\sin \gamma}$$

Abb. 2.7 Prinzipskizze zum
Geradenschnitt

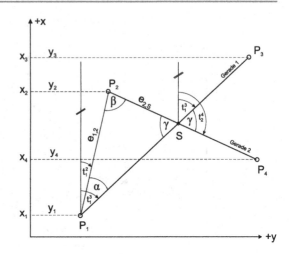

Mit t_2^4 bzw. $t_{2,4}$ und $e_{2,S}$ werden die Koordinaten des Punktes S durch Polares Anhängen (an P2) berechnet. Eine Kontrolle der Berechnung ist über eine andere Dreieckswahl oder Streckenwahl möglich.

Beispiel

geg.: Gerade 1: Punkt 1: $y_1 = 32.502.000,08 \quad x_1 = 5.644.955,56$

Gerade 2: Punkt 2: $y_2 = 32.502.012,47 \quad x_2 = 5.645.231,78$

Gerade 1: Punkt 3: $y_3 = 32.502.211,85 \quad x_3 = 5.645.521,43$

Gerade 2: Punkt 4: $y_4 = 32.502.110,28 \quad x_4 = 5.644.998,07$

ges.: Koordinaten des Schnittpunktes S

$\Delta Y_{1,2} = 12,39\,\text{m} \qquad R \to P \quad \mathbf{e_{1,2} = 276,498\,m}$

$\Delta X_{1,2} = 276,22\,\text{m} \qquad\qquad\quad \mathbf{t_{1,2} = 2,8537\,gon}$

$\Delta Y_{1,3} = 211,77\,\text{m} \qquad R \to P \quad (e_{1,3} = 604,20\,\text{m})$

$\Delta X_{1,3} = 565,87\,\text{m} \qquad\qquad\quad \mathbf{t_{1,3} = 22,7975\,gon} \quad \propto = t_1^3 - t_1^2$

$$= 22,7975 - 2,8537$$

$$= \mathbf{19,9438\,gon}$$

$\Delta Y_{2,4} = 97,81\,\text{m} \qquad R \to \Delta P \quad (e_{2,4} = 253,352\,\text{m})$

$\Delta X_{2,4} = -233,71\,\text{m} \qquad\qquad \mathbf{t_{2,4} = 174,7669\,gon}$

$\boldsymbol{\gamma} = t_2^4 - t_1^3 = 174,7669 - 22,7975 = \mathbf{151,9694\,gon}$

$$e_{2,S} = \frac{\sin \propto \cdot e_{1,2}}{\sin \gamma} = \frac{\sin 19,9438\,\text{gon} \cdot 276,498\,\text{m}}{\sin 151,9694\,\text{gon}} = 124,413\,\text{m}$$

$$Y_S = Y_2 + \sin t_2^4 \cdot e_{2,S} = 32.502.012,47 + \sin 174,7669 \cdot 124,413$$
$$= 32.502.060,50$$
$$X_S = X_2 + \cos t_2^4 \cdot e_{2,S} = 5.645.231,78 + \cos 174,7669 \cdot 124,413$$
$$= 5.645.117,01$$

Die Koordinatenzuschläge ΔY und ΔX lassen sich vorteilhaft mit der P→R Funktion berechnen.

Oftmals befindet sich der Schnittpunkt außerhalb der eigentlichen Geraden, wie z. B. in Abb. 2.8 dargestellt. In diesem Fall wird der Schnittpunkt S entweder über Punkt P_1 (Seite $e_{1,S}$ gesucht) oder über Punkt P_4 (Seite $e_{4,S}$ gesucht) polar angehängt.

$$\beta = t_4^3 - t_4^1; \; \gamma = t_2^1 - t_3^4; \; e_{1,4} \text{ (aus Koordinaten berechnet)}$$
$$\frac{e_{1,S}}{\sin \beta} = \frac{e_{1,4}}{\sin \gamma} \Longleftrightarrow e_{1,S} = \frac{\sin \beta \cdot e_{1,4}}{\sin \gamma}$$
$$(e_{1,S}; t_1^2) \quad \text{P→R} \quad (\Delta Y_{1,S}; \Delta X_{1,S})$$
$$Y_S = Y_1 + \Delta Y_{1,S}; \quad X_S = X_1 + \Delta X_{1,S}$$

Es wird immer empfohlen eine Skizze mit entsprechenden Eintragungen der Winkel und Seiten anzufertigen.

Eine Berechnung des Schnittpunktes durch polares Anhängen an Punkt P_2 (bzw. P_3) ist ebenfalls möglich. In diesem Fall ist im Dreieck P_2, S, P_3 die Seitenlänge $e_{2,S}$ (bzw. $e_{3,S}$) zu berechnen.

Abb. 2.8 Verlängerter Geradenschnitt

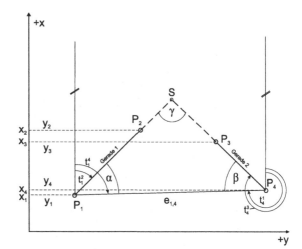

2.3.3 Koordinatentransformation

Die Koordinatentransformation wird benötigt wenn z. B. lokal bestimmte Koordinaten der Baustelle (Y,X) in das Landeskoordinatensystem ETRS/UTM (East, North) überführt werden sollen oder umgekehrt.

Zur Berechnung müssen von mindestens 2 Punkten (besser mehr) die Koordinaten in beiden Systeme vorliegen. Diese Punkte werden als Passpunkte oder auch als Stützpunkte bezeichnet.

In Abb. 2.9 ist die Situation für die Koordinatentransformation eines lokalen Systems (Ursprungssystem) in ein Landeskoordinatensystem (Zielsystem) dargestellt. Die Koordinaten im Ursprungssystem sind alle mit einem Beistrich (') angegeben. Von zwei Punkten (Passpunkte) liegen die Koordinaten in beiden Systemen vor. Punkt P_A ist ebenfalls Koordinatenursprung des lokalen Systems. Hierdurch veranschaulicht sich das Rechenprinzip. Zur Überführung des Ursprungssystems in das Zielsystem wird eine Translation oder Verschiebung (Y_A, X_A), eine Rotation oder Drehung (Winkel ε) und eine Skalierung bzw. einen Maßstabsfaktor benötigt. Der Maßstabsfaktor (Abkürzung q) ergibt sich aus dem Streckenvergleich zwischen den Punkte $P_A P_E$ im Zielsystem (Soll) und im Ursprungssystem (Ist):

$$q = \frac{\text{Strecke im Zielsystem}}{\text{Strecke im Ursprungssystem}} = \frac{e\ soll}{e\ ist}$$

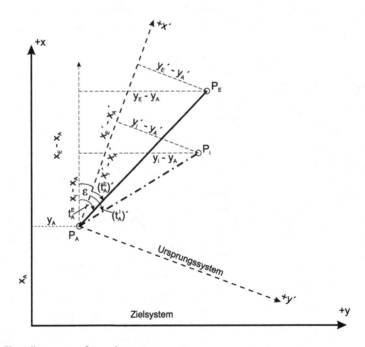

Abb. 2.9 Koordinatentransformation

Abb. 2.10 Der allgemeine Fall
der Koordinatentransformation

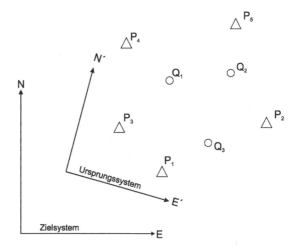

Der Drehwinkel ε wird berechnet aus der Differenz der Richtungswinkel im Ziel- und Ursprungssystem:

$$\varepsilon = \left(t_A^E\right) - \left(t_A^E\right)'$$

Die hier erläuterte Transformation in der Ebene wird als Ähnlichkeitstransformation oder auch als **Helmert**-Transformation bezeichnet mit insgesamt 4 Transformationsparameter.

Die Koordinaten eines beliebigen Punktes P_i (des Ursprungssystems) im Zielsystem lauten:

$$YP_i = Y_A + q \cdot e'_{A,i} \cdot \sin(t'_{A,E} + \varepsilon) \text{ und } XP_i = X_A + q \cdot e'_{A,i} \cdot \cos(t'_{A,E} + \varepsilon)$$

Sollen die Streckenlängen des Ursprungssystem unverändert ins Zielsystem überführt werden, so muss der Maßstabsfaktor $q = 1$ definiert werden. Diese Transformation wird als 3-Parameter Transformation bezeichnet und kommt dann zum Einsatz, wenn Ingenieurnetze erforderlich sind.

In Abb. 2.10 ist der allgemeine Fall einer Transformation, in dem von mehr als 2 Punkten die Koordinaten in beiden Systemen vorliegen, gezeichnet. Die Stützpunkte (oder Passpunkte) sind in Abb. 2.10 als P_i bezeichnet. Die zu transformierenden Punkte werden als Neupunkte Q_i bezeichnet. Das Rechenverfahren welches hier und in den nächsten Kapiteln angewendet wird, ist in der Fachliteratur als so genannte **Drehstreckung** bekannt. Zuerst werden für die Passpunkte in beiden Systemen die Koordinatenschwerpunkte (Y'_S; X'_S) und (Y_S; X_S) berechnet. Anschließend werden die Passpunktkoordinaten auf diesen Schwerpunktkoordinaten zentriert und von den zentrierten rechtwinkligen Koordinaten die Polarkoordinaten berechnet. Aus den Polarkoordinaten lassen sich nun durch Vergleich der Strecken ($\frac{soll}{ist}$) die Maßstabsfaktoren errechnen und durch Differenzbildung der Richtungswinkel ($soll - ist$) die verschiedenen Drehwinkel ermitteln. Die Mittelwerte der Maßstabsfaktoren und der Drehwinkel (q_m und ε_m) fließen in die bekannte Transformationgleichung ein:

$$YP_i = Y_A + q_m \cdot e'_{A,i} \cdot \sin(t'_{A,E} + \varepsilon_m) \text{ und } XP_i = X_A + q_m \cdot e'_{A,i} \cdot \cos(t'_{A,E} + \varepsilon_m)$$

Das Formular Koordinatenberechnung (Berechnung: Transformation) ist so konzipiert, dass zuerst die identischen Passpunkte für das Ursprungssystem wie auch für das Zielsystem (Ausgangskoordinaten) auszufüllen sind. Die weiteren Rechenschritte sind angegeben. Nachdem die Mittelwerte für den Maßstabsfaktor und den Drehwinkel ermittelt sind, können die umzuformenden Punkte (hier Q1, Q2 und Q3) berechnet werden. Für alle Berechnungen sollte die Funktionstaste P→R bzw. R→P benutzt werden. Die im Netz zur Verfügung gestellte Excel Routine ist entsprechend aufgebaut.

Im Formular (Abb. 2.11) (nicht aber in der Excel-Routine) fehlt die Ausgabe der Abweichungen (Differenzbildung) der transformierten Stützpunkte des Ursprungssystem zu den gegebenen Stützpunktkoordinaten des Zielsystems. Diese Abweichungen (ΔEast, ΔNorth) werden als **Restklaffungen** bezeichnet. Die Restklaffungen liefern Informationen über die Genauigkeit der Transformation.

Tabelle der Restklaffungen der 5 Stützpunkte (vgl. Beispiel Formular)

Restklaffungen	ΔE [m]	ΔN [m]
Punkt 1	0,003	−0,005
Punkt 2	−0,003	0,004
Punkt 3	0,004	0,009
Punkt 4	−0,011	−0,005
Punkt 5	0,007	−0,002

2.3.4   Freie Standpunktwahl

Abb. 2.12 zeigt die Anordnung einer so genannten Freien Standpunktwahl oder Freien Stationierung. Das Tachymeter wird in diesem Fall an einer beliebigen Stelle im Messgebiet aufgestellt. Zur Positionsermittlung müssen mindestens 2 Anschlussmessungen zu bekannten Festpunkten P_i (P_1–P_4) durchgeführt werden. Im gleichen Arbeitsgang können aber auch weitere Messungen zu Neupunkten Q_i (Q_1–Q_2) erfolgen.

Die Berechnung der Koordinaten des unbekannten Standpunktes und die Koordinaten der Neupunkte erfolgt ebenfalls mit Hilfe der Transformationsberechnung. In den Instrumentenstandpunkt wird der Koordinatenursprung (0/0) des Ursprungssystem gelegt und als lokale N' (bzw. X') Achse die Nullrichtung des Horizontalteilkreises definiert (vgl. Abb. 2.13). Die gemessenen Horizontalrichtungen entsprechen dann den lokalen Richtungswinkeln. Mit diesen Werten lassen sich anschließend für alle Punkte P_i und Q_i lokale, kartesische Koordinaten berechnen, die anschließend in einem Rechengang in das Zielsystem transformiert werden.

Koordinatenberechnung : Ähnlichkeitstransformation – Kleinpunktberechnung – Freie Standpunktwahl – Bogenschlag - Einrechnungszug

Projektbezeichnung: GIA Seite 79	Berechnung: Transformation		Datum:		Name:			
	Ausgangskoordinaten				**Zentrierte Koordinaten**			
	Ursprungssystem		Zielsystem		Ursprungssystem		Zielsystem	
Pkt.Nr.	y' [m]	x' [m]	y [m]	x [m]	$y'-y'_s$ [m]	$x'-x'_s$ [m]	$y-y_s$ [m]	$x-x_s$ [m]
1	70,650	19,290	221,270	153,310	4,354	-43,136	-7,932	-42,628
2	115,080	66,530	277,190	186,180	48,784	4,104	47,988	-9,758
3	40,160	43,910	198,910	185,490	-26,136	-18,516	-30,292	-10,448
4	26,760	78,820	195,860	222,780	-39,536	16,394	-33,342	26,842
5	78,830	103,580	252,780	231,930	12,534	41,154	23,578	35,992
Summe	331,480	312,130	1146,010	979,690	0,000	0,000	0,000	0,000
S	66,296 = y'_s	62,426 = x'_s	229,202 = y_s	195,938 = x_s				

S = Schwerpunkt

Polarkoordinaten, Maßstabsfaktor und Drehwinkel:

	Ursprungssystem		Zielsystem		Maßstabsfaktor	Drehwinkel
Pkt.Nr.	l' [m]	$(t_s)'$ [gon]	l [m]	t_s [gon]	q	ε [gon]
1	43,355	193,5959	43,360	211,7120	1,000104	18,1161
2	48,956	94,6570	48,970	112,7711	1,000281	18,1141
3	32,030	260,7604	32,043	278,8558	1,000406	18,0953
4	42,800	325,0243	42,804	343,1509	1,000088	18,1267
5	43,020	18,8209	43,027	36,9204	1,000160	18,0996
				Mittelwerte:	q_m = 1,000208	ε_m = 18,1103

Berechnung der umzuformenden Punkte mit $l_{s,i} = l'_i \cdot q_m$ und $t^t_s = (t^t_s)' + \varepsilon_m$

	Ursprungssystem						Zielsystem					
Pkt.Nr.	y'_i	x'_i	$y'_i - y'_s$	$x'_i - x'_s$	l'_i	$(t^t_s)'$	$l_{s,i}$	t^t_s	$y_i - y_s$	$x_i - x_s$	y_i	x_i
Q1	54,210	69,110	-12,086	6,684	13,811	-67,8398	13,814	-49,7294	-9,726	9,809	219,476	205,747
Q2	83,830	80,620	17,534	18,194	25,268	48,8241	25,273	66,9344	21,940	12,544	251,142	208,482
Q3	82,540	43,920	16,244	-18,506	24,624	154,1381	24,629	172,2485	10,399	-22,326	239,601	173,612

Abb. 2.11 Koordinatentransformation: 5 Stützpunkte und 3 zu transformierenden Punkte

Abb. 2.12 Freie Standpunktwahl

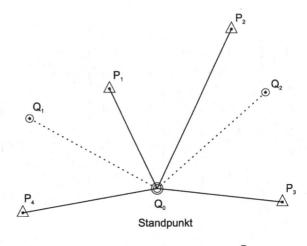

Abb. 2.13 Lage der Koordi-
natenssysteme bei der freien
Standpunktwahl

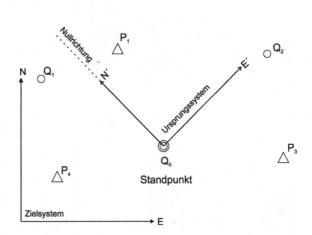

Beispiele

Gegeben sind die ETRS89/UTM Koordinaten von 4 Festpunkten (P1, P2, P3 und P4) eines
Messgebietes.

Nr.	E [m]	N [m]
P1	32.291.106,105	5.630.693,699
P2	291.219,682	630.743,413
P3	291.245,918	630.585,877
P4	290.962,830	630.578,601

Die Beobachtungen (Horizontalstrecke e_i und Horizontalrichtung Hz_i) vom Standpunkt
(Q_0) aus zu den Festpunkten P_i und den Neupunkten Q_i betragen:

Standpunkt	Zielpunkt	e_i [m]	Hz_i [gon]
Q_0	P1	94,212	28,6335
	P2	156,921	86,5912
	P3	105,490	166,5306
	P4	181,788	343,9676
	Q1	146,31	374,919
	Q2	136,46	108,876

Die Umformung (P→R) in lokale kartesische Koordinaten ergibt:

Nr.	E_i' [m]	N_i' [m]
P1	40,960	84,842
P2	153,453	32,807
P3	52,940	−91,244
P4	−140,129	115,805
Q0	**0,000**	**0,000**
Q1	−56,162	135,101
Q2	135,136	−18,964

Die Koordinaten des Instrumentenstandpunktes (0/0) werden nur dann transformiert bzw. benötigt, wenn der Standpunkt eventuell für spätere Zwecke verwendet und entsprechend vermarkt wird.

Die Ausgangskoordinaten des Ursprungssystems und des Zielsystems werden im Formular Koordinatenberechnung eingetragen (Projektbezeichnung: GIA Seite 87/Berechnung: Freie Standpunktwahl). Identische Vorkommastellen können der Bequemlichkeit halber weggelassen werden.

Die berechneten Restklaffungen sind nicht auffällig verteilt:

Restklaffungen der transformierten Stützpunkte

Nr.	Δ E [m]	Δ N [m]
P1	0,006	0,009
P2	0,007	−0,005
P3	−0,016	0,006
P4	0,003	−0,011

Betrachtet man aber die separat berechneten Maßstabsfaktoren und Drehwinkel (vgl. Abb. 2.14, Spalte Maßstabsfaktor), so fällt der Maßstabsfaktor des Punktes P1 mit

Koordinatenberechnung : Ähnlichkeitstransformation – Kleinpunktberechnung – Freie Standpunktwahl – Bogenschlag - Einrechnungszug

Projektbezeichnung: GIA Seite 87 – P1 gestr.	Berechnung: Freie Standpunktwahl	Datum:	Name:

Ausgangskoordinaten

Pkt.Nr.	Ursprungssystem		Zielsystem		Zentrierte Koordinaten			
					Ursprungssystem		Zielsystem	
	y' [m]	x' [m]	y [m]	x [m]	$y' - y_s'$ [m]	$x' - x_s'$ [m]	$y - y_s$ [m]	$x - x_s$ [m]
P1	40,960	84,842	291106,105	693,699	14,154	49,290	-27,529	43,301
P2	153,453	32,807	291219,682	743,413	126,647	-2,746	86,048	93,016
P3	52,940	-91,244	291245,918	585,877	26,134	-126,797	112,284	-64,521
P4	-140,129	115,805	290962,830	578,601	-166,935	80,253	-170,804	-71,797
Summe	107,224	142,210	1164534,535	2601,590	0,000	0,000	0,000	0,000
S	26,806 = y_s'	35,553 = x_s'	291133,634 = y_s	650,398 = x_s				

S = Schwerpunkt

Polarkoordinaten, Maßstabsfaktor und Drehwinkel:

Pkt.Nr.	Ursprungssystem		Zielsystem		Maßstabsfaktor	Drehwinkel
	l' [m]	$(t_s')'$ [gon]	l [m]	t_s' [gon]	q	ε [gon]
P1	51,282	17,8022	51,311	363,9489	1,000582	346,1467
P2	126,677	101,3799	126,713	47,5242	1,000286	346,1443
P3	129,462	187,0598	129,502	133,2027	1,000308	346,1428
P4	185,224	328,5283	185,280	274,6675	1,000305	346,1392
Mittelwerte:					q_m = 1,000370	ε_m = 346,1433

Berechnung der umzuformenden Punkte   mit $l_{s,i} = l_i' \cdot q_m$ und $t_s^i = (t_s^i)' + \varepsilon_m$

Pkt.Nr.	y_i'	x_i'	$y_i' - y_s'$	$x_i' - x_s'$	l_i'	$(t_s^i)'$	$l_{s,i}$	t_s^i	$y_i - y_s$	$x_i - x_s$	y_i	x_i
QO	0,000	0,000	-26,806	-35,553	44,526	-158,8715	44,542	187,2718	8,846	-43,655	291142,480	606,743
Q1	-56,162	135,101	-82,968	99,549	126,590	-44,2325	129,638	301,9107	-129,580	3,890	291004,054	654,288
Q2	135,136	-18,964	108,330	-54,517	121,274	129,6818	121,319	475,8250	112,676	44,970	291246,310	695,368

Abb. 2.14 Transformationsergebnisse: Freie Standpunktwahl mit 4 Stützpunkten

1,000582 besonders auf. Die Ursache liegt teils in der relativ kurzen Entfernung dieses Punktes zum Schwerpunkt. Wird dieser Stützpunkt bei einer weiteren Transformation (vgl. Abb. 2.15) nicht berücksichtigt, dann verbessern sich die Restklaffungen nachweislich zu:

Restklaffungen, berechnet ohne Punkt 1

Nr.	Δ E [m]	Δ N [m]
P1	–	–
P2	−0,002	0,000
P3	0,001	−0,001
P4	0,001	0,002

Das Eliminieren von Ausreißern ist hier nur bedingt möglich. In professionellen Ausgleichungsprogrammen wird die Suche nach Ausreißern nach strengen Algorithmen (Methode der Kleinsten Quadrate) und statistischen Tests durchgeführt. Es sollten in jedem Fall genügend überbestimmte Messungen vorliegen: bei nur 2 Stützpunkten liegen rechnerisch nie Restklaffungen vor!

2.3.5 Bogenschlag

Eine weitere Anwendungsmöglichkeit der Transformation mit Hilfe des Verfahrens der Drehstreckung ergibt sich beim Bogenschlag. Hier werden die Koordinaten des Standpunktes berechnet, indem lediglich die Entfernungen zu den Festpunkten (Anschlusspunkten) gemessen werden. Werden nur die Entfernungen zu 2 Festpunkten gemessen, so liegt keine eindeutige Bestimmung vor. Durch Vergleich der Situation vor Ort kommt jedoch nur eine Lösung in Frage. Bei zwei Festpunkten ist die Berechnung mit dem Formular vom Rechenaufwand her nicht vorteilhaft (Lösung: Innenwinkelbestimmung mit Kosinussatz und anschließend Polares Anhängen). Werden die Entfernungen zu 3 Festpunkten gemessen so ist folgender Lösungsweg möglich (vgl. Abb. 2.16).

Gemessen werden die 3 Entfernungen $e_{1,S}$, $e_{2,S}$ und $e_{3,S}$ zu den 3 Festpunkten 1,2 und 3. Der koordinatenmäßig unbekannte Standpunkt liegt im Ursprung (0,0) des örtlichen, lokalen Systems (X';Y'). Die gemessen Entfernungen müssen u. U. wegen Projektionsverzerrung oder Höhenkorrektion korrigiert werden, damit sie im gleichen System der Festpunktkoordinaten vorliegen. Besser noch sollten auch die Entfernungen $e_{1,2}$ und $e_{1,3}$ mit dem gleichen Instrumentarium gemessen werden, damit im Ursprungssystem mit dem gleichen Maßstab gerechnet werden kann. Für die beiden Dreiecke 1,2,S und 1,S,3 sind alle Seiten gemessen. Mit Hilfe des Kosinussatzes können dann die Winkel $\gamma_{1,2}$ und $\gamma_{1,3}$ berechnet werden, welche den lokalen Richtungswinkel ($t_{S,2}$ und $t_{S,3}$) darstellen. Beachte: ($t_{S,3} = 400 - \gamma_{1,3}$). Im lokalen System können jetzt die Koordinaten für die 3 Festpunkte angegeben werden. Die weitere Berechnung erfolgt wieder mit dem Formular „Koordinatenberechnung".

Koordinatenberechnung: Ähnlichkeitstransformation – Kleinpunktberechnung – Freie Standpunktwahl – Bogenschlag – Einrechnungszug

Projektbezeichnung: GIA Seite 87 – P1 gestr. | Berechnung: Freie Standpunktwahl | Datum: | Name:

Ausgangskoordinaten / **Zentrierte Koordinaten**

Pkt.Nr.	Ursprungssystem		Zielsystem		Ursprungssystem		Zielsystem	
	y' [m]	x' [m]	y [m]	x [m]	$y'-y_s'$ [m]	$x'-x_s'$ [m]	$y-y_s$ [m]	$x-x_s$ [m]
P1								
P2	153,453	32,807	291219,682	743,413	131,365	13,684	76,872	107,449
P3	52,940	-91,244	291245,918	585,877	30,852	-110,367	103,108	-50,087
P4	-140,129	115,805	290962,830	578,601	-162,217	96,682	-179,980	-57,363
Summe	66,264	57,368	873428,430	1907,891	0,000	0,000	0,000	0,000
S	22,088 = y_s'	19,123 = x_s'	291142,810 = y_s	635,964 = x_s	S =Schwerpunkt			

Polarkoordinaten, Maßstabsfaktor und Drehwinkel:

Pkt.Nr.	Ursprungssystem		Zielsystem		Maßstabsfaktor	Drehwinkel
	l' [m]	(t_s') [gon]	l [m]	t_s [gon]	q	ε [gon]
P1						
P2	132,076	93,3921	132,116	39,5343	1,000305	346,1422
P3	114,598	182,6468	114,630	128,7878	1,000277	346,1410
P4	188,843	334,2169	188,900	280,3578	1,000301	346,1409
Mittelwerte:					q_m = 1,000294	ε_m = 346,1414

Berechnung der umzuformenden Punkte mit $l_{s,i} = l_i^i \cdot q_m$ und $t_s^i = (t_s^i)' + \varepsilon_m$

Pkt.Nr.	y_i'	x_i'	$y_i'-y_s'$	$x_i'-x_s'$	l_i'	$(t_s^i)'$	$l_{s,i}$	t_s^i	y_i-y_s	x_i-x_s	y_i	x_i
Q0	0,000	0,000	-22,088	-19,123	29,216	-145,4270	29,224	200,7143	-0,328	-29,222	291142,482	606,741
Q1	-56,162	135,101	-78,250	115,978	139,907	-37,7859	139,948	308,3554	-138,745	18,315	291004,065	654,279
Q2	135,136	-18,964	113,048	-38,087	119,291	120,6878	119,326	466,8292	103,492	59,399	291246,302	695,363

Abb. 2.15 Transformationsergebnisse: Punkt 1 als Ausreißer eliminiert

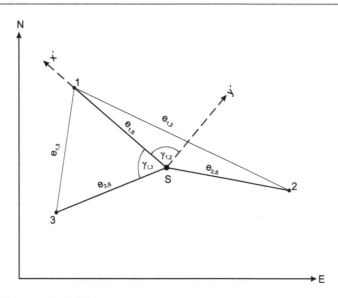

Abb. 2.16 Skizze zum Beispiel Bogenschlag

Beispiel

Ges.: die Koordinaten des Punktes S

Geg.: die Koordinaten der Punkte 1,2 und 3 im Zielsystem

Gem.: die 3 Entfernungen $e_{1,S}$, $e_{2,S}$, $e_{3,S}$ eventuell auch noch die Seiten $e_{1,2}$ und $e_{1,3}$

Ber.: die Winkel $\gamma_{1,2}$ und $\gamma_{1,3}$ (Kosinussatz)

Nr.	Y [m]	X [m]
1	10,000	50,000
2	70,000	20,000
3	0,000	0,000

$e_{1,S}$	$e_{2,S}$	$e_{3,S}$	$e_{1,2}$	$e_{1,3}$
30,00 m	40,00 m	42,04 m	67,08 m	50,99 m

$$\gamma_{1,2} = \arccos((67{,}08^2 - 30^2 - 40^2) : (-2 \cdot 30 \cdot 40)) = 162{,}7138 \, \text{gon} = t'_{S,1}$$

$$\gamma_{1,3} = \arccos((50{,}99^2 - 30^2 - 42{,}04^2) : (-2 \cdot 30 \cdot 42{,}04)) = 88{,}4693 \, \text{gon}$$

$$\rightarrow 400 - \gamma_{1,3} = 301{,}7008 \, \text{gon} = t'_{S,3}$$

$(e_{2,S}; t'_{S,2})$ P → R $(Y'_2; X'_2)$ (40,00; 162,7138) P → R (22,118; −33,329)

$(e_{3,S}; t'_{S,3})$ P → R $(Y'_3; X'_3)$ (42,04; 301,7008) P → R (−42,025; 1,123)

Weiter gilt für Punkt 1: $(Y'_1; X'_1) = (0; 30{,}00)$

Die lokalen Koordinaten der Punkte 1, 2 und 3 werden im Formular (Abb. 2.17) eingetragen und der zu transformierende Punkt ist S = (0; 0). Die Koordinaten des „Schnittpunktes S" im Zielsystem lauten:

Y_S = 30,912 m und X_S = 28,486 m. Die Restklaffungen in den Festpunkten betragen:

Nr.	ΔY [m]	ΔX [m]
1	0,002	−0,003
2	0,002	0,003
3	−0,004	0,000

2.3.6 Einrechnungszug

Ein Einrechnungszuges ist im Prinzip eine Verkettung von Strecken, wobei die Winkel (Brechungswinkel) zwischen den einzeln Strecken (Sehnen) bekannt sind. Es werden keine richtungsmäßige Anschlussmessungen am Anfang der ersten, wie am Ende der letzten Strecke vorgenommen. Der Einrechnungszug ist eine Variante des Polygonzugs: den beidseitig offenen Polygonzug. Beim Einrechnungszug sind die Endpunkte koordinatenmäßig bekannt. Die Berechnung soll nur bei solchen Zügen stattfinden die gestreckt sind, in keinem Fall für so genannte Ringpolygone (Anfangs- und Endpunkt identisch). Für solche Züge muss die einschlägige Fachliteratur herangezogen werden.

Abb. 2.18 zeigt ein Einrechnungszug, bestehend aus 3 gemessene Strecken und 2 gemessene Brechungswinkel. Der erste Instrumentenstandpunkt ist der unbekannte Punkt 65. Auf diesem Punkt werden die Entfernungen zum Festpunkt 61 und zum unbekannten Punkt 66 gemessen. Ebenfalls wird der Brechungswinkel β_{65} (man beachte den Drehsinn, rechtsläufig) von Punkt 61 zum Punkt 66 gemessen. Anschließend wird der Punkt 66 als Instrumentenstandpunkt verwendet und die Entfernung zum Festpunkt 67, wie auch der Brechungswinkel β_{66} gemessen. In Prinzip kann dieses Schema fortgesetzt werden.

Gesucht sind die Koordinaten der Instrumentenstandpunkte P65 und P66. Zur Lösung wird auch hier ein lokales Koordinatensystem definiert mit dem ersten Instrumentenstandpunkt (P65) als Koordinatenursprung (0;0) und die lokale X'-Achse in Richtung des Festpunktes (P61). Die Koordinaten für Punkt 61 können sofort angegeben werden:

$$Y'_{61} = 0,000 \, \text{m}; \ X'_{61} = 153,242 \, \text{m}$$

Beispiel
Gemessen wurden die Entfernungen und Winkel:

$$e_{65,61} = 153,242 \, \text{m}; \ e_{65,66} = 139,503 \, \text{m}; e_{66,67} = 195,837 \, \text{m}$$
$$\beta_{65} = 200,001 \, \text{gon}; \beta_{66} = 242,148 \, \text{gon}$$

Koordinatenberechnung : Ähnlichkeitstransformation – Kleinpunktberechnung – Freie Standpunktwahl – Bogenschlag - Einrechnungszug

Projektbezeichnung: | Berechnung: Bogenschlag 3 Punkte | Datum: | Name:

Ausgangskoordinaten / Zentrierte Koordinaten

Pkt.Nr.	Ursprungssystem y' [m]	x' [m]	Zielsystem y [m]	x [m]	Ursprungssystem $y'-y_s'$ [m]	$x'-x_s'$ [m]	Zielsystem $y-y_s$ [m]	$x-x_s$ [m]
1	0,000	30,000	0,000	50,000	6,636	30,735	-16,667	26,667
2	22,118	-33,329	70,000	20,000	28,754	-32,594	43,333	-3,333
3	-42,025	1,123	0,000	0,000	-35,389	1,858	-26,667	-23,333
Summe	-19,907	-2,206	80,000	70,000	0,000	0,000	0,000	0,000
S	$-6,636 = y_s'$	$-0,735 = x_s'$	$26,667 = y_s$	$23,333 = x_s$				

S=Schwerpunkt

Polarkoordinaten, Maßstabsfaktor und Drehwinkel:

Pkt.Nr.	Ursprungssystem l' [m]	$(t_s')'$ [gon]	Zielsystem l [m]	t_s [gon]	Maßstabsfaktor q	Drehwinkel ε [gon]
1	31,444	13,5367	31,447	364,4385	1,000099	350,9018
2	43,464	153,9797	43,461	104,8874	0,999939	350,9077
3	35,438	303,3398	35,434	254,2379	0,999879	350,8980
				Mittelwerte:	$q_m = 0,999972$	$\varepsilon_m = 350,9025$

Berechnung der umzuformenden Punkte   mit $l_{s,i} = l_i' \cdot q_m$ und $t_s^t = (t_s^t)' + \varepsilon_m$

Pkt.Nr.	y_i'	x_i'	$y_i' - y_s'$	$x_i' - x_s'$	l_i'	$(t_s^t)'$	$l_{s,i}$	t_s^t	$y_i - y_s$	$x_i - x_s$	y_i	x_i
S	0,000	0,000	6,636	0,735	6,676	92,9739	6,676	443,8764	4,246	5,152	30,912	28,486

Abb. 2.17 Transformationsergebnis für einen Bogenschlag über 3 Festpunkte

Abb. 2.18 Skizze zum Beispiel Einrechnungszug

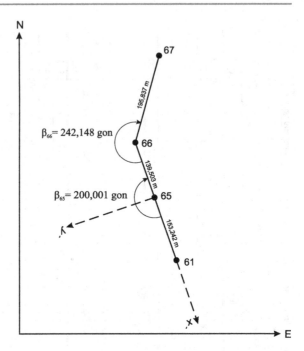

Berechnung: Polares und mehrfaches polares Anhängen

$(e_{65,66}; t'_{65,66})$ P $\rightarrow$ R $(\Delta Y'_{66}; \Delta X'_{66})$; $(139{,}503; 200{,}001)$ P $\rightarrow$ R $(\mathbf{-0{,}002; -139{,}503})$

$t'_{66,67} = t'_{65,66} \pm 200\,\text{gon} + \beta_{66} = 200{,}001 - 200{,}000 + 242{,}148\,\text{gon} = 242{,}149\,\text{gon}$

$(e_{66,67}; t'_{66,67})$ P$\rightarrow$R $(\Delta Y'_{67}; \Delta X'_{67})$; $(195{,}837; 242{,}149)$ P $\rightarrow$ R $(-120{,}392; -154{,}460)$

$Y'_{67} = Y'_{66} + \Delta Y'_{67} = -0{,}002 + (-120{,}392) = \mathbf{-120{,}394\,m}$

$X'_{67} = X'_{66} + \Delta X'_{67} = -139{,}503 + (-154{,}460) = \mathbf{-293{,}963\,m}$

Gegeben: Koordinaten der Festpunkte

Nr.	E [m]	N [m]
61	23.652,140	15.405,410
67	23.701,760	15.865,920

Zusammenstellung der lokalen Koordinaten:

Nr.	E [m]	N [m]
61	0,000	153,242
65	**0,000**	**0,000**
66	−0,002	−139,503
67	−120,394	−293,963

Mit diesen Werten wird die Ähnlichkeitstransformation berechnet, vgl. Abb. 2.19.

Koordinatenberechnung : Ähnlichkeitstransformation – Kleinpunktberechnung – Freie Standpunktwahl – Bogenschlag - Einrechnungszug

Projektbezeichnung: Witte/Sparla S.248	Berechnung: Einrechnungszug	Datum:	Name:

Ausgangskoordinaten

Pkt.Nr.	Ursprungssystem		Zielsystem	
	y' [m]	x' [m]	y [m]	x [m]
61	0,000	153,242	23652,140	15405,410
67	-120,394	-293,963	23701,760	15865,920
Summe	-120,394	-140,721	47353,900	31271,330
S	$-60,197 = y_s'$	$-70,361 = x_s'$	$23676,950 = y_s$	$15635,665 = x_s$

S = Schwerpunkt

Zentrierte Koordinaten

	Ursprungssystem		Zielsystem	
	$y' - y_s'$ [m]	$x' - x_s'$ [m]	$y - y_s$ [m]	$x - x_s$ [m]
61	60,197	223,603	-24,810	-230,255
67	-60,197	-223,603	24,810	230,255
Summe	0,000	0,000	0,000	0,000

Polarkoordinaten, Maßstabsfaktor und Drehwinkel:

Pkt.Nr.	Ursprungssystem		Zielsystem		Maßstabsfaktor	Drehwinkel
	l' [m]	$(t_s')'$ [gon]	l [m]	t_s [gon]	q	ε [gon]
61	231,564	16,7418	231,588	206,8332	1,000104	190,0914
67	231,564	216,7418	231,588	6,8332	1,000104	190,0914
Mittelwerte:					$q_m = 1,000104$	$\varepsilon_m = 190,0914$

Berechnung der umzuformenden Punkte mit $l_{s,i} = l_i' \cdot q_m$ und $t_s^i = (t_s^i)' + \varepsilon_m$

Pkt.Nr.	y_i'	x_i'	$y_i' - y_s'$	$x_i' - x_s'$	l_i'	$(t_s^i)'$	$l_{s,i}$	t_s^i	$y_i - y_s$	$x_i - x_s$	y_i	x_i
65	0,000	0,000	60,197	70,361	92,597	45,0541	92,607	235,1455	-48,567	-78,850	23628,383	15556,815
66	-0,002	-139,503	60,195	-69,143	91,674	154,3971	91,684	344,4885	-70,193	58,982	23606,757	15694,647

Abb. 2.19 Rechenbeispiel eines Einrechnungszuges

2.4   Absteckung nach dem Polarverfahren

Zur Absteckung von Punkten kommen heutzutage auf Baustellen im Wesentlichen nur zwei Verfahren zum Einsatz. Entweder werden die Punkte mit Hilfe eines GPS- (besser GNSS-)Empfängers oder mit Hilfe eines elektronischen Tachymeters abgesteckt. Die Absteckung mit einem Tachymeter beruht auf der Verwendung der Grundaufgabe R → P entsprechend Abschn. 2.2.3. Die so berechneten polaren Absteckelemente (Richtung und Distanz) können mit dem Tachymeter im Feld abgesteckt werden.

Beispiele:

geg.: Koordinaten der Festpunkte Punkte A und E (vgl. Abb. 2.20),
      Koordinaten der abzusteckenden Punkte 1 und 2
ges.: Polare Absteckungselemente für die Punkte 1 und 2, bezogen auf Standpunkt A und
      der Anschlussrichtung zum Punkt E

Pkt.	y	x	$\Delta y_{A,P}$	$\Delta x_{A,P}$	Strecke	Richt.-Winkel	Horizontalwinkel
n	[m]	[m]	[m]	[m]	$l_{A,P}$ [gon]	$t_{A,P}$ [gon]	$\beta_{E,P}$ [gon]
A	4292,34	2817,16					
E	4382,67	2886,74	90,33	69,58		58,215	0,000
1	4359,39	2837,10	67,05	19,94	69,95	81,598	23,383
2	4339,98	2877,66	47,64	60,50	77,01	42,465	384,250

mit $\beta_{E,P} = t_{A,P} - t_{A,E}$ (+400) [gon]

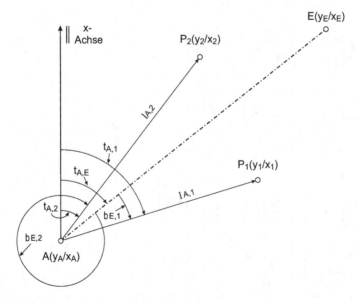

Abb. 2.20 Prinzipskizze zur polaren Absteckung

2.5   Die Klotoide (Übergangsbogen)

2.5.1   Klotoidenformeln

Fundamentalformeln für die Klotoide mit dem Klotoidenparameter A:

$$A^2 = L_n \cdot R_n$$

$$\tau_n = \frac{L_n^2}{2A^2} \cdot \rho^{gon}$$

$$\tau_n = \frac{L_n}{2R_n} \cdot \rho^{gon}$$

$$\tau_n = \frac{A^2}{2R_n^2} \cdot \rho^{gon}$$

mit τ_n in [gon] und $\rho^{gon} = \frac{200\,gon}{\pi}$

ÜA ist Übergangsbogen Anfang

ÜE ist Übergangsbogen Ende (Kreisbogen Anfang KA), vgl. Abb. 2.21

In der Tabelle befinden sich einige Beispiele zu den Parameterbestimmungen A, R, L und τ.

Gegeben		Gesucht/Berechnet	
$L = 75$	$R = 100$	$A = 86,602$	$\tau = 23{,}873$
$L = 75$	$\tau = 23{,}873$	$A = 86,602$	$R = 100$
$A = 90$	$L = 75$	$A = 108$	$\tau = 22{,}105$
$R = 100$	$\tau = 23{,}873$	$L = 75$	$A = 86{,}602$

Klotoidenkoordinaten

Reihenentwicklung:

$$l_n = \frac{L_n}{A} \quad Y_n = y_n \cdot A \quad X_n = x_n \cdot A$$

$$y_n = \frac{l_n^3}{6} - \frac{l_n^7}{336} + \frac{l_n^{11}}{42.240} - \frac{l_n^{15}}{9.676.800} + - \cdots$$

$$x_n = l_n - \frac{l_n^5}{40} + \frac{l_n^9}{3456} - \frac{l_n^{13}}{599.040} + - \cdots$$

Taschenrechnerformeln:

$$U_n = \left(\frac{L_n}{A}\right)^4$$

$$Y_n = \frac{L_n^3}{6A^2} \cdot \left[1 - \frac{U_n}{56} \cdot \left(1 - \frac{7U_n}{880}\right)\right]$$

$$X_n = L_n \cdot \left[1 - \frac{U_n}{40} \cdot \left(1 - \frac{U_n}{86,4}\right)\right]$$

Die Taschenrechnerformeln entsprechen exakt den Reihenentwicklungen mit Abbruch nach dem dritten Glied.

Grenzwerte bei der praktischen Verwendung von Klotoiden:

$$R/3 \leq A \leq R, \text{d. h. } 1/3 \leq l \leq 1$$

Obere Grenzwerte zur Verwendung der Reihenentwicklung mit drei Gliedern und mm-Genauigkeit, d. h. $A \cdot |\Delta x_{4.\,\text{Glied}}| \leq 0,5$ mm

Wird lediglich cm-Genauigkeit angestrebt, vergrößert sich A um den Faktor 10.

l	A[m]
1,0	300
0,9	1178
0,8	5448
0,7	30.914

Beispiele

geg.: A und L der nachfolgenden Tabelle
ges.: die zugehörigen Fundamentalwerte R und τ, die Klotoidenkoordinaten Y und X mit Abbruch der Reihenentwicklungen nach dem dritten Glied und die Abschätzung der zu verwendenden Rechenformeln für die Klotoidenkoordinaten

A	L	R	τ	Y	X
[m]	[m]	[m]	[gon]	[m]	[m]
300,000	300,000	300,000	31,8310	49,114	292,587
500,000	500,000	500,000	31,8310	81,857	487,645

A	L	l	$|A \cdot \Delta x_{4.\,\text{Glied}}|$	$A \cdot \Delta x_{4.\,\text{Glied}}$
[m]	[m]		[mm]	bei mm-Berechnung erforderlich?
300,000	300,000	1,000.000	0,5	nein
500,000	500,000	1,000.000	0,8	ja

Abb. 2.21 Das lokale Koordinatensystem der Klotoide

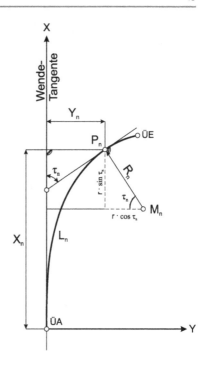

Hinweis

Die Berechnungen von Stationspunkten und Hauptpunkten der Klotoide geschehen in das in Abb. 2.21 dargestellte lokale System der Klotoide. Anschließend sind diese Koordinaten in das Zielsystem (z. B. Landeskoordinaten) zu transformieren. In den Abb. 2.22 und 2.23 ist die Situation für zwei beliebig orientierte Übergangsbögen dargestellt. Im Falle eines nach „links" verlaufenden Übergangsbogens (Abb. 2.23) sind die Y-Werte negativ einzuführen.

Abb. 2.22 Rechtsläufige Klotoide

Abb. 2.23 Linksläufige Klotoide

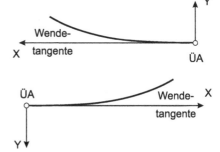

2.6   Absteckung von Höhen

Der Vorblick zwischen letztem Instrumentenhorizont und der vorgegebenen = abzuste-
ckenden Soll-Höhe ist zu berechnen und durch Vertikalbewegung der Nivellierlatte einzu-
stellen. Der Lattenfuß ist anschließend zu vermarken.

Beispiel

geg.: Höhenfestpunkt $H_A = 136{,}743$ m ü. NHN
      die abzusteckende Sollhöhe von 134,635 m ü. NHN
gem.: die nachfolgenden Messwerte für die Rück- und Vorblicke
ges.: letzter Vorblick zu Absteckung der Sollhöhe, vgl. Abb. 2.24

Punkt	Rückblick R [m]	Vorblick V [m]	Instrumentenhorizont Höhe ü. NHN	Höhe ü. NHN	Bemerkung
	1,236		137,979	**136,743**	H_A = Festpunkt (I_1)
WP1	0,479	2,015	136,443	135,964	(I_2)
WP2	2,148	1,952	136,639	134,491	(I_3)
		X?		**134,635**	H_E = Sollwert

$$
\begin{aligned}
\text{Instrumentenhorizont } I_1 &= 136{,}743 + 1{,}236 &= 137{,}979 \\
\text{Bodenhöhe von } WP1 &= 137{,}979 - 2{,}015 &= 135{,}964 \\
\text{Instrumentenhorizont } I_2 &= 135{,}964 + 0{,}479 &= 136{,}443 \\
\text{Bodenhöhe von } WP2 &= 136{,}443 - 1{,}952 &= 134{,}491 \\
\text{Instrumentenhorizont } I_3 &= 134{,}491 + 2{,}148 &= 136{,}639 \\
\text{Sollwert } H_E &= 134{,}635 \\
\text{3. Vorblick} = \mathbf{X} &= \mathbf{2{,}004\,m}
\end{aligned}
$$

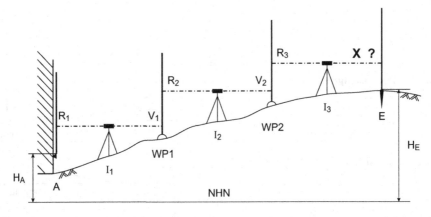

Abb. 2.24 Hoöhenabsteckung mit Nivellierinstrument

Hinweis

Es empfiehlt sich aus Sicherheits- und Kontrollgründen das Nivellement an einem Höhenfestpunkt abzuschließen!

2.7 Vermessungstechnische Berechnungen einer Bauwerksachse

Den nun folgenden Rechenbeispielen liegt der nachfolgende Ausschnitt einer Straßentras-
se, vgl. Abb. 2.25, mit den Trassierungselementen Klotoide – Kreisbogen zugrunde. Der
Klotoidenanfang (ÜA) startet bei der Station $0 + 450$ und endet bei der Station $0 + 675$
($=$ Kreisbogenanfang).

2.7.1 Festpunktnivellement, vgl. Abb. 2.26

Beim Festpunktnivellement sind die Höhen des Anfangs- (H_A) und des Endpunktes (H_E)
bekannt (z. B. amtliche Höhenbolzen).

Formeln

$$\Delta H_{(\text{Ist})} = \Delta h_1 + \Delta h_2 + \ldots + \Delta h_n$$

und umsortiert:

mit: $R =$ Rückblick
$\quad V =$ Vorblick
$\quad \Delta H_{(\text{Ist})} = \Delta h = \Sigma R - \Sigma V$

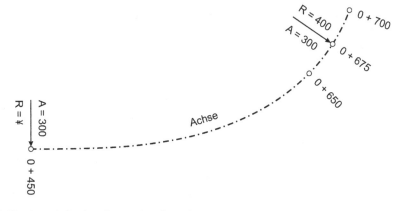

Abb. 2.25 Ausschnitt einer Bauwerksachse

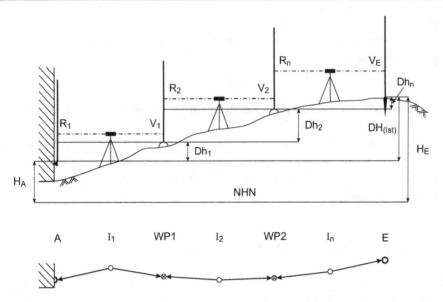

Abb. 2.26 Prinzip des geometrischen Nivellements

Vorläufige = Ist-Höhen von Zwischenpunkten des Liniennivellements:

$$H_{WP1(Ist)} = H_A + R_1 - V_1$$
$$H_{WP2(Ist)} = H_{WP1(Ist)} + R_2 - V_2$$

usw.

für den Abschluss:

$$H_{E(Ist)} = H_{n(Ist)} + R_n - V_E$$

Abschlusswiderspruch w bei gegebener Höhe des Punktes $H_E = H_{E(Soll)}$:

bei Verwendung der Höhenunterschiede:

$$\Delta H_{(Soll)} = H_{E(Soll)} - H_A; \ H_A = H_{A(Soll)}$$
$$\Delta H_{(Ist)} = \Sigma R - \Sigma V$$
$$w = \Delta H_{(Soll)} - \Delta H_{(Ist)}$$

Eine Verteilung des Höhenwidersprungs w ist nur erlaubt, wenn kein Verdacht auf z. B. Fehler oder große systematischen Abweichungen vorliegen. Der Höhenwiderspruch darf den Grenzwert w_{max} nicht überschreiten. Die Überprüfung ob der maximale Grenzwert w_{max} eigehalten wird kann nach der einfachen Formel, welche nur für ein einfaches Nivellement mit An- und Abschluss auf bekannten Höhen H und E gilt, überprüft werden.

$$|w_{max}| = 3 \cdot \sqrt{\sigma_H^2 + 2\sigma_I^2 \cdot e} \ [km]$$

- σ_H = Genauigkeit der Anschlusshöhen (σ_H = 1,2 mm, aus amtlichen Fehlergrenzen, Erfahrungswerten)
- σ_I = Genauigkeit des Instrumentes (σ_I = 1,5 mm für Ingenieurnivelliere und ca. 4–6 mm für Baunivelliere)
- e = Weglänge des Nivellements in [km]

Verteilung des Abschlusswiderspruchs w:

Die Verbesserungen v werden proportional zur Weglänge verteilt. Liegen keine Streckenmessungen (Zielweiten werden meistens abgeschritten) vor, erfolgt die Verteilung gleichmäßig.

Bei Verwendung der Rück- und Vorblicke (i. d. R. sind die Zielweiten Rückblick und Vorblick gleich lang: Nivellement aus der Mitte):

$$v_i = \frac{l_i}{\sum l_i} \cdot w$$

mit l_i = jeweils Weglänge zwischen entsprechenden Höhenpunkten
und $\Sigma v = w$

Beispiel

Die ausgeglichenen Höhen ü. NHN der Stationen $0 + 650$, $0 + 675$, $0 + 700$ sollen durch Messungen zwischen den Höhenfestpunkten 75 und 76 bestimmt werden, vgl. Abb. 2.27.

Zur Verteilung des Widerspruchs w werden die vorläufigen Höhen der Zwischenpunkte verwendet.

geg.: $H_{HP\,75}$ = 207,683 ü. NHN
$\quad\quad H_{HP\,76}$ = 200,351 ü. NHN
gem.: entsprechend der nachfolgenden Tabelle:
$\quad\quad$ die Rückblicke R, die Vorblicke V auf den Instrumentenstandpunkten I_1 bis I_5, die Zielweiten aller Rück- und Vorblicke
ges.: die ausgeglichenen Höhen der Stationen $0 + 650$, $0 + 675$, $0 + 700$

Vorläufige Höhen ü. NHN:

$$
\begin{aligned}
H_{0+650} &= H_{HP\,75} + R_{HP\,75} - V_{0+650} \\
&= 207{,}683 + 2{,}095 - 3{,}120 \\
&= 206{,}658 \\
H_{0+675} &= H_{0+650} + R_{0+650} - V_{WP1} + R_{WP1} - V_{0+675} \\
&= 206{,}658 + 1{,}648 - 3{,}013 + 0{,}933 - 3{,}297 \\
&= 202{,}929
\end{aligned}
$$

Abb. 2.27 Ausschnitt des
Liniennivellements

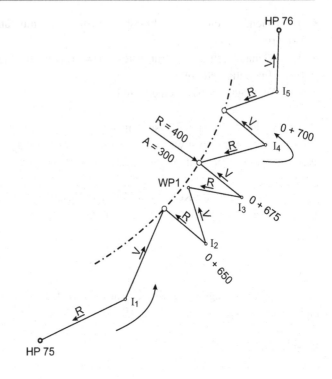

$$H_{0+700} = H_{0+675} + R_{0+675} - V_{0+700}$$
$$= 202{,}929 + 1{,}589 - 2{,}418$$
$$= 202{,}100$$
$$H_{\text{HP 76}} = H_{0+700} + R_{0+700} - V_{\text{HP 76}}$$
$$= 202{,}100 + 0{,}456 - 2{,}209$$
$$= 200{,}347 = \text{Ist-Höhe für HP 76}$$

Abschlusswiderspruch:

$$w = 200{,}351 - 200{,}347 = 0{,}004\,\text{m}$$

oder:

$$\Delta H_{\text{Soll}} = 200{,}351 - \quad 207{,}683 = -7{,}332\,\text{m}$$
$$\Delta H_{\text{Ist}} = \quad\ 6{,}721 - \quad 14{,}057 = -7{,}336\,\text{m}$$
$$w \quad\ = -7{,}332 - (-7{,}336) = +0{,}004\,\text{m}$$

Grenzwert, ob das Ingenieurnivellement ausreichend genau ist:

$$\Sigma l = \text{s} \quad = 155{,}00 + 155{,}00 = 310{,}00\,\text{m}$$
$$|w_{\text{max}}| = 3 \cdot \sqrt{1{,}2^2 + 2 \cdot 1{,}5^2 \cdot 0{,}31}\ [\text{km}] = 5{,}0\,\text{mm}$$

Der Grenzwert ist eingehalten ($w \leq |w_{max}|$)

Punkt	Rück-blick R [m]	Zielweite [m]	Vorblick V [m]	Zielweite [m]	vorläufige Höhe ü. NHN [m]	Verbes-serung v_i [mm]	endgültige Höhe ü. NHN [m]	Bemerkung
HP 75	2,095	40					**207,683**	Festpunkt
0 + 650	1,648	25	3,120	40	206,658	1	206,659	Bodenpunkt
WP1	0,933	35	3,013	25				Wechselpkt.
0 + 675	1,589	25	3,297	35	202,929	3	202,932	Bodenpunkt
0 + 700	0,456	30	2,418	25	202,100	3	202,103	Bodenpunkt
HP 76			2,209	30	200,347	4	**200,351**	Festpunkt
Σ	6,721	155	14,057	155				

Die Verbesserung der vorläufigen Höhen ergibt die ausgeglichenen = endgültigen Höhen:

l_i = jeweils Strecke von HP 75 bis zum entsprechenden Höhenpunkt

$$v_{0+650} = \frac{40,00 + 40,00}{310,00} \cdot 4\,\text{mm}$$

$$= 1,0\,\text{mm} \rightarrow 1\,\text{mm}$$

$$v_{0+675} = \frac{40,00 + 40,00 + 25,00 + 25,00 + 35,00 + 35,00}{310,00} \cdot 4\,\text{mm}$$

$$= 2,6\,\text{mm} \rightarrow 3\,\text{mm}$$

$$v_{0+700} = \frac{40,00 + 40,00 + 25,00 + 25,00 + 35,00 + 35,00 + 25,00 + 25,00}{310,00} \cdot 4\,\text{mm}$$

$$= 3,2\,\text{mm} \rightarrow 3\,\text{mm}$$

$$v_{\text{HP 76}} = \frac{40,00 + 40,00 + 25,00 + 25,00 + 35,00 + 35,00 + 25,00 + 25,00 + 30,00 + 30,00}{310,00}$$

$$\cdot 4\,\text{mm}$$

$$= 4,0\,\text{mm} \rightarrow 4\,\text{mm}$$

2.7.2 Trigonometrische Höhenmessung – Aufnahme von Querprofilen

Formeln

i = Instrumentenhöhe bzw. i_A = Instrumentenhöhe auf Punkt A, vgl. Abb. 2.28

t = Zielhöhe bzw. t_B = Reflektorhöhe auf Zielpunkt B

$$H_B = H_A + i + \Delta h_i - t$$

$$= H_A + s_{A,B} \cdot \cos(z) + i - t$$

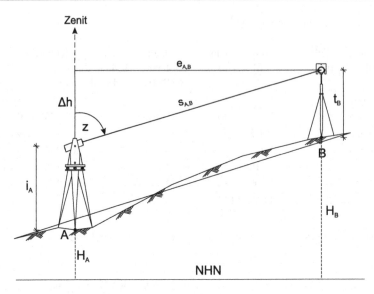

Abb. 2.28 Prinzip zur trigonometrischen Höhenmessung

Beispiel

Es wird angenommen, dass sich das Instrument auf dem Stationspunkt des Querprofils befindet.

geg.: Höhe von H_A = 206,659 m ü. NHN

gem.: horizontale Strecke e_i = (−)12,21 m (Geländepunkt liegt links vom Stationspunkt in Stationsrichtung)

Höhenunterschied Δh_i = − 2,52 m

Instrumentenhöhe i = 1,60 m

Zielhöhe t = 2,00 m

ges.: Höhe ü. NHN des Geländepunktes im Abstand − 12,21 m vom Stationspunkt

$H_{-12,21} = 206,659 + 1,60 - 2,00 + (-2,52)$

$= 203,739$ m ü. NHN 203,74 m

Vollständige Auswertung des Profil 0 + 650:

Station	horizontale Strecke [m]	Höhen- unterschied [m]	i/t [m]	Höhe ü. NHN [m]	Bemerkungen
0 + 650			1,60	206,659	Standpunkt
	−12,21	−2,52	2,00	203,74	(links)
	−2,93	0,13	2,00	206,39	(links)
	6,35	0,44	2,00	206,70	(rechts)
	15,06	1,03	2,00	207,29	(rechts)

2.7.3 Auftrag von Querprofilen

Es folgen die Querprofile der Stationen $0+650$, $0+675$ und $0+700$, vgl. Abb. 2.29–2.31.

⊗: berechnet entsprechend 2.7.4

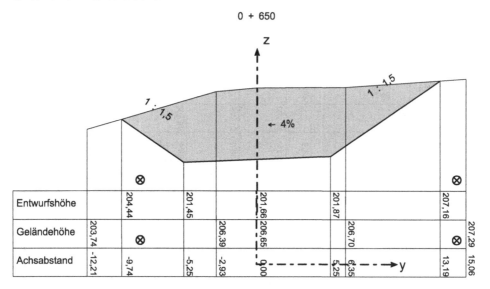

	-12,21	-9,74	-5,25	-2,93	0,00	5,25	6,35	13,19	15,06
Entwurfshöhe		204,44	201,45		201,66	201,87		207,16	
Geländehöhe	203,74	⊗	206,39		206,65		206,70	⊗	207,29
Achsabstand	-12,21	-9,74	-5,25	-2,93	0,00	5,25	6,35	13,19	15,06

Abb. 2.29 Querprofil Station $0+650$

⊗ : berechnet entsprechend 2.7.4
✕ : berechnet in 2.7.4

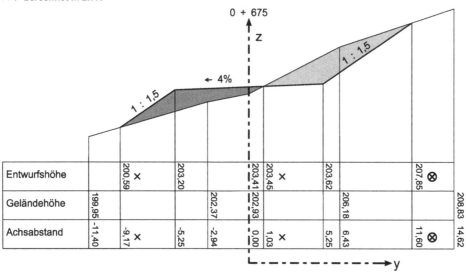

	-11,40	-9,17	-5,25	-2,94	0,00	1,03	5,25	6,43	11,60	14,62
Entwurfshöhe		200,59 ✕	203,20		203,41	203,45 ✕	203,62		207,85 ⊗	
Geländehöhe	199,95		202,37		202,93			206,18		208,83
Achsabstand	-11,40	-9,17 ✕	-5,25	-2,94	0,00	1,03 ✕	5,25	6,43	11,60 ⊗	14,62

Abb. 2.30 Querprofil Station $0+675$

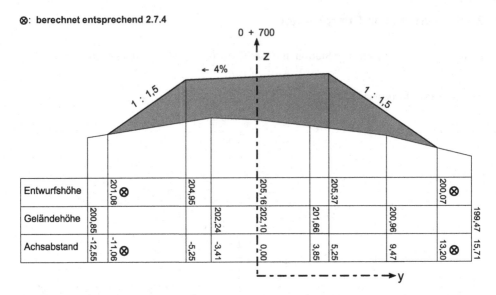

⊗: berechnet entsprechend 2.7.4

Abb. 2.31 Querprofil Station 0 + 700

2.7.4 Schnittpunktsberechnungen in Querprofilen

Jeder Schnittpunkt zwischen Planum und Gelände ist zu berechnen.

Als Geländepunkte sind jene Punkte auszuwählen, die nach dem graphischen Auftrag von Planum und Gelände (siehe Abschn. 2.7.3) unmittelbar links und rechts des Schnittpunkts liegen.

Formeln

$$a_1 = \tan t_{1,S} = \pm n$$
$$a_2 = \tan t_{2,3} = \frac{y_3 - y_2}{z_3 - z_2}$$
$$z_S - z_1 = \frac{y_2 - y_1 - a_2 \cdot (z_2 - z_1)}{a_1 - a_2} = C$$
$$z_S = z_1 + C$$
$$y_S = y_1 + a_1 \cdot C$$

Hinweise

- Falls ein Punkt links der Achse liegt, ist sein y-Wert negativ!
- Ist $a_2 = \infty$ (Gelände horizontal), muss auf die Dreiecksauflösung zurückgegriffen werden:

$$z_S = z_2 = z_3$$

Damm:

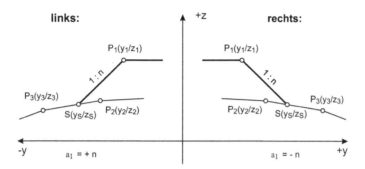

Einschnitt:

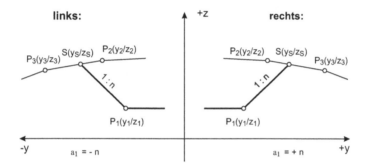

Abb. 2.32 Damm- und Einschnittsberechnungen

Beispiel 1

geg.: Station 0 + 675: links, Damm; Böschungsneigung: 1 : 1,5

$$\text{OK Böschung: } y_1 = -5{,}25 \quad z_1 = 203{,}20$$

die beiden Geländepunkte rechts und links des Schnittpunkts:

$$y_2 = -2{,}94 \quad z_2 = 202{,}37$$
$$y_3 = -11{,}40 \quad z_3 = 199{,}95$$

ges.: Koordinaten von S

$$a_1 = 1,5$$

$$a_2 = \frac{-11,40 - (-2,94)}{199,95 - 202,37} = 3,495868$$

$$C = \frac{-2,94 - (-5,25) - 3,495868 \cdot (202,37 - 203,20)}{1,5 - 3,495868} = -2,611180$$

$$z_S = 203,20 + (-2,61) = 200,59\,\text{m}$$

$$y_S = -5,25 + 1,5 \cdot (-2,611180) = -9,17\,\text{m}$$

Beispiel 2

geg.: Station 0 + 675: Schnitt mit Planum OK; Böschungsneigung: nach links fallend 4 %

$$\text{OK Böschung: } y_1 = -5,25 \quad z_1 = 203,20$$

die beiden Geländepunkte links und rechts des Schnittpunkts:

$$y_2 = 0,00 \quad z_2 = 202,93$$

$$y_3 = 6,43 \quad z_3 = 206,18$$

ges.: Koordinaten von S
Gefälle von 4 % = 4 : 100 = 1 : 25

$$a_1 = 25 \text{ (entspricht „Damm links")}$$

$$a_2 = \frac{6,43 - 0,00}{206,18 - 202,93} = 1,978462$$

$$C = \frac{0,00 - (-5,25) - 1,978462 \cdot (202,93 - 203,20)}{25 - 1,978462} = 0,251251$$

$$z_S = 203,20 + 0,25 = 203,45\,\text{m}$$

$$y_S = -5,25 + 25 \cdot (0,251251) = 1,03\,\text{m}$$

Die Ergebnisse der obigen und der weiteren Schnittpunktsberechnungen sind in den Abb. 2.29–2.31 eingetragen.

2.7.5 Flächenberechnung – Gauß'sche Trapezformel

Formeln

Gauß'schen Trapezformeln, vgl. Abb. 2.33:

$$2A = \sum_{i=1}^{n} (y_i + y_{i+1}) \cdot (x_i - x_{i+1}) \text{ (bezogen auf die } x\text{-Achse)}$$

Bei Flächenberechnungen in Querprofilen ist x durch z zu ersetzen:

$$y_i = \text{Achsabstand,}$$
$$z_i = \text{Höhe ü. NHN}$$

Beispiel

Entsprechend der in Abb. 2.33 dargestellten Querprofile $0 + 650$, $0 + 675$ und $0 + 700$ sind die Querprofilflächen mittels der Gauß'schen Trapezformeln – getrennt nach Abtrag und Auftrag – zu berechnen.

geg.:   Station $0 + 650$, entsprechend der graphischen Darstellung (Abb. 2.29)

ges.:   Abtragsfläche

Abb. 2.33 Skizze zur Gauß'schen Trapezformel

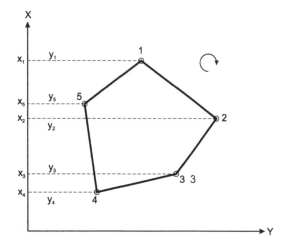

y_i	z_i	$y_i + y_{i+1}$	$z_i - z_{i+1}$	Produkt	$y_{i+1} - y_i$	$z_i + z_{i+1}$	Produkt
[m]	[m]	[m]	[m]	[m²]	[m]	[m]	[m²]
−9,74	204,44	−14,99	2,99	−44,8201	4,49	405,89	1822,4461
−5,25	201,45	0,00	−0,42	0,0000	10,50	403,32	4234,8600
5,25	201,87	18,44	−5,29	−97,5476	7,94	409,03	3247,6982
13,19	207,16	19,54	0,46	8,9884	−6,84	413,86	−2830,8024
6,35	206,70	6,35	0,05	0,3175	−6,35	413,35	−2624,7725
0,00	206,65	−2,93	0,26	−0,7618	−2,93	413,04	−1210,2072
−2,93	206,39	−12,67	1,95	−24,7065	−6,81	410,83	−2797,7523
−9,74	204,44						
Summen			0,00	−158,5301	0,00		−158,5301

Abtragsfläche $A = 1/2 \cdot 158{,}5301 = -79{,}2650\,\text{m}^2$

Ergebnisse: einschließlich der Flächen in den Profilen $0 + 675$ und $0 + 700$ (ohne Nachweis):

Profil	Auftrag	Abtrag
	[m²]	[m²]
0 + 650		−79,2650
0 + 675	8,0123	−10,9336
0 + 700	56,7013	

Hinweis

Im Profil $0 + 675$ (Abb. 2.30) muss die Flächenberechnung zwischen Ab- und Auftrag unterscheiden, da sonst bei einem gemeinsamen Ansatz die Differenzfläche berechnet werden würde, im Beispiel also $8{,}0123 - 10{,}9336 = -2{,}9213\,\text{m}^2$ Abtrag.

2.7.6 Volumenberechnung aus Querprofilen

Formeln

Pyramidenstumpfformel:

$$V = \frac{L_S}{3} \cdot \left(A_i + \sqrt{A_i \cdot A_{i+1}} + A_{i+1}\right)$$

Prismenformel:

$$V = \frac{L_S}{2} \cdot (A_i + A_{i+1})$$

A_i und A_{i+1}: begrenzende Querprofilflächen:

          nicht verwendbar bei Wechsel zwischen Ab- und Auftrag;

          bei der Pyramidenstumpfformel auch bei Abtrag positiv einzugeben!

Entsprechend der „Regeln für die elektronische Bauabrechnung" (REB):

L_S: Schwerpunktsweg zwischen den begrenzenden Profilen:

$$L_S = L \cdot k_{\text{mittel}}$$

L = Bogenlänge in der Achse zwischen den begrenzenden Profilen

$$k_{\text{mittel}} = \frac{k_i + k_{i+1}}{2}$$

$$k_i = \frac{R_i - y_{S_i}}{R_i} \qquad \begin{array}{l} R \text{ negativ bei Linksbogen} \\ R \text{ positiv bei Rechtsbogen} \end{array}$$

Abstand des Schwerpunktes von der Achse y_{S_i}:

$$y_{S_i} = \frac{\sum \left(y_n^2 + y_n \cdot y_{n+1} + y_{n+1}^2 \right) \cdot (z_n - z_{n+1})}{6 A_i}$$

n = Anzahl der Knickpunkte im Profil

Beispiele
Berechnung des Abtrags zwischen den Querprofilen $0 + 650{,}000$ und $0 + 675{,}000$.
Angaben zur Streckenachse:

Klotoide: $\qquad A = 300{,}000\,\text{m}$
Klotoidenursprung: $0 + 450{,}000 = \ddot{\text{U}}\text{A}$ (Übergangsbogenanfang)

Bogenlänge zwischen beiden Profilen in der Streckenachse:

$$675{,}000 - 650{,}000 = 25{,}000\,\text{m}$$

Siehe auch Skizze der Streckenachse in Abb. 2.25 und zur Klotoide in Abb. 2.21

$$650{,}00 - 450{,}00 = 200{,}00$$
$$R = A^2/L = 300^2/200{,}00 = 450\,\text{m}$$

Station	Bogenlänge der Klotoide L_n [m]	Krümmungsradius R_n der Klotoide [m]
$0 + 650{,}000$	200,000	450,000
$0 + 675{,}000$	225,000	400,000

Berechnung des Schwerpunkts $y_{S_{0+650}}$:

y_n	z_n	$y_n^2 + y_n \cdot y_{n+1} + y_{n+1}^2$	$z_n - z_{n+1}$	$\left(y_n^2 + y_n \cdot y_{n+1} + y_{n+1}^2\right) \cdot (z_n - z_{n+1})$
−9,74	204,44	173,5651	2,99	518,9596
−5,25	201,45	27,5625	−0,42	−11,5763
5,25	201,87	270,7861	−5,29	−1432,4585
13,19	207,16	298,0551	0,46	137,1053
6,35	206,70	40,3225	0,05	2,0161
0,00	206,65	8,5849	0,26	2,2321
−2,93	206,39	131,9907	1,95	257,3819
−9,74	204,44			
		Summen:	0,00	−526,3397

$$y_{S_{0+650}} = \frac{-526,3397}{6 \cdot (-79,2650)} = 1,1067\,\text{m}$$

$$k_{0+650} = \frac{-450,000 - 1,1067}{-450,000} = 1,002459$$

$$k_{0+675} = \qquad\qquad = 1,015129 \text{ ohne Nachweis}$$

$$k_{\text{mittel}} = \frac{1,002459 + 1,015129}{2} = 1,008794$$

$$L_S = 1,008794 \cdot 25,000 = 25,219850\,\text{m}$$

Volumen des Abtrags:

Pyramidenstumpfformel:

$$V_{\text{Py}} = \frac{25,219850 \cdot \left(79,2650 + \sqrt{79,2650 \cdot 10,9336} + 10,9336\right)}{3} = 1005,748\,\text{m}^3$$

Prismenformel:

$$V_{\text{Pr}} = \frac{25,219850 \cdot (79,2650 + 10,9336)}{2} = 1137,398\,\text{m}^3$$

Zusammenstellung (mit weiteren Endergebnissen):

Profil	Auftrag [m²]	Abtrag [m²]	y_s [m]	k_i	k_{mittel}	Volumen [m³] Pyramidenstumpf	Prisma
0 + 650,000		79,265	1,1067	1,002459			
					1,008794	1005,748	1137,398
0 + 675,000		10,934	6,0517	1,015129			
0 + 675,000	8,012		−4,2522	0,989369			
					0,996032	714,056	805,710
0 + 700,000	56,701		1,0778	1,002694			

Hinweise

- Um die bewegten Erdmengen vollständig zu erfassen, müssten in diesem Beispiel die Nullprofile für den Abtrag und den Auftrag eingemessen und ausgewertet werden.
- Die begrenzenden Querprofilflächen unterscheiden sich deutlich. Entsprechend sind die Differenzen der Volumen zwischen der Pyramidenstumpfformel und der Prismenformel sehr groß. Siehe dazu: Abschnitt 7 „Bauabrechnung und Mengenermittlung", in Hoffmann, Zahlentafeln für den Baubetrieb.
- In Bauverträgen, die laut REB abgeschlossen sind, wird die Prismenformel benutzt. Siehe dazu: REB-VB 23.003.
- Zur Volumenbestimmung von Baugruben: siehe Abschnitt 7 „Bauabrechnung und Mengenermittlung", Hoffmann, Zahlentafeln für den Baubetrieb, 9. Auflage, Teubner Verlag 2010 und die entsprechenden Zahlenbeispiele in diesem Buch.

Der baurechtliche Vertrag

3

Bernd Ulke

3.1 Grundlagen Vertragsrecht

Abschluss von (Bau-)Verträgen
Es ist jedermann gestattet, Verträge zu schließen, die sowohl hinsichtlich des Vertragspartners als auch des Vertragsgegenstandes frei bestimmt werden können, außer sie verstoßen

- gegen **zwingende Vorschriften des geltenden Rechts**,
- gegen **gesetzliche Verbote** (z. B. Allgemeines Gleichbehandlungsgesetz),
- gegen **die guten Sitten** (siehe § 242 BGB).

Vertragsfreiheit bedeutet hierbei insbesondere:

- das Recht, sich zu entscheiden, ob und mit wem man einen Vertrag abschließen will → **Abschlussfreiheit,**
- die Möglichkeit, den Inhalt der vertraglichen Regelungen frei zu bestimmen → **Inhaltsfreiheit,**
- die Freiheit, Verträge grundsätzlich ohne eine bestimmte Form abzuschließen → **Formfreiheit,**
- die Freiheit, sich von geschlossenen Verträgen zu lösen → **Aufhebungsfreiheit.**

Dabei setzt ein Vertrag zwei korrespondierende Willenserklärungen voraus, namentlich **Angebot** und **Annahme** (§ 145 ff. BGB).

B. Ulke (✉)
FH Aachen
Aachen, Deutschland
E-Mail: ulke@fh-aachen.de

© Springer Fachmedien Wiesbaden GmbH, ein Teil von Springer Nature 2019
T. Krause, B. Ulke (Hrsg.), *Übungsaufgaben und Berechnungen für den Baubetrieb*,
https://doi.org/10.1007/978-3-658-23127-9_3

Praxishinweis

Ein einmal abgegebenes Angebot bindet in der Regel **denjenigen, der es gemacht hat**. Wird es rechtzeitig angenommen, kann der Antragende nicht mehr verhindern, dass der Vertrag zustande kommt. Die einzige Möglichkeit, den Vertragsabschluss zu verhindern, besteht allein darin, für einen vorher oder gleichzeitig zugehenden Widerruf des Angebots zu sorgen.

Beispiel Kaufvertrag

a.) Verkäufer V. (V) schreibt an Käufer K. (K): „Ich biete Ihnen meinen Monitor, der Ihnen so gut gefiel, für € 300,00 zum Kauf an." K antwortete dem V: „Ich danke für Ihren Brief und akzeptiere Ihren Vorschlag zum Kauf des Monitors."
Kann V von K die Zahlung von € 300,00 verlangen?
b.) Kann V von K die Zahlung von € 300,00 verlangen, wenn K auf den Brief des V wie folgt antwortete: „Ich bin mit dem Kauf einverstanden, kann aber leider nur € 200,00 zahlen."?
c.) Was gilt, wenn K, während der Brief des V an K von der Post befördert wird, an V, ohne dessen Brief zu kennen, schreibt: „Sie werden gemerkt haben, dass ich Gefallen an Ihrem Monitor gefunden habe. Ich biete Ihnen für den Monitor € 300,00"?

Lösung zu Beispiel Kaufvertrag

a.) V kann die Zahlung des Kaufpreises in Höhe von € 300,00 gemäß § 433 Abs. 2 BGB nur dann verlangen, wenn ein Kaufvertrag über den Monitor zu einem Preis von € 300,00 zustande gekommen ist.
   - Brief des V = Angebot
   - Brief des K = Annahme
   - Damit ist ein wirksamer Kaufvertrag zustande gekommen. V kann von K die Zahlung von € 300,00 verlangen.
b.) K hat das Angebot des V nicht angenommen. Es genügt nicht, dass V verkaufen und K kaufen will. Es muss auch eine Einigung sowohl über die Kaufsache als auch über den Kaufpreis erfolgen. Vorliegend fehlt es an einer Einigung über den Kaufpreis.
Das Schreiben des K stellt allenfalls eine Annahme unter Abweichungen dar. Gemäß § 170 Abs. 2 BGB hat K daher den alten Antrag des V abgelehnt und ein neues Angebot abgegeben, welches V seinerseits annehmen oder ablehnen kann. Nimmt V das Angebot an, kommt allerdings ein Kaufvertrag zu einem Kaufpreis von € 200,00 zustande.
c.) V kann von K die Zahlung des Kaufpreises in Höhe von € 300,00 nur dann verlangen, wenn ein Kaufvertrag über den Monitor zu einem Preis von € 300,00 zustande gekommen ist.
Schreiben des V: Antrag

Schreiben des K: Antrag, keine Annahme des Angebotes des V, weil in der Erklärung des K kein Einverständnis mit dem angebotenen Vertragsschluss zu verstehen ist.

Wichtig:

Übersendet dagegen V nach Erhalt des Briefes von K den Monitor an K, so ist darin die Annahme des Angebotes des K durch den V zu sehen (**konkludente Annahme**).

Beispiel Willenserklärung

Die Software-Firma Vertikalbau (V) schickt dem (Verbraucher) Käufer K. (K) unaufgefordert eine Software zur Erstellung von Bauzeitenplänen für private Bauherren mit einem Anschreiben zu, wonach V die Software dem K zum Kauf von € 150,00 anbietet; wenn V von K innerhalb von 2 Wochen keine Antwort erhalten hat, gehe V davon aus, dass K durch sein Schweigen das Angebot annehme. K schweigt. Muss er zahlen?

Lösung zu Beispiel Willenserklärung

Das Schweigen des K ist nicht als Annahme des Kaufangebotes zu sehen. K braucht deshalb nicht zu zahlen.

Schweigen gilt nur dann als Willenserklärung, wenn die Parteien dies vereinbart haben oder das Gesetz es bestimmt. Vorliegend fehlt es an einer Vereinbarung, da diese einen vorherigen Vertragsschluss voraussetzt. Das Gesetz sieht beispielsweise in § 516 Abs. 2 Satz 2 BGB sowie in § 362 Abs. 1 HGB entsprechende Regelungen vor, das ausnahmsweise Schweigen als Annahme gilt. Siehe hierzu auch § 241a BGB.

Beispiel mündliche Willenserklärung

Mieter M.(M) ist Mieter eines Raupenbaggers und möchte das Mietverhältnis telefonisch kündigen. Deshalb ruft er am Freitagabend im Geschäft des Vermieters V. (V) an. Wegen Dienstschlusses ist das Telefon nicht mehr besetzt, aber mit einem automatischen Anrufbeantworter verbunden. M erklärt, er kündige das Mietverhältnis zu Ende Februar. V hört erst am Montag um 9:00 Uhr das Band ab. Ist die Kündigung wirksam, wenn die Kündigungsfrist am Freitag ablief?

Lösung zu Beispiel mündliche Willenserklärung

Die von M ausgesprochene Kündigung ist eine mündliche Erklärung unter Abwesenden. Der Rechtsgedanke des § 147 Abs. 1 Satz 2 BGB greift nicht ein, weil M nicht mit V spricht. Mit der Aufnahme auf dem angeschlossenen Anrufbeantworter ist die Erklärung des M in den Empfangsbereich des V gelangt, so dass er Kenntnis von dieser Erklärung nehmen kann. Angaben gegenüber einer von ihm selbst zur Empfangsannahme geschaffenen Einrichtung muss der Empfänger gegen sich geltend lassen.

Allerdings ist die zur Kündigung am Freitag nach Geschäftsschluss in den Bereich des V gelangte Erklärung diesem erst am Montagmorgen, also verspätet, zugegangen. Nach den Gepflogenheiten des Geschäftsbetriebes konnte man nicht erwarten, dass V sich früher Kenntnis schaffte.

Die Kündigung ist daher zumindest zum Zeitpunkt Ende Februar unwirksam.

Beispiel Empfang der Willenserklärung
Markus Mannsberger (M) ist Mieter eines Kompressors und möchte das Mietverhältnis kündigen. V lehnt die Annahme eines Briefes des M ab, weil er Strafporto bezahlen soll. Nach ausreichender Frankierung durch M wird der Brief, der eine Kündigungserklärung enthält, drei Tage später dem V zugestellt. Ist die Kündigung wirksam, obwohl innerhalb der drei Tage die Kündigungsfrist verstrichen ist?

Lösung zu Beispiel Empfang der Willenserklärung
Gesetzlich nicht geregelt sind die Fälle, in denen die Willenserklärung wegen eines Verhaltens des Empfängers diesem nicht oder verspätet zugeht. Hier muss im Einzelfall eine Abwägung der sich widerstreitenden Interessen stattfinden.

Bei einer Verweigerung der Annahme der schriftlichen oder des Anhörens einer mündlichen Erklärung sind zwei Fallgruppen zu unterscheiden.

Eine berechtigte Verweigerung durch den Erklärungsempfänger geht zu Lasten des Erklärenden. Dies trifft vorliegend für den ersten von M versandten Brief zu: V hat die Annahme dieses Briefes deshalb berechtigt verweigert, weil er wegen ungenügender Frankierung Strafporto zahlen soll.

Eine unberechtigte Verweigerung geht zu Lasten des Erklärungsempfängers. Die Erklärung ist ihm zugegangen; der Empfänger war in der Lage, sich vom Inhalt der Erklärung Kenntnis zu verschaffen. Genau hiermit konnte unter normalen Umständen gerechnet werden. Die Kündigung des M ist daher erst zum nächstmöglichen Kündigungstermin wirksam.

Beispiel 2 Empfang der Willenserklärung
Markus Mannsberger (M) ist Mieter eines Kompressors und möchte das Mietverhältnis kündigen. M kündigt schriftlich das Mietverhältnis. V befindet sich jedoch im Urlaub und hat bei der Post keinen Nachsendeantrag gestellt. Der eingeschriebene Kündigungsbrief erreicht dem V daher erst nach seiner Rückkehr aus dem Urlaub. Die Kündigungsfrist ist zu diesem Zeitpunkt bereits abgelaufen. Ist die Kündigung wirksam?

Lösung zu Beispiel 2 Empfang der Willenserklärung
Eine Zugangsverzögerung ist vor allem dann bedeutsam, wenn es auf die Rechtzeitigkeit der Willenserklärung (z. B. fristgemäße Kündigungserklärung) ankommt.

Der Erklärungsempfänger kann sich nicht mit Erfolg auf eine Verzögerung berufen, sofern sie ihm zuzurechnen ist. Dies ist der Fall, wenn er grundlos und bewusst den rechtzeitigen Zugang vereitelt (Rechtsgedanke des § 162 BGB). Der Empfänger ist allerdings auch dann nicht schutzwürdig, wenn er Vorkehrungen für einen rechtzeitigen Zugang der

Erklärung unterlassen hat, obwohl es ihm aufgrund besonderer Umstände oblag, Vorsorge für den rechtzeitigen Zugang zu treffen.

Im Beispielsfall muss V die Kündigung als rechtzeitig gegen sich gelten lassen, wenn ihm diese in Aussicht gestellt worden war; musste er dagegen nicht mit der Kündigung rechnen, geht die Verspätung grundsätzlich zu Lasten des M.

Sofern allerdings V gewerblich Baugeräte vermietet, trifft ihn als Kaufmann aufgrund seiner Berufsstellung die Obliegenheit, dafür Sorge zu tragen, dass ihm auch während seiner Urlaubsabwesenheit Erklärungen zugehen können.

3.2 Protokolle, Dokumentation des Bauablaufs und Schriftverkehrverfolgung

3.2.1 Protokoll

Eine schriftlich fixierte Besprechung (z. B. in Form eines Protokolls) kann verbindliche Rechtswirkungen entfalten und entscheidende Bedeutung in Bezug auf beispielsweise Vergütungs- und Mängelansprüche haben.

Wenn die Möglichkeit besteht, sollte das Protokoll selbst verfasst werden, um die eigens benötigten Punkte festzuhalten und um eine gewisse Sorgfalt sicherzustellen. Der Protokollführer wird z. B. zu Beginn vertraglich oder in Absprache mit allen Beteiligten festgelegt. Für die Vermeidung von Widersprüchen ist es zweckdienlich, wenn das Protokoll als Online-/Beamer-Protokoll erstellt wird. Hierbei wird die Niederschrift direkt während der Erstellung des Protokolls für alle Beteiligten sichtbar und in digitaler Form zur Verfügung gestellt. Somit können etwaige Einsprüche direkt angesprochen und effektiv bearbeitet bzw. ausgeräumt werden. Außerdem zeigt es gegenüber den Beteiligten eine offene Arbeitsweise, sodass der Verdacht eines absichtlich „nachträglich angepassten" Protokolls nicht aufkommen kann.

In der Regel werden die Termine beispielsweise für Baubesprechungen in einem Turnus von einer Woche festgelegt. Für die Auflistung der Punkte ist es ratsam, ein Nummerierungssystem festzulegen, damit Aktualisierungen bzw. Änderungen direkt dem entsprechenden Punkt zugewiesen werden können. Des Weiteren sollten die jeweiligen Zuständigkeiten klar ersichtlich und nachvollziehbar dargestellt werden.

Für den Aufbau der Struktur ist es notwendig, die abgearbeiteten Punkte aus dem Protokoll zu entfernen. Die Formulierung sollte sich kurz und präzise halten.

Ein Protokoll könnte wie in Abb. 3.1 aussehen.

3.2.2 Vertretungsvollmachten

Um den Eintritt der Rechtsfolgen des Vertreterhandelns unmittelbar in der Person des Vertretenen zu erreichen, bedarf es neben der ausdrücklichen oder aus den Umständen zu

PROTOKOLL				
Verfasser: Max Mustermann	Gewerk: 530 xxx	Tel.: 030 6x 31 12 58	E-Mail: max@mustermann.de	Datum: 21.02.2017
Abteilung:	TSE			
Besprechungsthema:	114. Baubesprechung Rohbau Musterstraße 100			
Vom:	21.02.2017		Berichtswoche:	KW 08/09 2017
Teilnehmer:	Siehe Teilnehmerliste			
Verteiler:	AN: AG: BÜ: Sowie Teilnehmer			
INHALTSVERZEICHNIS				
01.	Arbeitssicherheit			
02.	Allgemeines			
03.	Stand der Arbeiten			
04.	Planung			
05.	Termine			
06.	Qualität			
07.	Besonderes			
08.	Schnittstellen			
09.	Anlagen			

Top	Ergebnis	Zuständig	Termin
114.01.01	Arbeitssicherheit		
114.89.01.01	Schichtbetrieb entfällt; Regelarbeitszeit Montags bis Freitag 07:00 bis 18:00, eine Stunde Pausenzeit		
114.88.01.02	Die Notfallnummer auf der Baustelle lautet: 0030-xxxxx	Alle	fortlaufend
......	......	......	......
114.02.01	Allgemeines		
114.113.02.02	In den Treppentürmen sind die Durchgangshöhen zum Kessel anzupassen	AN	11.KW
114.114.02.03	Die Aufgaben von Herr xxx werden ab sofort von Herrn yyy übernommen	AN/AG	10.KW
......	......	......	......

Abb. 3.1 Beispiele für Protokolle zu verschiedenen Zwecken

entnehmenden Erklärung, im Namen des Vertretenen zu handeln, auch einer dazu berechtigenden Vertretungsmacht, die in der Regel auf einer Vollmacht des Vertretenen beruht. Folgende Vertretungsvollmachten sind üblich:

- **Ausdrücklich Vollmacht** (echte Vollmacht): der Vertreter besitzt eine schriftliche Vollmacht
- **Stillschweigende Vollmacht** (echte Vollmacht): der Vertretene weißt den Vertreter an, für ihn zu entscheiden
- **Duldungsvollmacht**: der Vertreter weiß vom Handeln des Vertreters und duldet es
- **Anscheinsvollmacht**: der Vertretene weiß vom Handeln des Vertreters nicht, hätte es aber wissen und verhindern können

Die Handlungsfreiheit eines Planers oder Architekten ist ohne Vollmacht sehr eingeschränkt. Es existieren diesbezüglich eine Vielzahl Gerichtsurteile, an dieser Stelle sollen nur grobe Leitlinien bezüglich dessen vorgestellt werden, was der Planer/Architekt ohne Bevollmächtigung ausführen bzw. entscheiden darf und was nicht. Tendenziell darf der Planer/Architekt ohne Vollmacht folgendes nicht:

- die VOB/B vertraglich vereinbaren,
- Vergabe von Zusatzaufträgen erteilen,
- Vergabe von Änderungsaufträgen erteilen,
- Änderungen vertraglich vereinbarter Fertigstellungstermine treffen,
- Vergabe von Aufträgen an Sonderfachleute erteilen,
- Eine rechtsgeschäftliche Abnahme i. S. d. § 640 BGB bzw. § 12 VOB/B durchführen,
- Anerkennung von Stundenlohnzetteln vollziehen,
- Verzicht auf Gewährleistungsansprüche, Einwendungen oder Einreden Vereinbarung von Gerichtsstands- oder Schiedsgerichtklauseln treffen,
- Behinderungsanzeigen gemäß § 6 Nr. 1 VOB/B entgegennehmen und bearbeiten,
- Vergütungsverlangen eines Bauunternehmers (z. B. gemäß § 2 Nr. 6 VOB/B) entgegennehmen.

Der Planer/Architekt ist hingegen zu folgenden Handlungen berechtigt:

- auf der Baustelle Weisungen erteilen und Anordnungen treffen im Sinne 3 § Abs. 2 Nr. 3 VOB/B (Anweisungen geben, die zur vertragsgemäßen Ausführung der Leistung notwendig sind),
- Mängel rügen,
- technische Abnahmen (§ 4 Abs. 10 VOB/B) durchführen,
- mit dem Auftragnehmer gemeinsam Aufmaße erstellen,
- „geringfügige" Zusatzaufträge erteilen,
- Ausführungsunterlagen von Bauhandwerkern in technischer Hinsicht genehmigen,

- die Mängelbeseitigungsaufforderung und die Fristsetzung mit Kündigungsandrohung zur Vorbereitung einer Vertragskündigung nach § 4 Abs. 7, § 8 Abs. 3 VOB/B vornehmen, weil beide Erklärungen den Vertrag nicht ändern, sondern die Kündigung durch den Auftraggeber nur vorbereiten.

3.2.3 E-Mail-Verkehr auf Baustellen und Empfangsnachweis

Hinsichtlich des E-Mail-Verkehr auf Baustellen sind folgende Punkte zu beachten:

- E-Mails sollten nur dann verfasst werden, wenn das persönliche Gespräch nicht im passenden Zeitrahmen möglich ist oder aber wenn zuvor mündliche abgestimmte Sachverhalte bzw. Ergebnisse dokumentiert werden sollen;
- Mails nur an die Ansprechpartner, für die der Inhalt bedeutsam ist;
- unterscheiden Sie bewusst „An" und „Cc": Der Durchdruck „Cc" setzt den Empfänger nur in Kenntnis, von ihm wird keine Rückmeldung erwartet. „BCC" sollte kritisch betrachtet bzw. vermieden werden;
- falls mehrere Empfänger vorhanden sind, ist eine klare Aufgabenverteilung wichtig;
- Prioritätenstufen wählen: „hoch" nur für wirklich wichtige Mails wählen;
- in jeder Mail sollte nur ein Thema angesprochen werden, damit die Organisation der Mails erleichtert wird;
- veraltete Mails nicht zitieren, ohne den kompletten Text zu übernehmen;
- halten Sie die E-Mail klein: vermeiden von Grafiken, große Dateien komprimieren, kurze Textdokumente direkt als Mail verfassen;
- die Betreffzeile sinnvoll wählen und kennzeichnen (bspw. [Info:], [Auftrag:] ...);
- korrekte Grammatik, Interpunktion und Rechtschreibung sind selbstverständlich zu beachten;
- Termin-, Aktions- und Entscheidungsanfragen sollten schnellstmöglich beantwortet werden: ggfs. Zwischenbescheid versenden;
- antworten Sie stets auf Mails, auch wenn sie die Zuständigkeit nur weiterleiten;
- verwenden Sie Abwesenheitsnotizen und benennen Sie Ihren Vertreter;
- die Impressums-Pflicht schreibt den Einsatz der Signatur vor (für einen professionellen Eindruck).

3.2.4 Arbeitsanforderungen für Stundenlohn durch AG

In Bauphasen, vor allem bei Großprojekten, kann es zu Schwierigkeiten bei der Zuordnung und Kontrolle der Stundenzettel kommen. Zur Vorbeugung ist es an dieser Stelle sinnvoll, bei der Formulierung der Arbeitsanforderung die anstehende Leistung genau zu beschreiben und jedem Vorgang eine Nummer zu vergeben. Es ist ebenfalls empfehlenswert, für jede Position eine zur Erfüllung erforderliche Arbeitszeit zu schätzen.

Eine Arbeitsanforderung könnte unter Berücksichtigung der eben genannten Punkte wie folgt aussehen:

	Arbeitsanforderung Nr. [ ]	Kostenträger
Bauteil: [ ]	Anfordernder Fachbaultr. / Abt.: [ ] Ausführender Fachbaultr.: Verursacher: [ ] Unterschrift: _____ Ausführungszeit: [ ]	Abtlg.: [ ] Fa.: [ ] Bauteil- Nr.: [ ]
Örtlichkeit: [ ]	Raum-Nr.: [ ]	Achse/Kote: [ ]
Leistungsbeschreibung: [ ] Datum und Unterschrift des Anfordernden _____		

Somit ist eine spätere Zuordnung von Stundenlohnarbeiten möglich und der Auftraggeber hat stets die Möglichkeit, die Angemessenheit des Stundenaufwandes zu überprüfen.

3.2.5 Schriftverkehrslisten

Insbesondere bei Großprojekten kann es aus Sicht jeder Vertragspartei sinnvoll sein, sog. „Schriftverkehrsverfolgungslisten" zu erstellen, damit sichergestellt ist, dass sämtlicher Baustellenschriftverkehr auch (fristgerecht) beantwortet wird.

Beispiel: Schriftverkehrverfolgungsliste (Abb. 3.2)

Projekt: ...
Thema: Liste offener Punkte (LOP)- und Schriftverkehrverfolgungsliste
Stand: 13.03.2012

---Schreiben---			
Datum		**Betreff**	
Erstellt	Eingang	Brief Nr.	Thema

	Ref	**Bereich**	**Verweis**	**Bearbeitung / Antwort**		
		V:Vertrag N: Nachtrag V+N B: Baustelle T: Technik S: Sonstiges		verantwortlich /zuständig	bis	n.n.

---Bearbeitung---					
Claim-Management			**Antwort**		**Bemerkung**
Antwort zu prüfen bis	Schreiben zur Kennt- nis ge- nommen	Mitarbeit nicht notwendig	Versendet am:	Via Brief Nr.	

Abb. 3.2 Schriftverkehrverfolgungsliste

3.3 Vertragsarten

Unterschieden werden bei der Abwicklung von Bauprojekten in der Regel die Vertragsarten „Kauf-, Werks-, und Dienstverträge". Beim **Kaufvertrag** steht der Warenumsatz
und die Verschaffung des Eigentums an einer vorgefertigten Sache im Vordergrund. Der
Werkvertrag beinhaltet die Erstellung eines den Vorgaben des Bestellers entsprechenden
Werkes und damit ein **fassbares Arbeitsergebnis**. Hingegen umfasst der **Dienstvertrag**
lediglich das bloße Wirken und ist im Gegensatz zum Werkvertrag nur tätigkeitsbezogen.
Ein Erfolg wird beim Dienstvertrag in aller Regel nicht geschuldet.

Diese verschiedenen Vertragsformen sind verbunden mit abweichenden Eigenschaften betreffend der Höhe und Fälligkeit der Vergütung und etwaigen Rechtsfolgen bei Schlechtleistung. Sie unterscheiden sich ebenso in den Bedingungen für Kündigungsfristen und -gründe.

Beispiel Vertragsrecht
Anlagenbetreiber A beauftragt die Buntbau GmbH (B), eine Siloanlage zu erstellen und zu montieren. Die für die Erstellung der Siloanlage erforderlichen Bauteile bestellte A – einschließlich einer prüfbaren Statik – bei der Buntbau GmbH. Diese stellte die Teile (u. a. Dammwände, Stützen und Zugstangen) her, lieferte sie an A aus und montierte sie dort.
Findet auf das Vertragsverhältnis Kaufrecht oder Werkvertragsrecht Anwendung?

Lösung zu Beispiel Vertragsrecht
§ 651 BGB – Anwendung des Kaufrechts

Auf einen Vertrag, der die **Lieferung herzustellender oder zu erzeugender beweglicher Sachen** zum Gegenstand hat, finden die Vorschriften über den **Kauf** Anwendung. Es kommt hingegen zur Anwendung des Werkvertragrechts, wenn die weitere Leistung (Planung-, Montage- und Einbauleistung) so dominiert, dass sie den Schwerpunkt des Vertrages bildet oder die Erstellung eines funktionstüchtigen Werkes im Vordergrund steht.

Auf den Vertrag findet nach BGH (Urteil vom 23.07.2009 – VII ZR 151/08) ausschließlich Kaufrecht Anwendung.

Wegen § 651 BGB sei Kaufrecht auf sämtliche Verträge mit einer Verpflichtung zur Lieferung herzustellender oder zu erzeugender beweglicher Sachen anzuwenden, unabhängig davon, ob es sich um Verträge zwischen Unternehmern handle.

An der Anwendung des Kaufrechts ändere nichts,

- dass die gelieferten Anlagenteile erkennbar zum Einbau in das Silo bestimmt gewesen seien,
- die Buntbau GmbH Planungsleistungen („prüfbare Statik") zu erbringen hatte. Weil jeder Herstellung eine gewisse Planungsleistung vorausgehe, sei **Werkvertragsrecht** nur dann anwendbar, wenn **die Planungsleistung so dominiere**, dass sie den **Schwerpunkt des Vertrags** bilde.

3.3.1 Der Architekten- oder Ingenieurvertrag

Der Architekten- oder Ingenieurvertrag ist in der Regel als **Werkvertrag** nach §§ 631 ff. BGB einzuordnen, und damit erfolgsorientiert. Eine Ausnahme bildet dabei die Beschränkung der Leistung auf bloße Beratung in Bezug auf Mängel und ihre Beseitigung, wodurch der Architekten- oder Ingenieurvertrag zum Dienstvertrag wird (OLG Hamm).

Der **Bauvertrag** ist ein schuldrechtlicher Vertrag, der eine Bauleistung zum Gegenstand hat. Er ist in der Regel ein **Werkvertrag** nach §§ 631 ff. BGB und damit ebenfalls erfolgsorientiert.

Die VOB/A unterscheidet Bauverträge nach zwei Vertragsarten. Diese sind:

- **zum einen der Einheitspreisvertrag:** Der EP-Vertrag wird für technisch und wirtschaftlich einheitliche Teilleistungen vergeben, deren Mengen nach Maß, Gewicht oder Stückzahlen angegeben ist. Das Risiko liegt in diesem Fall beim Auftraggeber, da dieser die Mengenermittlung durchführt;
- **zum anderen der Pauschalvertrag:** Wenn die Leistungen nach Ausführungsart und Umfang genau zu bestimmen sind und mit einer Änderung bei der Ausführung nicht zu rechnen ist, wird ein Pauschal-Vertrag vereinbart. Hier liegt das Risiko der Mengenermittlung beim Auftragnehmer.

Beispiel Vergütungsanspruch

U verpflichtet sich, für B ein Bauwerk zu entwerfen. Nach einigen Unstimmigkeiten hinsichtlich der Planung zwischen U und B bricht U die Arbeit ab und verlangt von B Bezahlung der bereits aufgewendeten Arbeitszeit. Erfolgt dies zu Recht?

Lösung zu Beispiel Vergütungsanspruch

Im genannten Fall hat U keinen Anspruch auf die Vergütung, weil es sich hier um einen Werkvertrag handelt und er den danach geschuldeten Erfolg nicht herbeigeführt hat.

3.3.2 Honorarordnung für Architekten und Ingenieure (HOAI)

Die HOAI ist eine Verordnung des Bundes zur Regelung der Vergütung (Honorar) der Leistungen von Architekten und Ingenieuren. Sie gibt ein verbindliches Preisrecht für Planungsleistungen im Bauwesen vor, da der Wettbewerb nicht auf Preisebene, sondern allein auf Ebene der Qualität stattfinden soll.

Beispiel HOAI

B beauftragt den Architekten A mit der Bauplanung, Oberleitung und örtlichen Bauaufsicht. A berechnet sein Honorar nach der Honorarordnung für Architekten und Ingenieure (HOAI). B weist die Gebührenrechnung zurück, weil die HOAI nicht vereinbart sei. Wer hat Recht?

Lösung zu Beispiel HOAI

Im Fall hat A mit Recht seine Gebühren nach HOAI berechnet, weil dies die **übliche Vergütung i. S. d. § 632 Abs. 2 BGB darstellt** (vgl. BGH MDR 1967, 484).

Beispiel Gewährleistungsansprüche

Der Auftragnehmer hat als Nachunternehmer fünf Kühlzellen und zwei Kühlräume mit „selbsttragenden Wand- und Deckenelementen, die mit Hakenverschlüssen zu verbinden sind", zu liefern, zu montieren und im Rahmen einer förmlichen Abnahme zu einem bestimmten Zeitpunkt zu übergeben.

Die Montageleistung hat hierbei im Verhältnis zum Warenwert eine relativ untergeordnete Bedeutung.

Ca. drei Monate nach Anlieferung und Montage rügt der Auftraggeber u. a. die zu geringe Höhe der Kühlzellen. Der Auftragnehmer lehnt eine Haftung mit der Begründung ab, dass es sich aufgrund des geringen Montageaufwands um einen dem Kaufrecht unterliegenden Werklieferungsvertrag unter Kaufleuten handele, so dass Mängelansprüche nicht mehr durchgesetzt werden können, wenn sie – wie hier – nicht unverzüglich nach Anlieferung der Ware gerügt worden sind (§ 377 HGB).

Ist der Auftragnehmer mit seinen Gewährleistungsansprüchen ausgeschlossen?

Lösung zu Beispiel Gewährleistungsansprüche

Nimmt der Unternehmer die Herstellung und den Einbau von beweglichen Teilen vor, liegt ein Werklieferungsvertrag (mit der Folge der **Anwendung von Kaufrecht**) vor, wenn nach dem Vertrag die Verpflichtung, Eigentum und Besitz an den Einzelteilen zu übertragen, im Vordergrund steht; dagegen gilt **Werkvertragsrecht**, wenn das Interesse des Bestellers an der Erstellung eines funktionsfähigen Werkes überwiegt. Dabei kommt es weder auf den Umfang eventueller Eigenleistungen des Bestellers noch darauf an, ob die Montage der Bauteile insgesamt nur wenig Zeit beansprucht. Der Vertrag über die Lieferung und Einbau von Kühlzellen und Kühlräumen ist ein **Werkvertrag**, so dass die handelsrechtliche Rügepflicht gemäß §§ 377, 381 HGB nicht gilt. Vorliegend **zielt der Vertrag darauf ab**, die nach den vertraglichen Vorgaben entsprechenden Kühlzellen **fachgerecht und mängelfrei zu installieren** und dem Auftraggeber ein **entsprechendes abnahmefähiges Werk zu übergeben**.

Hier steht also **nicht das Umsatzgeschäft** an den einzelnen Bauteilen im Vordergrund, sondern eine **funktionierende Kühleinheit** nach den vom Auftraggeber festgelegten Vorgaben, für die im Vertrag eine förmliche Abnahme der montierten Kühleinheiten zu einem festgelegten Zeitpunkt vereinbart worden ist.

Exkurs: Kaufvertrag

Sonderproblem beim Kauf von Baumaterial: Verlust von Gewährleistungsansprüchen bei Nichtbeachtung der kaufmännischen Untersuchungs- und Rügepflicht (§ 377 HGB). Beim Kauf von Baumaterial kann der (Bau-)Unternehmer die Rechte aus einem Mangel nach § 377 HGB verlieren, wenn der Vertrag über die Lieferung des Baumaterials für beide Vertragspartner ein Handelsgeschäft (§ 343 HGB) ist. Nach § 377 Abs. 1 HGB hat der Käufer die Ware unverzüglich nach der Ablieferung durch den Verkäufer, soweit dies nach ordnungsmäßigem Geschäftsgang tunlich ist, zu untersuchen und, wenn sich ein Mangel zeigt, dem Verkäufer unverzüglich Anzeige zu machen.

Unterlässt der Käufer die Anzeige, so gilt die Ware als genehmigt, es sei denn, dass es sich um einen Mangel handelt, der bei der Untersuchung nicht erkennbar war (§ 377 Abs. 2 HGB). Zeigt sich ein Mangel erst später, muss die Anzeige unverzüglich nach der Entdeckung gemacht werden; andernfalls gilt die Ware auch hinsichtlich dieses Mangels als genehmigt (§ 377 Abs. 3 HGB).

Beispiel Mängelrüge

Ein Bauunternehmen B bestellt bei einem Türhersteller T einhundert nach Aufmaß herzustellende Haustüren. Nach Anlieferung baut das Bauunternehmen B die Türen in das Objekt des Bauherrn X ein. Zwei Monate nach Anlieferung stellt das Bauunternehmen B fest, dass der Türlack der Reinigung mit einem normalen Haushaltsreiniger nicht Stand hält und rügt die fehlende Abriebfestigkeit des Lackes an allen Türen. Gegenüber der Klage des Türherstellers T auf restliche Vergütung von rund 45.000 € macht das Bauunternehmen B ein Zurückbehaltungsrecht geltend mit der Begründung, die Kosten für die erforderliche Neulackierung aller Türen übersteigen den Restvergütungsanspruch.

Lösung zu Beispiel Mängelrüge

Es liegt ein Werklieferungsvertrag nach § 651 S. 1 BGB (also Anwendung des **Kaufvertragsrechts**) auch dann vor, wenn der Baustoff nach Aufmaß herzustellen ist. Missachtet der Bauunternehmer B hinsichtlich des angelieferten Baustoffes seine Untersuchungs- und Rügepflicht gemäß § 377 HGB, verliert er jegliche Gewährleistungsansprüche. Nach Auffassung des Gerichts hätte die fehlende Abriebfestigkeit des Lackes unverzüglich nach Anlieferung bei der neben einer Sichtprüfung erforderlichen einfachen technischen Überprüfung durch einen Reibeversuch mit einem feuchten Tuch festgestellt und angezeigt werden müssen. Die erst zwei Monate nach Lieferung erhobene Mängelrüge ist damit verspätet (OLG Nürnberg).

3.4 Nichtigkeit von Rechtsgeschäften

Die Anfechtung der Gültigkeit von Rechtsgeschäften kann aus verschiedenen Gründen geschehen. Der wichtigste in der Baupraxis vorkommende Anfechtungsgrund ist die **Anfechtung wegen Irrtums** nach § 119 BGB. Ein Irrtum ist grundsätzlich dann gegeben, wenn Wille und Erklärung bei der Abgabe des Angebotes nicht übereinstimmen. Die Anfechtung erfolgt unverzüglich nach Kenntnisnahme und spätestens innerhalb von 10 Jahren seit Abgabe der Willenserklärung (§ 121 BGB). Bei wirksamer Anfechtung ist das Rechtsgeschäft nach § 142 Abs. 1 BGB von Anfang an nichtig.

Ein weiterer Grund für die Nichtigkeit von Rechtsgeschäften ist die **Anfechtung wegen Täuschung oder Drohung**. Die Grundlage dafür liegt vor, sobald eine Willenserklärung durch arglistige Täuschung oder Drohung bestimmt wurde. Die Anfechtung wegen Täuschung/Drohung hat binnen eines Jahres nach Kenntnisnahme des Anfechtungsberechtigten von der Täuschung (§ 124 Abs. 1, 2 BGB) oder innerhalb von zehn Jahren nach Abgabe der Willenserklärung zu erfolgen (§ 142 Abs. 1 BGB).

Beispiel Anfechtungsgründe

a.) Der Verkäufer (V) verkaufte dem Käufer (K) im Februar 2017 ein Ölgemälde „Manhattan" für € 2.000,00. K bezahlt und erhält das Bild. Auf der Quittung vermerkt V, dass es sich um ein Bild von Siegfried Meier handelt. K ging davon aus, dass es sich um das Original des Bildes von Luigi Rocca handelte und ließ es im August des folgenden Jahres untersuchen.
Der Gutachter stellte fest, dass K Recht hat. K prahlt mit seinem Coup am Stammtisch. Als V davon am 8. Mai 2018 erfährt, erklärt er sofort die Anfechtung und verlangt das Bild von K heraus. Kann V den Kaufvertrag anfechten?
b.) V hat bereits im April 2018 erfahren, dass es sich um ein Bild von Luigi Rocca handelt. Er fährt jedoch zunächst vier Wochen in den Urlaub und erklärt erst am 8. Mai 2018 die Anfechtung. Wie ist die Rechtslage in diesem Fall?
c.) V hatte K das Bild bereits im März 2000 verkauft. V erfährt von dem oben beschriebenen Sachverhalt am 8. Mai 2018 und erklärt sofort die Anfechtung. Wie ist die Rechtslage in diesem Fall?

Lösung zu Beispiel Anfechtungsgründe

a.) Anfechtungsgrund: § 119 Abs. 2 BGB – Eigenschaftsirrtum ist gegeben
Anfechtungsfrist: § 121 BGB ist eingehalten
Rechtsfolge: Anfechtung ist wirksam, der Kaufvertrag somit nichtig.
Rückgabe des Bildes gemäß § 812 BGB hat zu erfolgen.
Schadensersatzpflicht: nach § 122 BGB, V muss die Gutachterkosten des K tragen.
b.) Anfechtungsgrund: § 119 Abs. 2 BGB – Eigenschaftsirrtum ist auch hier gegeben
Anfechtungsfrist: § 121 BGB wurde durch den Urlaub des V nicht berücksichtigt, die Anfechtung erfolgte nicht unverzüglich
Rechtsfolge: Die Anfechtung ist nichtig, der Kaufvertrag bleibt wirksam.
c.) Anfechtungsgrund: § 119 Abs. 2 BGB – Eigenschaftsirrtum ist gegeben.
Anfechtungsfrist: § 121 BGB ist nicht eingehalten, da die 10-Jahresfrist abgelaufen ist.
Rechtsfolge: Die Anfechtung ist nicht mehr zulässig, der Kaufvertrag wirksam.

Beispiel Anfechtung wegen Täuschung
Der Generalunternehmer Unehrlich GmbH (GU) war mit der Errichtung einer Kläranlage beauftragt. Ein Schwesterunternehmen des GU sollte als Nachunternehmer (NU) die Herstellung und Lieferung von Laufbahnabdeckungen übernehmen. Der NU wollte

die Leistungen aber nicht selbst erbringen und holte mehrere Angebote von Nachunternehmern ein. Das günstigste Angebot war dasjenige des Bauunternehmens Unschönbau GmbH (U).

Da dem NU das Angebot des U von rund 89.000 € sowie die Angebote der anderen Bieter zu hoch erschienen, kam es jedoch nicht zu einer Auftragsvergabe.

Der GU schrieb dieselbe Leistung nochmals aus, diesmal ohne Angabe des genauen Ortes des Bauvorhabens, jedoch mit dem Hinweis „Kläranlage ca. 250 km von … entfernt". Außerdem änderte er die Baupläne der Kläranlage, indem er in dem Klärbecken eine Trennwand einzeichnen ließ, die sich am Ort des eigentlichen Bauvorhabens nicht befinden sollte.

Ohne zu wissen, dass es sich um dasselbe Bauvorhaben handelte, bewarb sich U noch einmal und erhielt den Auftrag schließlich zu einem Preis von 60.000 €. Der GU hatte ihm auf Nachfragen erklärt, er wolle den genauen Ort des Bauvorhabens wegen schlechter Erfahrungen mit einem anderen Lieferanten nicht nennen. Er erklärte im Prozess, mittels dieses Tricks habe er vor U verbergen wollen, dass es sich um das gleiche, schon einmal von dem Schwesterunternehmen angefragte Bauvorhaben handelte. Als U dies nach Auftragserteilung feststellte, erklärte er die Anfechtung des Vertrages wegen arglistiger Täuschung und verweigerte die Leistung.

Der GU verlangte daraufhin 22.000 € Schadensersatz, nachdem er einen anderen Unternehmer zu einem Preis von 82.000 € beauftragt hatte.

Lösung zu Beispiel Anfechtung wg. Irrtum

Anfechtungsgrund: § 123 BGB – Täuschung durch aktives Tun: Indem der GU die Baupläne veränderte und 250 km Entfernung des Lieferortes angab, hatte er bewusst falsche Angaben gemacht. Dem GU war klar, dass der Ort des Bauvorhabens für U von erheblicher Bedeutung war. Schließlich vermutete der GU, er würde bei richtiger Ortsangabe ein überhöhtes Preisangebot erhalten. GU hat sich arglistig verhalten, weil es dem GU gerade darauf ankam, U wegen der bisher nach seiner Auffassung zu hohen Angebote zu einem niedrigeren Vertragsschluss zu bewegen, was durch die Täuschung auch gelang.

Anfechtungsfrist: § 124 BGB, in diesem Falle unverzüglich erfolgt.

Rechtsfolge: Bauvertrag mit U wirksam angefochten und daher **nichtig**. U brauchte den Bauvertrag nicht zu erfüllen. Folglich kein Schadensersatzanspruch des GU.

Beispiel Anfechtung wegen Drohung

Bauunternehmer Leitungsbau GmbH (B) erhält den Auftrag, Rohrleitungen zu planen und herzustellen. Mit der Ausführung seiner Planung beauftragt B den Nico Unruh als Nachunternehmer (NU).

Nach einigen Abschlagszahlungen kommt es zum Streit über weitere Forderungen des NU. Am 07.07.2016 vereinbart B jedoch mit dem NU die Zahlung restlicher € 125.000 zum Ausgleich sämtlicher Forderungen. Den darüber ausgestellten Scheck lässt B jedoch zwei Tage später sperren.

Am 30.05.2018 erhebt der NU Klage auf Zahlung des Vergleichsbetrags. Im Prozess erklärt B die Anfechtung, die er darauf stützt, er sei durch massive Drohungen gegen ihn und seine Familie zum Abschluss des Vergleichs gezwungen worden.

Lösung zu Beispiel Anfechtung wegen Drohung
Anfechtungsgrund: § 123 BGB – Widerrechtliche Drohung, dies sei an dieser Stelle einmal unterstellt.

Anfechtungsfrist – nach § 124 BGB aber nicht eingehalten: B ließ den Scheck zwei Tage nach Vergleichsschluss sperren. Dies ist nur zu erklären, wenn der Unternehmer mit Konsequenzen auf Grund der Drohung nicht mehr ernsthaft rechnete. Dann begann die Anfechtungsfrist in diesem Zeitpunkt (09.07.2016) und war, als der Unternehmer nach dem 30.05.2018 die Anfechtung auch auf die Drohung stützte, lange abgelaufen (bis zu einem Jahr wäre zulässig gewesen).

Daher ist die Anfechtung wegen Drohung verspätet und nicht mehr ansetzbar.

Beispiel Anfechtung der Kündigung
Achim G. (AG) hat Bauunternehmer Unibau GmbH (U) mit der Errichtung seines Wohnhauses beauftragt. Die VOB/B ist wirksam vereinbart. AG verweigert wegen Mängeln einen angemessenen Teil der Zahlung auf eine Abschlagsrechnung. U weigert sich, weiterzuarbeiten.

AG fordert U daraufhin unter Fristsetzung zur Fortsetzung der Arbeiten auf; zugleich droht AG die Entziehung des Auftrages an. Nachdem die gesetzte Frist erfolglos ablief, kündigt B den Bauvertrag mit U.

U erklärt sogleich die Anfechtung der Kündigung und steht tags darauf auf der Baustelle. Muss AG den U arbeiten lassen?

Lösung zu Beispiel Anfechtung der Kündigung
Die Anfechtung wegen widerrechtlicher Drohung ist hier nicht gegeben, denn der Zweck ist rechtmäßig: U war zur Einstellung der Arbeiten nicht berechtigt.

Mittel rechtmäßig Androhung der Kündigung ist gegenüber der Kündigung das mildere Mittel, die Zweck-Mittel-Relation ist rechtmäßig, da die Androhung der Kündigung ein moderates Mittel ist, um U zur Wiederaufnahme der Arbeiten anzuhalten.

§ 4 Abs. 7 VOB/B i. V. m. § 8 Abs. 3 Abs. 3 Nr. 1 VOB/B sieht die Kündigungsandrohung ausdrücklich vor. Nach neuem Bauvertragsrecht (ab 01.01.2018) allerdings unbedingt beachten, dass die Kündigung eines Bauvertrags zwingend schriftlich erfolgen muss (hierzu ist in der Aufgabenstellung nichts gesagt).

Beispiel Anfechtung der Nachtragsvereinbarung
Bauunternehmer Unibau GmbH (U) errichtet für den Achim G. (AG) eine Reihenhausanlage zu einem Pauschalpreis von 6.000.000 €. Während der Bauausführung verlangt der GU einen Nachtrag wegen des Einbaus von Stahlträgern in Höhe von 547.000 €.

Er droht einen Baustopp für den Fall an, dass eine Nachtragsvereinbarung nicht zustande kommt. Um den Baustopp, der für AG eine Katastrophe wäre, zu vermeiden, unterzeichnet der AG eine Nachtragsvereinbarung über 447.000 € und leistet darauf eine Zahlung in Höhe von 131.000 €.

Nach Fertigstellung verlangt der GU die Differenz in Höhe von 316.000 €, AG ficht die Nachtragsvereinbarung an und verlangt Rückzahlung von 131.000 €. Ist die Nachtragsvereinbarung wirksam?

Lösung zu Beispiel Anfechtung der Nachtragsvereinbarung
Die Anfechtungserklärung durch den Auftraggeber ist zulässig. Der Tatbestand einer widerrechtliche Drohung ist gegeben, denn zumindest die Zweck-Mittel-Relation des Auftragnehmers ist widerrechtlich, denn die Androhung des Baustopps erfolgte unberechtigt.

Zur Anfechtungsfrist sind in der Aufgabenstellung keine abweichenden Angaben, so dass von einer Fristeinhaltung ausgegangen werden kann. Die Anfechtungsfrist beginnt mit dem Wegfall der Zwangslage. Somit ist die Anfechtung rechtens, die **Nachtragsvereinbarung ist nichtig**.

Allerdings schuldet der Auftraggeber **ggfs. einen Wertersatz (§§ 812, 818 BGB)**.

Hinweis
Der Bedrohte braucht der Drohung nicht hilflos ausgeliefert gewesen zu sein. Wer widerrechtlich droht, kann dem Bedrohten grundsätzlich nicht entgegenhalten, dass dieser der Drohung nicht standgehalten habe!

3.5 Mängel und Verzug

Das Hauptinteresse des Auftraggebers (AG) bei der Projektrealisierung liegt in der rechtzeitigen und mangelfreien Herstellung des vertraglich geschuldeten Werks zum vertraglich vereinbarten Preis.

Typische Störungen im magischen Dreieck (Abb. 3.3) sind die nicht rechtzeitige, nicht mangelfreie oder nicht vergütungsäquivalente Leistung. Dabei entstehen für den AG Ansprüche durch folgende Sachverhalte:

- Verzug mit Leistungen oder Teilleistungen
- Mängel des Auftragnehmers (AN)
- Minderleistungen des AN (= Leistungsreduzierungen)

Mängel durch Seiten des AN entsprechen Schlechtleistungen, die Mehrkosten zur Folge tragen, die durch Ersatzvornahmekosten oder sonstige mängelbedingte Schäden begründet sind.

Verzug bedeutet eine pflichtwidrige Verzögerung der Leistung und resultiert in eigenen oder auch fremden Mehrkosten. Ansprüche durch Verzug oder Mängel sind frühzeitig zu

Abb. 3.3 Das „magische"
Dreieck

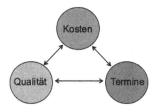

erkennen und richtig durchzusetzen. Für den Sachverhalt des Verzugs gibt es verschiedene
gesetzliche Voraussetzungen:

- Fälligkeit der Leistung (§ 271 BGB)
- Mahnung (§ 286 Abs. 1 BGB); Grundsatz: ohne Mahnung kein Verzug
- Verschulden (§ 286 Abs. 4 BGB); kein Verzug ohne Verschulden

Rechtsfolgen des Verzugs bestehen im Ersatz des Verzögerungsschadens (§§ 280 Abs. 2,
286 BGB). Verzögerungsschäden können durch Baumehrkosten, entgangenen Gewinn/-
Produktionsausfälle oder durch vertragliche Besonderheiten (z. B. Anrechnung einer Vertragsstrafe) entstehen.

Beispiel Vertragsfrist
AN und AG schließen einen Nachtrag zum Hauptvertrag, indem u. a. ein neuer Rahmen-
terminplan als Anlage beigefügt ist. (Nur) dort ist eine Schnittstelle für ein Anschlussge-
werk vorgesehen.
   Der AN überschreitet diesen Schnittstellentermin um 2 Wochen. Der Anschlussunter-
nehmer macht Behinderungsansprüche (§ 642, 643 BGB) geltend.
   Können diese Kosten beim AN geltend gemacht werden?

Lösung zu Beispiel Vertragsfrist

1. Nicht jeder Termin ist eine „automatisch" rechtsfolgenauslösende Vertragsfrist, welche
   bei Überschreitung zum Verzug führt.
   Dies betrifft z. B. regelmäßig die in einem Bauzeitenplan enthaltenen Einzelfristen,
   welche oft nur Überwachungs-/Kontrollfristen darstellen, es sei denn, diese Termine
   wurden eindeutig als verbindliche Vertragstermine vereinbart (vgl. zuletzt OLG Düsseldorf).
2. Da es sich bei objektiver Auslegung „nur" um einen Kontrolltermin handelt, der nicht
   ausdrücklich als verbindliche Vertragsfrist vereinbart wurde, tritt mit Terminüber-
   schreitung nicht automatisch Verzug ein. Möglicherweise ist dieser Kontrolltermin
   aber Anhaltspunkt für die Fälligkeit einer bis dahin zu erbringenden Teilleistung und
   zur Auslegung einer diesbezüglich angemessenen Leistungsfrist heranzuziehen.

Tipp zu Vertrags- und Nachtragsvereinbarungen

1. Bei Vertrags- und Nachtragsvereinbarungen sollte darauf geachtet werden, dass die aus AG-Sicht wichtigen Termine (insbesondere wichtige Schnittstellen) ausdrücklich als verbindliche Vertragsfristen vereinbart werden.
2. Bei Überschreitung von (nicht automatisch verzugsauslösenden) Kontrollfristen stets auf eine rechtzeitige Leistungsanforderung (Schreiben mit Hinweis auf den Termin*) achten und bei Überschreitung eine Mahnung* absenden.

*ggf. zusätzlich Abhilfeaufforderung hinsichtlich einer drohenden Überschreitung des folgenden (Vertrags-)Termins aussprechen, sofern der Fertigstellungstermin noch nicht überschritten ist, wohl aber die Überschreitung zu einem späteren Zeitpunkt wahrscheinlich ist.

Beispiel Mahnung
Der AN hat sein Gewerk bis zum Zeitpunkt x (verbindlicher Vertragstermin) fertigzustellen. Der AN ist 6 Wochen behindert.
   In welchem Umfang hat der AG Anspruch auf Verzugsschadensersatz, wenn der AN nach x plus 10 Wochen fertiggestellt hat und durch den AG

a. Keinerlei Mahnungen ausgesprochen wurden?
b. Eine Mahnung nach x plus 4 Wochen erfolgt ist?
c. Eine Mahnung nach x plus 6 Wochen erfolgt ist?
d. Eine Mahnung nach x plus 5 Wochen und nach x plus 8 Wochen erfolgt ist?

Lösung zu Beispiel Mahnung

1. Behinderungen sowie umfangreiche Zusatzleistungen führen zugunsten des AN grundsätzlich zur entsprechenden Verlängerung der Ausführungsfristen („sog. Terminfortschreibung").
2. Dies hat zur Folge, dass der ursprüngliche kalendermäßig bestimmte Vertragstermin nicht (mehr) fortbesteht und damit kein „automatischer" Verzugseintritt mehr stattfindet; zur Auslösung des Verzugs ist somit eine Mahnung erforderlich.

Konkrete Lösung zu Beispiel Mahnung

a) Kein Anspruch (infolge fehlender Mahnung tritt rechtlich kein Verzug ein)
b) Kein Anspruch (Mahnung vor Fälligkeit wirkungslos)
c) Anspruch auf Verzugsschadensersatz für 4 Wochen (Verzugseintritt erst mit der Mahnung)
d) Anspruch für 2 Wochen (erste Mahnung ging ins Leere, Verzugseintritt erst mit zweiter Mahnung)

Tipp für Mahnungen

1. Bei Behinderungen werden Vertragstermine grundsätzlich „fortgeschrieben"; zum Verzugseintritt ist dann aber eine Mahnung nach Fälligkeit erforderlich.
2. Daher unbedingt darauf achten, dass die entsprechenden Leistungen in regelmäßigen Abständen (z. B. wöchentlich) schriftlich angemahnt werden.

Beispiel Verzug

Es sind Bauablaufstörungen/Behinderungen erheblichen Umfangs eingetreten, welche eine komplette Neuordnung des terminlichen Ablaufs erforderlich machen (z. B. Umstellung der kompletten Montageabläufe, jahresweise Verschiebungen etc.).

Der AN „kündigt" daraufhin alle Vertragstermine „auf" und meint nun mit seinen Leistungen überhaupt nicht mehr in Verzug kommen zu können.

Hat er Recht?

Lösung zu Beispiel Verzug

1. „Grundlegende" Bauablaufstörungen (= ursprünglicher Zeitplan völlig außer Takt) führen dazu, dass eine schlichte Verlängerung/Fortschreibung der „alten" Fristen nicht mehr sinnvoll möglich ist.
2. Dann gilt aber kein Terminvakuum, sondern § 271 BGB und eine neue „angemessene Leistungszeit."
3. Auch hier ist dann aber erst eine Mahnung nach Fälligkeit verzugsauslösend.

Tipp zu Verzug

1. Bei grundlegenden Bauablaufstörungen stellt sich das Problem der „richtigen" Bestimmung des neuen Fälligkeitszeitpunktes der Leistung (angemessener Ausführungszeitraum); als Anhaltspunkt z. B. auf ursprüngliche Ausführungszeit abstellen.
2. Gerade auch hier ist darauf zu achten, dass die Leistungen rechtzeitig angefordert und in regelmäßigen zeitlichen Abständen schriftlich angemahnt werden, denn
   • ohne Mahnung (zum richtigen Zeitpunkt) kein Verzug!

Beispiel Terminpönale

Im Vertrag ist eine Terminpönale für die Fertigstellung vereinbart (Pönale = Vertragsstrafe).

a.) Der AN ist während der Ausführung 7 Tage behindert und stellt insgesamt 22 Tage zu spät fertig.
b.) Der AN ist grundlegend behindert und muss zeitlich komplett neu disponieren. Als neue angemessene Leistungszeit bestimmt ein SV 230 Tage. Der AN stellt nach 245 Tagen fertig.
   Hat der AG Anspruch auf die Pönale für 15 Tage?

Lösung zu Beispiel Terminpönale

a.) Bei „kleineren" Behinderungen gilt: Ohne Mahnung nach Fälligkeit kein Verzug und damit auch keine Terminpönale.
Bei Mahnung zur rechten Zeit dagegen schon (BGH BauR 1999, 645).
- Anspruch nur bei Mahnung nach Fälligkeit und erst ab dann (ab 8. Tag)!

b.) Bei „grundlegenden" Bauablaufstörungen entfällt der Vertragsstrafenanspruch dagegen vollständig und ist auch durch eine Mahnung nicht mehr zu retten (BGH NJ W 1966, 971; OLG Köln BauR 2001, 1105).
- Keinerlei Anspruch auf Terminpönalen mehr!

Hinweis zu Beispiel Terminpönale
Trotzdem mahnen und in Verzug setzen (um ggfs. Verzugsansprüche bzw. Schadensersatzansprüche durchsetzen zu können, auf sorgfältig Schadensermittlung achten).

Begriffe des Baurechts
Unter **Mahnung** ist eine eindeutige Aufforderung zu verstehen, die geschuldete Leistung unverzüglich zu erbringen.

Beispiel für eine Mahnung
„Die Leistung x war zum Zeitpunkt y fertigzustellen. Eine fristgerechte Fertigstellung erfolgte nicht. Sie befinden sich somit in Leistungsverzug. Wir fordern Sie auf, die Leistung **unverzüglich** zu erbringen."

Ein **Sachmangel** nach § 633 BGB besteht in der Abweichung von der vertraglich vereinbarten Beschaffenheit oder wenn das Werk sich nicht für die gewöhnliche Verwendung eignet. Die Beschaffenheitsvereinbarungen des Bausolls finden sich:

1. in der Leistungsbeschreibung/dem Leistungsverzeichnis, Planvorgaben und, sofern dort nicht geregelt
2. den allgemein anerkannten Regeln der Technik und sofern auch dort nicht geregelt
3. muss das Bauwerk eine Beschaffenheit aufweisen, die bei Werken der gleichen Art üblich ist und die der Auftraggeber nach der Art des Werkes erwarten kann.

Die Mängelrechte nach § 634 BGB gelten grundsätzlich erst nach der Abnahme. Nach VOB/B § 4 Abs. 7 können Mängel seitens des AG bereits während der Ausführung gerügt werden.

Beispiel Sachmangel
Nach dem Vertrag ist die Ausführung einer dreilagigen Korrosionsschutzschicht auf Stahlbauteilen vorgesehen.
Der AN führt lediglich zwei Lagen aus und weist nach, dass damit die Korrosionsschutzanforderungen in jeder Hinsicht erfüllt sind. Die Ausführung einer dritten Lage ist

technisch nicht erforderlich und sogar unsinnig. Eine Korrosion ist mit den ausgeführten zwei Lagen vollständig ausgeschlossen.

Frage: Kann der AG Mängelrechte geltend machen?

Lösung zu Beispiel Sachmangel

Von der vertraglich vereinbarten Beschaffenheit wurde abgewichen. Es gilt ein schadensunabhängiger Mangelbegriff: Unerheblich ist, ob Abweichung von der vereinbarten Beschaffenheit zu einem „Schaden" oder auch nur einer Minderung der Gebrauchstauglichkeit des Werks führt. Damit liegt ein Mangel vor.

Beispiel Mängelrechte AN

Der AN errichtet ein Kühlhaus (Gebäude plus Haustechnik) nach den vertraglichen Vorgaben des AG (Planung und Leistungsbeschreibung).

Einige Kältegeräte werden bauseits beigestellt (durch den AG). Nach Fertigstellung stellt sich heraus, dass die geforderten Kühltemperaturen nicht erreicht werden. Ein Sachverständiger (SV) stellt fest, dass die beigestellten Kältegeräte nicht die erforderliche Kühlleistung erbringen.

Kann der AG Mängelrechte geltend machen, obwohl der AN sich bei der Ausführung seiner Leistungen exakt an die Vorgaben der Leistungsbeschreibung gehalten hat und diese vollumfänglich erfüllt sind?

Lösung zu Beispiel Mängelrechte AN

Zur vereinbarten Beschaffenheit gehört die Herstellung eines funktionstauglichen Werkes und nicht nur die Abarbeitung eines vorgegebenen Leistungsprogramms.

(vgl. BGH BauR 2008,343), sog. Funktionaler Mangelbegriff.

Trotz Einhaltung sämtlicher technischer Vorgaben ist das Werk nicht funktionstauglich. Ein Kühlhaus hat zu kühlen. Dies tut es nicht. Der AG hat Mängelrechte.

Aber:

- Enthaftung des AN wäre bei Erfüllung der Bedenkenhinweispflicht möglich gewesen.
- Beteiligung des AG mit Sowieso-Kosten, d. h. die neuen Kühlaggregate hat der Auftraggeber zu bezahlen. Der Auftragnehmer schuldet den neuerlichen Ein- und Ausbau.
- Schadensersatz: Infolge des Mitverschuldens des Planers (wegen Planungsfehler) kann der Auftragnehmer den Planer ebenfalls verklagen.

Beispiel Mängelrüge

Der AN ist mit der anlagentechnischen Isolierung einer Kesselanlage beauftragt. Nach Inbetriebnahme zeigt sich, dass die max. Oberflächentemperaturen überschritten werden.

Der AG lässt die Mängel nach Untätigkeit des AN durch ein drittes Unternehmen beseitigen.

Hat der AG einen Anspruch auf Ersatz der Drittvornahme-Kosten, wenn er die Mängel gegenüber dem AN zuvor rügte und diesen ergebnislos aufforderte,

a. „die Mängel zu beseitigen"?
b. „innerhalb von 2 Wochen Lösungsvorschläge zur Mängelbeseitigung zu unterbreiten"?
c. die Mängel „schnellstmöglich zu beseitigen"?
d. seine „Bereitschaft zur Mängelbeseitigung binnen 2 Wochen zu erklären"?
e. „die Mängel innerhalb von 2 Wochen durch Austausch der offensichtlich fehlerhaften Mineralfasermatten zu beseitigen"?

Lösung zu Beispiel Mängelrüge

a. Nein, es fehlt die Fristsetzung.
b. Nein, es fehlt das Nacherfüllungs-/Mängelbeseitigungsverlangen. Lösungsvorschläge sind keine Mängelbeseitigung (vgl. OLG Düsseldorf, BauR 2001, 645).
c. Nein, schnellstmöglich lässt nicht erkennen, innerhalb welcher Frist der AG die Mängelbeseitigung erwartet (vgl. KG Berlin, IBR 2010, 562).
d. Nein, es wird die Abgabe einer Erklärung, nicht aber die Beseitigung von Mängeln gefordert (vgl. BGH BauR 2000,98).
e. Das kommt darauf an. Soweit andere Möglichkeiten der Mangelbeseitigung bestehen, nein, da das Auswahlrecht des Unternehmers beschnitten wird.

Tipp zu Mängelrügen

- Hohe Anforderungen an ein ordnungsgemäßes und damit wirksames Nacherfüllungsverlangen
- Wichtig, da ohne wirksames Nacherfüllungsverlangen keine Mängelrechte auf der 2. Stufe entstehen
- Stets darauf achten, dass bei Mängeln eine wirksame fristgebundene Mängelbeseitigungsaufforderung gestellt wird, welche sämtliche Formalien enthält!

Diese Formalien sind:

- Eindeutige Bezeichnung des zu rügenden Mangels
- Eindeutige Aufforderung, den Mangel zu beseitigen unter Setzung einer angemessenen Frist

Beispiel für ein Nacherfüllungsverlangen/eine Mängelrüge
„An Ihrem Gewerk hat sich ein Mangel gezeigt.
   Dieser liegt darin, dass …
   Wir fordern sie hiermit dazu auf, den Mangel bis zum
   xx.xx.20 12 fachgerecht zu beseitigen.
   Für den Fall des fruchtlosen Fristablaufs behalten wir uns
   die Geltendmachung sämtlicher Mängelrechte vor."

Beispiel Minderkostennachtrag

Der AN hat eine technische Anlage herzustellen (Detailpauschalvertrag).

Im LV sind 3 Schwingungsdämpfer je Motor vorgesehen. Aufgrund einer nachträglichen Absprache werden nur 2 Schwingungsdämpfer je Motor verbaut. Der AG stellt einen Minderkostennachtrag. Der AN lehnt den Nachtrag ab und macht mit der Schlussrechnung den vollen Pauschalpreis geltend. Der AG streicht die Rechnung um die nicht ausgeführten Positionen.

Wer hat Recht?

Lösung zu Beispiel Minderkostennachtrag

1. und 2. Instanz: Volle Vergütung abzüglich ersparter Aufwendungen (analog freie Kündigung).

BGH: „Das kommt darauf an"; die Rechtsfolgen einer vertraglich vereinbarten Reduzierung sind – wenn die Parteien dazu nichts anderes vereinbart haben – durch Auslegung zu bestimmen; dabei ist maßgeblich auf die Umstände abzustellen, die zur Aufhebung geführt haben (BGH BauR 1999, 1021).

Lösungsansätze zur Anpassung der Vergütung bei „Initiative" durch AN (bspw. technisch nicht erforderliche Leistung):

• Regelmäßig wenig Probleme beim Einheits-Preis-Vertrag und vollständig entfallender Position (Deckungsbeiträge, bspw. AGK)
• Bei Mischposition im EP-Vertrag muss „neuer" Preis hergeleitet werden, Minderkostenermittlung ist ebenfalls problematischer beim (Detail-)Pauschalvertrag.

Tipp zu Leistungsreduzierung

Bei Zustimmung zu einer Leistungsreduzierung sollten die vergütungsrechtlichen Folgen direkt mitgeregelt werden, z. B. Zustimmung nur unter der Bedingung, dass der Vertragspreis entsprechend vermindert wird.

Sonst sollte die Zustimmung verweigert und Mängelrechte geltend gemacht machen werden.

Baukosten und Finanzierung

4

Bernd Ulke

Die in diesem Kapitel aufgeführten Beispiele orientieren sich an praxisnahen Situationen aus dem Baubetrieb und dienen dazu, Entscheidungen über die Wahl der wirtschaftlichsten Verfahrensweise zu treffen. Dabei werden verschiedene Finanzierungsformen und Bauarten miteinander verglichen, um die ökonomisch sinnvollste Variante zu bestimmen. Weiterhin wird die Ermittlung der relevanten Kostenstellen dargestellt, die für Lohn, Material, Miete und weitere Punkte anfallen. Die Berechnungen orientieren sich dabei an Erfahrungswerten aus der Baupraxis und vermitteln ein Gefühl für tatsächlich entstehende Kosten.

In Kapitel 5, Baukosten und Finanzierung, der Krause Ulke Zahlentafeln für den Baubetrieb, 9. Auflage, Springer Vieweg Verlag, Wiesbaden 2016 werden die theoretischen Grundlagen für dieses Aufgabengebiet eingehend thematisiert.

4.1 Wirtschaftlichkeitsberechnung – Variantenvergleich

Die Geschäftsführung einer Bauunternehmung steht vor der Frage, die benötigte Deckenschalung für ihr nächstes Bauprojekt zu kaufen oder anzumieten.

Aufgabenstellung
Welche Variante ist unter Berücksichtigung der unten aufgeführten Angaben für die Bauunternehmung günstiger?

B. Ulke (✉)
FH Aachen
Aachen, Deutschland
E-Mail: ulke@fh-aachen.de

© Springer Fachmedien Wiesbaden GmbH, ein Teil von Springer Nature 2019
T. Krause, B. Ulke (Hrsg.), *Übungsaufgaben und Berechnungen für den Baubetrieb*,
https://doi.org/10.1007/978-3-658-23127-9_4

Angaben

- Kaufschalung:
  - Anschaffungskosten der benötigten Schalung: 80.000 €
  - Kapitalbereitstellungskosten: 6 % des investierten Kapitals pro Jahr
  - Maximal mögliche Einsatzdauer der Schalung: 5 Jahre
  - Geschätzte Einsatzdauer der Schalung: 6 Monate pro Jahr auf zwei verschiedenen Baustellen
  - Transport- und Reparaturkosten: 2250 € je Baustelleneinsatz
- Mietschalung:
  - Mietkosten der Schalung: 4500 €/Monat
  - Bereitstellungskosten der Mietschalung je Baustelleneinsatz: 3800 €
  - Zu ersetzende Schäden aus unsachgemäßer Handhabung: 5 % der Mietkosten
  - Einsatzdauer der Schalung im Projekt: 3 Monate

Hinweis
Berechnen Sie am einfachsten die Kosten der Schalung pro Monat des Einsatzes!

Lösung
Kosten der Kaufschalung pro Monat des Einsatzes:

$$(80.000 \text{ €} + 80.000 \text{ €} \times 6 \% \times 5 \text{ Jahre} + 10 \times 2250 \text{ €})/(5 \text{ Jahre} \times 6 \text{ Monate/Jahr})$$
$$= 4216,67 \text{ €/M}$$

Kosten der Mietschalung pro Monat des Einsatzes:

$$4500 \text{ €} + 4500 \text{ €} \times 5 \% + 3800 \text{ €}/3 = 5991,67 \text{ €/M}$$

Damit stellt die **Kaufschalung** die kostengünstigere Variante dar.

4.2 Bestimmung des Kalkulationsmittellohns

Im Folgenden wird für ein fiktives Bauvorhaben der Kalkulationsmittellohn anhand von Erfahrungswerten bestimmt. Die Stundenlöhne entsprechen dabei realistischen Annahmen.

Mitarbeiter	Stundenlohn [€/h]	Summe Stundenlohn [€/h]
3 Werkpoliere	3 × 17,45	52,35
4 Bauvorarbeiter	4 × 15,90	63,6
5 Spezialbaufacharbeiter	5 × 15,28	76,4
10 Baufacharbeiter	10 × 12,89	124,70
22 Produktive AK		321,25
Durchschnittlicher Gesamtstundenlohn (GTL)	**321,25/22**	**14,60**
+ Leistungszulagen: Stammarbeiterzulage von 0,65 €/H Für 10 AK	(10AK×0,65 €/h)/22 AK	0,3
Durchschnittlicher GTL + Leistungszulagen		**14,90**
+ Zeit- und Erschwerniszuschlag von 25 % für 5 h von 44 h/Woche	5/44 × 0,25 = 2,84 % → 14,9 × 2,84 %	0,42
Mittellohn A		**15,32**
+ Sozialkosten 105 %	1,05 × 15,32	16,09
Mittellohn AS		**31,41**
+ Lohnnebenkosten		1,85
Mittellohn ASL		**33,26**
Berücksichtigung des Poliers ergibt den Mittellohn APSL:		
1 Polier		3400,00 €/Monat
+ Zulage von 15 %:	1,15 × 3400,00	3910,00 €/Monat
Bezogen auf 170 h/Monat:	3910,00 €/M/170h/M	23 €/h
+ Summe Löhne aus erstem Teil		321,25 €/h
Gesamtsumme Löhne inkl. Polier		344,25 €/h
Durchschnittlicher Gesamttarifstundenlohn (GTL) inkl. Polier	**344,25/22**	**15,65 €/h**
+ Leistungszulagen: Stammarbeiterzulage von 0,65 €/H Für 10 AK	(10AK×0,65 €/h)/22 AK	0,3 €/h
Durchschnittlicher GTL + Leistungszulagen		15,95 €/h
+ Zeit- und Erschwerniszuschlag von 25 % für 5 h von 44 h/Woche	5/44 × 0,25 = 2,84 % → 15,95 €/h × 2,84 %	0,45 €/h
Mittellohn AP		**16,40 €/h**
+ Sozialkosten 105 %	1,05 × 16,40 €/h	17,22 €/h
Mittellohn APS		**33,62 €/h**
+ Lohnnebenkosten		1,85 €/h
Mittellohn APSL		**35,47 €/h**

4.3   Kostenvergleich von Schalungsverfahren

Für das in Abb. 4.1 dargestellte Treppenhaus ist die folgende Aufgabenstellung zu bearbeiten.

1. Berechnen Sie die folgenden Mengen:
   - m^3 Ortbeton der Wände des Treppenhauskerns aus Stahlbeton als Normalbeton nach DIN 1045, C25/30, d = 25 cm, einschließlich Bewehrung (Bewehrungsanteil 0,1 t/m^3) liefern und einbauen.
   - m^2 Schalung der Wände des Treppenhauskerns und der Türlaibungen.

   Hinweis Es sind **acht** Türen zu berücksichtigen!

2. Ermitteln Sie mit den folgenden Angaben das für die Bauausführung kostengünstigere Schalsystem für die Stahlbetonarbeiten der Treppenhauskernwände.

Abb. 4.1 a Querschnitt Gebäude; **b** Draufsicht Gebäude

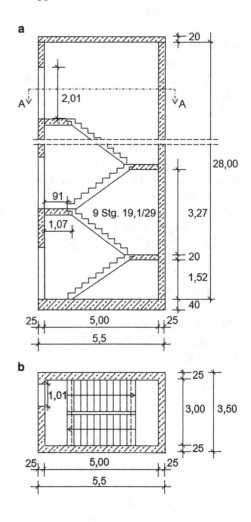

Lohnkosten sowie Material- bzw. Stoffkosten (einschließlich Schalungskosten):

- Mittellohn: 31,5 €/h
- Aufwandswerte für Gleit- und Kletterschalung:

Kletterschalung:	Gleitschalung:
1. Montage und Demontage der Kletterschalung: 371,2 h	1. Montage und Demontage der Gleitschalung: 255 h
2. Beton einbauen (Wand): 0,9 h/m³	2. Beton einbauen (Wand): 1,25 h/m³
3. Bewehrung verlegen (Wand): 9,5 h/t	3. Bewehrung verlegen (Wand): 17,5 h/t
4. Schalarbeiten (Türlaibung): 1,1 h/m³	4. Schalarbeiten (Türlaibung): 1,8 h/m³
5. Ein- und Ausschalen: 41,1 h/Einsatz	Gleitgeschwindigkeit: 0,2 m/h → 140 h
Höhe der Kletterschalung: 3,1 m 28 m$_{\text{Bauwerk}}$/3,1 m$_{\text{Höhe Schalung}}$ → 9 Umsetzvorgänge erforderlich	Während der Gleitarbeiten sind 2 AK zur Bedienung und Kontrolle der Gleitvorrichtung komplett abgestellt

- Material- bzw. Stoffkosten:
  Beton C25/30: 67,– €/m³ frei Baustelle
  Bewehrung: 500,– €/t frei Baustelle
  Einbauteile: 1050,– € frei Baustelle (Gesamtkosten aller Einbauteile)
- Kosten der Wandschalung unter Einsatz von **Kletterschalung**:
  Die nachfolgenden Mengenangaben beziehen sich auf den kompletten Schalsatz der Kletterschalung (Kletterhöhe 3,10 m)

Menge	Einheit	Bezeichnung	EP (€/Einh.)	max. Einsatzzahl
25	lfdm.	Betoniergerüst	50,–	40
25	lfdm.	Klettergerüst	62,–	40
12	Stück	Kletterkonsolen einschl. Kippvorrichtung	515,–	100
140	Stück	Schalungsträger	30,–	70
113,5	m²	Schalhaut	18,–	9
1	pschl.	Kleinmaterial	390,–	25

- Kosten der Wandschalung unter Einsatz von **Gleitschalung**:

Menge	Einheit	Bezeichnung	EP [€/Einh.]	max. Einsatzzahl
25	lfdm.	Betoniergerüst	45,–	30
18	m²	Arbeitsbühne	60,–	1
30	lfdm.	Hängegerüst	57,–	30
66	m²	Schalhaut	10,5,–	1
1	pschl.	Aussteifung	470,–	10
10	Stück	Heber	370,–	75
290	lfdm.	Gleitstangen	25,–	50
1	pschl.	Hydraulikanlage	4400,–	100

- Mengenberechnung Ortbeton der Treppenhauswände (ohne Fundament und Dach):

$$(28\,\text{m} \times 3{,}00\,\text{m} \times 2 + 28\,\text{m} \times 5{,}5\,\text{m} \times 2) \times 0{,}25\,\text{m} - \underbrace{(8 \times 0{,}25\,\text{m} \times 2{,}01\,\text{m} \times 1{,}01\,\text{m})}_{\text{Türlaibungen}}$$

$$= 115\,\text{m}^3$$

- Mengenberechnung Schalung der Treppenhauswände und der Türlaibungen:
  Wände:
$$28\,\text{m} \times (5{,}5\,\text{m} \times 2 + 3{,}5\,\text{m} \times 2)+$$
$$28\,\text{m} \times (5{,}00\,\text{m} \times 2 + 3{,}00\,\text{m} \times 2) = 952\,\text{m}^2$$

  Türlaibungen: $8 \times (2{,}01\,\text{m} \times 0{,}25\,\text{m} \times 2 + 1{,}01\,\text{m} \times 0{,}25\,\text{m}) = 11\,\text{m}^2$

- Ermittlung der Aufwandswerte für die **Kletterschalung**:

  1. Montage und Demontage: $371{,}2\,\text{h}/952\,\text{m}^2$ $= 0{,}39\,\text{h}/\text{m}^2$
  2. Ein- und Ausschalen: $41{,}1\,\text{h}/\text{Einsatz} \times 9\,\text{Einsätze}/952\,\text{m}^2$ $= 0{,}39\,\text{h}/\text{m}^2$
  3. Schalung Türlaibung: $(11\,\text{m}^2 \times 1{,}1\,\text{h}/\text{m}^2)/952\,\text{m}^2$ $= 0{,}01\,\text{h}/\text{m}^2$
  Aufwandswert Kletterschalung: $\mathbf{= 0{,}79\,\text{h}/\text{m}^2}$

- Ermittlung der Aufwandswerte für die **Gleitschalung**:

  1. Montage und Demontage: $255\,\text{h}/952\,\text{m}^2$ $= 0{,}27\,\text{h}/\text{m}^2$
  2. Gleiten $(28{,}00\,\text{m}/0{,}2\,\text{m}/\text{h} = 140\,\text{h})$: $2\,\text{AK} \times 140\,\text{h}/952\,\text{m}^2$ $= 0{,}29\,\text{h}/\text{m}^2$
  3. Schalung Türlaibung: $(11\,\text{m}^2 \times 1{,}8\,\text{m}/\text{h})/952\,\text{m}^2$ $= 0{,}021\,\text{h}/\text{m}^2$
  Aufwandswert Gleitschalung: $\mathbf{= 0{,}58\,\text{h}/\text{m}^2}$

- Ermittlung der Schalungskosten für die **Kletterschalung**:
  Berechnung: Menge $\times$ EP $\times$ Anz. Einsätze Baustelle/Anz. Gesamteinsätze/m^2 Schalung [€/m^2]

  1. Betoniergerüst: $25\,\text{lfdm} \times 50\,\text{€}/\text{lfdm} \times 9\,\text{Einsätze}/$
  $40\,\text{Gesamteinsätze}/952\,\text{m}^2$ $= 0{,}30\,\text{€}/\text{m}^2$
  2. Klettergerüst: $25\,\text{lfdm} \times 62\,\text{€}/\text{lfdm} \times 9\,\text{Einsätze}/$
  $40\,\text{Gesamteinsätze}/952\,\text{m}^2$ $= 0{,}36\,\text{€}/\text{m}^2$
  3. Kletterkonsolen: $12\,\text{Stck.} \times 515\,\text{€}/\text{Stck.} \times 9\,\text{Einsätze}/$
  $100\,\text{Gesamteinsätze}/952\,\text{m}^2$ $= 0{,}58\,\text{€}/\text{m}^2$
  4. Schalungsträger: $140\,\text{Stck.} \times 30\,\text{€}/\text{Stck.} \times 9\,\text{Einsätze}/$
  $70\,\text{Gesamteinsätze}/952\,\text{m}^2$ $= 0{,}57\,\text{€}/\text{m}^2$
  5. Schalhaut: $113{,}5\,\text{m}^2 \times 18\,\text{€}/\text{m}^2 \times 9\,\text{Einsätze}/9\,\text{Gesamteinsätze}/$
  $952\,\text{m}^2$ $= 2{,}15\,\text{€}/\text{m}^2$
  6. Kleinmaterial: $1\,\text{pschl} \times 390\,\text{€}/\text{pschl} \times 9\,\text{Einsätze}/$
  $25\,\text{Gesamteinsätze}/952\,\text{m}^2$ $= 0{,}15\,\text{€}/\text{m}^2$
  Schalungskosten bei Kletterschalung: $\mathbf{4{,}11\,\text{€}/\text{m}^2}$

- Ermittlung der Schalungskosten für die **Gleitschalung**:
Berechnung: Menge $\times$ EP $\times$ Anz. Einsätze Baustelle/Anz. Gesamteinsätze/m^2 Schalung [€/m^2]

1. Betoniergerüst: 25 lfdm $\times$ 45 €/lfdm $\times$ 1 Einsatz/
30 Gesamteinsätze/952 m^2 = 0,04 €/m^2

2. Arbeitsbühne: 18 m^2 $\times$ 60 €/m^2 $\times$ 1 Einsatz/1 Gesamteinsatz/
952 m^2 = 1,13 €/m^2

3. Hängegerüst: 30 lfdm $\times$ 57 €/lfdm $\times$ 1 Einsatz/
30 Gesamteinsätze/952 m^2 = 0,06 €/m^2

4. Schalhaut: 66 m^2 $\times$ 10,5 €/m^2 $\times$ 1 Einsatz/1 Gesamteinsatz/
952 m^2 = 0,73 €/m^2

5. Aussteifung: 1 pschl. $\times$ 470 €/pschl $\times$ 1 Einsatz/
10 Gesamteinsätze/952 m^2 = 0,05 €/m^2

6. Heber: 10 Stck $\times$ 370 €/Stck $\times$ 1 Einsatz/75 Gesamteinsätze/
952 m^2 = 0,05 €/m^2

7. Gleitstangen: 290 lfdm $\times$ 25 €/Stck $\times$ 1 Einsatz/
50 Gesamteinsätze/952 m^2 = 0,15 €/m^2

8. Hydraulikanlage: 1 pschl $\times$ 4200 €/pschl $\times$ 1 Einsatz/
100 Gesamteinsätze/952 m^2 = 0,04 €/m^2

Schalungskosten bei Gleitschalung: **2,25 €/m^2**

- Ermittlung der Einzelkosten der Teilleistungen (EkdT) für die **Kletterschalung**:
Stoffkosten:
(Hinweis: Bewehrungsanteil 0,1 t/m$^3_{\text{Beton}}$)

1. Bewehrungskosten: 500 €/t $\times$ 0,1 t/m^3 $\times$ 115 m^3 = 5750,00 €

2. Betonkosten: 67 €/m^3 $\times$ 115 m^3 = 7705,00 €

3. Einbauteile: = 1050,00 €

$\sum$ = 14.505,00 €

4. Schalungskosten: 4,11 €/m^2 $\times$ 952 m^2 = 3912,72 €

Summe Stoffkosten Kletterschalung: = 18.417,72 €

Lohnkosten:

1. Verlegen Bewehrung: 9,5 h/t $\times$ 0,1 t/m^3 $\times$ 115 m^3 $\times$ 31,5 €/h = 3441,38 €

2. Einbau Beton: 0,9 h/m $\times$ 115 m^3 $\times$ 31,5 €/h   = 3260,25 €

3. Schalarbeiten: 0,79 h/m^2 $\times$ 952 m^2 $\times$ 31,5 €/h   = 23.690,52 €

Summe Lohnkosten Kletterschalung: = 30.392,15 €

Gesamtkosten Kletterschalung: **= 48.809,87 €**

- Ermittlung der Einzelkosten der Teilleistungen (EkdT) für die **Gleitschalung**:
  Stoffkosten:
  (Hinweis: Bewehrungsanteil 0,1 t/m$^3_{Beton}$)

  1. Bewehrungskosten: 500 €/t × 0,1 t/m^3 × 115 m^3 = 5750,00 €
  2. Betonkosten: 67 €/m^3 × 115 m^3 = 7705,00 €
  3. Einbauteile: = 1050,00 €

  $\sum$ = 14.505,00 €

  4. Schalungskosten: 2,25 €/m^2 × 952 m^2 = 2142,00 €
                                                                  (Kletterbw.: 3912,72 €)

  Summe Stoffkosten Gleitschalung: = 16.647,00 €
                                                                  (Kl-Bw. 18.417,72 €)

  Lohnkosten:

  1. Verlegen Bewehrung: 17,5 h/t × 0,1 t/m^3 × 115 m^3
  ×31,5 €/h   = 6339,38 €
                                                                  (Kl-Bw. 3441,38 €)

  2. Einbau Beton: 1,25 h/m^3 × 115 m^3 × 31,5 €/h   = 4528,13 €
                                                                  (Kl-Bw. 3260,25 €)

  3. Schalarbeiten: 0,58 h/m^2 × 952 m^2 × 31,5 €/h   = 17.393,04 €
                                                                  (Kl-Bw. 23.690,52 €)

  Summe Lohnkosten Gleitschalung: = 28.260,55 €
                                                                  (Kl-Bw. 30.392,15 €)

  Gesamtkosten Gleitschalung: **= 44.907,55 €**

Vergleich:

Gesamtkosten Kletterschalung = 48.809,87 €

> **Gesamtkosten Gleitschalung = 44.907,55 €**

4.4 Kalkulatorischer Verfahrensvergleich

Im Zuge einer Baumaßnahme erwägt der Bauunternehmer, die Andienung des Betons als Transportbeton bzw. Baustellenbeton durchzuführen. Für beide Verfahren ist ein Kran mit Betonkübel erforderlich, ebenso wird in beiden Verfahren ein Arbeiter für das Abfüllen des Betons in den Kübel benötigt. Die Krankosten für das Auf- und Abbauen der Mischanlage werden nicht berücksichtigt, weil der Kran der Baustelle sowieso zur Verfügung steht. Auf der Baustelle werden durchschnittlich 16 m^3/h Beton B 25 benötigt. Verluste können vernachlässigt werden.

Angaben zur Kalkulation:	
Transportbeton frei Baustelle	$57{,}00 \ €/m^3$
Angaben zur Mischanlage und zum Baustellenbeton:	
Gesamtgewicht:	$29{,}0 \ t$
Miete:	$1385{,}- \ EUR/Monat$
Reparatur:	$960{,}- \ EUR/Monat$
Auf- und Abbau:	$420 \ h$
Transport inkl. Auf- und Abladen:	jeweils $13 \ €/t$
Zeitbedarf für Auf- und Abbau:	$0{,}5$ Monate
Kosten der Stoffe für die Betonherstellung:	$42{,}- \ EUR/m^3$
Leistung:	$25 \ kW$
Abminderungsfaktor für durchschnittliche Leistung:	$0{,}6$
Zuschlag für Schmierstoffe:	$20{,}0 \ \%$
Bedienung:	$2 \ AK$
Zuschlag für Wartung:	$12{,}5 \ \%$
Stromkosten:	$0{,}2 \ €/kW \ h$
Mittellohn:	$23 \ €/h$

Teilaufgabe 1

Zunächst werden nun die Kosten beider Verfahren je m^3 bei einer Bauzeit von 12 Monaten und $5000 \ m^3$ Gesamtbedarf verglichen.

Vorgehensweise:

1. Ermittlung der einmaligen Kosten

Auf- und Abbau:	$420{,}00 \ h \times 23 \ €/h =$	$9660{,}00 \ €$
Transport:	$2 \times 29{,}0 \ t \times 13 \ €/t =$	$754{,}00 \ €$
Mietkosten während		
Auf- und Abbau der Anlage:	$0{,}5 \ \text{Monate} \times 1385 \ €/\text{Mon.} =$	$\underline{692{,}50 \ €}$
		$\mathbf{11.109{,}50 \ €}$

2. Ermittlung der zeitabhängigen Kosten

Vorhaltekosten pro Monat: $1385 \ €/\text{Mon.} + 960 \ €/\text{Mon.} = \ \mathbf{2345{,}00 \ €/Mon.}$

3. Ermittlung der mengenabhängigen Kosten

Stoffe:	$42{,}00 \ €/m^3$
Betriebsstoffe: $(0{,}6 \times 25 \ kW \times 0{,}2 \ €/kW \ h)/(16 \ m^3/h) \times 1{,}2 =$	$0{,}225 \ €/m^3$
Bedienung: $(2 \ AK \times 23 \ €/h \times 1{,}125)/(16 \ m^3/h) =$	$\underline{3{,}23 \ €/m^3}$
	$\mathbf{45{,}46 \ €/m^3}$

4. Bauzeit 12 Monate und Bedarf von 5000 m^3:

$$(11.109,50 \, €)/(5000 \, m^3) + (2345,00 \, €/\text{Mon.} \times 12 \, \text{Mon.})/(5000 \, m^3)$$
$$+ \, 45,46 \, €/m^3$$
$$= 53,31 \, €/m^3 < 57,00 \, €/m^3 \text{ für Transportbeton}$$

Teilaufgabe 2

In Abwandlung zu 1. werden nun die Kosten beider Verfahren je m^3 bei einer Bauzeit von 24 Monaten und 5000 m^3 Gesamtbedarf verglichen.

Bauzeit 24 Monate und Bedarf 5000 m^3:

$$(11.109,50 \, €)/(5000 \, m^3) + (2345,00 \, €/\text{Mon.} \times \mathbf{24 \, Mon.})/(5000 \, m^3) + 45,46 \, €/m^3$$
$$= 58,94 \, €/m^3 > 57,00 \, €/m^3 \text{ für Transportbeton}$$

Teilaufgabe 3

Bei welcher Bauzeit sind die Kosten bei unverändertem Bedarf gleich hoch?

Bauzeit y, bei der bei einem Bedarf von 5000 m^3 die Kosten gleich hoch sind:

$$(11.109,50 \, €)/(5000 \, m^3) + (2345,00 \, €/\text{Mon.} \times \mathbf{y \, Mon.})/(5000 \, m^3) + 45,46 \, €/m^3$$
$$= 57,00 \, €/m^3$$
$$\leftrightarrow \mathbf{y} = [57,00 - 45,46 - (11.109,50)/(5000)] = \mathbf{19,87 \, Monate}$$

Teilaufgabe 4

Bei welcher Gesamtbetonmenge sind die Kosten für Baustellenbeton (12-monatige Bauzeit) genauso hoch wie für Transportbeton?

Bedarf z bei einer Bauzeit von 12 Monaten, bei dem die Kosten gleich hoch sind:

$$(11.109,50 \, €)/(z \, m^3) + (2345,00 \, €/\text{Mon.} \times 12 \, \text{Mon.})/(z \, m^3) + 45,46 \, €/m^3$$
$$= 57,00 \, €/m$$
$$\leftrightarrow \mathbf{z} = (11.109,5 + 2345,00 \times 12)/(57,00 - 45,46) = \mathbf{3401,17 \, m^3}$$

Teilaufgabe 5

Stellen Sie die Kostenlinien und die Wirtschaftlichkeitsgrenze für eine Bauzeit von 12 bzw. 24 Monaten jeweils graphisch dar.

a) Bauzeit 12 Monate
   Kostenlinie:

$$11.109,5 + 2345 \cdot 12 + 45,46x = 39.249,5 + 45,46x$$

Wirtschaftlichkeitsgrenze:

$$x = 3401,17 \, m^3 \text{ (s. TA 4)}$$

b) **Bauzeit 24 Monate**
   Kostenlinie:

$$11.109,5 + 2345 \cdot 24 + 45,46x = 67.389,5 + 45,46x$$

Wirtschaftlichkeitsgrenze:

$$67.389,5 + 45,46x = 57x$$
$$\leftrightarrow 11,54x = 67.389,5$$
$$\leftrightarrow x = 5839,63\,\text{m}^3$$

4.5 Wirtschaftlichkeitsvergleich

Für die Erstellung von 50 Einzelfundamenten $B/L/H = 1,0\,\text{m}/1,0\,\text{m}/1,0\,\text{m}$ stehen zwei Schalungsverfahren zur Auswahl.

	Verfahren 1	Verfahren 2
Schalverfahren	Schalbretter und Kanthölzer	Stahlrahmenschalung
Stoffkosten je Einsatz	2,50 €/m²	45,00 €/m² (mehrfacher Einsatz möglich)
Aufwand für Ein- und Ausschalen inkl. Reinigung	1,25 h/m²	0,8 h/m²
Mittellohn A	24,00 €/h	24,00 €/h

Folgende Randbedingungen sind zu berücksichtigen:

1. Die Schalungselemente von Verfahren 2 können mehrfach eingesetzt werden, sind aber nach Einsatz auf der Baustelle nicht weiter zu verwenden. (Der Restwert ist also Null).
2. Die Fundamente werden in Transportbeton erstellt, wobei die Mindestabnahme $6\,\text{m}^3$ beträgt (eine Mischerfüllung). Entsprechend sind bei Verfahren 2 mehrere Schalungssätze vorzuhalten.
3. Schalbretter und Kanthölzer stehen in beliebiger Menge zur Verfügung, ohne dass dies Einfluss auf die Stoffkosten pro Einsatz hat.
4. Die Auswirkungen auf die Bauzeit brauchen im Rahmen des Verfahrensvergleich nicht berücksichtigt werden.

Aufgabenstellung

1. Ermitteln Sie das wirtschaftlichere Schalverfahren unter den oben genannten Randbedingungen.

2. Bestimmen Sie die Kostenfunktionen der beiden Schalverfahren in Abhängigkeit von der Anzahl der herzustellenden Fundamente.

Lösung Teilaufgabe 1

Schalverfahren 1

SoKo: $4\,m^2 \times 2{,}50\,€/m^2$	$= 10{,}00\,€/Fundament$
50 Fundamente $\times\ 10{,}00\,€/Fundament$	$= 500{,}00\,€$
Lohn: $4\,m^2 \times 1{,}25\,h/m^2$	$= 5{,}00\,h/Fundament$
50 Fundamente $\times\ 5{,}00\,h/Fundament \times 24{,}00\,€/h$	$= \underline{6000{,}00\,€}$
Summe	**6500,00 €**

Schalverfahren 2

Voraussetzung: mind. $6\,m^3$ Beton verarbeiten $\rightarrow$ Es müssen 6 „Schalsätze" eingesetzt werden ($1\,m^3 \times 6$ Fundamente)

SoKo (Fixkosten): $6 \times 4\,m^2 \times 45{,}00\,€/m^2$	$= 1080{,}00\,€$
Lohn: $\quad\quad\quad 4\,m^2 \times 0{,}8\,h/m^2 \times 50 \times 24{,}00\,€/h$	$= \underline{3840{,}00\,€}$
Summe:	**4920,00 €**

Schalverfahren 2 ist günstiger!

Lösung Teilaufgabe 2

Kostenfunktionen mit x = Anzahl der Fundamente und y = Kosten des Verfahrens:

Verfahren 1

$$f(x)_1 = 4{,}0\,m^2 x \cdot (1{,}25\,h/m^2 \cdot 24{,}00\,€/h + 2{,}50\,€/m^2)$$

Verfahren 2

$$f(x)_2 = 4{,}0\,m^2 \cdot (0{,}8\,h/m^2 \cdot 24{,}00\,€/h) + 24\,m^2 \times 45{,}00\,€/m^2$$

Bauabrechnung und Mengenermittlung

5

Thomas Krause

5.1 Vorbemerkungen

Die in diesem Kapitel aufgeführten Beispiele sind im Wesentlichen nach der Reihenfolge in den „Zahlentafeln für den Baubetrieb" geordnet, dabei werden einige ausgewählte Beispiele mit entsprechendem Bezug zur Praxis angegeben. Der Schwerpunkt wird dabei auf die Abrechnung von Erdarbeiten gelegt, da hier auf Grund der in der Regel sehr komplexen Geometrie wesentlich häufiger Probleme in der Praxis entstehen als bei der Abrechnung von Roh- und Ausbauarbeiten.

Die umfangreichen in den „Zahlentafeln für den Baubetrieb" aufgelisteten Abrechnungsregeln nach VOB Teil C für Roh- und Ausbaugewerke sind sehr anschaulich in der „VOB im Bild" dargestellt.

5.2 Anwendung verschiedener Grundformeln

a) Einfache geometrische Flächen

Kronenbreite	b	=	10,00 m
Böschungsneigung Damm	$1 : n$	=	$1 : 1,5$
Dammhöhe in der Dammachse	h	=	5,00 m
Querneigung Gelände	$1 : m$	=	$1 : 6$

T. Krause (✉)
FH Aachen
Aachen, Deutschland
E-Mail: t.krause@fh-aachen.de

© Springer Fachmedien Wiesbaden GmbH, ein Teil von Springer Nature 2019
T. Krause, B. Ulke (Hrsg.), *Übungsaufgaben und Berechnungen für den Baubetrieb*,
https://doi.org/10.1007/978-3-658-23127-9_5

Abb. 5.1 Dammquerschnitt

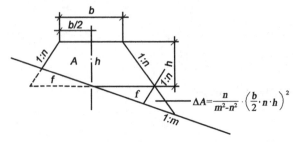

Abb. 5.2 Dammquerschnitt
zur Berechnung des Flächen-
schwerpunktes

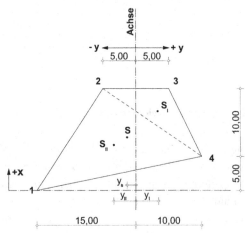

Berechnung der Dammquerschnittsfläche A (Abb. 5.1):

$$\Delta A = \frac{1,5}{6^2 - 1,5^2}(10,0/ + 1,5 - 5,0)^2$$

$$= 0,0444 \times 156,25 \qquad\qquad = 6,944\,\mathrm{m}^2$$

$$A = 5,0 \times (10,0 + 1,5 \times 5,0) + 6,944$$

$$= 87,500 + 6,944 \qquad\qquad \underline{\underline{= 94,444\,\mathrm{m}^2}}$$

b) Gauß'sche Flächenformel
   (siehe Kap. 2 – Vermessung)
c) Schwerpunkte von Profilen (Abb. 5.2)
   Die Fläche wird in Dreiecke aufgeteilt, die Ordinaten der Eckpunkte müssen bekannt
   sein.
   Ordinaten der Dreiecksschwerpunkte:

$$y_I = \frac{y_4 + y_2 + y_3}{3} \qquad\qquad y_{II} = \frac{y_1 + y_2 + y_4}{3}$$

$$y_I = \frac{10,0 + 5,0 - 5,0}{3} \qquad\qquad y_{II} = \frac{-15,0 - 5,0 + 10,0}{3}$$

$$= 10/3 = 3,33\,\mathrm{m} \qquad\qquad = -10/3 = -3,33\,\mathrm{m}$$

Ordinate des Gesamtschwerpunktes

$$y_s = \frac{\Sigma(y_n \times A_n)}{\Sigma A_n}$$

mit y_n = Abstand des Schwerpunktes des Dreiecks n von der Bezugsachse

A_n = Flächeninhalt des Einzeldreiecks n

Berechnung der Flächeninhalte nach der Gauß'schen Flächenformel (Krause/Ulke, Zahlentafeln f.d. Baubetrieb, Abschnitt 7)

$$\begin{aligned}
2A_I &= x_2(y_4 - y_3) + x_3(y_2 - y_4) + x_4(y_3 - y_2) \\
&= 15{,}0(10{,}0 - 5{,}0) + 15{,}0(-5{,}0 - 10{,}0) + 5{,}0(5{,}0 + 5{,}0) \\
&= 75{,}0 - 225 + 50 = -100 \quad \rightarrow \; \boldsymbol{A_I = 50\,m^2} \\
2A_{II} &= x_1(y_4 - y_2) + x_2(y_1 - y_4) + x_4(y_2 - y_1) \\
&= 0(10{,}0 + 5{,}0) + 15{,}0(-15{,}0 - 10{,}0) + 5{,}0(-5{,}0 + 15{,}0) \\
&= 0 - 375 + 50 = -325 \quad \rightarrow \; \boldsymbol{A_{II} = 162{,}5\,m^2}
\end{aligned}$$

Lage des Gesamtschwerpunkts

$$y_s = \frac{3{,}33 \times (-50) - 3{,}33 \times (-162{,}5)}{-50 - 162{,}5} = \frac{374{,}625}{-212{,}5} \; \boldsymbol{= -1{,}763\,m}$$

5.3   Einfache Baugruben

Abmessung Baugrubensohle:	$a = 8{,}00\,m$	$b = 4{,}00\,m$
Böschungsneigungen:	$n_a = 1{,}5$	$n_b = 1{,}0$

a) Mathematisch exakte Formel (s. Abb. 5.3)

$$\begin{aligned}
V &= a \times b \times t + t_2(a \times n_b + b \times n_a) + (4/3)t^3 \times n_a \times n_b \\
V &= 8{,}0 \times 4{,}0 \times 2{,}50 + 2{,}50^2(8{,}0 \times 1{,}0 + 4{,}0 \times 1{,}5) + 4/3 \times 2{,}50^3 \times 1{,}5 \times 1{,}0 \\
&= 80{,}0 + 87{,}50 + 31{,}25 \quad \underline{\boldsymbol{= 198{,}75\,m^3}}
\end{aligned}$$

T. Krause

Abb. 5.3 Einfache Baugrube
– Grundriss und Schnitte

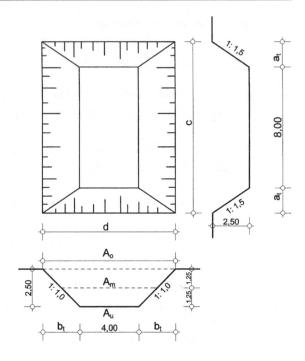

b) Simpsonsche Formel

$$V = t/6(A_\mathrm{u} + 4 \times A_\mathrm{m} + A_\mathrm{o})$$
$$A_\mathrm{m} = (a + a_\mathrm{t}) \times (b + b_\mathrm{t})$$
$$A_\mathrm{m} = (8{,}0 + 2{,}5 \times 1{,}5) \times (4{,}0 + 2{,}5 \times 1{,}0)$$
$$= 11{,}75 \times 6{,}50 = 76{,}375\,\mathrm{m}^2$$
$$A_\mathrm{u} = 8{,}0 \times 4{,}0 = 32{,}000\,\mathrm{m}^2$$
$$A_\mathrm{o} = (8{,}0 + 2 \times 2{,}5 \times 1{,}5) \times (4{,}0 + 2 \times 2{,}5 \times 1{,}0)$$
$$= 15{,}50 \times 9{,}0 = 139{,}50\,\mathrm{m}^2$$
$$V = 2{,}5/6(32{,}0 + 4 \times 76{,}375 + 139{,}50) \qquad \underline{\underline{= 198{,}75\,\mathrm{m}^3}}$$

Das Ergebnis ist genau, weil die Baugrube ein exakter Prismatoid ist.

c) Pyramidenstumpf

$$V = t/3(A_\mathrm{u} + \sqrt{A_\mathrm{u} \times A_\mathrm{o}} + A_\mathrm{o})$$
$$V = 2{,}5/3(32{,}0 + \sqrt{32{,}0 \times 139{,}50} + 139{,}50) \qquad \underline{\underline{= 198{,}59\,\mathrm{m}^3}}$$

Ergebnis ist in der Regel zu klein

d) Übliche Näherungsformel

$$V \sim \frac{A_{\mathrm{u}} + A_{\mathrm{o}}}{2} \times t$$

$$V = \frac{32,0 + 139,5}{2} \times 2,50 \qquad = \mathbf{214,375\,m^3}$$

Deutliche Abweichungen nach oben weil:

$$A_{\mathrm{m}} \text{ nicht} = \frac{A_{\mathrm{u}} + A_{\mathrm{o}}}{2}$$

(siehe auch Krause/Ulke, Zahlentafeln f.d. Baubetrieb Abschnitt 7)

5.4 Unregelmäßige Baugruben

Beschreibung der Situation: in geneigtem Gelände ist die Baugrube für einen Keller auszuheben. Nach dem festgelegten Koordinatensystem fällt das Gelände in x-Richtung mit 4° und steigt in y-Richtung mit 7°.

Angaben zur Baugrube: Sohlabmessungen incl. Arbeitsraum 8,00 m × 6,00 m
Böschungsneigung 45°
Weitere Angaben und Höhen s. Abb. 5.4

5.4.1 Berechnung des Aushubvolumens nach der Prismenmethode

a) Bestimmung der Koordinaten:

Die Koordinaten der einzelnen Punkte ergeben sich aus Abb. 5.4 und sind in der Tab. 5.1 dargestellt.

Tab. 5.1 Koordinaten der Eckpunkte

Punkt Nr.	x-Koord.	y-Koord.	z-Koord.
1	1,82	2,52	10,44
2	13,93	1,77	11,19
3	3,50	4,20	10,76
4	11,50	4,20	11,32
5	3,50	10,20	11,50
6	11,50	10,20	12,06
7	0,61	13,09	11,65
8	15,58	14,28	12,84

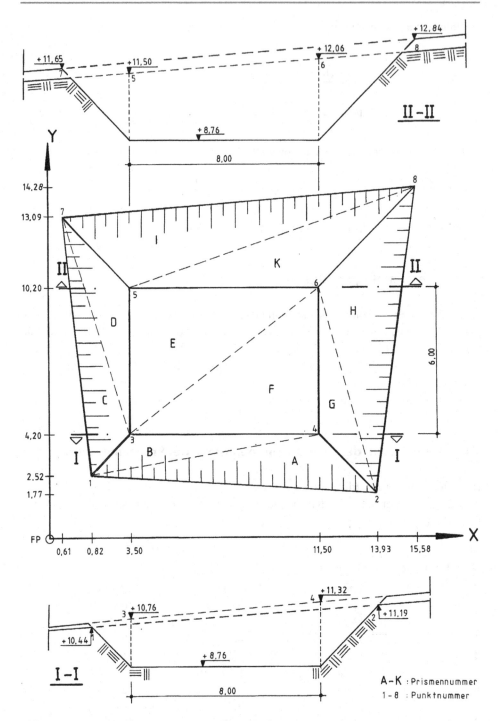

Abb. 5.4 Aufmaß der Baugrube mit Angabe der Prismen

Tab. 5.2 Zuordnung der Punkte zu den Prismenflächen

Prisma	Flächenbegrenzungspunkte		
	x-Koord.	y-Koord.	z-Koord.
A	1	2	4
B	1	3	4
C	1	3	7
D	3	5	7
E	3	5	6
F	3	4	6
G	2	4	6
H	2	6	8
I	5	7	8
K	5	6	8

b) Festlegung der Prismen

Die Grundrissfläche der Baugrube wird in Dreiecksflächen unterteilt. Die Aufteilung ist aus Abb. 5.4 ersichtlich. Die Zuordnung zwischen Dreiecksflächen und Punkten sind in Tab. 5.2 zusammengefasst.

c) Berechnung der Prismengrundflächen

Berechnung nach der Gauß'schen Flächenformel:

$$2A = X_1(Y_3 - Y_2) + X_2(Y_1 - Y_3) + X_3(Y_2 - Y_1)$$

In der Folge werden die Prismengrundflächen berechnet:

- Prisma A: (Punkte 1, 2, 4)

$$2A = 1{,}82(4{,}20 - 1{,}77) + 13{,}93(2{,}52 - 4{,}20) + 11{,}50(1{,}77 - 2{,}52)$$
$$= -27{,}61 \qquad \underline{A_A = \mathbf{13{,}80\,m^2}}$$

- Prisma B: (Punkte 1, 3, 4)

$$2A = 1{,}82(4{,}20 - 4{,}20) + 3{,}50(2{,}52 - 4{,}20) + 11{,}50(4{,}20 - 2{,}52)$$
$$= 13{,}44 \qquad \underline{A_B = \mathbf{6{,}72\,m^2}}$$

- Prisma C: (Punkte 1, 2, 4)

$$2A = 1{,}82(13{,}09 - 4{,}20) + 3{,}50(2{,}52 - 13{,}09) + 0{,}61(4{,}20 - 2{,}52)$$
$$= -19{,}79 \qquad \underline{A_C = \mathbf{9{,}90\,m^2}}$$

- Prisma D: (Punkte 3, 5, 7)

$$2A = 3{,}50(13{,}09 - 10{,}20) + 3{,}50(4{,}20 - 13{,}09) + 0{,}61(10{,}20 - 4{,}20)$$
$$= -17{,}34 \quad \underline{A_D = 8{,}67\,\mathrm{m}^2}$$

- Prisma E: (Punkte 3, 5, 6)

$$2A = 3{,}50(10{,}20 - 10{,}20) + 3{,}50(4{,}20 - 10{,}20) + 11{,}50(10{,}20 - 4{,}20)$$
$$= 48{,}00 \quad \underline{A_E = 24{,}00\,\mathrm{m}^2}$$

- Prisma F: (Punkte 3, 4, 6)

$$2A = 3{,}50(10{,}20 - 4{,}20) + 11{,}50(4{,}20 - 10{,}20) + 11{,}50(4{,}20 - 4{,}20)$$
$$= 48{,}00 \quad \underline{A_F = 24{,}00\,\mathrm{m}^2}$$

- Prisma G: (Punkte 2, 4, 6)

$$2A = 13{,}92(10{,}20 - 4{,}20) + 11{,}50(1{,}77 - 10{,}20) + 11{,}50(4{,}20 - 1{,}77)$$
$$= 14{,}52 \quad \underline{A_G = 7{,}26\,\mathrm{m}^2}$$

- Prisma H: (Punkte 2, 6, 8)

$$2A = 13{,}93(14{,}28 - 10{,}20) + 11{,}50(1{,}77 - 14{,}28) + 15{,}58(10{,}20 - 1{,}77)$$
$$= 44{,}31 \quad \underline{A_H = 22{,}15\,\mathrm{m}^2}$$

- Prisma I: (Punkte 5, 7, 8)

$$2A = 3{,}50(14{,}28 - 13{,}09) + 0{,}61(10{,}20 - 14{,}28) + 15{,}58(13{,}09 - 10{,}20)$$
$$= -46{,}70 \quad \underline{A_I = 23{,}35\,\mathrm{m}^2}$$

- Prisma K: (Punkte 5, 6, 8)

$$2A = 3{,}50(14{,}28 - 10{,}20) + 11{,}50(10{,}20 - 14{,}28) + 15{,}58(10{,}20 - 10{,}20)$$
$$= -32{,}64 \quad \underline{A_K = 16{,}32\,\mathrm{m}^2}$$

Die Summe der Teilflächen beträgt: $\underline{A_{ges} = 156{,}17\,\mathrm{m}^2}$

Tab. 5.3 Geländehöhen vor und nach dem Aushub

Punkt	Geländehöhe		Eckhöhe
	vor Aushub	nach Aushub	
1	10,44	10,44	0,00
2	11,19	11,19	0,00
3	10,76	8,76	2,00
4	11,32	8,76	2,56
5	11,50	8,76	2,74
6	12,06	8,76	3,30
7	11,65	11,65	0,80
8	12,84	12,84	0,00

Als Kontrolle wird die Gesamtfläche ebenfalls nach der Gauß'schen Flächenformel berechnet:

$$2A = \Sigma X_m(Y_{n-1} - Y_{n+1})$$

Koordinaten der Punkte 1, 2, 7, 8 aus Tab. 5.3:

$$\begin{aligned}
2A = \quad & 1{,}82 \ (13{,}09 - 1{,}77) \\
+ \ & 13{,}93 \ (2{,}52 - 14{,}28) \\
+ \ & 15{,}58 \ (1{,}77 - 13{,}09) \\
+ \ & 0{,}61 \ (14{,}28 - 2{,}52) \\
= \ & -312{,}406 \qquad \underline{A_{ges} = 156{,}20 \, m^2}
\end{aligned}$$

d) Bestimmung der Prismeneckhöhen:
Die Höhen ergeben sich aus der Differenz der Geländehöhe in den einzelnen Punkten vor und nach dem Aushub und sind in Tab. 5.3 zusammengefasst.

e) Bestimmung des Aushubvolumens
Die Volumina der einzelnen Prismen errechnet sich wie folgt:

$$V_{Prisma} = \text{Prismengrundfläche} \times \text{Summe der Eckhöhen}/3$$

und sind in Tab. 5.4 zusammengefasst.

Tab. 5.4 Berechnung des Aushubvolumens

Prisma	Fläche	Eckhöhe			Volumen
		1. Punkt	2. Punkt	3. Punkt	
Tab. 5.2	c)	aus Tab. 5.3			s. oben
A	13,80	0,00	0,00	2,56	11,776
B	6,72	0,00	2,00	2,56	10,214
C	9,90	0,00	2,00	0,00	6,600
D	8,67	2,00	2,74	0,00	13,669
E	24,00	2,00	2,74	3,30	64,320
F	24,00	2,00	2,56	3,30	62,880
G	7,26	0,00	2,56	3,30	14,181
H	22,15	0,00	3,30	0,00	24,365
I	23,35	2,74	0,00	0,00	21,326
K	16,32	2,74	3,30	0,00	32,858
				Aushubvolumen = 262,219 m^3	

5.4.2 Berechnung des Aushubvolumens als Näherung

Berechnung des Aushubvolumens über folgende Näherungsformel:

$$V = (A_u + A_o)/2 \times t_m$$

Dabei ist:

A_u: untere Begrenzungsfläche (hier Baugrubensohle)
A_o: ober Begrenzungsfläche (hier die Projektion der Geländeoberfläche am Böschungs-anschnitt)
t_m: mittlere Baugrubentiefe

alle Maße sind aus Abb. 5.4 zu entnehmen.
   Bestimmung des Aushubvolumens:

Fläche A_u: $A_u = 8,00 \times 6,00 = 48,00 \, m^2$
Fläche A_o: aus Kontrollrechnung zur Prismenmethode: $A_o = 156,20 \, m^2$
Tiefe t_m: $t_m = (2,00 + 2,56 + 2,74 + 3,30)/4 = 2,65 \, m$

Damit ergibt sich das Aushubvolumen zu:

$$V' = (48,00 + 156,20)/2 \times 2,65 = \qquad \mathbf{270,565 \, m^3}$$

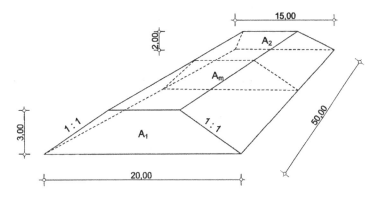

Abb. 5.5 Damm in der Geraden

Im Vergleich: aus der genauen Berechnung mit Hilfe der Prismenmethode ergibt sich ein Aushubvolumen von: **262,219 m³**.

Die Abweichung beträgt in diesem Fall:

$$1 - 270{,}565/262{,}219 = 0{,}0318 \qquad \rightarrow 3{,}2\,\%$$

Je ungleichmäßiger die Baugrube ausgeführt werden muss desto größer wird auch die Abweichung bei Anwendung der Näherungsmethode.

5.5 Auftragsvolumen in Querprofilen

5.5.1 Damm in der Geraden

a) exakte Formel

$$V = \frac{L}{6}(A_1 + 4A_m + A_2)$$

$$L = 50\,\text{m}$$

$$A_1 = \frac{20{,}0 + 14{,}0}{2} \qquad\qquad \times 3{,}0 = 51{,}00\,\text{m}^2$$

$$A_2 = \frac{15{,}0 + 11{,}0}{2} \qquad\qquad \times 2{,}0 = 26{,}00\,\text{m}^2$$

$$A_m = \frac{\frac{20{,}0+15{,}0}{2} + \frac{14{,}0+11{,}0}{2}}{2} \qquad \times \left(\frac{3{,}0 + 2{,}0}{2}\right)$$

$$= \frac{17{,}5 + 12{,}5}{2} \qquad\qquad \times 2{,}5 = 37{,}5\,\text{m}^2$$

$$\text{zum Vergleich} \quad = \frac{A_1 + A_2}{2} \qquad\qquad = 38{,}5\,\text{m}^2!!$$

$$V = \frac{50}{6} \qquad\qquad (51{,}00 + 4 \times 37{,}5 + 26{,}00)$$
$$= 1891{,}667\,\mathrm{m}^3$$

b) Näherungsformel (Pyramidenstumpf)

$$V_{\mathrm{b}} = \frac{L}{3}(A_1 + \sqrt{A_1 \times A_2} + A_2)$$
$$V_{\mathrm{b}} = \frac{50}{3}(51{,}0 + \sqrt{51{,}0 \times 26{,}0} + 26{,}0)$$
$$V_{\mathrm{b}} = 1890{,}238\,\mathrm{m}^3$$

c) Übliche Näherungsformel

$$V_{\mathrm{c}} = \frac{L}{2}(A_1 + A_2)$$
$$V_{\mathrm{c}} = \frac{50}{2}(51{,}0 + 26{,}0)$$
$$= 1925{,}00\,\mathrm{m}^3 \;\rightarrow\; \text{Ergebnis zu groß!!}$$

d) Fehlergröße beim Vergleich der Formel c) mit der Formel b)
(s. Seite 968, Krause/Ulke, Zahlentafeln für den Baubetrieb Abschnitt 7)

$$A_2/A_1 = 26/51 = 0{,}51 \;\rightarrow\; \text{Ablesung } 2\,\%$$

Verbessertes Volumen:

$$V_{\mathrm{c}}^{\mathrm{I}} = 1925 \times 100/102 = 1887{,}3\,\mathrm{m}^3$$

5.5.2 Fehlergröße ΔV bei Anwendung der Näherungsformel

Beispiel
Grabenstrecke mit den Endprofilen A_1 und A_2, zwischen denen alle Kanten geradlinig verlaufen und mit konstanter Böschungsneigung (Abb. 5.6)

a) Exaktes Volumen

$$V = \frac{L}{6}(A_1 + 4A_{\mathrm{m}} + A_2)$$
$$A_1 = \frac{5 + 11}{2} \times 3{,}0 \quad = 24{,}0\,\mathrm{m}^2$$
$$A_2 = \frac{5 + 15}{2} \times 5{,}0 \quad = 50{,}0\,\mathrm{m}^2$$
$$A_{\mathrm{m}} = \frac{5 + 13}{2} \times 4{,}0 \quad = 36{,}0\,\mathrm{m}^2$$
$$V = \frac{100}{6}(24{,}0 + 4 \times 36{,}0 + 50) \quad \underline{\underline{= 3633{,}3\,\mathrm{m}^3}}$$

Abb. 5.6 Graben mit
ansteigender Sohle, Bö-
schungsneigung 1:1 ($n = 1$)

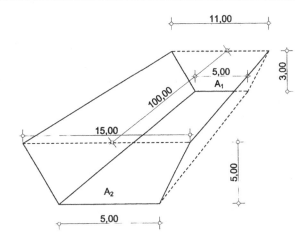

b) Volumen nach Näherungsformel

$$V^{\mathrm{I}} \approx L/2(A_1 + A_2)$$
$$V^{\mathrm{I}} \approx 100/2(24 + 50)$$
$$\approx 3700\,\mathrm{m}^3$$

Bestimmung ΔV aus Bild 7.13, Krause/Ulke, Zahlentafeln f.d. Baubetrieb, Abschnitt 7

$$t_2 - t_1 \quad = 3{,}0 - 5{,}0 = -2$$

In Diagramm Bild 7.13 ablesen

$$-2 \to C = 0{,}65$$
$$= \text{Fehler } \Delta V \text{ (m}^3\text{) für 1 m Grabenlänge}$$
$$\to \Delta V \quad = L \times C = 100 \times 0{,}65 = 65\,\mathrm{m}^3$$

Minderung des nach Näherung berechneten Volumens um ΔV

$$V \approx V^{\mathrm{I}} - \Delta V$$
$$\approx 3700 - 65 = 3635\,\mathrm{m}^3$$

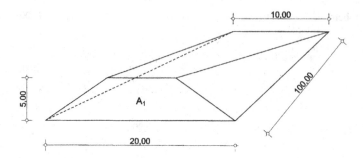

Abb. 5.7 Geböschte Rampe

5.5.3 Nullprofile

Berechnet als dreiseitiges, schief abgeschnittenes Prisma (Abb. 5.7)

$$V = \frac{L \times h}{2}\left(\frac{a+b+c}{3}\right) = \frac{L \times h}{6}(a+b+c)$$

mit $L = 100\,\text{m}$

$a = 20\,\text{m}$

$b = c = 10\,\text{m}$

$h = 5{,}0\,\text{m}$

$$V = \frac{100 \times 5{,}0}{6}(20{,}0 + 10{,}0 + 10{,}0) \qquad\qquad = 3333{,}333\,\text{m}^3$$

oder bezogen auf die Profilfläche A

$$A = \frac{20{,}0 \times 10{,}0}{2} \times 5{,}0 = 75\,\text{m}^2$$

$$V = \frac{A \times L}{3}\qquad \left(1 + \frac{c}{a+b}\right)$$

$$V = \frac{75 \times 100}{3}\qquad \left(1 + \frac{10}{20+10}\right)\quad = 3333{,}333\,\text{m}^3$$

5.6 Volumenberechnung aus Querprofilen bei Krümmung im Grundriss

Beispiel
Straßendamm in einer Kurve (Abb. 5.8)

	$\alpha = 45° = 50^9$
Bogenlänge in Straßenachse	$L = 50\,\text{m}$
Schwerpunkte der Querschnittsflächen:	S_1 und S_2

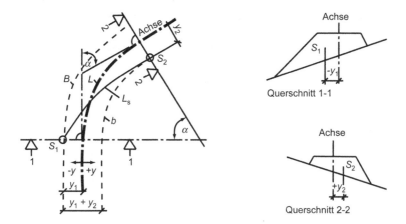

Abb. 5.8 Straßendamm in einer Kurve

Querschnittsflächen und Abstande der Schwerpunkte von der Straßenachse:

$$A_1 = 75\,\text{m}^2 \qquad\qquad y_1 = -2,50\,\text{m}$$
$$A_2 = 50\,\text{m}^2 \qquad\qquad y_2 = -1,50\,\text{m}$$

Schwerpunktsweg:

$$L_s = L - \frac{y_1 + y_2}{2} \times \frac{\alpha}{\rho}$$

$$\rho = \frac{200^g}{\pi}$$

$$L_s = 50 - \frac{-2,50 + 1,50}{2} \times \frac{50 \times \pi}{200}$$

$$\quad = 50 - \frac{-1 \times 50 \times \pi}{400} = 50 - (-0,392699) = 50,39\,\text{m}$$

$$A \cong \frac{A_1 + \sqrt{A_1 \times A_2} + A_2}{3} \quad = \frac{75 + \sqrt{75 \times 50} + 50}{3}$$

$$\quad = \frac{125 + 61,237}{3} \qquad\quad = 62,079\,\text{m}^2$$

oder

$$A \cong \frac{A_1 + A_2}{2} = \frac{50 + 75}{2} = 62,5\,\text{m}^2$$

a) Berechnung nach der Guldin-Formel für Umdrehungskörper

$$V = A \times L_s$$

$$\quad = 62,079 \times 50,3927$$

$$\quad = \mathbf{3128,328\,m^3}$$

a) Das Ergebnis ist nur exakt, wenn Querschnitt und Krümmung gleichbleibend sind.
b) gute Näherungsformel

$$V = L/3(A_1 + \sqrt{A_1 \times A_2} + A_2)$$
$$= 50{,}3927/3(75 + \sqrt{75 \times 50} + 50)$$
$$= 50/3(186{,}237)$$
$$= \mathbf{3103{,}95\,m^3}$$

c) mögliche Näherungsformel
   nur, wenn A_1 nicht zu sehr verschieden ist von A_2

$$V = L/2(A_1 + A_2)$$
$$= 50/2(75 + 50)$$
$$= \mathbf{3125\,m^3}$$

Literatur

1. Krause, Thomas und Ulke, Bernd (Hrsg.), Zahlentafeln für den Baubetrieb, 9. Auflage, Springer-Vieweg, Wiesbaden, 2016
2. VOB Vergabe- und Vertragsordnung für Bauleistungen, Ausgabe 2016
3. Osterloh, H.: Erdmassenberechnung, Wiesbaden: Bauverlag 1985

Arbeitsvorbereitung und Ablaufplanung

6

Bernd Ulke

Bei den nachfolgend vorgestellten Beispielen werden in Bezug auf die Arbeitsvorbereitung und die Ablaufplanung hier nur die *Hauptarbeiten*, die durch Art, Menge und ihren Wiederholungsfaktor die *Kernbauzeit* bestimmen, behandelt.

Kleinere Arbeiten wie das Anlegen von Öffnungen, Herstellen von Aussparungen und Durchbrüchen, Setzen von Einbauteilen etc. müssen durch Zuschläge bzw. genauen Stundennachweis gegebenenfalls den Hauptarbeiten noch zugeschlagen werden.

Vorlaufende Arbeiten wie Baustelleneinrichtung, Erdarbeiten, Gründungsarbeiten etc. sowie nachlaufende Arbeiten wie Verfüllen, restliche Ausschalarbeiten, Baustellenräumung etc. müssen zusätzlich berücksichtigt werden, um zur Gesamtbauzeit für eine bestimmte Baumaßnahme zu kommen.

Die theoretischen Grundlagen zu Arbeitsvorbereitung und Ablaufplanung sind in Hoffmann Krause, Zahlentafeln für den Baubetrieb, Abschnitt 8, Arbeitsvorbereitung und Ablaufplanung, 9. Auflage, Springer Vieweg Verlag, Wiesbaden 2016, ausführlich behandelt.

6.1 Winkelstützwand aus Stahlbeton

Für die in Abb. 6.1 dargestellte Winkelstützwand soll die Arbeitsvorbereitung und Ablaufplanung erstellt werden. Eingesetzt werden eine Kolonne für die Herstellung der Fundament-Platte und eine Kolonne für die Herstellung der Wand. Die Kolonnen erledigen jeweils alle anfallenden Arbeiten.

B. Ulke (✉)
FH Aachen
Aachen, Deutschland
E-Mail: ulke@fh-aachen.de

© Springer Fachmedien Wiesbaden GmbH, ein Teil von Springer Nature 2019
T. Krause, B. Ulke (Hrsg.), *Übungsaufgaben und Berechnungen für den Baubetrieb*,
https://doi.org/10.1007/978-3-658-23127-9_6

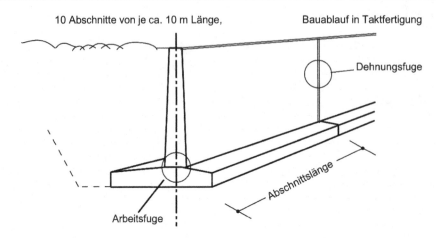

Abb. 6.1 Winkelstützwand (Skizze)

Es ist vorteilhaft, die Zuordnung der Arbeitskräfte nach Bauteilen (Fundament-Platte/Wand) vorzusehen; bei Zuordnung nach Tätigkeiten (Schalen, Bewehren, Beto-nieren) treten bedingt durch unterschiedliche Dauern der einzelnen Vorgänge sehr schnell Koordinationsprobleme auf.

Vorgehensweise

1. Ermittlung der Teilmengen für die einzelnen Tätigkeiten *pro Abschnitt* (für den Nor-malabschnitt ist hier bei der Schalung *eine* Stirnfläche zu berücksichtigen)
2. Auswahl der maßgeblichen Aufwandswerte (in Abhängigkeit vom jeweiligen Bauver-fahren!).
3. Ermittlung der benötigten Stunden *pro Abschnitt*.
   Pro Abschnitt ergibt sich:

Fundamentplatte:	ca. 14 qm	Schalung	× 0,7 h/qm	=	9,8 h
	ca. 2 t	Bewehrung	× 18 h/t	=	36 h
	ca. 14 m	Fugenbänder	× 0,25 h/m	=	3,5 h
	ca. 25 cbm	Beton	× 0,8 h/cbm	=	20 h
					69,3 h
Wand:	ca. 120 qm	Schalung	× 0,7 h/qm	=	84 h
	ca. 3 t	Bewehrung	× 20 h/t	=	60 h
	ca. 6 m	Fugenbänder	× 0,25 h/m	=	1,5 h
	ca. 40 cbm	Beton	× 0,6 h/cbm	=	24 h
					169,5 h

Arbeitsverzeichnis

Projekt: _____   Seite: _____

AV.-Nr.	LV.-Nr.	Menge	Bauteil und Arbeitsvorgang	Produktionsmittel	Auf-wand (b. Pers.)	Leistung (b. Gerät)	Gesamt-stunden	Tage-werke (...h/AT)	Zahl der Produkt mittel	Arbeitstage erford.	Arbeitstage gewählt	Bemerkungen
–	–	Einheit	–	Personal/Gerät	h/Einh.	Einh./h	h	TW	–	AT	AT	–
(1)	(2)	(3)	(4)	(5)	(6)	(7)	(8)	(9)	(10)	(11)	(12)	(13)

Abb. 6.2 Arbeitsverzeichnis

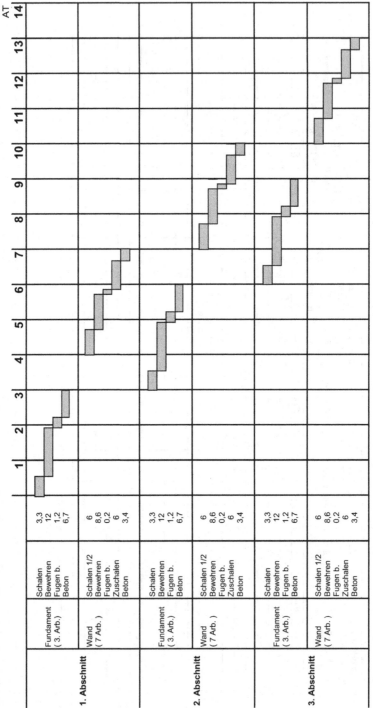

Abb. 6.3 Feinplanung – Detaillierte Darstellung der Teilarbeiten (für beide Kollonen)

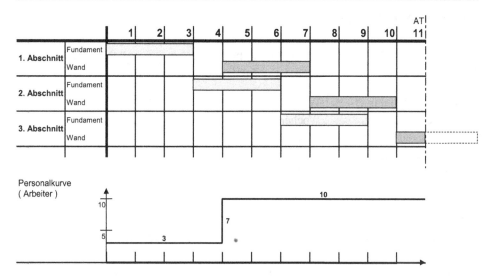

Abb. 6.4 Grobplanung: Balkenplan und Personalkurve

4. Ermittlung der Kolonnenstärke:
   gewählt: Arbeitstakt 3 AT (Arbeitstage mit ca. 8 h/AT)
   damit ergibt sich: (A = Anzahl der Arbeitskräfte)
   Fundamentkolonne: A = 69,3 h/3 AT · 8 h = 2,89 gewählt **3 Arbeiter**
   Wandkolonne: A = 169,5 h/3 AT · 8 h = 7,063 gewählt **7 Arbeiter**

   Bei umfangreicheren Berechnungen Formblatt „Arbeitsverzeichnis" (Abb. 6.2) verwenden!

5. Feinplanung (Abb. 6.3)
   Es ist vorteilhaft, die Wandkolonne um einen Tag versetzt hinter der Fundamentkolonne arbeiten zu lassen. Dadurch fallen die Betonier-Termine (Fund./Wand) nicht zeitlich aufeinander; es ergeben sich Vorteile bei der Organisation und bei der Vorhaltung von Geräten und Einrichtungen.

6. Grobplanung Balkenplan (Abb. 6.4)
   Gesamtbauzeit (Kernbauzeit)

$$10 \text{ Abschnitte} \cdot 3\,\text{AT} + 3\,\text{AT Vorlauf} + 1\,\text{AT Abstand} = \mathbf{34\,AT}$$

   Schalsätze für die Wand (bei 2 Tagen Ausschalfrist): **2**

6.2 Mehrfamilienwohnhaus

Das in Abb. 6.5 dargestellte Mehrafamilienwohnhaus in konventioneller Bauweise (Wände: Mauerwerk, Decken: Stahlbeton) ist in Taktfertigung zu erstellen.

Baustelleneinrichtung	1 Woche
Erdarbeiten/Gründung	2 Wochen
Grundleitungen/Bodenplatte	2 Wochen
Dachstuhl/Dachdeckung	2 Wochen
Baustellenräumung	1 Woche

- Die beiden Geschosshälften sind gleich groß.
- Fertigungsabschnitt ist eine Geschosshälfte.
- Eingesetzt werden eine Kolonne für die Mauerarbeiten und eine Kolonne für die Herstellung der Decken.
- Vorlaufende Arbeiten (s. Angaben) und nachlaufende Arbeiten werden hier nicht weiter betrachtet und sind für die Gesamtbauzeit zusätzlich zu berücksichtigen.

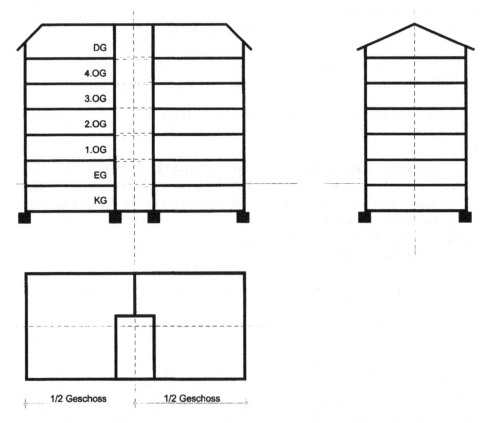

Abb. 6.5 Wohnhaus (Skizze)

Vorgehensweise

1. Ermittlung der Teilmengen für die einzelnen Tätigkeiten pro Abschnitt (= 1/2 Geschoss)
2. Auswahl der maßgeblichen Aufwandswerte (in Abhängigkeit vom jeweiligen Bauverfahren).
3. Ermittlung der benötigten Stunden pro Abschnitt.
   Pro Abschnitt (= 1/2 Geschoss) ergibt sich:

Mauerwerk:	ca. 24 cbm	(24)	×	3,5 h/cbm	= 84,0 h
	ca. 40 qm	(17,5)	×	0,8 h/qm	= 32,0 h
	ca. 20 qm	(11,5)	×	0,7 h/qm	= 14,0 h
					130,0 h
Stahlbetondecke:	ca. 100 qm	Schalung	×	0,8 h/qm	= 80,0 h
	ca. 1,4 t	Bewehrung	×	25 h/t	= 35,0 h
	ca. 18 cbm	Beton	×	0,6 h/cbm	= 10,8 h
					125,8 h

4. Ermittlung der Kolonnenstärke:
   gewählt: Arbeitstakt 5 AT (Arbeitstage mit 8 h/AT)
   damit ergibt sich: (A = Anzahl der Arbeitskräfte)
   Maurerkolonne: A = 130,0 h/5 AT · 8 h = 3,25 gewählt 4 Arbeiter
   Deckenkolonne: A = 125,8 h/5 AT · 8 h = 3,145 gewählt 3 Arbeiter

   Bei umfangreicheren Berechnungen Formblatt „Arbeitsverzeichnis" (Abb. 6.2) verwenden!
5. Grobplanung Balkenplan (Abb. 6.6)
   Gesamtbauzeit (Kernbauzeit)
   KG bis 4. OG

$$12 \text{ Abschnitte} \cdot 5 \text{ AT} \quad = 60 \text{ AT}$$
$$+ \, 5 \text{ AT Vorlauf Mauerwerk} = 5 \text{ AT}$$
$$+ \, 5 \text{ AT Mauerwerk DG} \quad = 5 \text{ AT}$$
$$\overline{\qquad\qquad\qquad\qquad\quad \textbf{70 AT}}$$

Schalsätze für die Decken (bei 5 Tagen Ausschalfrist): **2**
Bei einer Verkürzung des Arbeitstaktes auf 3 AT pro Abschnitt erhöht sich die Kolonnenstärke:

Maurerkolonne:	A = 130,0 h/3 AT · 8 h	=	5,41	gewählt **6 Arbeiter**
Deckenkolonne:	A = 125,8 h/3 AT · 8 h	=	5,24	gewählt **5 Arbeiter**

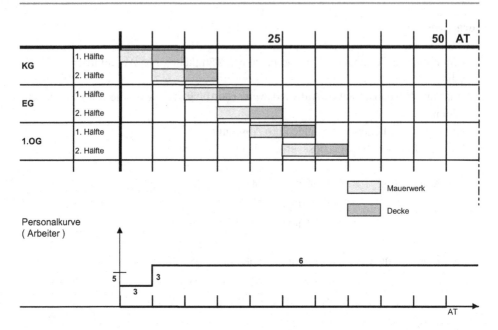

Abb. 6.6 Grobplanung

Die Gesamtbauzeit (Kernbauzeit) verkürzt sich auf:

$$
\begin{aligned}
12 \text{ Abschnitte} \cdot 3 \text{ AT} &= 36 \text{ AT} \\
+ \ 3 \text{ AT Vorlauf Mauerwerk} &= 3 \text{ AT} \\
+ \ 3 \text{ AT Mauerwerk DG} &= \underline{3 \text{ AT}} \\
& \ \mathbf{42\,AT}
\end{aligned}
$$

Schalsätze für die Decken (bei 5 Tagen Ausschalfrist): **3 (kürzere Vorhaltezeit!)**

6.3 Bürogebäude

Ein (8-geschossiges) Bürogebäude in Stahlbetonskelettbauweise (Ortbeton) soll in Taktfertigung erstellt werden (s. Abb. 6.7).

Die Konstruktion wird durch einen Stahlbetonkern (Treppenhaus, Fahrstühle, Versorgungsschächte, Sanitärbereiche etc.) ausgesteift (s. Skizze).

Die Nutzungsbereiche bestehen aus Stahlbetonstützen (ca. 40/40 cm, h = 320 cm) und einer Stahlbetondeckenplatte (d = 22 cm ohne Unterzüge).

Baustelleneinrichtung   2 Wochen
Erdarbeiten, Gründung   2 Wochen
Grundleitungen, Bodenplatte 2 Wochen

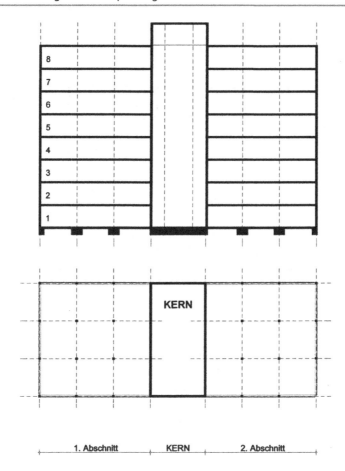

Abb. 6.7 Bürogebäude (Skizze)

Die beiden Geschosshälften sind gleich groß.
   Fertigungsabschnitte:

• Eine Geschosshälfte jeweils bei Stützen und Decken.
• Ein geschosshoher Kernabschnitt (ca. 3,40 m).

Geplanter *Ablauf* der Arbeiten:

• Kern vorziehen (Kletterschalung, siehe Abb. 6.8).
• Vorlauf vor den Decken mindestens 2 geschosshohe Abschnitte (Kernwände müssen
  ausgeschalt sein, wenn die Decken angeschlossen werden).
• Eingesetzt wird eine Kernkolonne.
• Stützen, 1. Geschosshälfte.
• Eingesetzt wird eine Stützenkolonne.

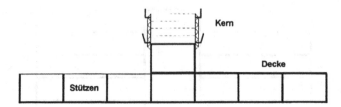

Abb. 6.8 Schnitt (Prinzipskizze)

- Deckenplatte, 1. Geschosshälfte.
- Eingesetzt wird eine Deckenkolonne.

Durch Gleichsetzen der Ausführungszeiten für die Fertigungsabschnitte und gleichmäßigen Kolonneneinsatz wird eine Taktfertigung erreicht.

Vorlaufende Arbeiten (s. Angaben) und nachlaufende Arbeiten werden hier nicht weiter betrachtet und sind zusätzlich zu berücksichtigen.

Vorgehensweise

1. Ermittlung der Teilmengen für die einzelnen Tätigkeiten pro Abschnitt (= 1/2 Geschoss, – beim Kern ein geschosshoher Abschnitt).
2. Auswahl der maßgeblichen Aufwandswerte (in Abhängigkeit vom jeweiligen Bauverfahren)
3. Ermittlung der benötigten Stunden pro Abschnitt.
   Pro Abschnitt ergibt sich:

      Stützen (12/Abschn.):

ca. 5,1 qm	Schalung	× 1,3 h/qm	=	6,63 h
ca. 0,076 t	Bewehrung	× 30 h/t	=	2,28 h
ca. 0,5 cbm	Beton	× 1,4 h/cbm	=	0,70 h

                                                    9,61 h/Stütze

                                       12 × 9,61 h **115,3 h**

     Decke (1/2 Geschoss), $d = 22$ cm

ca. 230 qm	Schalung (incl. Rand)	× 0,6 h/qm	=	138,0 h
ca. 3,8 t	Bewehrung	× 20 h/t	=	76,0 h
ca. 48 cbm	Beton	× 0,5 h/cbm	=	24,0 h

                                                        238,0 h

Kern (Abschnittshöhe ca. 3,40 m)

          für einen geschosshohen Kernabschnitt gesamt: **485 h**

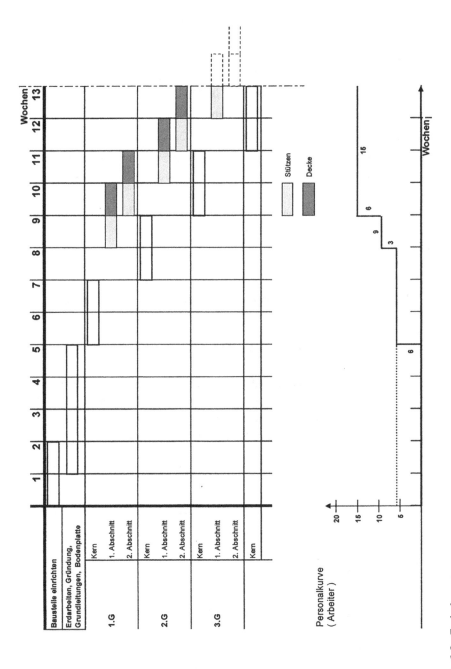

Abb. 6.9 Grobplanung

4. Ermittlung der Kolonnenstärke
   Gewählt: Arbeitstakt für die Stützen und die Decke eines Abschnitts jeweils

$$5\,AT\ (8\,h/AT)$$

Für einen Kernabschnitt stehen damit zur Verfügung:

$$2 \cdot 5\,AT = 10\,AT\ (8\,h/AT)$$

damit ergibt sich: (A = Anzahl der Arbeitskräfte)

Stützenkolonne: $A = 115{,}3\,h/5\,AT \cdot 8\,h = 2{,}88$ gewählt **3 Arbeiter**

Deckenkolonne: $A = 238{,}0\,h/5\,AT \cdot 8\,h = 5{,}95$ gewählt **6 Arbeiter**

Kernkolonne: $A = 485\,h/10\,AT \cdot 8\,h = 6{,}06$ gewählt **6 Arbeiter**

Bei umfangreicheren Berechnungen Formblatt „Arbeitsverzeichnis" (Abb. 6.2) verwenden!

5. Grobplanung Balkenplan (Abb. 6.9)
   Gesamtbauzeit (Kernbauzeit)

$$\text{16 Abschnitte} \cdot \text{1 Woche (Decke)} + \text{9 Wochen Vorlauf} = \text{25 Wochen}$$

6.4 Verlegung eines Abwasserkanals

Zur Verlegung eines Abwasserkanals (Lageplan s. Abb. 6.10, Querschnitt s. Abb. 6.11) ist eine entsprechende Arbeitsvorbereitung durchzuführen. Folgende Randbedingungen sind gegeben und zu beobachten: 180 m Rohrleitung Ø 300, Steinzeug, Grabentiefe 1,60 m, 5 Kontrollschächte, Ø 1000, Fertigteile

bis $d = 0{,}40\,m$ (äußerer Ø) gilt:

$b = d + 0{,}40\,m$

damit: $b = 0{,}35 + 0{,}40 = 0{,}75\,m$

aber: b (min) $= 0{,}80\,m$

Querschnitt des Grabens:

$$
\begin{aligned}
1{,}60 \cdot 0{,}80 &= 1{,}28\,qm \\
2 \cdot 0{,}35 \cdot 0{,}35 \cdot 1/2 &= 0{,}12\,qm \\
&= 1{,}40\,qm
\end{aligned}
$$

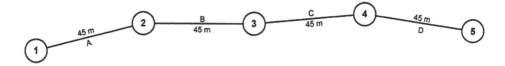

Abb. 6.10 Lageskizze

Zur Untergliederung der Arbeiten werden die folgenden Tätigkeiten unterschieden:

Vorgänge			AT
			(8 h/AT)
1. Grabenaushub			
1,40 cbm/m · 180 m		= 252 cbm	
Grabenbagger	(30 cbm/h)	ca. 8 h	1 AT
(+ 1 Helfer)			
2. Grabensohle herstellen			
20 cm Sandschicht			
0,20 · 0,80 · 180 m		= 28,8 cbm	
Bagger, Flächenrüttler	(10 cbm/h)	ca. 3 h	0,5 AT
(+ 2 Helfer)			
3. Schächte (5 Stück) Ø 1000, Fertigteile			
Gesamtaufwand mit Bagger und 2 Helfern 1 AT/Schacht			
5 Schächte			5 AT
4. Rohre verlegen, Steinzeug Ø 300			
180 m · 0,40 h/m = 72 h; pro Abschnitt:		18 h	
mit 2 Arbeitern: 9 h/Abschnitt ca. 1 AT/Abschnitt			4 AT
4 Abschnitte			
5. Dichtigkeitsprüfung			
angesetzt: ca. 1/2 AT pro Abschnitt			ges. 2 AT
6. Sandummantelung einbauen ca. 90 cbm			
Bagger, Stampfer, Flächenrüttler (10 cbm/h)		9 h	ges. 1 AT
pro Abschnitt ca. 2 h			
7. Restverfüllung Graben			
252 cbm − ca. 30 cbm − ca. 90 cbm = 132 cbm			
Bagger, Flächenrüttler (30 cbm/h)		4,4 h	ges. 0,5 AT

Bei umfangreicheren Berechnungen Formblatt „Arbeitsverzeichnis" (Abb. 6.2) verwenden! Das Ergebnis der Grobplanung ist in Abb. 6.12 dargestellt.

Abb. 6.11 Grabenquerschnitt

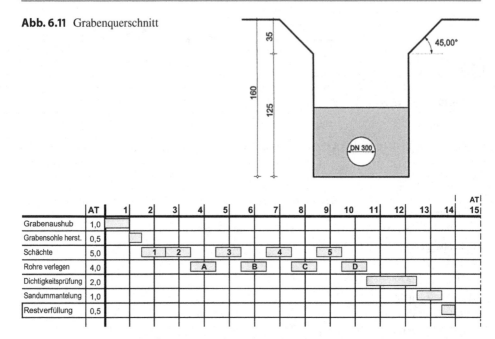

	AT	1	2	3	4	5	6	7	8	9	10	11	12	13	14	AT 15
Grabenaushub	1,0	▭														
Grabensohle herst.	0,5		▭													
Schächte	5,0		1		2		3		4		5					
Rohre verlegen	4,0				A		B		C		D					
Dichtigkeitsprüfung	2,0												▭			
Sandummantelung	1,0													▭		
Restverfüllung	0,5														▭	

Abb. 6.12 Grobplanung/Balkenplan Abwasserkanal

6.5   Bau einer Umgehungsstraße mit einer Länge von 1,500 km

Im Folgenden wird die Herstellung einer Umgehungsstraße mit einer Länge von 1,5 km in Bezug auf die Taktung der Arbeitsvorgänge untersucht. Der Straßenbau und der Straßenquerschnitt sind in Abb. 6.13 dargestellt.

Vorlaufende Arbeiten wie z. B. Abschieben des Mutterbodens, Bodenabtrag/-auftrag, Entwässerungsarbeiten etc. sind individuell zu berücksichtigen und hier nicht in Ansatz gebracht – ebenso wie Baustelleneinrichtung/Baustellenräumung.

Abb. 6.13 Straßenquerschnitt
und Deckenaufbau

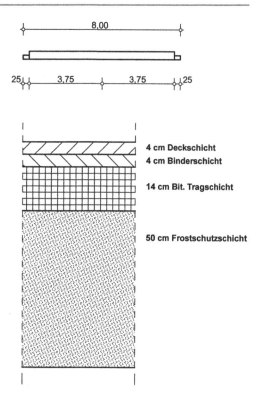

Die einzelnen Arbeitsschritte lassen sich in folgende Vorgänge unterteilen:

Vorgänge	AT	
	(8 h/AT)	
1. Frostschutzschicht herstellen		
$8{,}00 \cdot 0{,}50 \cdot 1500\,\text{m} = 6000\,\text{cbm}$		
Lader (50 cbm/h):	120 h	15 AT
Vibrationswalze ...		
2. Bit. Tragschicht herstellen		
$8{,}00 \cdot 0{,}14 \cdot 1500\,\text{m} = 1680\,\text{cbm}$		
Deckenfertiger (30 cbm/h):	56 h	7 AT
Walze ...		
3. Bit. Binderschicht herstellen		
$8{,}00 \cdot 0{,}04 \cdot 1500\,\text{m} = 480\,\text{cbm}$		
Deckenfertiger (30 cbm/h):	16 h	2 AT
Walze ...	[1/2 Straßenbreite hin (1 AT) & 1/2 Straßenbreite zurück (1 AT)]	
4. Bit. Deckschicht herstellen		
wie Bit. Binderschicht		2 AT
Weg-Zeit-Diagramm (Abb. 6.14)		
Kritische Annäherung Frostschutzschicht – Bit. Tragschicht:		1 AT

Zur Darstellung der Ergebnisse bietet sich ein Weg-Zeit-Diagramm (s. Abb. 6.14) an, da es sich bei der geplanten Straoßenbaumaßnahme um eine Linienbaustelle handelt.

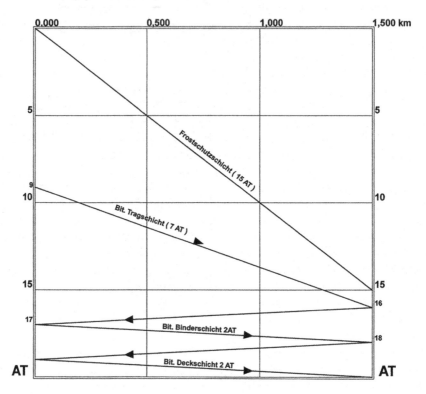

Abb. 6.14 Weg-Zeit Diagramm

6.6   Beispiel Netzplantechnik/Neubau einer Straße (Grobplanung)

In diesem Abschnitt soll die Netzplantechnik anhand der Grobplanung zum Neubau einer Straße erläutert werden. Die Fertigungsabschnitte der Straße im Lageplan sind in Abb. 6.15 dargestellt, die Dauern der einzelnen Tätigkeiten sind Abb. 6.16 zu entnehmen.

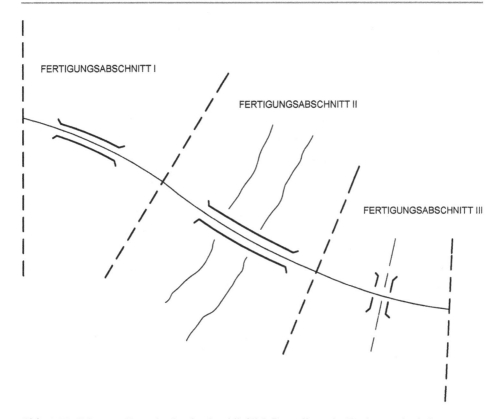

Abb. 6.15 Skizze zur Lage der Straße einschließlich Darstellung der Fertigungsabschnitte

Dauer in Arbeitstagen [AT]	Fertigungsabschnitte		
	I	II	III
Brückenbauarbeiten	81	148	125
Erdarbeiten	69	79	56
Tragschichtarbeiten (FSS)	37	23	35
Schwarzdeckenarbeiten	36	25	33
Fahrbahnmarkierung Abschnitte I-III		5	

Abb. 6.16 Dauer der Arbeiten

6.6.1 Aufstellung der Abhängigkeiten

Um Abhängigkeiten im Beispiel zu erklären, sollen folgende Randbedingungen einzuhalten sein:

1. Die Brückenbauwerke sind vor Beginn der Erdarbeiten fertig zu stellen.
   - Der Anfang der Erdarbeiten darf nicht vor dem Ende der Brückenbauarbeiten liegen.
2. Die Vergabe der Brückenbauarbeiten erfolgt in zwei Losen.
   In Los a) werden Bauwerk I und Bauwerk III nacheinander hergestellt.
   Los b) besteht aus Bauwerk II
   In beiden Losen wird zum gleichen Zeitpunkt mit den Arbeiten begonnen.
   - Der Anfang von Bauwerk III darf nicht vor dem Ende von Bauwerk I liegen.
   - Der Anfang von Bauwerk I ist gleich mit dem von Bauwerk II.
3. Bei den Arbeiten wird zur Ausführung aller Abschnitte **eine** Fertigungsgruppe für die Erdarbeiten, **eine** Fertigungsgruppe für die Tragschichtarbeiten und **eine** Fertigungsgruppe für die Schwarzdeckenarbeiten eingesetzt.
   - Die Arbeiten müssen nacheinander ausgeführt werden.
4. Mit den Tragschicht- und Schwarzdeckenarbeiten im Abschnitt III kann nach Auflage der Baubehörde erst nach Fertigstellung aller Arbeiten in Abschnitt II begonnen werden.
   - Der früheste Anfang der Tragschichtarbeiten in Abschnitt III darf nicht vor dem spätesten Ende der Deckenarbeiten in Abschnitt II liegen.
5. Für die einzelnen Fertigungsgruppen ist möglichst ein kontinuierlicher Arbeitsablauf vorzusehen.
   - Das Ende der einzelnen Arbeiten in Abschnitt I (II) soll möglichst gleich mit dem Anfang der Nachfolgearbeiten in Abschnitt II (III) sein.
6. Die Deckenbauarbeiten müssen einen Mindestabstand von 10 Arbeitstagen zu den Tragschichtarbeiten besitzen.
   - Da dieser Abstand während der gesamten Bauzeit besteht muss, müssen Anfang bzw. Ende der beiden Teilleistungen einen Abstand von 10 Tagen aufweisen.
7. Im Abschnitt I muss der gesamte Erdkörper mindestens 8 Wochen (= 40 Arbeitstage) liegen bleiben, ehe mit der Tragschicht begonnen werden kann.
   - Der Anfang der Tragschichtarbeiten in Abschnitt I kann frühestens 40 AT nach dem Ende der Erdarbeiten liegen.
8. Die Fahrbahnmarkierung wird nach Fertigstellung aller anderen Arbeiten durchgeführt.
   - Der Anfang der Fahrbahnmarkierung darf frühestens nach dem Ende der letzten Teilleistung liegen.

6.6.2 MPM (Metra-Potential-Methode)

Die Lösung der Aufgabe ist den Abb. 6.17 bis 6.26 zu entnehmen.

Vorgangsliste

ORD. NR.	BESCHREIBUNG		KAPAZITÄT		DAUER [AT]	VORLIEGER	FA	FE	SA	SE	GP
101	Brückenbauarbeiten	Abschn. I	Gruppe B	I	81	-	0	81			
102	Brückenbauarbeiten	Abschn. II	Gruppe B	II	148	-	0	148			
103	Brückenbauarbeiten	Abschn. III	Gruppe B	I	125	101	81	206			
201	Erdarbeiten	Abschn. I	Gruppe E		69	101	81	150			
202	Erdarbeiten	Abschn. II	Gruppe E		79	102, 201	150	229			
203	Erdarbeiten	Abschn. III	Gruppe E		56	103, 202	229	285			
301	Tragschicht	Abschn. I	Gruppe T		37	201	190	227			
302	Tragschicht	Abschn. II	Gruppe T		23	202, 301	229	252			
303	Tragschicht	Abschn. III	Gruppe T		35	203, 302, 402	285	320			
401	Decke	Abschn. I	Gruppe D		36	301	201	237			
402	Decke	Abschn. II	Gruppe D		25	401, 302	239	264			
403	Decke	Abschn. III	Gruppe D		33	303, 402	297	330			
503	Fahrbahn-markierung	Abschn. I - III	Gruppe F		5	403	330	335			

Abb. 6.17 Vorgangsliste MPM, Vorwärtsrechnung

6.6.3 PDM

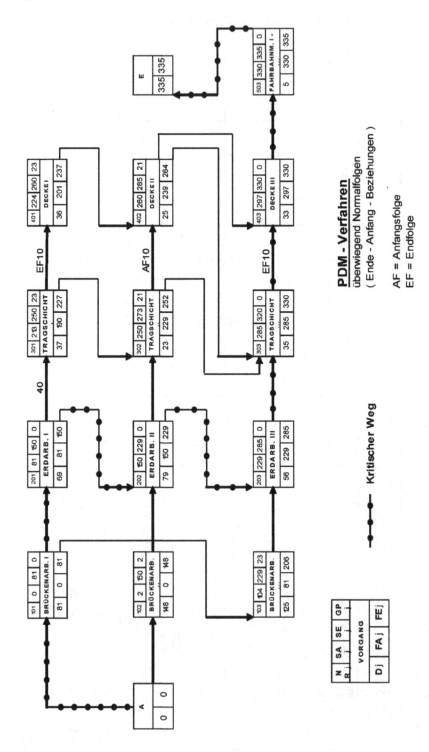

Abb. 6.21 PDM Netz, Vorwärts- und Rückwärtsrechnung

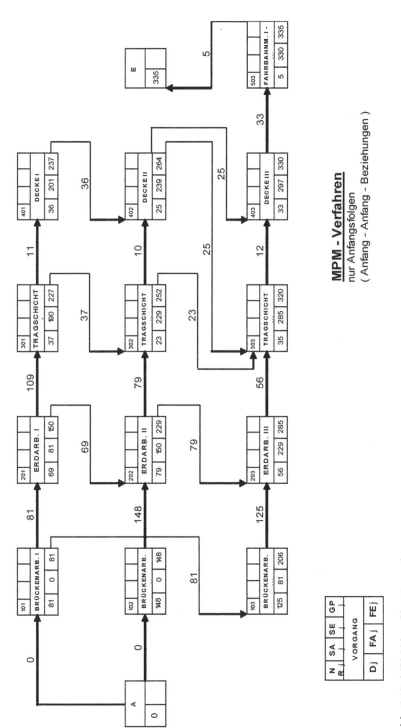

Abb. 6.18 MPM Netz, Vorwärtsrechnung

Vorgangsliste

ORD. NR.	BESCHREIBUNG		KAPAZITÄT	DAUER [AT]	VORLIEGER	FA	FE	SA	SE	GP
101	Brückenbauarbeiten	Abschn. I	Gruppe B I	81	-	0	81	0	81	0
102	Brückenbauarbeiten	Abschn. II	Gruppe B II	148	-	0	148	2	150	2
103	Brückenbauarbeiten	Abschn. III	Gruppe B I	125	101	81	206	104	229	23
201	Erdarbeiten	Abschn. I	Gruppe E I	69	101	81	150	81	150	0
202	Erdarbeiten	Abschn. II	Gruppe E II	79	102, 201	150	229	150	229	0
203	Erdarbeiten	Abschn. III	Gruppe E III	56	103, 202	229	285	229	285	0
301	Tragschicht	Abschn. I	Gruppe T I	37	201	190	227	213	250	23
302	Tragschicht	Abschn. II	Gruppe T II	23	202, 301	229	252	250	273	21
303	Tragschicht	Abschn. III	Gruppe T III	35	203, 302, 402	285	320	285	230	0
401	Decke	Abschn. I	Gruppe D I	36	301	201	237	224	260	23
402	Decke	Abschn. II	Gruppe D II	25	401, 302	239	264	260	285	21
403	Decke	Abschn. III	Gruppe D III	33	303, 402	297	330	297	330	0
503	Fahrbahn-markierung	Abschn. I - III	Gruppe F	5	403	330	335	330	335	0

Abb. 6.19 Vorgangsliste MPM, Vorwärts- und Rückwärtsrechnung

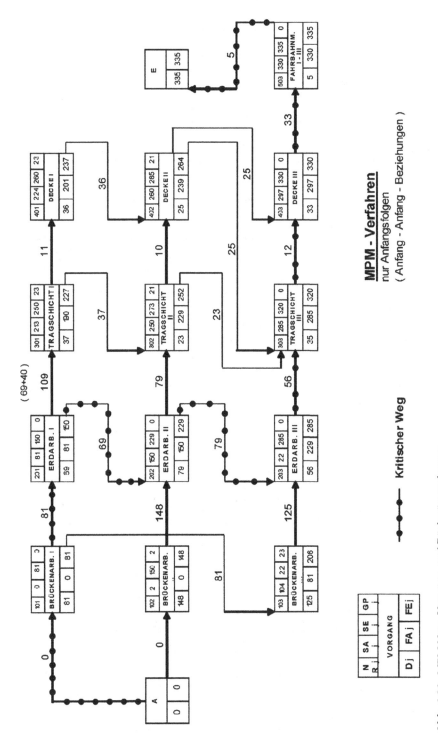

Abb. 6.20 MPM Netz, Vorwärts- und Rückwärtsrechnung

6.6.4 CPM

Vorgangsliste — Variante 1

VORGANG	I - J	BESCHREIBUNG	ABSCHNITT	KAPAZITÄT	DAUER [AT]	FA	FE	SA	SE	GP	FP
101	0-2	Brückenbauar.	Abschn. I	Gruppe B I	81	0	81				
102	0-8	Brückenbauar.	Abschn. II	Gruppe B II	148	0	148				
	2-4	Scheinvorgang		-	0	(81)	(81)				
103	4-16	Brückenbauar.	Abschn. III	Gruppe B I	125	81	206				
201	2-6	Erdarbeiten	Abschn. I	Gruppe E	69	81	150				
	6-8	Scheinvorgang		-	0	(150)	(150)				
tw 1	6-10	Wartevorgang		-	40	150	190				
202	8-12	Erdarbeiten	Abschn. II	Gruppe E	79	150	229				
	12-16	Scheinvorgang		-	0	(229)	(229)				
203	16-30	Erdarbeiten	Abschn. III	Gruppe E	56	229	285				
301 a	10-14	Tragschicht	Abschn. I 1.	Gruppe T	11	190	201				
301 b	14-20	Tragschicht	Abschn. I 2.	Gruppe T	26	201	227				
401	14-22	Decke	Abschn. I	Gruppe D	36	201	237				
tw 2	20-22	Wartevorgang		-	10	227	237				
302 a	12-18	Tragschicht	Abschn. II 1.	Gruppe T	10	229	239				
302 b	18-24	Tragschicht	Abschn. II 2.	Gruppe T	13	239	252				
	18-26	Scheinvorgang		-	0	(239)	(239)				
	22-26	Scheinvorgang		-	0	(237)	(239)				
tw 3	24-28	Wartevorgang		-	12	252	264				
402	26-26	Decke	Abschn. II	Gruppe D	25	239	264				
	28-30	Scheinvorgang		-	0	(264)	(264)				
303a	30-32	Tragschicht	Abschn. III 1.	Gruppe T	12	285	297				
303b	32-36	Tragschicht	Abschn. III 2.	Gruppe T	23	297	320				
	28-34	Scheinvorgang		-	0	(264)	(264)				
	32-34	Scheinvorgang		-	0	(297)	(297)				
403	34-38	Decke	Abschn. III	Gruppe D	33	297	330				
tw 4	36-38	Wartevorgang		-	10	320	330				
503	38-40	Fahrbahnmarkierung	Abschn. I - III	Gruppe F	5	330	335				

Abb. 6.22 Vorgangsliste CPM, Vorwärtsrechnung

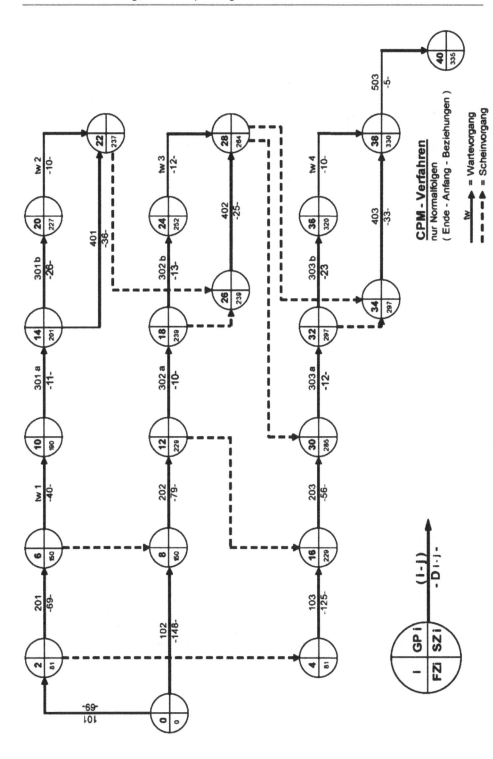

Abb. 6.23 CPM Netz, Variante 1, Vorwärtsrechnung

Vorgangsliste   Variante 1

VORGANG	i - j	BESCHREIBUNG	Abschn.	KAPAZITÄT	DAUER [AT]	FA	FE	SA	SE	GP	FP
101	0-2	Brückenbauar. Abschn.	I	Gruppe B I	81	0	81	0	81	0	0
102	0-8	Brückenbauar. Abschn.	II	Gruppe B II	148	0	148	2	150	2	2
	2-4	Scheinvorgang	III	-	0	(81)	(81)	(104)	(104)	23	0
103	4-16	Brückenbauar. Abschn.	III	Gruppe B III	125	81	206	104	229	23	23
201	2-6	Erdarbeiten Abschn.	I	Gruppe E	69	81	150	81	150	0	0
	6-8	Scheinvorgang		-	0	(150)	(150)	(150)	(150)	0	0
tw 1	6-10	Wartevorgang		-	40	150	190	173	213	23	0
202	8-12	Erdarbeiten Abschn.	II	Gruppe E	79	150	229	150	229	0	0
	12-16	Scheinvorgang Abschn.	III	-	0	(229)	(229)	(229)	(229)	0	0
203	16-30	Erdarbeiten Abschn.	III	Gruppe E	56	229	285	229	285	0	0
301 a	10-14	Tragschicht Abschn.	I 1.	Gruppe T	11	190	201	213	224	23	0
301 b	14-20	Tragschicht Abschn.	I 2.	Gruppe T	26	201	227	224	250	23	0
401	14-22	Decke Abschn.	I	Gruppe D	36	201	237	224	260	23	0
tw 2	20-22	Wartevorgang		-	10	227	237	250	260	23	0
302 a	12-18	Tragschicht Abschn.	II 1.	Gruppe T	10	229	239	250	260	21	0
302 b	18-24	Tragschicht Abschn.	II 2.	Gruppe T	13	239	252	260	273	21	0
	18-26	Scheinvorgang		-	0	(239)	(239)	(260)	(260)	21	0
	22-26	Scheinvorgang		-	0	(237)	(239)	(260)	(260)	23	2
tw 3	24-28	Wartevorgang		-	12	252	264	273	285	21	0
402	26-28	Decke Abschn.	II	Gruppe D	25	239	264	260	285	21	0
	28-30	Scheinvorgang		-	0	(264)	(264)	(285)	(285)	21	21
303a	30-32	Tragschicht Abschn.	III 1.	Gruppe T	12	285	297	285	297	0	0
303b	32-35	Tragschicht Abschn.	III 2.	Gruppe T	23	297	320	297	320	0	0
	28-34	Scheinvorgang		-	0	(264)	(264)	(285)	(285)	21	0
	32-34	Scheinvorgang		-	0	(297)	(297)	(297)	(297)	0	0
403	34-38	Decke Abschn.	III	Gruppe D	33	297	330	297	330	0	0
tw 4	36-38	Wartevorgang		-	10	320	330	320	330	0	0
503	38-40	Fahrbahnmarkierung Abschn.	I - III	Gruppe F	5	330	335	330	335	0	0

Abb. 6.24 Vorgangsliste CPM, Vorwärts- und Rückwärtsrechnung

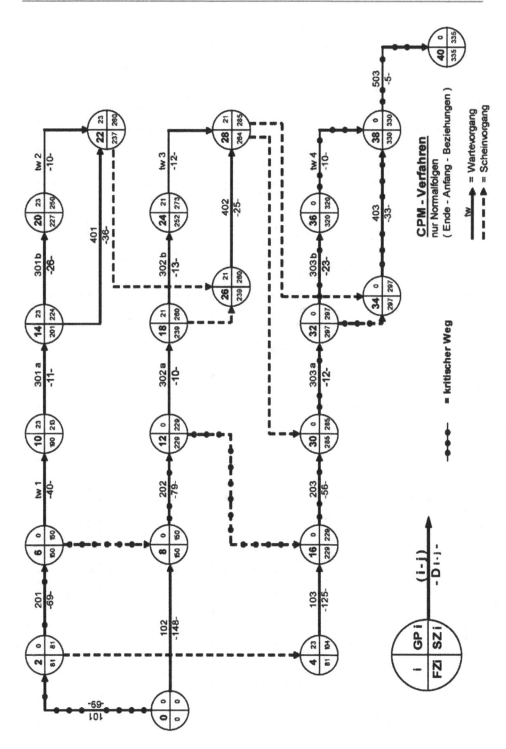

Abb. 6.25 CPM Netz, Variante 1, Vorwärts- und Rückwärtsrechnung

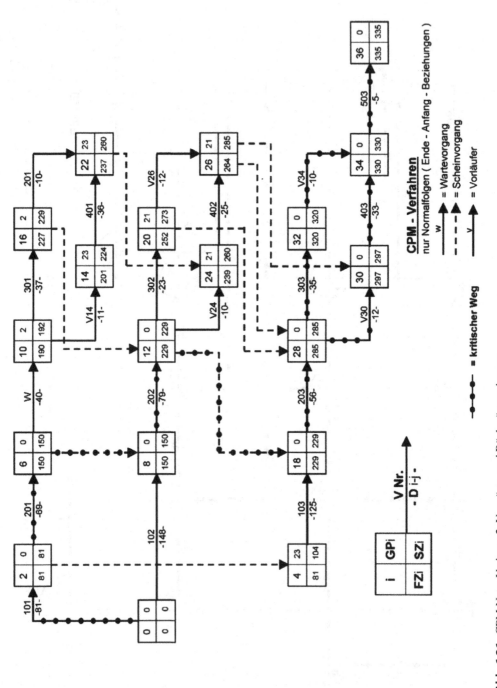

Abb. 6.26 CPM Netz, Variante 2, Vorwärts- und Rückwärtsrechnung

6.7 Beispiel Balkendiagramm/Verwaltungsgebäude

Für ein Verwaltungsgebäude, bestehend aus einer Tiefgarage (Bauteil A), einem Flachbau (B) und einem Hochhaus (C), ist die Grobplanung der Stahlbetonarbeiten durchzuführen. Abb. 6.27 und 6.28 zeigen das Gebäude im Grundriss und Schnitt.

Folgende Randbedingungen sind zu berücksichtigen:

- 1,5 Monate Winterpause
- 172 h/Monat

Beginn der Stahlbetonarbeiten mit der Gründung: 01.04.2018
Spätestens Ende: 30.11.2019
Zwischentermin Fertigstellung Tiefgarage (A): 30.09.2018

- Ein Kran kann maximal 15 Arbeiter bedienen
- Richtwerte zur Ermittlung der Arbeitsstunden:

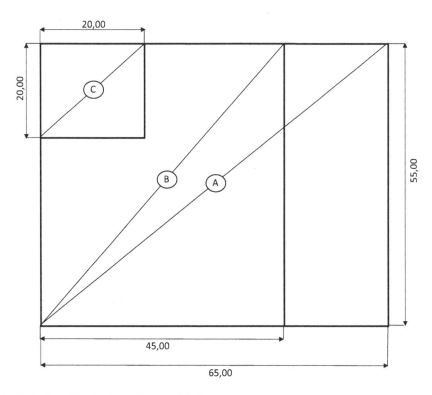

Abb. 6.27 Grundriss des Verwaltungsgebäudes

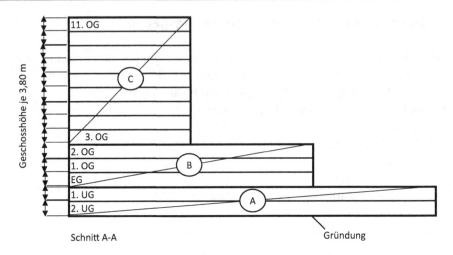

Abb. 6.28 Schnitt durch das Verwaltungsgebäude

Gründung: 7482 h
Bauteil A: 1. und 2. Untergeschoss: 2,2 h/m^3 BRI
Bauteil B: Erdgeschoss, 1. und 2. Obergeschoss: 2,0 h/m^3 BRI
Bauteil C: 3. bis 11. Obergeschoss: 1,5 h/m^3 BRI

- Baustellenbelegschaft für die

Gründung: 29 Arbeiter
Für Bauteil: 20 Arbeiter

- Die Gründungarbeiten benötigen 1 Monat Vorlauf gegenüber den anderen Arbeiten.

Aufgaben

1. Stellen Sie in einem Balkendiagramm (Abb. 6.29) die Bauzeit der Bauteile A, B und C dar. Tragen Sie über derselben Zeitachse die Kranstandzeiten und den Verlauf der Belegschaftsstärke auf.
2. Auf welchen Termin verschiebt sich das Ende der Stahlbetonarbeiten der Tiefgarage, falls auf der Baustelle maximal 3 Krane aufgestellt werden dürfen?

1. Gründung: $\frac{7482}{172 \cdot x} = 29$ *Arbeiter;* $\frac{7482}{172 \cdot 29} = 1,5$ *Monate*
$\qquad\qquad\quad x = 1,5$ Monate/29 Arbeiter/2 Krane
Bauteil A: $A = 2 \cdot 3,80\,\text{m} \cdot 65\,\text{m} \cdot 55\,\text{m} \cdot 2,2\,\text{h/m}^3 = 59.774\,\text{h}$
$\qquad\qquad\quad 59.774 = 172[1/2 \cdot (x - 30) + 4,5x]$
$\qquad\qquad\quad$ 1/2 Monat: Gründung dauert 1,5 Monate, hat 1 Monat Vorlauf

Abb. 6.29 Balkendiagramm

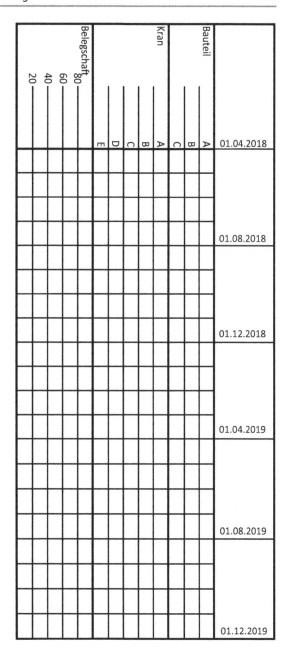

$\Rightarrow$ 1/2 Monat sind 29 Arbeiter noch mit Gründung beschäftigt

$\Rightarrow$ 4,5 Monate: 6 Monate Bauzeit − 1,5 Monate Bauzeit Gründung

$347,5 = 5x - 15$

$x = 66,5 \Rightarrow 67$ Arbeiter/5 Monate/5 Krane

Bauteil B + C: 1.10. bis 1.12. entspr. 14 Mon. − 1,5 Mon. Winterpause = 12,5 Monate

Bauteil C: $A = 9 \cdot 3{,}80\,\text{m} \cdot 20\,\text{m} \cdot 20\,\text{m} \cdot 1{,}5\,\text{h/m}^3 = 20.520\,\text{h}$

$x = \frac{20.520\,\text{h}}{172 \cdot 20\,\textit{Arbeiter}} = 5{,}96\,\text{Mon.}$

$\Rightarrow$ 6 Mon./20 Arbeiter/2 Krane

Bauteil B: $A = 3 \cdot 3{,}80\,\text{m} \cdot 55\,\text{m} \cdot 45\,\text{m} \cdot 2{,}0\,\text{h/m}^3 = 56.430$

Restbauzeit 12,5 − 6 = 6,5 Mon.

$x = \frac{56.430\,\text{h}}{172 \cdot 6{,}5} = 50{,}4$

$\Rightarrow$ 51 Arbeiter/6,5 Mon./4 Krane

2. Termin bei nur drei Kranen:

Bauteil A: drei Krane entsprechen 45 Arbeitern

$\Delta A = 5\,\text{Mon.} \cdot 172 \cdot (66{,}5 - 45) = 18.490\,\text{h}$

$\Delta t = 18.490\,\text{h}/(172 \cdot 45) = 2{,}38\,\text{Mon.}$

$\Rightarrow$ Fertigstellung am 02.01.2019

Die Darstellung des Bauablaufs (Lösung) ist in Abb. 6.30 dargestellt.

6.8 Beispiel zur Taktfertigung

Für die Herstellung von zwei 5-geschossigen Rohbauten (s. Abb. 6.31) ist der Bauablauf zu planen. Gleiche Fertigungsabschnitte (EG bis 5. OG) sind hierbei in Taktfertigung auszuführen.

Randbedingungen
Gesamtbauzeit 250 AT. Als Puffer sollen 10 AT am Ende vorgesehen werden.

	Vorgang	Dauer	Bemerkung
1	Bodenaushub	20 AT	
2	Baustelleneinrichtung	15 AT	Ende mit Abschluss der Aushubarbeiten
3	Gründung	15 AT/Haus	Beginn nach Abschluss der Baustelleneinrichtung ohne Überlappung
4	KG	20 AT/Haus	Beginn nach Abschluss der Gründung des jeweiligen Hauses
5	EG und 1.–5. OG	Taktfertigung	Beginn nach Abschluss des KG des ersten Hauses
6	Dach	15 AT	Beginn nach 75 % des letzten Fertigungsabschnittes
7	Baustellenräumung	10 AT	Beginn nach Abschluss des Daches

Die Ausführungszeit eines Fertigungsabschnittes (Geschosshälfte) beträgt nach erfolgter Einarbeitungszeit 20 AT. Die Einarbeitungszeit wird durch folgende Zuschläge berücksichtigt:

Abb. 6.30 Balkenterminplan
für Verwaltungsgebäude

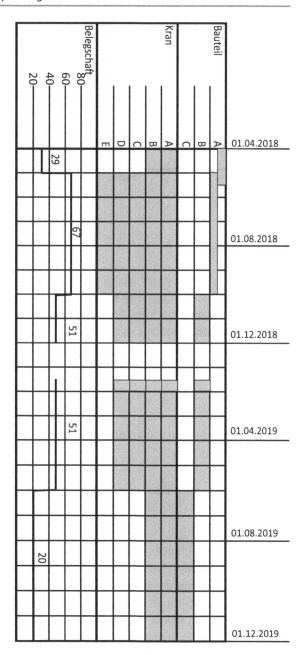

Erdgeschoss Haus A und B jeweils   100 %
1. Obergeschoss Haus A und B jeweils 50 %
2. Obergeschoss Haus A und B jeweils 25 %

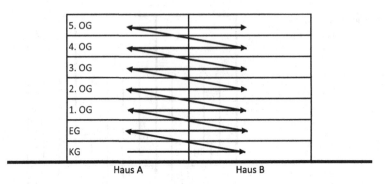

Abb. 6.31 Taktfolge

Aufgabenstellung

A) Ermitteln Sie die Taktzeit nach erfolgter Einarbeitung.

B) Berechnen Sie die Taktzeiten und die Ausführungszeiten der ersten sechs Fertigungs-abschnitte unter Berücksichtigung der Einarbeitungszeitzuschläge.

C) Stellen Sie den Bauablauf als Grobplan in Form eines Balkenplanes (siehe Abb. 6.33) mit Berücksichtigung der Einarbeitung dar und kennzeichnen Sie T_A, T_E und t_i.

Lösung

A) Für die Ermittlung der Taktzeit bei vorgegebener Gesamtbauzeit mit Überlappung von Arbeitsvorgängen gilt:

$$t = \frac{T - T_A - T_E - T_m}{\sum a_i + (m + n - 1)} \text{ Mit Berücksichtigung der Einarbeitung}$$

t Taktzeit

T Gesamtausführungszeit der Baumaßnahme

T_A Zeit von Baubeginn bis zum Beginn der Taktfertigung (s. Abb. 6.32)

T_E Zeit vom Ende der Taktfertigung bis zum Ende der Baumaßnahme (s. Abb. 6.33)

T_m Ausführungszeit für den m-ten Fertigungsabschnitt nach erfolgter Einarbeitung

a_i Einarbeitungsfaktor für $i = 1$ bis n

m Anzahl der Fertigungsabschnitte (Takte)

n Anzahl der Takte mit Einarbeitungszuschlag

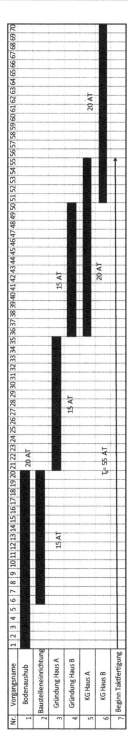

Abb. 6.32 Ermittlung von TA

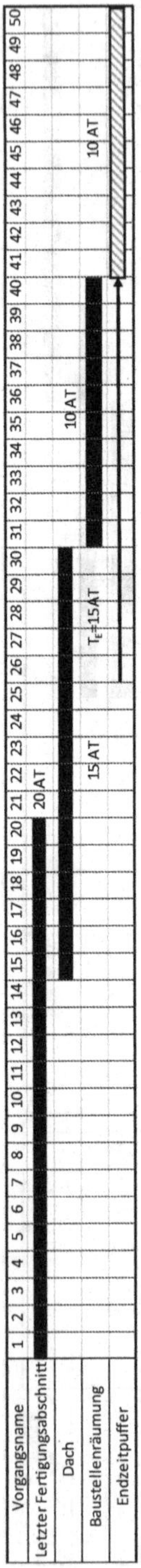

Vorgangsname	1	2	3	4	5	6	7	8	9	10	11	12	13	14	15	16	17	18	19	20	21	22	23	24	25	26	27	28	29	30	31	32	33	34	35	36	37	38	39	40	41	42	43	44	45	46	47	48	49	50
Letzter Fertigungsabschnitt																				20 AT																														
Dach																																		10 AT																
Baustellenräumung																						15 AT					$T_E=15$ AT																10 AT						
Endzeitpuffer																																																		

Abb. 6.33 Ermittlung von TE

Im ersten Schritt sind T_A und T_E zu ermitteln:

$$T = 250\,\text{AT} - 10\,\text{AT Puffer} = 240\,\text{AT}; \quad T_A = 55\,\text{AT}; \quad T_E = 15\,\text{AT};$$

$$T_m = 20\,\text{AT}; \quad m = 12; \quad n = 6$$

$$a_1 = a_2 = 2{,}0 \ (\text{Einarbeitungszuschlag} = 100\,\%)$$

$$a_3 = a_4 = 1{,}5 \ (\text{Einarbeitungszuschlag} = 50\,\%)$$

$$a_5 = a_6 = 1{,}25 \ (\text{Einarbeitungszuschlag} = 25\,\%)$$

Damit ergibt sich die Taktzeit nach Einarbeitung wie folgt:

$$t = \frac{T - T_A - T_E - T_m}{\sum a_i + (m - n - 1)} = \frac{240 - 55 - 15 - 25}{2{,}0 + 2{,}0 + 1{,}5 + 1{,}5 + 1{,}25 + 1{,}25 + (12 - 6 - 1)}$$

$$= \frac{145}{14{,}5} = 10{,}0\,\text{AT}$$

B) Ermittlung der Taktzeit der ersten 6 Arbeitsabschnitte
Allgemein gilt: $t_n = a_n \cdot t$

$$t_1 = t_2 = 2{,}0 \cdot 10\,\text{AT} = 20\,\text{AT}$$

$$t_3 = t_4 = 1{,}5 \cdot 10\,\text{AT} = 15\,\text{AT}$$

$$t_5 = t_6 = 1{,}25 \cdot 10\,\text{AT} = 12{,}5\,\text{AT}$$

Ermittlung der Ausführungszeiten der ersten 6 Fertigungsabschnitte
Allgemein gilt: $T_n = a_n \cdot T_m = a_n \cdot 20\,\text{AT}$

$$T_1 = T_2 = 2{,}0 \cdot 20\,\text{AT} = 40\,\text{AT}$$

$$T_3 = T_4 = 1{,}5 \cdot 20\,\text{AT} = 30\,\text{AT}$$

$$T_5 = T_6 = 1{,}25 \cdot 20\,\text{AT} = 25\,\text{AT}$$

C) Die Darstellung des getakteten Arbeitsablaufs ist der Abb. 6.34 zu entnehmen.

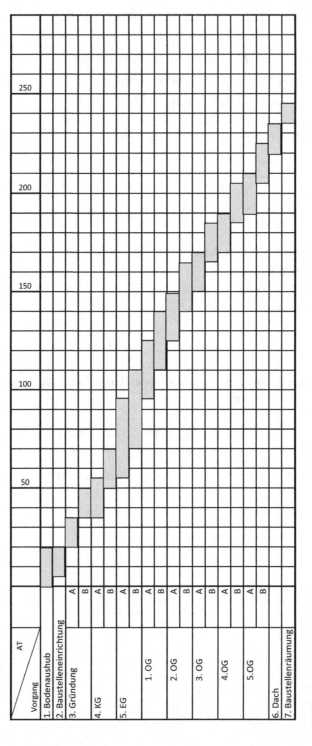

Abb. 6.34 Balken-Terminplan

Baumaschinen

Thomas Krause

7.1 Vorbemerkung

Im Folgenden werden verschiedene Beispiele zur Leistungsberechnung von Baumaschinen aufgeführt, die im normalen Baustellenbetrieb anfallen.

7.2 Leistung Betonmischer

Bestimmen Sie die Nutzleistung eines Betonmischers unter folgenden Angaben.
 Nutzleistung eines Mischers 500/750 bei einem Beton F1 mit $v = 1,25$

Nutzleistungsfaktor f_E Baustellenbedingungen: mittelmäßig
                            Betriebsbedingungen: schlecht
Arbeitsspiele pro Stunde n 30

 Grundleistung Q_B

- überschläglich mit Verdichtungsmaß $v = 1,45$

$$Q_B = V_R \times n \times f_1 \text{ [m}^3 \text{ verd. Beton/h]}$$

- genauer mit Berücksichtigung des tatsächlichen Verdichtungsmaßes v

$$Q_B = V_T \times \overline{c} \times f_1 \text{ [m}^3 \text{ verd. Beton/h]}$$

T. Krause (✉)
FH Aachen
Aachen, Deutschland
E-Mail: t.krause@fh-aachen.de

© Springer Fachmedien Wiesbaden GmbH, ein Teil von Springer Nature 2019
T. Krause, B. Ulke (Hrsg.), *Übungsaufgaben und Berechnungen für den Baubetrieb*,
https://doi.org/10.1007/978-3-658-23127-9_7

Nutzleistung Q_A

$$Q_B = Q_B \times f_E \text{ [m}^3 \text{ verd. Beton/h]}$$

Überschlägliche Grundleistung

$$V_R = 0{,}500\,\text{m}^3$$

- $f_1 = 0{,}80$ (kleine Mischanlage; Stundenleistung) [S. 1078 Tafel 9.7]

$$Q_B = 0{,}500 \times 30 \times 0{,}80 = 12{,}00\,\text{m}^3/\text{h verd. Beton}$$

- $f_E = 0{,}60$ [S. 1074, Tafel 9.2]

$$Q_A = 12{,}00 \times 60 \times 0{,}60 = 7{,}20\,\text{m}^3/\text{h verd. Beton}$$

Genaue Grundleistung

$$V_T = 0{,}750\,\text{m}^3$$

- $f_F = 1{,}45$ [S. 1074, Tafel 9.2]
- $f_1 = 0{,}80$ (kleine Mischanlage; Stundenleistung) [S. 1078 Tafel 9.7]

$$Q_B = 0{,}75 \times 0{,}80 = 0{,}80 = 12{,}41\,\text{m}^3/\text{h verd. Beton}$$

- $f_E = 0{,}60$ [S. 1074 Tafel 9.2]

$$Q_A = 12{,}41 \times 0{,}60 = 7{,}45\,\text{m}^3/\text{h verd. Beton}$$

7.3 Antriebsleistung Betonpumpe

Bestimmen Sie unter den folgenden Angaben die erforderliche Antriebsleistung einer Betonpumpe.

Einbauleistung	$Q_A = 30\,\text{m}^3/\text{h}$
erforderliche Grundleistung	$Q_B = Q_A/f_E$
Nutzleistungsfaktor f_E	Baustellenbedingungen: gut
	Betriebsbedingungen: gut
geometrische Förderhöhe	$H = 70\,\text{m}$
Durchmesser der Förderleitung	$D = 125\,\text{mm}$

Leistungswert = Länge der Förderleitung + Zulagen für Formstücke $L = 400\,\text{m}$

Ausbreitmaß des Betons $\quad\quad a = 40\,\text{cm}$

Ermittlung der Kenngrößen [s. Krause/Ulke – Zahlentafeln für den Baubetrieb, 9. Auflage, S. 1074, Tafel 9.2]

$$f_E = 0,75$$
$$Q_B = 30\,\text{m}^3/\text{h}/0,75 = 40\,\text{m}^3/\text{h}$$

Pumpenkenngröße aus Nomogramm [s. Krause/Ulke – Zahlentafeln für den Baubetrieb, 9. Auflage, S. 1085, Bild 9.10]

Erforderlicher Förderdruck $\quad p = 70\,\text{bar} + 70\,\text{m} \times 0,25\,\text{bar/m} = 87,5\,\text{bar}$
Pumpenkenngröße $\qquad\qquad Q_B \times p = 40\,\text{m}^3/\text{h} \times 87,5\,\text{bar} = 3500\,\text{m}^3/\text{h} \times \text{bar}$
Erforderliche Antriebsleistung $\ P\,[\text{KW}] = Q_B\,[\text{m}^3/\text{h}] \times p\,[\text{bar}]/25$
$$P = 3500/25 = 140\,\text{KW}$$

7.4 Kranspiel/Lastmoment

Zur Abstimmung mit anderen Arbeitsabläufen auf einer sehr beengten Baustelle für ein Bürogebäude in der Innenstadt muss für das Betonieren einer Wand im Dachgeschoss die genaue Dauer des Betoniervorganges ermittelt werden.

1.) Ermitteln Sie die erforderliche Zeit unter Berücksichtigung der folgenden Angaben:
   - Wandhöhe 3,0 m, Wanddicke 30 cm, Wandlänge 13,30 m
   - OG Decke 4. OG: +12,00 m,
   - Übergabe in Betonkübel 500 l bei +0,00 m, Abstand vom Kranturm: 30 m
   - Kran 71 EC – Obendreher, Standort auf dem Gehweg vor dem Gebäude
   - Hubwerk 30 m/min, Drehwerk 0,25 U/min, Katzfahrwerk 20 m/min (Mittelwerte)
   - Mittlerer Schwenkwinkel zum Betonieren: 90°
   - Mittlerer Wandabstand vom Kranturm 10 m
   - Mittlere Ladezeit Kübel 2 min, Einbauzeit für einen Betonkübel 6 min (einschl. Senken und Heben im Einbaubereich)
2.) Welches Lastmoment sollte dieser Kran mindestens haben (Eigengewicht Kübel 530 kg)?

7.4.1   Ermittlung der Spielzeit

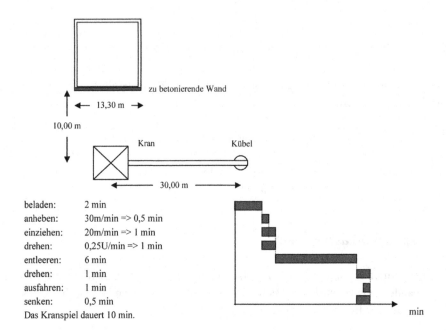

beladen: 2 min
anheben: 30m/min => 0,5 min
einziehen: 20m/min => 1 min
drehen: 0,25U/min => 1 min
entleeren: 6 min
drehen: 1 min
ausfahren: 1 min
senken: 0,5 min
Das Kranspiel dauert 10 min.

7.4.2   Ermittlung des Lastmomentes

Lastmoment = Tragkraft · Ausladung [tm]

Eigengewicht Kübel: $530\,\text{kg} \Rightarrow 0,53\,\text{t}$
Gewicht Beton: $500\,\text{l} \Rightarrow 0,5\,\text{m}^3$
                    Dichte Beton: $2,3\,\text{t/m}^3$
                    $0,5\,\text{m}^3 \times 2,3\,\text{t/m}^3 = 1,15\,\text{t}$
Gewicht gesamt: $0,53\,\text{t} + 1,15\,\text{t} = 1,68\,\text{t}$
Ausladung: $30,00\,\text{m}$
Lastmoment: $1,68\,\text{t} \times 30,00\,\text{m} = 50,40\,\text{tm}$

7.5   Leistungsberechnung Hydraulikbagger

FₐͨH Hochschule Aachen	Leistungsberechnung **Hydraulik-Universalbagger**		Fachbereich Bauingenieurwesen Baubetrieb - Kostenrechnung	
Hersteller/Typ:	Liebherr / R944 C	Kenngröße: 190 kW	BGL-Nr.: D.1.00.0190	
Fahrwerk:	Raupen	Werkzeug: Tieflöffel	Füllung V_R: 1.75 m³	
Art der Arbeit:	Bodenaushub Baugrube, Verladen auf Lkw			
Bodenart/Bodenklasse:	DIN 18 300	Kiessand leicht lehmig	3	-
Auflockerungsfaktor	f_S aus Tafel 9.20	Lagerung mitteldicht	1.14	-
Füllungsfaktor	f_F aus Tafel 9.21	Sand-Kies-Gemisch / Klasse 3	1.13	-
Ladefaktor	f_L f_F / f_S		0.99	-
Spielzahl	n aus Tafel 9.24		190	1/h
Faktoren für: - Schwenkwinkel	f_1 aus Tafel 9.25	Schwenkwinkel 90°	1.00	
- Grabtiefe/ -höhe	f_2 aus Tafel 9.26	V_R > 11,0 m³, 2,50 m = günst.Bereic	1.00	-
- Art der Entleerung	f_3 aus Tafel 9.27	Volumenverhältnis Lkw/Löffel > 6	0.83	-
- Einsatzart	f_4 aus Tafel 9.28	behinderungsfreies Arbeiten	1.00	-
Grundleistung	Q_B $V_R \cdot f_L \cdot n \cdot f_1 \ldots f_4$		273	m³/h f.M.
Nutzungsfaktor	f_E aus Tafel 9.2	Baust. / Betr.bedgg.: mittel / gut	0.69	-
Nutzleistung	Q_A $Q_B \cdot f_E$		188	m³/h f.M.
Bei der Preisbildung oder Bauablaufplanung ist zu beachten, dass unvorhersehbare Einflüsse (z.B. Transportschwierigkeiten; Arbeiterausfall) sowie Witterungseinflüsse und beengte Baustellenverhältnisse nicht berücksichtigt sind; daher			gewählt: **170**	m³/h f.M.

<u>Anmerkung:</u>   Bei Laden auf Transportfahrzeuge ist die Leistung der Arbeitskette
                               Ladegerät - Transportfahrzeug maßgebend, s. Abschnitt 4.8

<u>Einsatzskizze:</u>

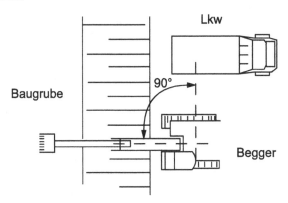

7.6   Leistungsberechnung Radlader

FACH Hochschule Aachen	Leistungsberechnung **Radlader**			Fachbereich Bauingenieurwesen Baubetrieb - Kostenrechnung	
Hersteller/Typ:	Kramer		Kenngröße: 58 kW	BGL-Nr.:	D.3.10.0058
			Werkzeug: Ladeschaufel	Füllung V_R:	1.60 m³

Art der Arbeit:		Oberboden von Miete auf Lkw laden			
Bodenart/Bodenklasse:		DIN 18 300	Oberboden (Mutterboden)	1	-
Auflockerungsfaktor	f_S	aus Tafel 9.20	Lagerung locker	1.00	-
Füllungsfaktor	f_F	aus Tafel 9.21	erdfeucht	1.00	-
Ladefaktor	f_L	f_F / f_S		1.00	-
Füllzeit	t_F	aus Tafel 9.40	locker, V_R bis 2,0 m³	4.5	s
Entleerzeit	t_E	aus Tafel 9.41	auf Lkw, V_R bis 2,0 m³	4.1	s
Fahrzeit	t_{FA}	aus Tafel 9.42	Entfernung 15 m Fahrwegzustand wellig / mittelfest	23	s
Hauptspielzeit	t_H	$t_F + t_E + t_{FA}$		31.6	s
Zeitzuschlag	Dt	aus Tafel 9.43	wellig, mittelfest	6.5	s
Entleerungsart	f_1	aus Tafel 9.44	auf Lkw	0.93	-
Grundleistung	Q_B	$V_R \cdot f_L \cdot \dfrac{3600}{t_H + Dt} \cdot f_1$		141	m³/h
Nutzungsfaktor	f_E	aus Tafel 9.2	Baust. / Betr.bedgg.: gut / schlecht	0.65	-
Nutzleistung	Q_A	$Q_B \cdot f_E$		92	m³/h f.M.
Bei der Preisbildung oder Bauablaufplanung ist zu beachten, dass unvorhersehbare Einflüsse (z.B. Transportschwierigkeiten; Arbeiterausfall) sowie Witterungseinflüsse und beengte Baustellenverhältnisse nicht berücksichtigt sind; daher				gewählt:	
				90	m³/h f.M.

Anmerkung: Bei Laden auf Transportfahrzeuge ist die Leistung der Arbeitskette
                              Ladegerät - Transportfahrzeug maßgebend, s. Abschnitt 4.8

Einsatzskizze:

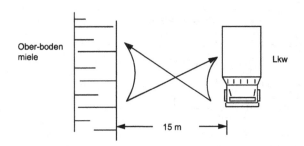

Ober-boden miele   Lkw

|← 15 m →|

7.7 Leistungsberechnung Planierraupe

FH Hochschule Aachen	Leistungsberechnung **Planierraupe**			Fachbereich Bauingenieurwesen Baubetrieb - Kostenrechnung	
Hersteller/Typ:	Liebherr PR 734 L	Kenngröße: 150 kW Werkzeug: Semi-U-Schild		BGL-Nr.: D.4.00.0150 Füllung V_R: 5.56 m³	
Art der Arbeit:	Oberboden abschieben und in Mieten lagern				
Bodenart/Bodenklasse:		DIN 18 300	Oberboden	1	-
Auflockerungsfaktor	f_S	aus Tafel 9.20	Lagerung mitteldicht	1.19	-
Füllungsfaktor	f_F	aus Tafel 9.21	Oberboden	1.00	-
Ladefaktor	f_L	f_F / f_S		0.84	-
Spielzahl	n	aus Tafel 9.46	mittlerer Förderweg 50 m	50	1/h
Faktoren für:					
- Schildform	f_1	aus Tafel 9.47	U-Schild	1.10	
- Neigung	f_2	aus Tafel 9.48	ebenes Gelände	1.00	-
Grundleistung	Q_B	$V_R \cdot f_L \cdot n \cdot f_1 \cdot f_2$		257	m³/h f.M.
Nutzungsfaktor	f_E	aus Tafel 9.2	Baust. / Betr.bedgg.: gut / gut	0.75	-
Nutzleistung	Q_A	$Q_B \cdot f_E$		193	m³/h f.M.
Bei der Preisbildung oder Bauablaufplanung ist zu beachten, dass unvorhersehbare Einflüsse (z.B. Transportschwierigkeiten; Arbeiterausfall) sowie Witterungseinflüsse und beengte Baustellenverhältnisse **nicht** berücksichtigt sind; daher				gewählt: **190**	m³/h f.M.

Einsatzskizze:

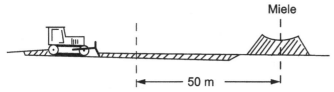

Miele

50 m

7.8   Leistungsberechnung Transportbetrieb Ladegerät – LKW

FH Hochschule Aachen	Leistungsberechnung **Transportbetrieb Ladegerät -Lkw**			Fachbereich Bauingenieurwesen Baubetrieb - Kostenrechnung

Hersteller/Typ:	Lkw MB / 3838 AK	Kenngröße:	35 t	BGL-Nr.:	P.2.12.0350
Fahrwerk:	4-Achs-Allrad	Aufbau:	Kipper	Füllung V_R:	16.0 m³
Leistung:	260 kW			Nutzlast:	17 t
Ladegerät:	R-Bagger mit TL	Kenngröße:	190 kW	Füllung V_R:	1.75 m³

Art der Arbeit:		Bodenaushub Baugrube, Verladen auf Lkw			
Transportentfernung:				L	5.0 km
Fahrgeschwindigkeiten:		beladen v_V	30 km/h	leer v_L	40 km/h

Bodenart/Bodenklasse:		DIN 18 300	Sand-Kies-Gemisch		3	-
Lagerungsdichte	r	aus Tafel 9.20	mitteldicht		1.72	t/m³
Auflockerungsfaktor	f_S	aus Tafel 9.20	mitteldicht		1.14	-
Füllungsfaktor Lkw	f_F	aus Tafel 9.21	erdfeucht		1.08	-
Ladefaktor	f_L	f_F / f_S			0.95	-
Nenninhalt der Mulde oder Inhalt aus Nutzlast	VR	1:2 nach SAE Nutzlast (t) $r * f_L$	17.0 m³ 10.4 m³	16.0 m³		
			kleinerer Wert maßgebend:		10.4	m³
Dauer der Lastfahrt	t_V	L . 60 / v_V			10	min
Dauer der Leerfahrt	t_L	L . 60 / v_L			7.5	min
Beladezeit	t_B	$V_R . f_L . 60 / Q_B$	Q_B Ladegerät:	273 m³/h	2.2	min
Kippzeit	t_K	0,5 bis 0,7 min			0.6	min
Wagenwechselzeit	t_W	0,3 bis 0,5 min			0.4	min
Umlaufzeit	t	$t_V + t_L + t_B + t_K + t_W$			20.7	min
Grundleistung je Lkw	Q_B	$V_R . f_L * 60 / t$			28.6	m³/h f.M.
Beladungsrate	t/t_B		Umlaufzeit / Beladezeit		9.4	s. unten *)
Nutzungsfaktor	f_E	aus Tafel 9.2	Baust. / Betr.bedgg.: mittel / gut		0.69	-
Anzahl Lkw	z	Auswahl *):	8 Lkw	9 Lkw	10 Lkw	9 Lkw	←- gewählt
Transportbet.faktor	f_T	aus Tafel 9.56	0.76	0.83	0.87	0.83	s. unten *)
Nutzleistung des Transportbetriebs	Q_A	$Q_B * f_T * f_E * t / t_B$	141	154	162	154	m³/h f.M.

Bei der Preisbildung oder Bauablaufplanung ist zu beachten, dass unvorhersehbare Einflüsse (z.B. Transportschwierigkeiten; Arbeiterausfall) sowie Witterungseinflüsse und beengte Baustellenverhältnisse **nicht** berücksichtigt sind; daher	gewählt:	
	150	m³/h f.M.

*) Die wirtschaftlichste Gerätekombination ergibt sich meistens bei einer Lkw-Zahl unter der Beladungsrate.

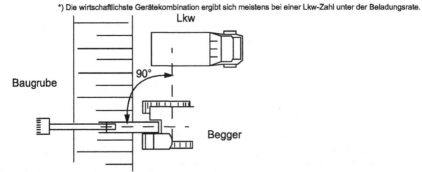

Literatur

1. Krause, Thomas und Ulke, Bernd (Hrsg.), Zahlentafeln für den Baubetrieb, 9. Auflage, Springer-Vieweg, Wiesbaden, 2016

Boden, Baugrube, Verbau

8

Bernd Ulke

8.1 Bodenkennwerte und Klassifikation

Im Rahmen einer Baugrunderkundung wurden Proben aus einem stark tonigen Schluff (Boden 1) und aus einem stark kiesigen Sand (Boden 2) entnommen. Im Labor wurde durch Sieb- und Schlämmanalyse die Korngrößenverteilung ermittelt. Die Sieblinien der beiden Böden sind in Abb. 8.1 dargestellt.

Im Zuge der Untersuchungen sollen verschiedene Parameter und Kennwerte der Böden ermittelt werden. Zudem werden in den weiteren Aufgaben immer wieder diese Böden mit

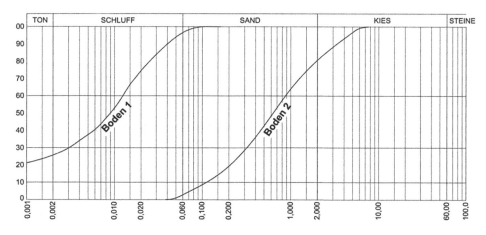

Abb. 8.1 Sieblinie

B. Ulke (✉)
FH Aachen
Aachen, Deutschland
E-Mail: ulke@fh-aachen.de

© Springer Fachmedien Wiesbaden GmbH, ein Teil von Springer Nature 2019
T. Krause, B. Ulke (Hrsg.), *Übungsaufgaben und Berechnungen für den Baubetrieb*,
https://doi.org/10.1007/978-3-658-23127-9_8

den ermittelten Kennwerten vorkommen, sodass der Unterschied zwischen bindigem und nichtbindigem Material zu erkennen ist.

8.1.1 Bodenkennwerte und Klassifikation

8.1.1.1 Boden 1 – Schluff, stark tonig
Gegeben:

- Der Boden 1 hat eine Korndichte $\rho_S = 2{,}70\,\mathrm{g/cm^3}$.
- Die Probe wurde mittels Ausstechzylinderverfahren nach DIN 18125-2:2011-03 entnommen. Bisher wurde die Probe gewogen und zur Wassergehaltsbestimmung wurden 3 Teilproben entnommen, gewogen und getrocknet. Die Ergebnisse sind:
  – Masse Boden + Behälter = 2082 g
  – Masse Behälter = 392 g
  – $h = 12{,}0\,\mathrm{cm}$; $d = 9{,}6\,\mathrm{cm}$
  – Teilproben zur Wassergehaltsbestimmung:
    1) $m_f = 27{,}8\,\mathrm{g}$; $m_d = 22{,}3\,\mathrm{g}$
    2) $m_f = 21{,}8\,\mathrm{g}$; $m_d = 17{,}7\,\mathrm{g}$
    3) $m_f = 24{,}9\,\mathrm{g}$; $m_d = 20{,}1\,\mathrm{g}$

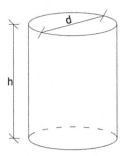

- Die Zustandsgrenzen wurden nach DIN ISO/TS 17892-12:2005-01 ermittelt:
  Fließgrenze $w_L = 37{,}3\,\%$
  Ausrollgrenze $w_P = 19{,}4\,\%$
  Schrumpfgrenze $w_S = 14{,}3\,\%$

Gesucht:

- Dichte ρ
- Trockendichte ρ_d
- Porenanteil n
- Sättigungszahl S_r
- Wichte wassergesättigt γ_r

- Wichte unter Auftrieb γ'
- Konsistenz
- Bodenklassifikation nach DIN 18196:2011-05 und DIN 18300:2012-09

Lösung
Dichte ρ:

$$\text{Volumen Zylinder } V_{\text{Zyl}} = \frac{(9,6\,\text{cm})2 \cdot \pi}{4} \cdot 12\,\text{cm} = 868,6\,\text{cm}^3$$

$$\text{Masse Probe, feucht } m_{\text{f}} = 2082\,\text{g} - 392\,\text{g} = 1690\,\text{g}$$

$$\textbf{Dichte } \boldsymbol{\rho} = \frac{m_{\text{f}}}{V_{\text{Zyl}}} = \frac{1690\,\text{g}}{868,6\,\text{cm}^3} = \textbf{1,95}\,\frac{\textbf{g}}{\textbf{cm}^3}$$

Trockendichte ρ_{d}:

Ermittlung des Wassergehaltes: $\qquad$ Wassergehalt $w = \dfrac{m_{\text{f}} - m_{\text{d}}}{m_{\text{d}}}$

1) $w_1 = \frac{27,8\,\text{g} - 22,3\,\text{g}}{22,3\,\text{g}} = 24$ $\quad\left.\right\}$ mittlerer

2) $w_2 = \frac{21,8\,\text{g} - 17,7\,\text{g}}{17,7\,\text{g}} = 23,2\,\%$ $\qquad$ Wassergehalt $w = \dfrac{24,7\,\% + 23,2\,\% + 23,9\,\%}{3}$

3) $w_3 = \frac{24,9\,\text{g} - 20,1\,\text{g}}{20,1\,\text{g}} = 23,9\,\%$ $\qquad\qquad\qquad\quad = 23,9\,\%$

$$\textbf{Trockendichte } \boldsymbol{\rho_{\text{d}}} = \frac{\rho}{1+w} = \frac{1,95\,\frac{\text{g}}{\text{cm}^3}}{1 + 0,239}$$

$$= \textbf{1,57}\,\frac{\textbf{g}}{\textbf{cm}^3}$$

Porenanteil n:

$$\textbf{Porenanteil } \boldsymbol{n} = 1 - \frac{\rho_{\text{d}}}{\rho_{\text{S}}} = 1 - \frac{1,57\,\frac{\text{g}}{\text{cm}^3}}{2,70\,\frac{\text{g}}{\text{cm}^3}} = \textbf{0,42}$$

Sättigungszahl S_{r}:

$$\textbf{Sättigungszahl } \boldsymbol{S_{\text{r}}} = \frac{w \cdot \rho_{\text{d}} \cdot \rho_{\text{S}}}{\rho_{\text{w}} \cdot (\rho_{\text{S}} - \rho_{\text{d}})} = \frac{0,239 \cdot 1,57\,\frac{\text{g}}{\text{cm}^3} \cdot 2,70\,\frac{\text{g}}{\text{cm}^3}}{1,0\,\frac{\text{g}}{\text{cm}^3} \cdot \left(2,70\,\frac{\text{g}}{\text{cm}^3} - 1,57\,\frac{\text{g}}{\text{cm}^3}\right)} = \textbf{0,90} < 1,0$$

$\rightarrow$ nicht wassergesättigt, da $S_{\text{r}} < 1,0$

Wichte wassergesättigt γ_{r}:

$$\textbf{Wichte wassergesättigt } \boldsymbol{\gamma_{\text{r}}} = \gamma_{\text{d}} + n \cdot \gamma_{\text{w}} = 1,57\,\frac{\text{g}}{\text{cm}^3} \cdot 10\,\frac{\text{m}}{\text{s}^2} + 0,42 \cdot 10\,\frac{\text{kN}}{\text{m}^3} = \textbf{19,9}\,\frac{\textbf{kN}}{\textbf{m}^3}$$

Wichte unter Auftrieb γ':

$$\textbf{Wichte unter Auftrieb } \boldsymbol{\gamma'} = \gamma_{\text{r}} - \gamma_{\text{w}} = 19,9\,\frac{\text{kN}}{\text{m}^3} - 10\,\frac{\text{kN}}{\text{m}^3} = \textbf{9,9}\,\frac{\textbf{kN}}{\textbf{m}^3}$$

Konsistenz:

$$\text{Plastizitätszahl } I_P = w_L - w_P = 37,3\,\% - 19,4\,\% = 17,9\,\%$$

$$\text{Konsistenzzahl } I_C = \frac{w_L - w}{I_P} = \frac{37,3\,\% - 23,9\,\%}{17,9\,\%} = 0,75$$

$$\rightarrow \textbf{steife Konsistenz (an der Grenze zu weich)}$$

Klassifikation:

Nach DIN 18196:2011-05:

Nach Plastizitätsdiagramm nach Casagrande (in der Norm enthalten) mit $I_P = 17,9\,\%$ und Fließgrenze $w_L = 37,3\,\%$ ist der Boden 1 ein **mittelplastischer Ton TM.** Ohne die Abbildung des Plastizitätsdiagramms nach Casagrande zu nutzen, kann die Gleichung der A-Linie verwendet werden. Die sogenannte A-Linie unterscheidet die Tone von den Schluffen und hat die Gleichung $I_{P\,(A\text{-Linie})} = 0,73\,(w_L - 20)$. Boden oberhalb der A-Linie, also mit $I_P > I_{P\,(A\text{-Linie})}$ zählen zu den Tonen, Boden unterhalb der A-Linie, also mit $I_P < I_{P\,(A\text{-Linie})}$ sind Schluffe. Des Weiteren zählen gemäß dem Plastizitätsdiagramm nach Casagrande Tone mit einem Wassergehalt an der Fließgrenze (w_L) < 35 % zu den leicht plastischen Tonen (TL). Tone mit einem Wassergehalt an der Fließgrenze zwischen 35 und 50 % ($35\,\% \leq w_L < 50\,\%$) werden als mittelplastische Tone (TM) bezeichnet und Tone mit einem Wassergehalt an der Fließgrenze von über 50 % ($w_L \geq 50\,\%$) zählen zu den ausgeprägt plastischen Tonen (TA).

Bezogen auf das vorliegende Beispiel (mit einem Wassergehalt an der Fließgrenze $w_L = 37,3\,\%$ und einem Wassergehalt an der Ausrollgrenze $w_P = 19,4\,\%$) wurde die Konsistenz I_P zu 17,9 % errechnet. Diese liegt oberhalb der A-Linie $I_{P\,(A\text{-Linie})} = 0,73(w_L - 20) = 0,73 \cdot (37,3 - 20) = 12,63\,\%$. Somit liegt ein Ton und kein Schluff vor.

Mit einem Wassergehalt an der Fließgrenze $w_L = 37,3\,\%$ (also zwischen 35 und 50 %) erfolgt die Zuordnung zu einem **mittelplastischer Ton TM.**

Nach DIN 18300:2012-09:

Es handelt sich um einen bindigen Boden mit mittlerer Plastizität und in Abhängigkeit des Wassergehaltes einer weichen bis halbfesten Konsistenz. Hinzu kommt, dass keine Steine ($d \geq 63\,\text{mm}$) vorhanden sind. Somit ist der Boden in die **Bodenklasse 4** einzuordnen (mittelschwer lösbare Bodenarten), sofern für den jeweiligen Wassergehalt die Konsistenzzahl $I_C \geq 0,5$ gilt.

Zusatzaufgabe

Wie viel Liter Wasser müsste einem m³ Boden entzogen bzw. hinzugegeben werden, um ihn in die Bodenklasse 2 bzw. Bodenklasse 6 einzuordnen?

BKL 6:

Feste bindige Böden mit $w \leq w_S$

Hierfür kann der Anteil an wassergefüllten Poren für $w = 23,9\,\%$ und für $w = w_S = 14,3\,\%$ bestimmt werden und somit kann durch die Differenz der Porenanteile auf das

Volumen ($1\,\text{m}^3$) bezogen, die Menge an Wasser bestimmt werden.

$$\text{Mit Wasser gefüllter Porenanteil } n_{\text{w}} = S_{\text{r}} \cdot n$$

Für $w = 23{,}9\,\%$ und $S_{\text{r}} = 0{,}90$ gilt $n_{\text{w}} = 0{,}90 \cdot 0{,}42 = 0{,}378$.

Für $w = w_{\text{S}} = 14{,}3\,\%$:

$$S_{\text{r}(w=14{,}3\,\%)} = \frac{0{,}143 \cdot 1{,}57\,\frac{\text{g}}{\text{cm}^3} \cdot 2{,}7\,\frac{\text{g}}{\text{cm}^3}}{1{,}0\,\frac{\text{g}}{\text{cm}^3} \cdot \left(2{,}7\,\frac{\text{g}}{\text{cm}^3} - 1{,}57\,\frac{\text{g}}{\text{cm}^3}\right)} = 0{,}536 \rightarrow n_{\text{w}} = 0{,}536 \cdot 0{,}42 = 0{,}225$$

$$\Delta n_{\text{w}} = (0{,}378 - 0{,}225) = 0{,}153 \rightarrow 0{,}153 \cdot 1000\,\text{l} = \mathbf{153\,l}$$

Einem m^3 Boden müsste somit 153 l Wasser entzogen werden, um in Bodenklasse 6 eingeordnet zu werden.

BKL2:

Um in Bodenklasse 2 eingeordnet zu werden, müsste der Boden eine breiige Konsistenz oder sogar flüssig sein.

$$I_{\text{C}} = \frac{w_{\text{L}} - w}{I_{\text{P}}} \leq 0{,}5 \rightarrow w \geq 37{,}3\,\% - 0{,}5 \cdot 17{,}9\,\% = 28{,}4\,\%$$

$$S_{\text{r}(w=28{,}4)} = \frac{0{,}284 \cdot 1{,}57\,\frac{\text{g}}{\text{cm}^3} \cdot 2{,}7\,\frac{\text{g}}{\text{cm}^3}}{1{,}0\,\frac{\text{g}}{\text{cm}^3} \cdot \left(2{,}7\,\frac{\text{g}}{\text{cm}^3} - 1{,}57\,\frac{\text{g}}{\text{cm}^3}\right)} = 1{,}07 > 1{,}0$$

Ein Sättigungsgrad > 1,0 kann nicht erreicht werden, somit ist Boden 1 nie in Bodenklasse 2 einzuordnen. Das überschüssige Wasser würde als freies Wasser auf dem Boden verbleiben.

8.1.1.2 Boden 2 – Sand, kiesig

Gegeben:

- Der Boden 2 hat eine Korndichte von $2{,}65\,\text{g/cm}^3$
- Zur Dichtebestimmung liegen Informationen aus einem Densitometer- oder Ballonverfahren nach DIN 18125-2:2011-03 vor.

Masse Probe feucht	$m_{\text{f}} = 13.984\,\text{g}$
Masse Probe trocken	$m_{\text{d}} = 12.668\,\text{g}$
Kolbenstand vor Probeentnahme	$L_0 = 3{,}6\,\text{cm}$
Kolbenstand nach Probeentnahme	$L_1 = 27{,}4\,\text{cm}$
Durchmesser des Zylinders	$d = 200\,\text{mm}$

- Ergebnis aus den Versuchen zur Bestimmung der lockersten und dichtesten Lagerung nach DIN 18126:1996-11:

Porenanteil bei dichtester Lagerung	$n_{\text{min}} = 30{,}1\,\%$
Porenanteil bei lockerster Lagerung	$n_{\text{max}} = 49{,}2\,\%$

Gesucht:

- Dichte ρ
- Trockendichte ρ_d
- Bodenklassifikation nach DIN 18196:2011-05 und DIN 18300:2012-09
- Porenanteil n
- Lagerungsdichte D

Lösung
Dichte ρ:

$$V_{\text{Probe}} = A \cdot (L_1 - L_0) = \pi \cdot (10\,\text{cm})^2 \cdot (27,4\,\text{cm} - 3,6\,\text{cm}) = 7477\,\text{cm}^3$$

$$\textbf{Dichte } \rho = \frac{m_f}{V} = \frac{13.984\,\text{g}}{7477\,\text{cm}^3} = \mathbf{1{,}87\ \frac{g}{cm^3}}$$

Trockendichte ρ_d:

$$\text{Wassergehalt } w = \frac{m_f - m_d}{m_d} = \frac{13.984\,\text{g} - 12.668\,\text{g}}{12.668\,\text{g}} = 10,4\,\%$$

$$\textbf{Trockendichte } \rho_d = \frac{\rho}{1+w} = \frac{1,87\,\frac{\text{g}}{\text{cm}^3}}{1 + 0,104} = \mathbf{1{,}69\ \frac{g}{cm^3}}$$

Porenanteil n:

$$\textbf{Porenanteil } n = 1 - \frac{\rho_d}{\rho_S} = 1 - \frac{1,69\,\frac{\text{g}}{\text{cm}^3}}{2,65\,\frac{\text{g}}{\text{cm}^3}} = \mathbf{0{,}362}$$

Lagerungsdichte D:

$$\text{Ungleichförmigkeitszahl } U = \frac{d_{60}}{d_{10}} = \frac{0,9\,\text{mm}}{0,125\,\text{mm}} = 7,2 > 3$$

$$\textbf{Lagerungsdichte } D = \frac{n_{\max} - n}{n_{\max} - n_{\min}} = \frac{49,2\,\% - 36,2\,\%}{49,2\,\% - 30,1\,\%} = \mathbf{0{,}68}$$

Mit $U > 3$ und einer Lagerungsdichte D von 0,68 ($0,65 \le D \ge 0,90$) ergibt sich eine dichte Lagerung für Boden 2.
   Bodenklassifikation:
Nach DIN 18196:2011-05:
   Da der Feinkornanteil kleiner als 5 M.-% ist, handelt es sich um einen grobkörnigen Boden. Der Massenanteil der Körner mit $d > 2\,\text{mm}$ liegt bei ca. 20 M.-% und ist somit deutlich kleiner als 40 M.-%, daraus resultiert Sand als Hauptbestandteil des Bodens. Die weitere Unterscheidung ist von dem Verlauf der Sieblinie abhängig. Hierzu dient die Berechnung der Ungleichförmigkeitszahl U und der Krümmungszahl C_C.

Tab. 8.1 Ergebnisse aus Proctorversuch nach DIN 18127:2012-09

Versuch	1	2	3	4	5
Wassergehalt w [%]	14,5	17,8	21,1	12,1	10,2
Dichte $\rho\left[\frac{g}{cm^3}\right]$	1,85	1,87	1,86	1,78	1,72
Trockendichte $\rho_d\left[\frac{g}{cm^3}\right]$	1,62	1,59	1,54	1,59	1,56

Aus der vorherigen Berechnung ergibt sich U = 7,2 ≥ 6

$$\text{Krümmungszahl } C_C = \frac{d_{30}^2}{d_{10} \cdot d_{60}} = \frac{(0,35\,\text{mm})2}{0,9\,\text{mm} \cdot 0,125\,\text{mm}} = 1,1 \quad \geq 1 \text{ und} \leq 3$$

Diese Grenzwerte geben den ausschlaggebenden Hinweis auf eine weitgestufte Körnungs-linie, somit handelt es sich nach DIN 18196:2011-05 um einen **weitgestuften Sand SW**
Nach DIN 18300:2012-09:
Grobkörnige Böden mit einem Steinanteil ($d \geq 63$ mm) kleiner als 30 M.-% gehören zur **Bodenklasse 3 – leicht lösbare Bodenarten.**

8.1.2 Verdichtungskontrollen

8.1.2.1 Proctorversuch

Boden 1
Der Boden 1 soll als mineralische Abdichtung eines Deponiekörpers verwendet wer-den. Hierzu muss er mit einem Verdichtungsgrad $D_{Pr} = 0,97$ eingebaut werden. Zur Bestimmung der Proctordichte als Referenzwert wurde ein Proctorversuch nach DIN 18127:2012-09 durchgeführt. Die Ergebnisse sind in Tab. 8.1 aufgelistet.

Aus Abb. 8.2 geht eine Proctordichte $\rho_{Pr} = 1,62$ g/cm^3 mit einem zugehörigen optima-len Wassergehalt $w_{opt} = 14,8$ % hervor.

Die erforderliche Verdichtungsqualität ist bei einer eingebauten Dichte > 1,57 g/cm^3 erreicht.

Es ist empfehlenswert, bindige Böden auf dem „nassen Ast", also mit einem Wasser-gehalt $w > w_{opt}$ einzubauen. Somit wird bei diesem Beispiel ein Einbauwassergehalt zwischen 14,8 und 18,9 % empfohlen, jedoch kann die geforderte Verdichtungsqualität auch mit anderen Wassergehalten auf dem trockenen Ast erreicht werden.

Boden 2
Der Boden 2 soll als Polsterschicht für die Gründung eines Mehrfamilienhauses verwen-det werden. Hierzu muss er mit einem Verdichtungsgrad $D_{Pr} = 1,00$ eingebaut werden.

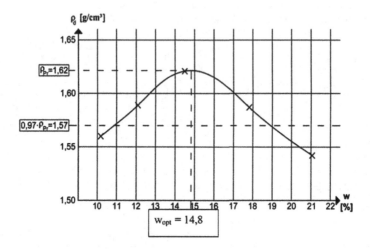

Abb. 8.2 Proctorkurve Boden 1

Zur Bestimmung der Proctordichte als Referenzwert wurde ein Proctorversuch nach DIN 18127:2012-09 durchgeführt. Die Ergebnisse sind in Tab. 8.2 aufgelistet.

Aus Abb. 8.3 geht eine Proctordichte $\rho_{Pr} = 1,99 \, g/cm^3$ mit einem zugehörigen optimalen Wassergehalt $w_{opt} = 8,6\%$ hervor.

Die erforderliche Verdichtungsqualität ist bei einer eingebauten Dichte $> 1,99 \, g/cm^3$ erreicht.

Es ist empfehlenswert nichtbindige Böden auf dem „trockenen Ast", also mit einem Wassergehalt $w < w_{opt}$ einzubauen. Somit wird bei diesem Beispiel ein Einbauwassergehalt kleiner 8,6% empfohlen, jedoch kann die geforderte Verdichtungsqualität auch mit anderen Wassergehalten auf dem nassen Ast erreicht werden.

Um die Unterschiede von bindigen und nichtbindigen Böden in Bezug auf die Ergebnisse eines Proctorversuches zu verdeutlichen werden beide Proctorkurven in Abb. 8.4 dargestellt. Die größere Wasserempfindlichkeit der bindigen Böden sowie die höhere erreichbare Proctordichte werden deutlich. Zudem ist die charakteristische eher flache Kurve bei bindigen Böden im Vergleich zu dem relativ spitzen Verlauf bei nichtbindigen Böden erkennbar.

Tab. 8.2 Ergebnisse aus Proctorversuch nach DIN 18127:2012-09

Versuch	1	2	3	4	5
Wassergehalt $w \, \%$	3,0	5,1	7,0	9,2	11,1
Dichte $\rho \left[\frac{g}{cm^3}\right]$	1,91	1,99	2,09	2,16	2,09
Trockendichte $\rho_d \left[\frac{g}{cm^3}\right]$	1,85	1,89	1,95	1,98	1,88

Abb. 8.3 Proctorkurve Boden 2

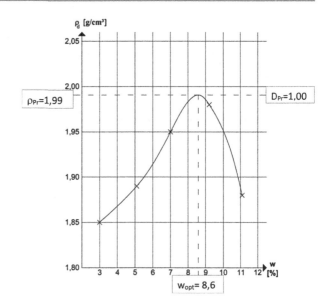

8.1.2.2   Plattendruckversuch

Der Boden 2 soll als Planum für eine Stadtstraße verwendet werden. Hierzu ist der Verformungsmodul $E_{V2} \geq 45\,\mathrm{MN/m^2}$, sowie der Verdichtungswert $E_{V2}/E_{V1} \leq 2{,}2$ erforderlich. Zur Überprüfung der Einbauqualität wurde ein Plattendruckversuch nach DIN 18134:2012-04 mit einer runden Druckplatte ($d = 600\,\mathrm{mm}$) durchgeführt. Die daraus resultierende Drucksetzungslinie ist in Abb. 8.5 dargestellt.

Aus Abb. 8.5 ergibt sich:

$$E_{V1} = 0{,}75 \cdot d \cdot \frac{\Delta\sigma}{\Delta s_1} = 0{,}75 \cdot 600\,\mathrm{mm} \cdot \frac{0{,}175\,\frac{\mathrm{MN}}{\mathrm{m^2}} - 0{,}075\,\frac{\mathrm{MN}}{\mathrm{m^2}}}{2{,}15\,\mathrm{mm} - 0{,}90\,\mathrm{mm}}$$

$$= \mathbf{36\,\frac{MN}{m^2}}$$

$$E_{V2} = 0{,}75 \cdot d \cdot \frac{\Delta\sigma}{\Delta s_2} = 0{,}75 \cdot 600\,\mathrm{mm} \cdot \frac{0{,}175\,\frac{\mathrm{MN}}{\mathrm{m^2}} - 0{,}075\,\frac{\mathrm{MN}}{\mathrm{m^2}}}{2{,}89\,\mathrm{mm} - 2{,}26\,\mathrm{mm}}$$

$$= \underline{\mathbf{71{,}4\,\frac{MN}{m^2} > 45\,\frac{MN}{m^2}}}$$

$$\mathbf{Verdichtungswert}\ \frac{E_{V2}}{E_{V1}} = \frac{71{,}4\,\frac{\mathrm{MN}}{\mathrm{m^2}}}{36\,\frac{\mathrm{MN}}{\mathrm{m^2}}} = \underline{\mathbf{1{,}98 < 2{,}2}}$$

Der erforderliche Verformungsmodul ist erreicht und auch der Verdichtungswert ist eingehalten, sodass mit der Frostschutzschicht fortgefahren werden kann.

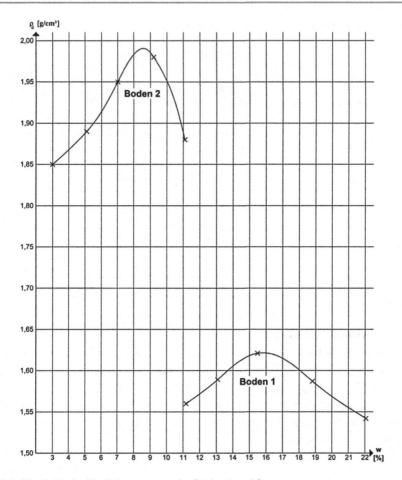

Abb. 8.4 Vergleich der Verdichtungswerte der Böden 1 und 2

8.1.2.3 Durchlässigkeitsbeiwert

8.1.2.3.1 Nach Beyer
Für Sande und kiesige Sande mit $1 < U < 20$ kann der k-Wert über die Korngrößenverteilung bestimmt werden (s. Abb. 8.6).

Im Rahmen dieses Werkes kann dieses Verfahren für Boden 2 angewandt werden.

mit: $U = 7{,}2$

$D = 0{,}53$ – mitteldicht gelagert

$d_{10} = 0{,}1$ mm (Sieblinie Abb. 8.1)

gilt: aus Diagramm $c = 0{,}008$

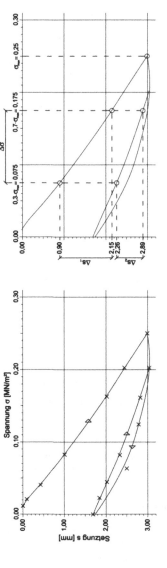

Abb. 8.5 Drucksetzungslinie eines Plattendruckversuches nach DIN 18134:2012-04 an Boden 2

Abb. 8.6 Empirischer Beiwert für Sand und ggf. kiesige Sande nach Beyer (in Wendehorst Bautechnische Zahlentafeln, 35. Auflage, 2018)

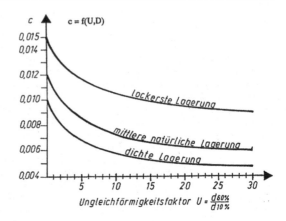

$$k = c \cdot d_{10}^2 = 0{,}008 \cdot 0{,}1^2 = 8 \cdot 10^{-5} \, \frac{\text{m}}{\text{s}}$$

8.1.2.3.2 Pumpversuch

Der Durchlässigkeitsbeiwert k soll im Rahmen einer Baumaßnahme mit temporärer Grundwasserabsenkung mittels Pumpversuch bestimmt werden. Hierfür wird ein 8 m tiefer Brunnen erstellt, der bis zu einem undurchlässigen Tonhorizont reicht (vollkommener Brunnen). Der sich einstellende Verlauf des Grundwasserspiegels wird mit Hilfe von zwei nahestehenden Grundwassermessstellen ermittelt.

8.1.2.3.3 Ungespannter Grundwasserleiter

Es handelt sich in diesem Beispiel um ungespannte Grundwasserverhältnisse (s. Abb. 8.7). Es wird eine konstante Fördermenge $Q = 9 \cdot 10^{-4} \, \text{m}^3/\text{s}$ erreicht.

$$k = \frac{Q}{\pi \, (z_2{}^2 - z_1{}^2)} \cdot \ln\left(\frac{x_2}{x_1}\right) = \frac{9 \cdot 10^{-4} \, \frac{\text{m}^3}{\text{s}}}{\pi \, ((5{,}1 \, \text{m})^2 - (4{,}6 \, \text{m})^2)} \cdot \ln\left(\frac{16{,}7 \, \text{m}}{5{,}3 \, \text{m}}\right) = \underline{\mathbf{6{,}8 \cdot 10^{-5} \, \frac{\text{m}}{\text{s}}}}$$

8.1.2.3.4 Gespannter Grundwasserleiter

Zum Vergleich werden in diesem Beispiel die gleichen Randbedingungen in einem 3 m mächtigen gespannten Grundwasserleiter (s. Abb. 8.8) behandelt. Die konstante Fördermenge $Q = 9 \cdot 10^{-4} \, \text{m}^3/\text{s}$ wird hier ebenfalls abgepumpt.

$$T = \frac{Q}{2\pi \, (z_2 - z_1)} \cdot \ln\left(\frac{x_2}{x_1}\right) = \frac{9 \cdot 10^{-4} \, \frac{\text{m}^3}{\text{s}}}{\pi \, (5{,}1 \, \text{m} - 4{,}6 \, \text{m})} \cdot \ln\left(\frac{16{,}7 \, \text{m}}{5{,}3 \, \text{m}}\right) = 3{,}3 \cdot 10^{-4} \, \frac{\text{m}}{\text{s}}$$

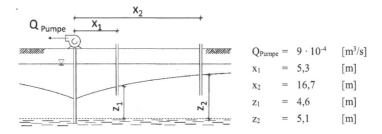

Abb. 8.7 Lage der Grundwassermessstellen mit Wasserspiegelhöhe (ungespannter Grundwasserleiter)

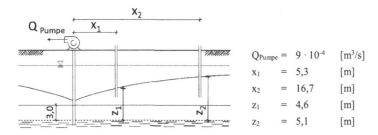

Abb. 8.8 Lage der Grundwassermessstellen mit Wasserspiegelhöhe (gespannter Grundwasserleiter)

Mit $k = T/D$ gilt:

$$k = \frac{T}{D} = \frac{3{,}3 \cdot 10^{-4}\,\frac{m}{s}}{3{,}0\,m} = \underline{\underline{1{,}1 \cdot 10^{-4}\,\frac{m}{s}}}$$

8.2 Spannungen und Verformungen im Baugrund

8.2.1 Spannungsverteilung und daraus resultierende Setzungen

Ein traditionsreiches Baustoffwerk vergrößert die Produktion in einer Kiesgrube und benötigt somit ein größeres Silo. Es soll neben einem alten Silo errichtet werden. Das alte Silo ist aus dem frühen 20. Jahrhundert und aus diesem Grund denkmalgeschützt. Es wird befürchtet, dass durch die seitliche Spannungsverteilung aus dem neuen Silo das alte Silo Stabilitätsprobleme aufgrund von mitwirkenden Setzungen erfährt.

Beide Silos sind mit kreisförmigen Fundamenten gegründet, die 1,50 m tief eingebunden sind (s. Abb. 8.9). Es steht eine 21,50 m mächtige Schicht aus einem mittelplastischen Ton an (Boden 1, Abb. 8.1), darunter befindet sich Fels.

Für den Boden 1 wurde ein Kompressionsversuch durchgeführt. Die sich daraus ergebende Drucksetzungslinie ist in Abb. 8.10 dargestellt. Bestimmen Sie das maßgebende Steifemodul.

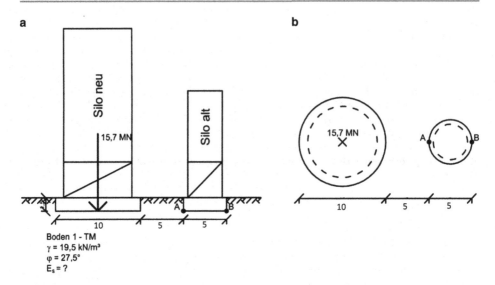

Abb. 8.9 Längsschnitt (**a**) und Querschnitt (**b**) der beiden Silos

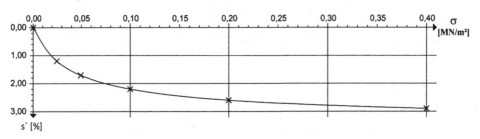

Abb. 8.10 Kompressionsversuch nach DIN 18135:2012-04 für Boden 1

Ermitteln Sie die Vertikalspannungsverteilung unter den Punkten A und B und die daraus resultierenden Setzungen. Bewerten Sie die Ergebnisse hinsichtlich der Schiefstellungsproblematik.

Lösung
Vorgehensweise:

1. Ermittlung der Sohlspannung σ_0
2. Bestimmung des maßgebenden Steifemoduls E_S
3. Ermittlung der Spannungsverteilung aus dem neuen Silo unter den Punkten A und B
4. Bestimmung der Setzung unter den Punkten A und B
5. Bewertung der Ergebnisse

Zu 1.)

$$\text{Sohlspannung } \sigma_0 = \frac{15.700 \,\text{kN}}{\pi \cdot (5\,\text{m})^2} \cong 200 \,\frac{\text{kN}}{\text{m}^2}$$

Zu 2.)

$$\text{Vorbelastung} = \gamma \cdot d = 19{,}5 \,\frac{\text{kN}}{\text{m}^3} \cdot 1{,}5\,\text{m} = 29{,}25 \,\frac{\text{kN}}{\text{m}^2}$$

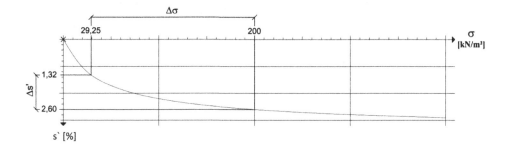

$$\text{Steifemodul } E_{\text{S}} = \frac{\Delta \sigma}{\Delta s'} = \frac{200 \,\frac{\text{kN}}{\text{m}^2} - 29{,}25 \,\frac{\text{kN}}{\text{m}^2}}{0{,}026 - 0{,}0132} = 13.340 \,\frac{\text{kN}}{\text{m}^2}$$

Zu 3.)

Eine Setzungsberechnung kann auf verschiedene Arten durchgeführt werden. Die DIN 4019:2014-01 gibt hierfür zwei unterschiedliche Vorgehensweisen an:

Zum einen kann mittels Integraltafeln die Setzung bestimmt werden, indem abhängig von der Steifigkeit der Gründung und von deren geometrischen Form ein Setzungsbeiwert f bestimmt wird. Die Setzung bestimmt sich mit der Gleichung $s = \frac{\sigma_1 \cdot f \cdot b}{E_{\text{S}}}$.

Zum anderen kann die Setzung über die Vertikalspannungsverteilung ermittelt werden. Hier werden aus Diagrammen Einflussbeiwerte i bestimmt und die Vertikalspannung aus dem Fundament in der jeweiligen Tiefe mit $\sigma_z = i \cdot \sigma_0$ ermittelt. Die daraus resultierenden Setzungen können durch die Integration der resultierenden Vertikalspannungsverteilung im Verhältnis zum Steifemodul ermittelt werden.

$$s = \frac{\int \sigma_z}{E_{\text{S}}}$$

In der DIN 4019:2014-01 sind die Diagramme für lotrechte und außermittige Lasten bei rechteckigen Fundamenten angegeben. Es gibt zudem noch einige weitere Diagramme, diese sind der weiterführenden Literatur zu entnehmen.

Für das zu behandelnde Beispiel muss ebenfalls ein anderes Diagramm genutzt werden, und zwar für Vertikalspannungen unter verschiedenen Punkten einer kreisförmigen

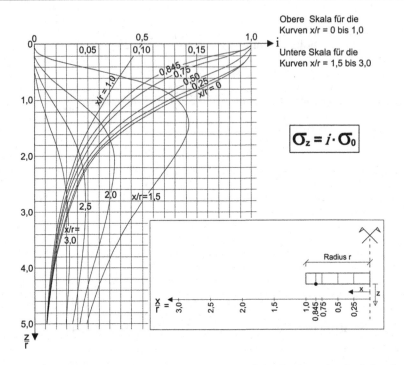

Abb. 8.11 Diagramm für Vertikalspannungen unter verschiedenen Punkten einer kreisförmigen Flächenlast nach Grasshoff

Flächenlast nach Grasshoff (Abb. 8.11). Hieraus ergeben sich die in Tab. 8.3 aufgezeigten Einflussbeiwerte und die Vertikalspannung unterhalb der Punkte A und B in 5 m-Schritten. Als Startpunkt der Vertikalspannungsänderung unter den maßgebenden Punkten kann davon ausgegangen werden, dass sich die Spannung unter dem Winkel φ ausbreitet.

$$\text{Starttiefe A} = \tan(27{,}5°) \cdot 5\,\text{m} = \textbf{2{,}60 m} \rightarrow \textbf{Kote} - \textbf{4{,}10}$$

$$\text{Starttiefe B} = \tan(27{,}5°) \cdot 10\,\text{m} = \textbf{5{,}21 m} \rightarrow \textbf{Kote} - \textbf{6{,}71}$$

Tab. 8.3 Einflusswerte i und Ermittlung der Vertikalspannung σ_z

Kote	z	$\frac{z}{r}$	unter Punkt A (mit $\frac{x}{r} = 2{,}0$)	unter Punkt B (mit $\frac{x}{r} = 3{,}0$)
−6,50	5,00	1,0	$i = 0{,}040$ $\sigma_z = 0{,}040 \cdot 170{,}75 = 6{,}83\,\frac{\text{kN}}{\text{m}^2}$	−
−11,50	10,00	2,0	$i = 0{,}074$ $\sigma_z = 0{,}074 \cdot 170{,}75 = 12{,}64\,\frac{\text{kN}}{\text{m}^2}$	$i = 0{,}023$ $\sigma_z = 0{,}023 \cdot 170{,}75 = 3{,}93\,\frac{\text{kN}}{\text{m}^2}$
−16,50	15,00	3,0	$i = 0{,}068$ $\sigma_z = 0{,}068 \cdot 170{,}75 = 11{,}61\,\frac{\text{kN}}{\text{m}^2}$	$i = 0{,}031$ $\sigma_z = 0{,}031 \cdot 170{,}75 = 5{,}29\,\frac{\text{kN}}{\text{m}^2}$
−21,50	20,00	4,0	$i = 0{,}054$ $\sigma_z = 0{,}054 \cdot 170{,}75 = 9{,}22\,\frac{\text{kN}}{\text{m}^2}$	$i = 0{,}033$ $\sigma_z = 0{,}033 \cdot 170{,}75 = 5{,}63\,\frac{\text{kN}}{\text{m}^2}$

Abb. 8.12 Vertikalspannungsverteilung unter dem alten Silo

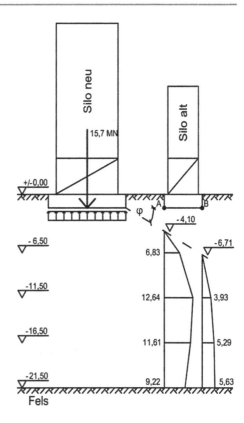

Unter Berücksichtigung der Aushubentlastung durch die Gründung stellt sich als setzungserzeugende Spannung $\sigma_1 = 200\,\frac{kN}{m^2} - 1{,}5\,m \cdot 19{,}5\,\frac{kN}{m^3} = 170{,}75\,\frac{kN}{m^2}$ ein.

Abb. 8.12 zeigt die sich ergebende Vertikalspannungsverteilung unterhalb des alten Fundamentes. Näherungsweise wird zwischen den jeweiligen Tiefen eine lineare Verteilung angenommen.

Zu 4.)

Setzungsberechnung unter Punkt A

$$\int \sigma_{z,A} = \frac{6{,}83\,\frac{kN}{m^2} \cdot 2{,}4\,m}{2} + \left(6{,}83\,\frac{kN}{m^2} + 12{,}64\,\frac{kN}{m^2} \cdot 2 + 11{,}61\,\frac{kN}{m^2} \cdot 2 + 9{,}22\,\frac{kN}{m^2}\right) \cdot \frac{5\,m}{2}$$

$$= 169{,}57\,\frac{kN}{m}$$

$$s = \frac{\int \sigma_{z,A}}{E_S} = \frac{169{,}57\,\frac{kN}{m}}{13.340\,\frac{kN}{m^2}} = 0{,}0127\,m$$

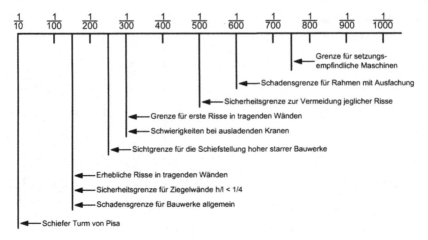

Abb. 8.13 Schadenskriterien für Winkelverdrehungen [Grundbau Taschenbuch Teil 3]

Setzungsberechnung unter Punkt B

$$\int \sigma_{z,B} = \frac{3,93\,\frac{kN}{m^2} \cdot 4,79\,m}{2} + \left(3,93\,\frac{kN}{m^2} + 5,29\,\frac{kN}{m^2} \cdot 2 + 5,63\,\frac{kN}{m^2}\right) \cdot \frac{5\,m}{2} = \mathbf{59,76\,\frac{kN}{m}}$$

$$s = \frac{\int \sigma_{z,B}}{E_S} = \frac{59,76\,\frac{kN}{m}}{13.340\,\frac{kN}{m^2}} = \mathbf{0,0045\,m}$$

Zu 5.)

Um die Ergebnisse aus der Setzungsberechnung zu bewerten, sollte man Grenzwerte für die Schiefstellung bzw. für die Winkelverdrehung beachten. In der Regel ist eine maximale Winkelverdrehung von 1/300 noch akzeptabel, um das Auftreten von Rissen zu verhindern. Jedoch können je nach Anforderungen an die Gebrauchstauglichkeit oder der Komplexität des Tragwerks auch geringere Verdrehungen als Grenzwerte zugelassen werden. Die Schadenskriterien für Winkelverdrehungen aus Abb. 8.13 können hierzu als Anhalt dienen, jedoch sollte bei Unklarheiten die Meinung eines Statikers hinzugezogen werden.

$$\textbf{Winkelverdrehung}\ \tan\alpha = \frac{\Delta s}{l}\ \left(\textbf{bzw.}\ \frac{\Delta s}{b}\right)$$

$$\textbf{Winkelverdrehung}\ \tan\alpha = \frac{0,0127\,m - 0,0045\,m}{5,00\,m} = 0,00164 = \underline{\frac{1}{610}} < \frac{1}{300}$$

Somit ist mit Sicherheit zu sagen, dass bei dem alten denkmalgeschützten Bauwerk keine Schäden aufgrund der Spannungsverteilung aus dem neuen Silo auftreten werden.

8.2.2 Aufnehmbarer Sohldruck und Setzungsberechnung

Ein teilunterkellertes Mehrfamilienhaus soll auf Streifenfundamenten gegründet werden. Im Baugebiet steht bis zu einer Tiefe von 3,30 m ein bindiger Boden (Boden 1) im überkonsolidierten Zustand an. Darunter befindet sich eine 20 m mächtige Schicht aus einem weitgestuften Sand (Boden 2). Alle weiteren Randbedingungen sind Abb. 8.14 zu entnehmen.

Die Streifenfundamente sind möglichst wirtschaftlich zu entwerfen und nachzuweisen. Hierzu sollte zuerst überprüft werden, ob die vereinfachten Nachweise für den aufnehmbaren Sohldruck nach DIN 1054:2012-12 verwendet werden können (Checkliste hierfür gemäß Tab. 8.4). Hierfür kann folgende Checkliste abgearbeitet werden. Wird einer der genannten Punkte nicht eingehalten, so müssen genaue Nachweise durchgeführt werden.

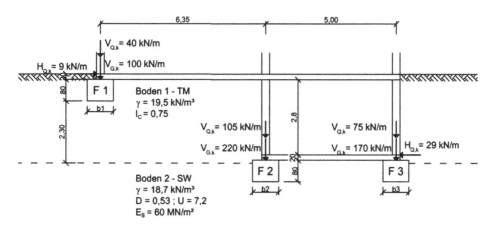

Abb. 8.14 Systemzeichnung teilunterkellertes Mehrfamilienhaus auf Streifenfundamenten

Tab. 8.4 Checkliste der Anwendbarkeit des vereinfachten Nachweises für den aufnehmbaren Sohldruck [DIN 1054:2012-12]

Nr.	Anforderung	F1	F2	F3
1	waagerechte Fundamentsohle	✔	✔	✔
2	annähernd waagerechte Geländeoberfläche/Schichtgrenzen	✔	✔	✔
3	ausreichende Festigkeit des Baugrundes bis zu einer Tiefe von $2 \cdot b$	✔	✔	✔
4	kein nennenswerter Porenwasserdruck bei bindigen Böden	✔	–	–
5	nur geringe dynamische Beanspruchung der Fundamente	✔	✔	✔
6	Neigung der charakteristischen Beanspruchungsresultierenden $\tan(\delta) = H_k/V_k \leq 0,2$	⟳	–	⟳
7	keine Klaffende Fuge bei reinen ständigen Lasten ($e \leq b/6$)	✔	–	✔
8	Klaffende Fuge bis Fundamenthälfte ($e \leq b/3$)	⟳	–	⟳
9	Nachweis im Grenzzustand der Tragfähigkeit gegen Kippen (EQU)	⟳	–	⟳

✔ = wird eingehalten; – = nicht relevant; ⟳ = muss geprüft werden.

Des Weiteren muss die Schiefstellung zwischen Fundament 1 und Fundament 2 untersucht werden.

Fundament 1

Das Fundament 1 ist im bindigen Boden (Boden 1) gegründet. Das vereinfachte Bemessungsverfahren ist bei bindigen Böden unabhängig von der Fundamentbreite. Somit kann die erforderliche Fundamentbreite ganz einfach bestimmt werden:

$$\left. \begin{array}{l} \text{Bodenart nach DIN 18169:2011-05} = \text{TM} \\ \text{Einbindetiefe} \qquad\qquad\qquad = 1,00\,\text{m} \end{array} \right\} \; \underline{\sigma_{Rd} = 200\,\text{kN/m}^2}$$

$$\text{Nachweis: } \sigma_{Ed} = \frac{G_k \cdot \gamma_G + Q_k \cdot \gamma_Q}{a \cdot b} \le \sigma_{Rd}$$

Bestimmung der Exzentrizität e, mit Berücksichtigung des Fundamenteigengewichtes:

$$e = \frac{\sum M_M}{\sum V} = \frac{1\,\text{m} \cdot 9\,\frac{\text{kN}}{\text{m}}}{100\,\frac{\text{kN}}{\text{m}} + 40\,\frac{\text{kN}}{\text{m}} + 0,8\,\text{m} \cdot 25\,\frac{\text{kN}}{\text{m}^3} \cdot b\,[\text{m}]} = \frac{9}{140 + 20b}\,\frac{\text{m}}{\text{lfd.m}}$$

daraus folgt:

$$\sigma_{Ed} = \frac{\left(100\,\frac{\text{kN}}{\text{m}} + 0,8\,\text{m} \cdot 25\,\frac{\text{kN}}{\text{m}^3} \cdot b\,[\text{m}]\right) \cdot 1,35 + 40\,\frac{\text{kN}}{\text{m}} \cdot 1,5}{b\,[\text{m}] - 2 \cdot \frac{9}{140+20b}\,[\text{m}]} \le 200\,\frac{\text{kN}}{\text{m}^2} \rightarrow \underline{\underline{b \ge 1,25\,\text{m}}}$$

Punkt 6:

$$\tan\delta = \frac{9\,\frac{\text{kN}}{\text{m}}}{140\,\frac{\text{kN}}{\text{m}} + 0,8\,\text{m} \cdot 25\,\frac{\text{kN}}{\text{m}^3} \cdot 1,25\,\text{m}} = 0,055 < 0,2\;\checkmark$$

Punkt 8:

$$e = \frac{\sum M_M}{\sum V} = \frac{1\,\text{m} \cdot 9\,\text{kN}}{140\,\frac{\text{kN}}{\text{m}} + 20\,\frac{\text{kN}}{\text{m}^3} \cdot 1,25\,\text{m}} = 0,05\,\frac{\text{m}}{\textbf{lfd.m}} < \frac{b}{3} = \frac{1,25}{3} = 0,42\,\frac{\text{m}}{\textbf{lfd.m}}$$

Punkt 9:

Nachweis (EQU): $\sum M_{A,stb,d} = M_{A,G,k} \cdot \gamma_{G,stb} \ge \sum M_{A,dstb,d}$

$$= M_{A,G,k} \cdot \gamma_{G,dst} + M_{A,Q,k} \cdot \gamma_Q$$

$$\sum M_{A,stb,d} = \left(0,8\,\text{m} \cdot 1,25\,\text{m} \cdot 25\,\frac{\text{kN}}{\text{m}^3} + 100\,\frac{\text{kN}}{\text{m}}\right) \cdot 0,625\,\text{m} \cdot 0,9$$

$$= 70,3\,\frac{\text{kN m}}{\text{lfd.m}}$$

$$\sum M_{A,dstb,d} = 9\,\frac{\text{kN}}{\text{m}} \cdot 1\,\text{m} \cdot 1,1 = \frac{\text{kN m}}{\text{lfd.m}}$$

$$\underline{\underline{70,3\,\text{kN m} \ge 9,9\,\text{kN m}}}$$

(Günstig einwirkende veränderliche Lasten werden vernachlässigt)

Somit ist das Fundament 1 mit einer Breite $b = 1{,}25$ m im Grenzzustand der Tragfähigkeit ausreichend nachgewiesen.

Fundament 2

Die Fundamente 2 und 3 sind unmittelbar im nichtbindigen Boden (Boden 2) gegründet. Da der Bemessungswert des aufnehmbaren Sohldruckes bei nichtbindigen Böden abhängig von der Fundamentbreite ist, jedoch bei einer Einbindetiefe $> 2{,}0$ m einen sehr hohen Bemessungswert des aufnehmbaren Sohldruckes aufweist, kann für F2 und F3 eine relativ kleine Breite gewählt werden.

Für Fundament 3 ist die Überprüfung der Kippsicherheit im Grenzzustand der Tragfähigkeit (ULS) und der Gebrauchstauglichkeit (SLS) unumgänglich, um das vereinfachte Nachweisverfahren anwenden zu können. Somit bietet sich an, die wirtschaftlichste Breite hierüber zu bestimmen.

Dies ist für Fundament 2 in diesem Beispiel nicht sonderlich zu beachten, da es nicht durch Horizontallasten beansprucht wird.

Auch hier gilt:

$$
\left.
\begin{array}{ll}
\text{Bodenart nach DIN 18169:2011-05} & = \text{SW} \\
\text{Einbindetiefe} & = > 2{,}00\,\text{m} \\
\text{Lagerung} & = \text{mitteldicht}
\end{array}
\right\}
\begin{array}{l}
\underline{\sigma_{Rd} = 560 - 700\,\text{kN/m}^2} \\
(\text{für } 0{,}5 \leq b \leq 1{,}0\,\text{m})
\end{array}
$$

$$
\text{Nachweis: } \sigma_{Ed} = \frac{G_k \cdot \gamma_G + Q_k \cdot \gamma_Q}{a \cdot b} \leq \sigma_{Rd}
$$

$$
\text{mit } \sigma_{Ed} = \frac{\left(220\,\frac{\text{kN}}{\text{m}} + 0{,}8\,\text{m} \cdot 25\,\frac{\text{kN}}{\text{m}^3} \cdot b\,[\text{m}]\right) \cdot 1{,}35 + 105\,\frac{\text{kN}}{\text{m}} \cdot 1{,}5}{b\,[\text{m}]} \leq 560\,\frac{\text{kN}}{\text{m}^2}
$$

$$
\rightarrow \underline{b \geq 0{,}85\,\text{m}}
$$

Die Bemessungswerte für Fundamentbreiten $b = 0{,}5$ und $1{,}0$ m schwanken zwischen 560 und 700 kN/m², Zwischenwerte können linear interpoliert werden. Somit kann iterativ die wirtschaftlichste Variante ermittelt werden:

gewählt $b = 0{,}80$ m $\rightarrow$ neuer Bemessungswert für den aufnehmbaren Sohldruck (linear interpoliert): $\sigma_{Rd} = 644$ kN/m²

Probe:

$$
\sigma_{Ed} = \frac{\left(220\,\frac{\text{kN}}{\text{m}} + 0{,}8\,\text{m} \cdot 25\,\frac{\text{kN}}{\text{m}^3} \cdot 0{,}8\,\text{m}\right) \cdot 1{,}35 + 105\,\frac{\text{kN}}{\text{m}} \cdot 1{,}5}{0{,}8\,\text{m}} = \underline{\underline{595{,}13\,\frac{\text{kN}}{\text{m}^2} \leq 644\,\frac{\text{kN}}{\text{m}^2}}}
$$

Fundament 3

Punkt 6:

$$
\tan\delta = \frac{29\,\frac{\text{kN}}{\text{m}}}{235\,\frac{\text{kN}}{\text{m}} + 0{,}8\,\text{m} \cdot 25\,\frac{\text{kN}}{\text{m}^3} \cdot 0{,}8\,\text{m}} = \underline{\underline{0{,}116 < 0{,}2 \checkmark}}
$$

Ebenfalls über 2,0 m tief im Sand gegründet, hat das Fundament 3 einen sehr hohen Bemessungswert für den aufnehmbaren Sohldruck. Um auch hier die maßgebende Fundamentbreite zu erhalten, muss nun überprüft werden, welcher Fall der kritischste ist.

Bei rein ständigen Lasten tritt keine Horizontalbeanspruchung auf und folglich ist die Exzentrizität $e = 0$. Bei Berücksichtigung der veränderlichen Last gilt $e \neq 0$ aufgrund der Horizontallast $H_k = 29\,kN/m$ an der Oberkante der Bodenplatte.

$$e = \frac{\sum M_M}{\sum V} = \frac{1\,\text{m} \cdot 29\,\frac{kN}{m}}{160\,\frac{kN}{m} + 75\,\frac{kN}{m} + 0,8\,\text{m} \cdot 25\,\frac{kN}{m^3} \cdot b\,[\text{m}]} = \frac{29}{235 + 20b}\,\text{m} \leq \frac{b}{3}$$

$$\rightarrow b \geq 0,36\,\text{m}$$

Bei **gedrungenen Bauteilen** ist der **Nachweis der Klaffenden Fuge** oftmals der kritischere, jedoch sollte **immer** zusätzlich der **Tragfähigkeitsnachweis** durchgeführt werden, da vor allem bei sehr **schmalen und hohen Bauteilen** dieser Nachweis der maßgebende sein könnte.

Nachweis (EQU): $\quad \sum M_{A,stb,d} = M_{A,G,k} \cdot \gamma_{G,stb} \geq \sum M_{A,dstb,d} = M_{A,G,k} \cdot \gamma_{G,dst}$

$$+ M_{A,Q,k} \cdot \gamma_Q$$

$$\sum M_{A,dstb,d} = 29\,\frac{kN}{m} \cdot 1\,\text{m} \cdot 1,1 = 31,9\,\frac{kN\,m}{lfd.m}$$

$$\sum M_{A,stb,d} = \left(0,8\,\text{m} \cdot b\,[\text{m}] \cdot 25\,\frac{kN}{m^3} + 160\,\frac{kN}{m}\right) \cdot \frac{b\,[\text{m}]}{2} \cdot 0,9$$

$$\geq 31,9\,\frac{kN\,m}{lfd.m} \rightarrow b = 0,42\,\text{m}$$

$$\sigma_{Ed} = \frac{\left(160\,\frac{kN}{m} + 0,8\,\text{m} \cdot 25\,\frac{kN}{m^3} \cdot b\,[\text{m}]\right) \cdot 1,35 + 75\,\frac{kN}{m} \cdot 1,5}{b\,[\text{m}] - 2 \cdot \frac{29}{235 + 20 \cdot b}\,[\text{m}]}$$

$$\leq 560\,\frac{kN}{m^2} \rightarrow \mathbf{b \geq 0,86\,m}$$

gewählt b = 0,80 m → neuer Bemessungswert für den aufnehmbaren Sohldruck (linear interpoliert): $\sigma_{Rd} = 644\,kN/m^2$
    Probe:

$$\text{mit } \sigma_{Ed} = \frac{\left(160\,\frac{kN}{m} + 0,8\,\text{m} \cdot 25\,\frac{kN}{m^3} \cdot 0,8\,\text{m}\right) \cdot 1,35 + 75\,\frac{kN}{m} \cdot 1,5}{0,8\,\text{m} - 2 \cdot \frac{29}{235 + 20 \cdot 0,8}\,\text{m}} = \mathbf{615,4\,\frac{kN}{m^2} \leq 644\,\frac{kN}{m^2}}$$

Setzungsberechnung

Fundament F1

Die zur Setzungsberechnung verwendeten Integraltafeln sind für rechteckige Fundamente unter dem kennzeichnenden Punkt, also wird vereinfacht die Annahme einer „starren"

Abb. 8.15 Sohlspannungsverteilung unter Fundament
F1

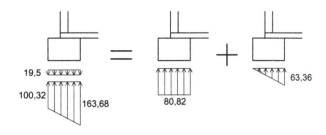

Gründung gewählt. Dies ist vor allem bei sehr gedrungenen und/oder sehr steifen Fundamenten die gängige Vorgehensweise.

In diesem Beispiel muss aufgrund der Exzentrizität die trapezförmige Spannungsverteilung beachtet werden (s. Abb. 8.15), die sich wie folgt berechnen lässt:

$$\begin{aligned}\sigma_{0,min}\\\sigma_{0,max}\end{aligned} = \frac{\sum V}{a \cdot b} \pm \frac{\sum V \cdot e \cdot 6}{a \cdot b2} \quad \rightarrow \text{für } e < \frac{b}{6}$$

$$\sigma_{0,max} = \frac{4 \cdot \sum V}{3a \cdot (b - 2e)} \quad \rightarrow \text{für } e \geq \frac{b}{6}$$

Hier:

$$\sigma_{0,min} = \frac{165\,\frac{kN}{m}}{1,25\,m} - \frac{165\,\frac{kN}{m} \cdot 0,05\,m \cdot 6}{(1,25\,m)^2} = 100,32\,\frac{kN}{m^2}$$

$$\sigma_{0,max} = \frac{165\,\frac{kN}{m}}{1,25\,m} + \frac{165\,\frac{kN}{m} \cdot 0,05\,m \cdot 6}{(1,25\,m)^2} = 163,68\,\frac{kN}{m^2}$$

Zur Ermittlung der setzungserzeugenden Spannung muss die Aushubentlastung mit eingerechnet werden.

Die Spannungsverteilung kann nun aufgeteilt werden in eine rechteckige und eine drei-
eckige Sohlverteilung, um die Setzungen daraufhin zu superponieren.

**Zur Ermittlung des maßgebenden Steifemoduls muss der maßgebende Span-
nungsbereich festgelegt werden. Als Gesamtbelastung wird hier der Mittelwert der
trapezförmigen Spannungsverteilung angenommen, also $\sigma_0 = 132\,kN/m^2$:**
Bestimmung des Steifemoduls gemäß Abb. 8.16:

$$E_S = \frac{\Delta\sigma}{\Delta s'} = \frac{132\,\frac{kN}{m^2} - 19,5\,\frac{kN}{m^2}}{0,0238 - 0,01} = 8152\,\frac{kN}{m^2}$$

$$\frac{a}{b} = \infty \text{ (Streifenfundament) und } \frac{z}{b} = \frac{2,3}{1,25} = 1,84 \rightarrow f_S = 0,98$$

In der Regel ist die Setzung in Tiefen von zwei- bis dreimal der Fundamentbreite abgeschlossen, somit hat die untere Schicht noch Einfluss auf die Setzung:

$$\frac{a}{b} = \infty \text{ (Streifenfundament) und } \frac{z}{b} = 3 \rightarrow f_S = 1,28 \text{ (Abb. 8.17)}$$

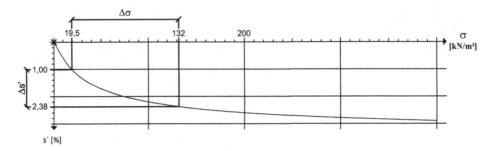

Abb. 8.16 Kompressionsversuch Boden 1

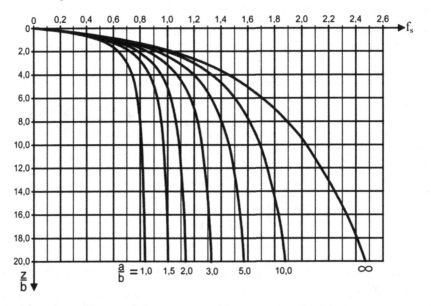

Abb. 8.17 Setzungsbeiwerte f_s für den kennzeichnenden Punkt bei rechteckigen Fundamenten mit konstanter Sohlspannungsverteilung

Die Setzung aus dem konstanten Spannungsanteil ergibt sich gemäß Abb. 8.18 und 8.19 zu:

$$s = 0,98 \cdot \frac{80,82 \frac{kN}{m^2} \cdot 1,25\,m}{8152 \frac{kN}{m^2}} + (1,28 - 0,98) \cdot \frac{80,82 \frac{kN}{m^2} \cdot 1,25\,m}{60.000 \frac{kN}{m^2}}$$

$$= 0,013\,m = 1,3\,cm$$

$$\frac{a}{b} = \infty \ (\text{Streifenfundament}) \ \text{und} \ \frac{z}{b} = 1,84 \rightarrow f_{k1} = 0,22$$

$$\frac{a}{b} = \infty \ (\text{Streifenfundament}) \ \text{und} \ \frac{z}{b} = 3 \rightarrow f_{k1} = 0,37$$

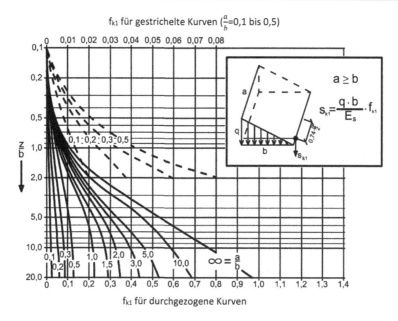

Abb. 8.18 Integraltafel unter dem kennzeichnenden Punkt für eine lotrechte Dreiecklast nach Schaak bei $q = 0$

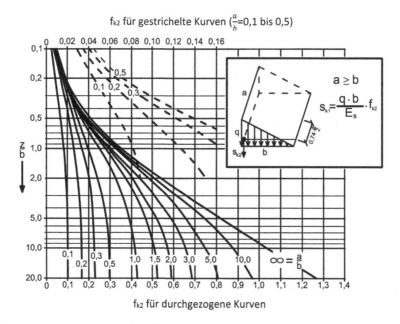

Abb. 8.19 Integraltafel unter dem kennzeichnenden Punkt für eine lotrechte Dreiecklast nach Schaak bei $q = q_{max}$

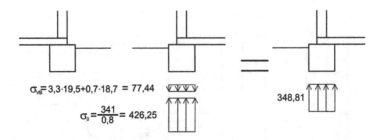

$\sigma_{vB} = 3{,}3 \cdot 19{,}5 + 0{,}7 \cdot 18{,}7 = 77{,}44$

$\sigma_0 = \dfrac{341}{0{,}8} = 426{,}25$

$348{,}81$

Abb. 8.20 Sohlspannungsverteilung unter Fundament 2

$$s = 0{,}22 \cdot \frac{63{,}36 \, \frac{kN}{m^2} \cdot 1{,}25 \, m}{8152 \, \frac{kN}{m^2}} + (0{,}37 - 0{,}22) \cdot \frac{63{,}36 \, \frac{kN}{m^2} \cdot 1{,}25 \, m}{60.000 \, \frac{kN}{m^2}}$$

$$= 0{,}002 \, m = 0{,}2 \, cm$$

$$\frac{a}{b} = \infty \ (\text{Streifenfundament}) \ \text{und} \ \frac{z}{b} = 1{,}84 \rightarrow f_{k2} = 0{,}51$$

$$\frac{a}{b} = \infty \ (\text{Streifenfundament}) \ \text{und} \ \frac{z}{b} = 3 \rightarrow f_{k2} = 0{,}66$$

$$s = 0{,}51 \cdot \frac{63{,}36 \, \frac{kN}{m^2} \cdot 1{,}25 \, m}{8152 \, \frac{kN}{m^2}} + (0{,}66 - 0{,}51) \cdot \frac{63{,}36 \, \frac{kN}{m^2} \cdot 1{,}25 \, m}{60.000 \, \frac{kN}{m^2}}$$

$$= 0{,}005 \, m = 0{,}5 \, cm$$

$$\text{Schiefstellung F1} \quad \tan \delta = \frac{\Delta s}{b} = \frac{0{,}5 \, cm - 0{,}2 \, cm}{125 \, cm} = \frac{1}{417} \leq \frac{1}{300} \ \checkmark$$

Fundament F2

Fundament F2 wird nur lotrecht belastet, also ist die Spannungsverteilung konstant (s. Abb. 8.20).

$$\frac{a}{b} = \infty \ (\text{Streifenfundament}) \ \text{und} \ \frac{z}{b} = 3 \rightarrow f_S = 1{,}28$$

$$s = 1{,}28 \cdot \frac{348{,}81 \, \frac{kN}{m^2} \cdot 0{,}8 \, m}{60.000 \, \frac{kN}{m^2}} = 0{,}007 \, m = 0{,}7 \, cm$$

Bei der Bewertung für die Schiefstellung zwischen Fundament 1 und 2 wird für Fundament 1 die mittlere Setzung von 1,65 cm gewählt.

$$\text{Schiefstellung F1} - \text{F2} \quad \tan \delta = \frac{\Delta s}{l} = \frac{1{,}65 \, cm - 0{,}7 \, cm}{635 \, cm} = \frac{1}{668} \leq \frac{1}{300} \ \checkmark$$

8.3 Erddruckberechnung

Die in diesem Kapitel beschriebenen Aufgaben zur Erddruckermittlung sollen die häufig in der Praxis vorkommenden Fälle abdecken. Bei den anstehenden Böden handelt es sich um die in Abschn. 8.1 ermittelten Böden. Die zugehörigen Scherparameter sind in der jeweiligen Aufgabe angegeben.

8.3.1 Erddruck aus Eigengewicht, Erddruckumlagerung

Bei verankerten oder ausgesteiften Baugrubenwänden verteilen sich die ständigen Erddruckspannungen anders als bei unverankerten/nicht ausgesteiften Baugrubenwänden.

Je nach Anzahl und/oder Lage der Anker/Steifen ändert sich die Umlagerungsfigur. Zudem muss unterschieden werden, ob es sich um einen durchgängigen Verbau (bspw. Spundwand) oder eine nur oberhalb der Baugrubensohle als Wand ausgebildete Verbauart (bspw. Trägerbohlwand) handelt. Die verschiedenen Umlagerungsfiguren sind in der EAB (5. Auflage, 2012) dargestellt.

In dem hier vorgestellten Beispiel (s. Abb. 8.21) handelt es sich um eine einfach verankerte, frei aufgelagerte Spundwand. Sie ist 2 m im Erdreich eingebunden und hat eine 7 m freie Standhöhe. Der Anker liegt 1,5 m unterhalb der originären Geländeoberfläche. Abb. 8.21 zeigt einen Schnitt durch die Baugrubenwand mit allen für die Erddruckbestimmung notwendigen Angaben.

Lösung

In Tab. 8.5 werden die jeweiligen Erddruckordinaten bestimmt.

Bei Schichten mit kohäsiven Böden ist stets zu prüfen, ob die Resultierende des Mindesterddruckes maßgebend ist. In der nachfolgenden Tabelle wird die Resultierende aus dem Erddruck mit der aus dem Mindesterddruck verglichen.

Tab. 8.6 zufolge ist die Resultierende des Mindesterddruckes für die 2. Bodenschicht nicht maßgebend. Daraus folgt, dass für die weiteren Berechnungen nur die Verteilung des Erddruckes aus dem Eigengewicht in Schicht 2 bestimmend ist.

In Abb. 8.22 werden die Ergebnisse, mitsamt Erddruckumlagerung, graphisch zusammengestellt.

Abb. 8.21 Verankerte Verbauwand

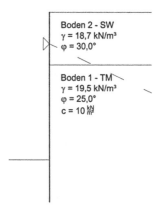

Boden 2 - SW
$\gamma = 18{,}7\ kN/m^3$
$\varphi = 30{,}0°$

Boden 1 - TM
$\gamma = 19{,}5\ kN/m^3$
$\varphi = 25{,}0°$
$c = 10\ \frac{kN}{m^2}$

Tab. 8.5 Ermittlung der Erddruckkordinaten

Kote	Höhe h [m]	Wichte γ [kN/m³]	Vertikalspannung σ_z [kN/m²]	k_{agh} [-]	e_{agh} [kN/m²]	c [kN/m²]	k_{ach} [-]	e_{ach} [kN/m²]	e_{ah} [kN/m²]
±0,00	0,00	18,7	= 0,00	0,2794	= 0,00	–	–	–	= 0,00
−2,50	2,50		2,5 · 18,7 = 46,75		46,75 · 0,2794 = 13,06	–	–	–	= 13,06
−2,50	0,00	19,5	46,75+ 0,0 · 19,5 = 46,75	0,3457	46,75 · 0,3457 = 16,16	10,00	1,043	10,00 · 1,043 = 10,43	16,16 − 10,43 = 5,73
−7,00	4,50		46,75+ 4,5 · 19,5 = 134,50		134,50 · 0,3457 = 46,50			10,43	46,50 − 10,43 = 36,07
−9,00	2,00		134,50+ 2,0 · 19,5 = 173,50		173,50 · 0,3457 = 59,98				59,98 − 10,43 = 49,55

Tab. 8.6 Ermittlung der Erddruckresultierenden E_{ah}, für den Vergleich mit dem Mindesterddruck E_{ah}^*

Kote	Vertikalspannung σ_z [kN/m²]	e_{ah} [kN/m²]	E_{ah} [kN/m]	k_{agh}^* [−]	e_{agh}^* [kN/m²]	E_{ah}^* [kN/m]
−2,50	46,75	5,73	94,05 + 85,62 = **179,65**	0,1786	46,75 · 0,1786 = 8,35	72,83 + 55,01 = **127,84**
−7,00	134,50	36,07			134,50 · 0,1786 = 24,02	
−9,00	173,50	49,55			173,50 · 0,1786 = 30,99	

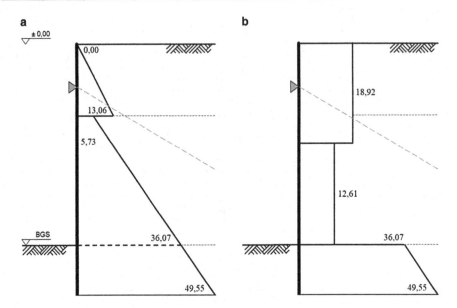

Abb. 8.22 Resultierende Erddruckfigur vor Umlagerung (**a**) nach Umlagerung (**b**)

Die Erddruckumlagerung wurde wie folgt berechnet:

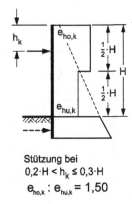

Zur Bestimmung der Umlagerungsfigur nach der EAB (5. Auflage, 2012) muss zunächst die Ankerlage berücksichtigt werden.

$$h_k = 1,5\,\text{m}; \ H = 7,0\,\text{m} \rightarrow h_k = \frac{1,5\,\text{m}}{7,0\,\text{m}} H = 0,21\,H \qquad \begin{array}{l} > 0,2\,H \\ \leq 0,3\,H \end{array}$$

Somit ergibt sich ein Verhältnis von $e_{ho,k} : e_{hu,k} = 1,50$.

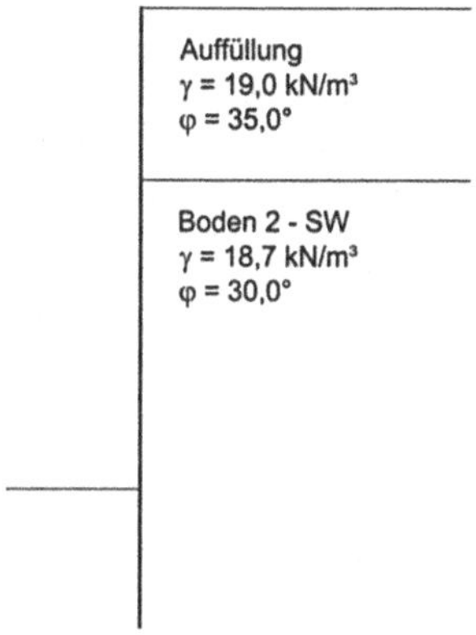

Abb. 8.23 Unverankerte Verbauwand

Auffüllung
$\gamma = 19{,}0$ kN/m³
$\varphi = 35{,}0°$

Boden 2 - SW
$\gamma = 18{,}7$ kN/m³
$\varphi = 30{,}0°$

Zur Umlagerung gilt für die Erddruckspannung oberhalb der Baugrubensohle (Geometrie gemäß Abb. 8.23):

$$E_{\text{agh},U} = \frac{13{,}06\,\frac{\text{kN}}{\text{m}^2} \cdot 2{,}5\,\text{m}}{2} + \frac{5{,}73\,\frac{\text{kN}}{\text{m}^2} + 36{,}07\,\frac{\text{kN}}{\text{m}^2}}{2} \cdot 4{,}5\,\text{m} = 110{,}38\,\frac{\text{kN}}{\text{lfd. m}}$$

Da diese Kraft auf die neue Fläche verteilt werden muss, gilt:

$$E_{\text{agh},U} = \frac{H}{2} \cdot e_{\text{hu,k}} + \frac{H}{2} \cdot e_{\text{ho,k}} = \frac{H}{2} \cdot e_{\text{hu,k}} + 1{,}5 \cdot \frac{H}{2} \cdot e_{\text{hu,k}}$$

$$\rightarrow e_{\text{hu,k}} = \frac{4 \cdot E_{\text{agh},U}}{5 \cdot H} = \frac{4 \cdot 110{,}38\,\frac{\text{kN}}{\text{lfd.m}}}{5 \cdot 7\,\text{m}} \qquad \rightarrow e_{\text{ho,k}} = 1{,}5 \cdot e_{\text{hu,k}} = 1{,}5 \cdot 12{,}61\,\frac{\text{kN}}{\text{m}^2}$$

$$= 12{,}61\,\frac{\text{kN}}{\text{m}^2} \qquad\qquad\qquad = 18{,}92\,\frac{\text{kN}}{\text{m}^2}$$

8.3.2 Erddruck aus Verdichtungserddruck

Hinter einer Spundwand wird großflächig über eine Tiefe von 2,50 m eine Auffüllung eingebracht. Nach DIN 4085:2011-05 erhöht sich der Erddruck durch die lagenweise Verdichtung des Bodens unmittelbar hinter der Verbauwand. Die Randbedingungen sind in Abb. 8.23 dargestellt.

Lösung

Da es sich um einen nachgiebigen Verbau handelt und die Auffüllung großflächig (B $\geq$ 2,50 m) verdichtet wird, gilt:

$$e_{\text{vh}} = 25\,\text{kN/m}^2$$

$$z_{\text{a}} = 2{,}00\,\text{m}$$

$$z_{\text{p}} = \frac{e_{\text{vh}}}{\gamma \cdot k_{\text{pgh}}(\delta = 0)}\,[\text{m}]$$

Die Verteilung des Erddrucks ergibt sich aus Tab. 8.7.

Tab. 8.7 Ermittlung des aktiven Erddruckes

Kote	Höhe h	Wichte γ	Vertikalspannung σ_z	k_{agh}	e_{agh}
	[m]	[kN/m^3]	[kN/m^2]	[–]	[kN/m^2]
±0,00	0,0	19,0	–	0,2244	0,00
−2,50	2,5		$2,5 \cdot 19,0 = 47,50$		$47,50 \cdot 0,2244 = 10,66$
−2,50	2,5	18,7	$2,5 \cdot 19,0 = 47,50$	0,2794	$47,50 \cdot 0,2794 = 13,27$
			$+$		
−9,00	9,0		$6,5 \cdot 18,7 = 169,5$		$169,5 \cdot 0,2794 = 47,23$

Abb. 8.24 Erddruckfigur
(Verdichtungsanteil schraffiert)

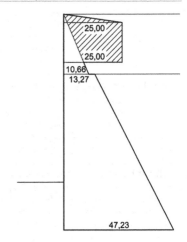

Für den aktiven Erddruck gilt:
Für die Auffüllung gilt mit $\alpha = \beta = \delta_p = 0°$, $k_{pgh} = 3,8$ und somit

$$z_p = \frac{25 \, \frac{kN}{m^2}}{19 \, \frac{kN}{m^3} \cdot 3,8} = 0,35 \, m$$

In Abb. 8.24 werden die Ergebnisse graphisch dargestellt.

8.3.3 Erddruck aus begrenzter Auflast

Um die Vorgehensweise bei der Ermittlung des Erddruckes aus begrenzten Auflasten zu bestimmen, wird in diesem Beispiel der Unterschied mithilfe von drei Szenarien verdeutlicht.

Die Spannungsverteilung des aktiven Erddrucks ist von der der Einflusshöhe h_f abhängig. Die Höhe gibt an, ab welcher Stelle an der Verbauwand der Einfluss aus der Auflast beginnt und wann die Verbauwand keine Spannungen mehr aus Auflasten erfährt. In „Szenario 1" aus Abb. 8.25 beginnt der aktive Erddruck an der Geländeoberfläche, da hier die Auflast direkt an der Verbauwand angreift. Da es sich um eine begrenzte Last handelt,

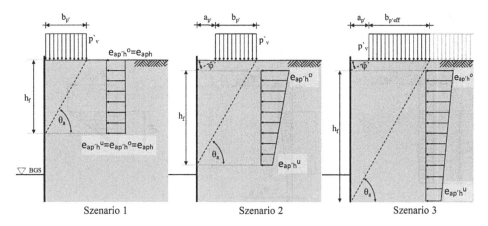

Abb. 8.25 Aktiver Erddruck $e_{ap'h}$ infolge Streifenlasten p'_v (3 Szenarien)

muss über den Winkel θa überprüft werden, ob die Verbauwand bis zur tiefsten Stelle einen Einfluss aus der Auflast erfährt. Ist dies der Fall, wird eine effektive Breite $b_{p'eff}$ bestimmt. Der Anteil der $b_{p'eff}$ überschreitet ist in dem Sinne überflüssig, da er keine Wirkung auf den aktiven Erddruck erzielt.

Beginnt die Auflast, wie in Szenario 2 und 3 aus Abb. 8.25 erst ab einem bestimmten Abstand zur Verbauwand, wird zuerst mit dem Reibungswinkel φ' der oberste Angriffspunkt für den aktiven Erddruck aus der Auflast bestimmt. Aufgrund dessen, beginnt in diesem Fall die Einflusshöhe h_f nicht an der Geländeoberkante, sondern im Abstand von $a_{p'} \cdot \tan(\varphi)$ zum Verbauwandkopf.

In Tab. 8.8 ist aufgeführt wie für die jeweiligen Szenarien die Ordinaten des aktiven Erddrucks zu berechnen sind. In dem Fall 1 wir die Spannung auf den Verbau konstant angenommen und die Ordinate mit $e_{ap'h} = k_{aph} \cdot p'_v$ berechnet, wobei $k_{aph} = k_{agh}$, wenn gilt $\alpha = \beta = 0$.

In Szenario 3 und 4 wird die Horizontalkomponente der zusätzlichen Erddruckkraft E_{aVh} auf die Einflusshöhe h_f aufgeteilt. Die Horizontalkomponente berechnet sich wie folgt:

$$E_{aVh} = V \cdot \frac{\sin\left(\vartheta_{ag} - \varphi\right) \cdot \cos\left(\alpha + \delta_a\right)}{\cos\left(\vartheta_{ag} - \varphi - \delta_a - \alpha\right)}$$

V ist eine parallel zur Verbauwand laufende Linienlast, oder die Resultierende einer vertikalen Streifenlast. Die auf die Höhe aufgeteilte Horizontalkomponente wird bei Auflasten mit Abstand zur Verbauwand letztlich noch mit einem Faktor verrechnet, welcher sich aus der breite der Last $b_{p'}$ (bzw. $b_{p'eff}$) und dem horizontalen Abstand $a_{p'}$ zusammensetzt.

Tab. 8.8 Verteilung des aktiven Erddrucks infolge von Streifen- und Linienlasten [DIN 4085:2017-08]

Szenario 1	Szenario 2 und 3	Linienlast V
$e^o_{\mathrm{ap'h}} = e^u_{\mathrm{ap'h}} = e_{\mathrm{ap'h}}$	$e^o_{\mathrm{ap'h}} = \dfrac{E_{\mathrm{aVh}}}{h_f} \cdot \left(1 + \dfrac{a_{p'}}{a_{p'} + b_{p'}}\right)$ $e^u_{\mathrm{ap'h}} = \dfrac{E_{\mathrm{aVh}}}{h_f} \cdot \left(1 - \dfrac{a_{p'}}{a_{p'} + b_{p'}}\right)$	$e_{\mathrm{ap'h}} = \dfrac{2 \cdot E_{\mathrm{aVh}}}{h_f}$

8.3.4 Erhöhter aktiver Erddruck

Je steifer die Verbauwand ist, desto größer wird der Erddruck, da die Mobilisierung des aktiven Erddruckes nicht eintritt. Steife Verbauvarianten sind bspw. überschnittene Bohrpfahlwände oder Schlitzwände, jedoch kann die Steifigkeit bspw. auch durch mehrere vorgespannte Anker soweit erhöht werden, dass mit einem erhöhten aktiven Erddruck zu rechnen ist.

In diesem Beispiel in Abb. 8.26 wird eine ausgesteifte überschnittene Bohrpfahlwand erstellt. Die freie Standhöhe beträgt 7,00 m und die Einbindetiefe der Bohrpfahlwand beträgt 6,00 m.

Eine ausgesteifte Ortbetonwand kann nach DIN 4085:2011-05 mit dem erhöhten aktiven Erddruck bemessen werden. Hier gibt es die Unterscheidung für „einfache Fälle", den „Normalfall" und „Ausnahmefälle".

In diesem Beispiel (s. Tab. 8.9) wurde sich für den Normalfall entschieden:

$$E'_{\mathrm{ah}} = 0{,}5 \cdot E_{\mathrm{ah}} + 0{,}5 \cdot E_{\mathrm{0h}}$$

Tab. 8.9 Ermittlung des erhöhten aktiven Erddruckes

Kote	Höhe h	Wichte γ	Vertikalspannung σ_z	k_{agh}	k_{0gh}	e'_{agh}	
	[m]	[kN/m³]	[kN/m²]	[–]	[–]	[kN/m²]	
±0,00	0,0	18,7	–	0,3195	0,500[a]	0,0	
−13,00	13,0		$13 \cdot 18{,}7 = 243{,}1$			$243{,}1 \cdot (0{,}5 \cdot$ $0{,}3195 + 0{,}5 \cdot 0{,}5)$	$= 99{,}61$

[a] Der Erdruhedruckbeiwert k_{0gh} wurde in Tab. 8.9 über die Näherungsgleichung für unvorbelastete Böden nach Jacky ermittelt.

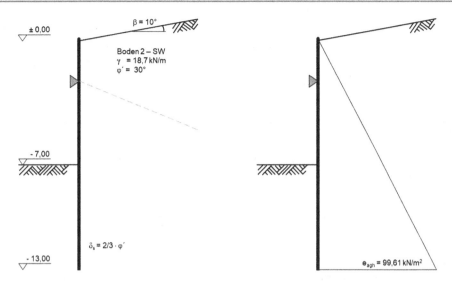

Abb. 8.26 Erddruckverteilung für die ausgesteifte überschnittene Bohrpfahlwand

8.4   Böschungen

Im Rahmen einer Baumaßnahme soll überprüft werden, ob die Baugrube mittels Böschung durchgeführt werden kann. Die Baugrubensohle liegt 7 m unter der Geländeoberfläche. Da es sich nur um den Bauzustand handelt, gilt BS-T (γ_φ, $\gamma_c = 1{,}15$).

Die geometrischen Randbedingungen sind in Abb. 8.27 dargestellt. Um diese einzuhalten, gilt für den erforderlichen Böschungswinkel $\beta > \theta_a$.

Abb. 8.27 Geometrische
Randbedingungen

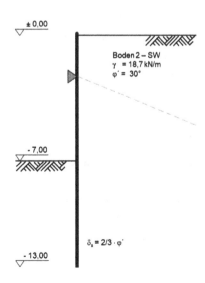

Bei einem Wandreibungswinkel von $\delta_a = 2/3 \cdot \varphi'$ und einem waagerechten Gelände ergibt sich der Gleitkeilwinkel des Boden 2 zu $\theta_a = 56,0°$.

In diesem Kapitel soll das vereinfachte Bemessungsverfahren bei einem bindigen und einem nichtbindigen Boden durchgeführt werden.

8.4.1 Nichtbindiger Boden – Boden 1

Bei nichtbindigen Böden ohne Durchströmung mittels Partialsicherheitswerten gilt folgendes Bemessungsverfahren:

$$\tan(\beta) \leq \tan(\varphi_d) = \frac{\tan(\varphi_k)}{\gamma_\varphi} \to \tan(56,0) = 1{,}48 \leq \frac{\tan(30)}{1{,}15} = 0{,}5 \, \text{\textlightning}$$

In diesem Beispiel kann man schon augenscheinlich erkennen, dass der erforderliche Böschungswinkel weitaus größer ist als der Reibungswinkel des Bodens. Also erübrigt sich der Nachweis, wenn $\beta \gg \varphi$ gilt.

In diesem Beispiel wäre eine Böschung ohne Hilfsmittel nicht möglich.

8.4.2 Bindiger Boden – Boden 1

Bei bindigen Böden kann das vereinfachte Bemessungsverfahren nach Taylor/Fellenius durchgeführt werden. Die Kohäsion wird in diesem Beispiel zu $c_k = 10\,\frac{kN}{m^2}$ angenommen.

Parameter:

$$\gamma_k = 18{,}7\,\frac{kN}{m^3} \quad \to \quad \gamma_d = 18{,}7\,\frac{kN}{m^3}$$

$$\varphi_k = 30{,}0° \quad \to \quad \varphi_d = \arctan\left(\frac{\tan(30°)}{1{,}15}\right) \approx 27°$$

$$c_k = 10\,\frac{kN}{m^2} \quad \to \quad c_d = \frac{10\,\frac{kN}{m^2}}{1{,}15} = 8\,\frac{kN}{m^2}$$

Lösung

$$\text{Standsicherheitszahl } N = \frac{18{,}7\,\frac{kN}{m^3} \cdot 7{,}0\,m}{8\,\frac{kN}{m^2}} = 16{,}4 \to \underline{\boldsymbol{\beta_{\text{mögl.}} = 59°}} \; (\text{s. Abb. 8.28})$$

Mit einem Böschungswinkel $\beta_{\text{mögl.}} = 59° > 56{,}0°$ ist in diesem Fall eine abgeböschte Baugrube möglich.

Abb. 8.28 Nomogramm nach
Taylor/Fellenius

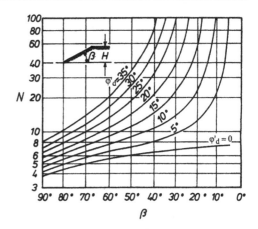

8.5   Verbauarten und Nachweise

In diesem Kapitel sollen bestimmte Verbauarten bezüglich ihrer Bemessung erläutert werden. Durchgängige Verbauarten wie Spundwände, überschnittene und tangierende Bohrpfahlwände und Schlitzwände sind bemessungstechnisch ähnlich und unterscheiden sich von Trägerbohlwänden und aufgelösten Bohrpfahlwänden. Um diesen Unterschied deutlich zu machen, werden bei gleichen Bodenverhältnissen eine Spundwand und eine Trägerbohlwand bemessen und erläutert.

Das statische System der Verbaukonstruktion ist davon abhängig, ob die Verbauwand nicht, einfach oder mehrfach verankert bzw. ausgesteift ist. Die Einspannung von Verbauwänden kann abhängig vom Baugrund und der Einbindetiefe variieren. Volle Einspannung bedeutet eine 100 prozentige Einspannung und eine freie Auflagerung bedeutet eine 0 prozentige Einspannung. Bei fehlender Einspannung wird aus kinematischer Sicht ein weiteres Auflager (bspw. Anker) benötigt. In diesem Kapitel werden unterschiedliche statisch bestimmte Systeme nachgewiesen (s. Abb. 8.29).

statisch bestimmt		statisch überbestimmt	
voll eingespannt	einfach gehalten und frei aufgelagert	mehrfach gehalten und frei aufgelagert	einfach gehalten und eingespannt
$t = 1{,}2 \cdot t_0$ $0{,}6 \cdot t_0$ t	$t = t_0$ $0{,}6 \cdot t_0$	$t = t_0$ $0{,}6 \cdot t_0$	$t = 1{,}2 \cdot t_0$ $0{,}6 \cdot t_0$ t

Abb. 8.29 Beispiele für verschiedene statische Systeme von Verbauwänden

Abb. 8.30 Erddruck für ein
nicht gestütztes, voll einge-
spanntes System

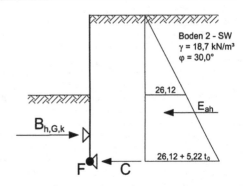

Es werden exemplarisch alle Nachweise geführt. Die Nachweise gegen Materialversagen jeweils nur einmalig für eine unverankerte Spundwand und eine unverankerte Trägerbohlwand behandelt werden, da sie nicht zu den rein geotechnischen Nachweisen gehören.

8.5.1 Unverankerte Verbauten

Zur Herstellung einer 5 m tiefen Baugrube (BS-T) sollen die voll eingespannten Varianten einer Spundwand und einer Trägerbohlwand bemessen und miteinander verglichen werden. Hierzu sind alle notwendigen Nachweise zu führen und die Verbaumaterialien dementsprechend zu dimensionieren (das statische System ist in Abb. 8.30 dargestellt).

8.5.1.1 Voll eingespannte Spundwand

Ermittlung der Einbindetiefe
Eine Verbauwand muss soweit in den Baugrund einbinden, dass der Erdwiderstand aus passivem Erddruck die „Auflagerkraft" aus der einwirkenden Erddruckkraft aufnehmen kann. Somit muss zunächst die Einwirkung bestimmt werden. Eine mögliche Beschränkung der Horizontalverformung hat zur Folge, dass der Erdwiderstand nicht in voller Höhe mobilisiert wird. Der Anpassungsfaktor η ($\leq$ 1,0) verringert für diesen Fall den Bemessungswert des Erdwiderstandes. Die hier aufgeführten Beispiele beinhalten keine Beschränkung der Horizontalverschiebung.

Für den hier zu führenden Nachweis gegen Versagen bodengestützter Wände durch Drehung (früher Nachweis gegen Versagen des Erdwiderlagers) gilt:

$$B_{h,d} = B_{h,G,k} \cdot \gamma_G + B_{h,Q,k} \cdot \gamma_Q \leq \eta \cdot E_{ph,d} = \frac{E_{ph,k}}{\gamma_{Re}}$$

$\alpha = \beta = 0°$, $\delta_a = 2/3\varphi$ (Spundwand – unbehandelte Oberfläche Stahl) und $\varphi = 30°$

$$\rightarrow k_{agh} = 0{,}2794$$

Somit gilt als Belastung für die Spundwand in Abhängigkeit der rechnerischen Einbindetiefe t_0:

$$e_{\text{agh},t_0} = 0,2794 \cdot 18,7 \, \frac{\text{kN}}{\text{m}^3} \cdot (5\,\text{m} + t_0\,[\text{m}]) = 26,12 + 5,22t_0$$

Im voll eingespannten Zustand kann rechnerisch nicht die ganze Einbindetiefe angesetzt werden, hier kann die Annahme $t = 1,2t_0$ getroffen werden.

$$\sum M_\text{F} = \frac{26,12 \cdot 5}{2} \cdot \left(t_0 + \frac{5}{3}\right) + 26,12 \cdot \frac{t_0^2}{2} + \frac{5,22 \cdot t_0^3}{6} - 0,4t_0 \cdot B_{\text{h,G.,k}} = 0$$

$$\rightarrow B_{\text{h,G.k}} = \frac{2,18t_0^3 + 32,65t_0 2 + 163,25t_0 + 272,08}{t_0} \left[\frac{\text{kN}}{\text{lfd.m}}\right]$$

Ermittlung des Erdwiderstandes (**Annahme $\delta_\text{p} = -\varphi/3$**):

$k_\text{pgh} = 4,0$ (nach Sokolovsky/Pregl $\rightarrow$ für gekrümmte Gleitflächen)

$$e_\text{ph} = 4 \cdot 18,7 \, \frac{\text{kN}}{\text{m}^3} \cdot t_0\,[\text{m}] = 74,8t_0 \left[\frac{\text{kN}}{\text{m}^2}\right] \rightarrow E_\text{ph,k} = \frac{74,8t_0^2}{2} = 37,4t_0^2 \left[\frac{\text{kN}}{\text{lfd.m}}\right]$$

Nachweis:

$$\left(\frac{2,18t_0^3 + 32,65t_0^2 + 163,25t_0 + 272,08}{t_0}\right) \cdot 1,2 \leq \frac{37,4t_0^2}{1,3}$$

$$-34t_0^2 + 50,93t_0 + 254,67 + \frac{424,44}{t_0} \leq 0$$

$$t_0 \geq 4,08\,\text{m} \rightarrow t = 1,2 \cdot t_0 = 1,2 \cdot 4,08\,\text{m} = 4,90\,\text{m}$$

Somit ergibt sich folgende Spannungsverteilung (s. Abb. 8.31):

Mobilisierbarer Erdwiderstand

Da der Erdwiderstand mit größeren negativen Wandreibungswinkeln immer größer wird, muss der Nachweis der Vertikalkomponente des mobilisierten Erdwiderstands geführt werden, um zu prüfen, ob der angenommene passive Wandreibungswinkel δ_p auch in dieser Höhe angenommen werden kann. Die nach unten gerichteten Vertikalkräfte (Erddruckbelastung) müssen größer sein als die nach oben gerichteten Vertikalkräfte (Erdwiderstand), denn andernfalls würde die Spundwand aus dem Boden vertikal aufsteigen, was in der Praxis nicht beobachtet werden kann. Dies führt dazu, dass der Wandreibungswinkel δ_p gegebenenfalls reduziert werden muss. Im Gegenzug muss der Nachweis zur Ermittlung der Einbindetiefe mit dem reduzierten Wandreibungswinkel wiederholt werden, da sich eine größere Einbindetiefe ergibt.

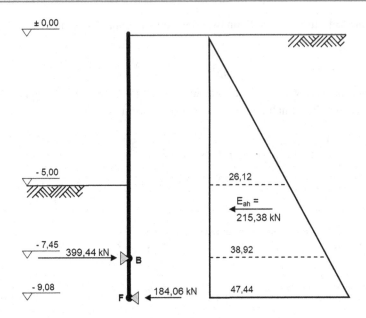

Abb. 8.31 Spannungsverteilung und Auflagerkräfte

Bezogen auf das Beispiel gilt:

$$(\downarrow)\, V_k = \sum V_{k,i} = \sum E_{ah,i} \cdot \tan\left(\delta_{a,i}\right) \geq \left| \sum B_{h,k} \cdot \tan\left(\delta_p\right) \right| (\uparrow)$$

$$\sum V_{k,i} = \frac{47{,}44\,\frac{kN}{m^2} \cdot 9{,}08\,m}{2} \cdot \tan\left(\frac{2}{3} \cdot 30°\right) = 78{,}39\,\frac{kN}{m}$$

$$\sum B_{h,k} \cdot \tan\left(\delta_p\right) = 399{,}44\,\frac{kN}{m} \cdot \tan\left(-\frac{30°}{3}\right) = -70{,}43\,\frac{kN}{m}$$

78,39 ≥ 70,43

Nachweis gegen Materialversagen

Zur Bestimmung der Spundwandbohlen, ist i. d. R. die Biegebemessung maßgebend.

Der zur Bemessung ausreichend idealisierte Schnittgrößenverlauf für das gewählte statische System ist in Abb. 8.32 dargestellt. Im originären Zustand stellt sich durch die erdseitige Lagerung der Schnittgrößenverlauf etwas verändert ein, jedoch ist dieses vereinfachte System ausreichend und liegt bemessungstechnisch auf der „sicheren Seite".

Bei eingespannten Spundwänden, kann davon ausgegangen werden, dass das maximale Moment am gedachten Erdauflager B auftritt.

Aus Abb. 8.32 folgt $M_{max} = 360{,}03\,kN\,m/m$.

Abb. 8.32 Schnittgrößenverteilung

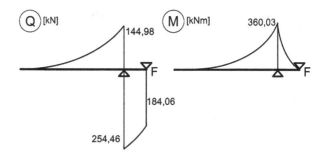

Nachweis:

$$\sigma_d = \frac{M_d}{W_y} + \frac{N_d}{A} \leq \frac{f_{yd}}{\gamma_M}$$

$$\sigma_d = \frac{36.003 \frac{\text{kN cm}}{\text{m}} \cdot 1{,}2}{W_y} \leq \frac{23{,}5 \frac{\text{kN}}{\text{cm}^2}}{1{,}0} \rightarrow W_y \geq 1838{,}45 \, \text{cm}^3$$

Gewählte Spundwandbohle
Larssen 605

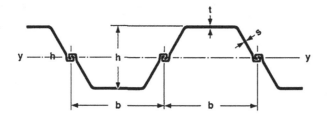

Widerstandsmoment	W_y	$= 2020 \, \text{cm}^3/\text{m}$
Eigengewicht		$= 139{,}2 \, \text{kg}/\text{m}^2$
Profilbreite	b	$= 600 \, \text{mm}$
Rückendicke	t	$= 12{,}5 \, \text{mm}$
Stegdicke	s	$= 9{,}0 \, \text{mm}$
Querschnittsfläche	A	$= 117{,}3 \, \text{cm}^2/\text{m}$

Vollständiger Spannungsnachweis
Normalkraft in Spundwand:

$$N_d = E_{ah} \cdot \tan(\theta_a) + G_{Spw} = 215{,}38 \cdot \tan\left(\frac{2}{3} \cdot 30°\right) + 1{,}392 \cdot 7{,}45 = 88{,}76 \, \frac{\text{kN}}{\text{lfd.m}}$$

$$\sigma_d = \frac{36.003 \cdot 1{,}2}{2020} + \frac{88{,}76 \cdot 1{,}2}{117{,}3} = 22{,}3 \, \frac{\text{kN}}{\text{cm}^2 \cdot \text{lfd.m}} \leq \frac{23{,}5}{1{,}0} \, \frac{\text{kN}}{\text{cm}^2 \cdot \text{lfd.m}}$$

Nachweis bodengestützter Wände durch Vertikalbewegung
Früher „Nachweis gegen Versinken"
    Bei diesem geotechnischen Nachweis müssen die Vertikalkräfte aus Erddruck, ggf.
Verankerung, Eigengewicht oder Anschlusslasten vom Spitzendruck und der Mantelreibung schadlos aufgenommen werden.
    Resultieren die einzigen Vertikalkräfte nur aus Eigengewicht und Erddruck kann nach
EAB dieser Nachweis entfallen, wenn die Spundwand tiefer als 3,0 m eingebunden ist, die
freie Standhöhe 10 m nicht übersteigt und eine ausreichende Festigkeit des Baugrundes
($I_c > 0,75$ oder $D > 3$) vorhanden ist. Bei anderen Verbauarten weichen die Vorgaben
geringfügig ab, hier wird auf die EAB verwiesen.

Zusammenfassung
Zur Erstellung der 5 m tiefen Baugrube wird eine Spundwand (Larssen 605-Profilen) insgesamt 9,90 m tief in den Boden eingebracht, sodass die Einbindetiefe in etwa der Höhe
der Baugrube (5 m) entspricht, dies entspricht beim gewählten statischen System dem Regelfall.

8.5.1.2 Voll eingespannte Trägerbohlwand

Das zuvor beschriebene Beispiel soll nun dahingehend verändert werden, dass eine Trägerbohlwand zur Anwendung kommt. Die in diesem Beispiel verwendeten einzelnen
Stahlträger sollen in einem 2,5 m Abstand angeordnet und mit Holzbalken ausgefacht
werden. Da die Einbindetiefe nur durch Iteration zu ermitteln ist, wird zunächst eine
Einbindetiefe $t = 6,0$ m angenommen.

Ermittlung der Einbindetiefe
Trägerbohlwände sind unterhalb der Baugrubensohle nicht als durchgängiges Bauwerk
angeordnet. Dadurch unterscheiden sich die Nachweise in verschiedener Hinsicht. Beim
Nachweis gegen Versagen bodengestützter Wände durch Drehung (Versagen des Erdwiderlagers) sind zwei Fallunterscheidungen zu treffen. Zum einem wird ein Nachweis für
die einzelnen Träger durchgeführt, für den Fall, dass die beim Versagen entstehenden
Bruchkörper hinter einem Träger sich nicht überschneiden (Abb. 8.33 links). Zum anderen ist zu prüfen, ob sich die Bruchkörper überschneiden (Abb. 8.33 rechts). Grundsätzlich
sind immer beide Nachweise zu führen.

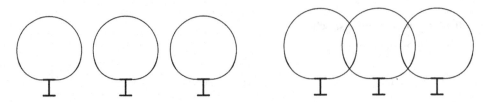

Abb. 8.33 *links*: Bruchkörper überschneiden sich nicht; *rechts*: Bruchkörper überschneiden sich

Abb. 8.34 System und Belastung

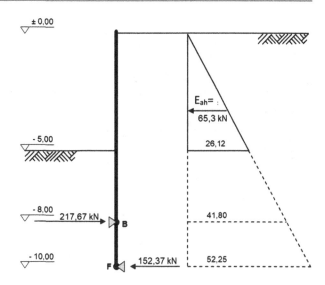

Nachweis als Einzelträger

Beim Nachweis gegen Versagen bodengestützter Wände durch Drehung für den Einzelträger wird die sich durch die Ausfachung auf die einzelnen Träger ergebende Belastung (s. Abb. 8.34) und die damit verbundene erdseitige Auflagerkraft mit dem Erdwiderstand verglichen. Die Auflagerkraft wird somit nicht als Linienlast, sondern als Punktlast verstanden.

Der Nachweis wird abschließend mit dem kleineren Erdwiderstand aus den beiden oben beschriebenen Betrachtungen durchgeführt.

Zuerst wird die Auflagerkraft noch als Linienlast ermittelt und dann mit dem Ankerabstand a_t multipliziert:

$$\text{Mit } t_0 = \frac{t}{1,2} = \frac{6,0\,\text{m}}{1,2} = 5,0\,\text{m}$$

$$\sum M_F = \frac{26,12\,\frac{\text{kN}}{\text{m}^2} \cdot 5\,\text{m}}{2} \cdot \left(5,0 + \frac{5}{3}\right)\,[\text{m}] - B_{hG} \cdot 0,4 \cdot 5,0 = 0 \rightarrow B_{hG} = 217,67\,\frac{\text{kN}}{\text{m}}$$

$$B_{hG,k} = B_{hG} \cdot a_t = 2,5\,\text{m} \cdot 217,67\,\frac{\text{kN}}{\text{m}} = 544,18\,\text{kN}$$

Widerstand ohne Überschneidung der Bruchkörper nach Weissenbach:

$$E_{ph,r} = \frac{1}{2} \cdot \gamma \cdot \omega_R \cdot t_0^3 + c \cdot \omega_K \cdot t_0^2$$

Aus den Diagrammen in Abb. 8.35 lassen sich die Erdwiderstandsbeiwerte für Reibungswinkel $\varphi \geq 30°$ auslesen. Bei kleineren Reibungswinkeln wird auf eingehende Literatur verwiesen.

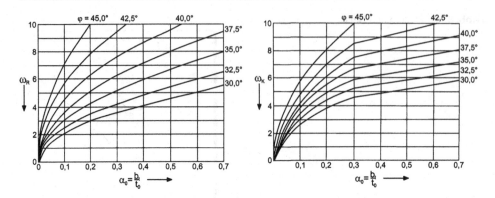

Abb. 8.35 Erdwiderstandsbeiwerte ω_R und ω_K für Einzelbruchfiguren nach Weissenbach

Eine geschätzte Bohlträgerbreite $b_t = 300\,\text{mm}$ (gängige HEB-Träger) und die rechnerische Einbindetiefe $t_0 = 5{,}0\,\text{m}$ ergeben:

$$\alpha_0 = \frac{b_t}{t_0} = \frac{0{,}3\,\text{m}}{5{,}0\,\text{m}} = 0{,}06 \rightarrow \omega_R = 1{,}6$$

Somit gilt für den Widerstand:

$$E_{\text{ph,r}} = \frac{1}{2} \cdot 18{,}7\,\frac{\text{kN}}{\text{m}^3} \cdot 1{,}6 \cdot (5\,\text{m})^3 = 1870\,\text{kN}$$

Widerstand mit Überschneidung der Bruchkörper nach Weissenbach:

$$E_{\text{ph}}{}^* = \frac{1}{2} \cdot \gamma \cdot \omega_{\text{ph}} \cdot a_t \cdot t_0^2$$

$$\text{mit } \omega_{\text{ph}} = \frac{b_t}{a_t} \cdot k_{\text{ph}(\delta_p \neq 0)} + \frac{a_t - b_t}{a_t} \cdot k_{\text{ph}(\delta_p = 0)} + \frac{4c}{\gamma \cdot t_0} \cdot \sqrt{k_{\text{ph}(\delta_p \neq 0)}}$$

Es ist zu beachten, dass dieser Gleichung die Erddruckbeiwerte nach Streck (Tab. 8.10) zu Grunde liegen.

Auf der sicheren Seite liegend wurde in diesem Fall ein passiver Wandreibungswinkel $\delta_p = 0°$ angesetzt. Der Grund hierfür wird vor allem beim Nachweis des mobilisierbaren passiven Wandreibungswinkels deutlich.

$$\left.\begin{array}{ll} \text{Reibungswinkel} & \varphi = 30° \\ \text{passiver Wandreibungswinkel} & \delta_p = 0° \end{array}\right\} k_{\text{ph}} = 3{,}00$$

$$\omega_{\text{ph}} = \frac{0{,}3\,\text{m}}{2{,}5\,\text{m}} \cdot 3{,}00 + \frac{2{,}5\,\text{m} - 0{,}3\,\text{m}}{2{,}5\,\text{m}} \cdot 3{,}0 = 3{,}00$$

$$E_{\text{ph}}{}^* = \frac{1}{2} \cdot 18{,}7\,\frac{\text{kN}}{\text{m}^3} \cdot 3{,}0 \cdot 2{,}5\,\text{m} \cdot (5\,\text{m})^2 = 1753{,}13\,\text{kN}$$

$E_{\text{ph}}^* = 1753{,}13\,\text{kN}$ ist der für die Bemessung maßgebende Erdwiderstand.

Tab. 8.10 Erdwiderstandsbeiwerte k_{ph} nach dem Gleitschema von Streck

k_{ph}	Reibungswinkel φ [°]												
Passiver Wandreibungswinkel δ_p [°]	15	17,5	20	22,5	25	27,5	30	32,5	35	37,5	40	42,5	45
0	1,70	1,86	2,04	2,24	2,46	2,72	3,00	3,32	3,69	4,11	4,60	5,16	5,82
2,5	1,79	1,95	2,17	2,39	2,63	2,90	3,23	3,60	4,00	4,48	5,04	5,69	6,45
5	1,87	2,05	2,28	2,51	2,79	3,08	3,45	3,86	4,31	4,85	5,48	6,22	7,09
7,5	1,94	2,14	2,38	2,64	2,94	3,26	3,66	4,11	4,61	5,22	5,92	6,75	7,74
10	2,01	2,22	2,48	2,75	3,08	3,43	3,87	4,35	4,91	5,59	6,36	7,28	8,40
12,5	2,11	2,30	2,58	2,87	3,22	3,60	4,07	4,59	5,21	5,95	6,80	7,82	9,08
15		2,38	2,67	2,98	3,35	3,76	4,27	4,83	5,50	6,31	7,24	8,38	9,77
17,5			2,77	3,09	3,48	3,92	4,46	5,07	5,80	6,67	7,69	8,95	10,5
20				3,23	3,62	4,08	4,66	5,31	6,10	7,03	8,15	9,53	11,2
22,5					3,81	4,27	4,86	5,56	6,41	7,41	8,62	10,1	12,0
25						4,51	5,11	5,84	6,72	7,82	9,12	10,7	12,8
27,5							5,46	6,15	7,12	8,27	9,64	11,4	13,6

Nachweis:

$$B_{h,d} = B_{hG,k} \cdot \gamma_G = 544{,}18\,\text{kN} \cdot 1{,}2 \le E_{ph,d} = \frac{E_{ph,min}}{\gamma_{R,e}} = \frac{1753{,}13\,\text{kN}}{1{,}3}$$

653,02 kN $\le$ 1348,56 kN

Gleichgewicht der Horizontalkräfte bei Linienbauwerken

Zusätzlich zum Nachweis für Einzelträger muss überprüft werden, ob der bisher vernachlässigte aktive Erddruck $\Delta E_{ah,d}$ unterhalb der Baugrubensohle zusammen mit der oben berechneten Auflagerkraft $B_{hG,k}$ als Linienlast (inkl. Teilsicherheitsbeiwerte) vom Bemessungswert des Erdwiderstandes aufgenommen werden kann.

Somit muss gelten:

$$B_{h,d} + \Delta E_{ah,d} \le E_{ph,d}$$

$$\Delta E_{ah,d} = 1{,}2 \cdot 5\,\text{m} \cdot \frac{26{,}12\,\frac{\text{kN}}{\text{m}^2} + 52{,}25\,\frac{\text{kN}}{\text{m}^2}}{2} = 235{,}11\,\frac{\text{kN}}{\text{m}}$$

$$B_{h,d} = 217{,}67\,\frac{\text{kN}}{\text{m}} \cdot 1{,}2 = 261{,}20\,\frac{\text{kN}}{\text{m}}$$

Erdwiderstand (Linienbauwerk) $E_{ph,k} = 5\,\text{m} \cdot 3{,}0 \cdot 18{,}7\,\frac{\text{kN}}{\text{m}^3} \cdot \frac{5\,\text{m}}{2} = 701{,}25\,\frac{\text{kN}}{\text{m}}$

$$261{,}20\,\frac{\text{kN}}{\text{m}} + 235{,}11\,\frac{\text{kN}}{\text{m}} = 496{,}31\,\frac{\text{kN}}{\text{m}} \le \frac{701{,}25\,\frac{\text{kN}}{\text{m}}}{1{,}3} = 539{,}42\,\frac{\text{kN}}{\text{m}}$$

Mobilisierbarer Erdwiderstand

Zur Überprüfung des für den Erdwiderstand angenommenen passiven Wandreibungswinkel δ_p wird der ebene Spannungszustand ohne Differenzerddruck betrachtet, also die Auf-

Abb. 8.36 Schnittgrößenverteilung Bohlträger

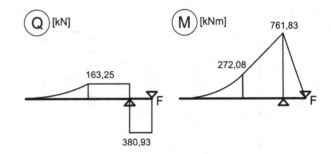

lagerkraft B_{hG} aus der nur oberhalb der Baugrubensohle angreifenden aktiven Erddruckverteilung. Da in diesem Beispiel mit einem passiven Wandreibungswinkel $\delta_p = 0°$
gerechnet wurde, kann dieser Nachweis entfallen.

$$B_{hG} \cdot \tan(0) \leq E_{ah,d} \cdot \tan\left(\frac{2}{3}\varphi\right)$$

$$0 \leq 26,12 \,\frac{kN}{m} \cdot \frac{5\,m}{2} \cdot \tan(20) = 23,77\,kN$$

Nachweis gegen Materialversagen
Bei Trägerbohlwänden müssen der Träger und die Ausfachung einzeln bemessen werden.

Für den Träger muss die Biegebemessung durchgeführt werden, dafür muss die Belastung aus der Ausfachung, die in den Träger eingeleitet wird, bestimmt werden. Die sich
somit ergebende Schnittgrößenverteilung ist in Abb. 8.36 dargestellt.

Nachweis:

$$\sigma_d = \frac{M_d}{W_y} + \frac{N_d}{A} \leq \frac{f_{yd}}{\gamma_M}$$

$$\sigma_d = \frac{76.183\,kN\,cm \cdot 1,2}{W_y} \leq \frac{23,5\,\frac{kN}{cm^2}}{1,0} \rightarrow W_y \geq 3890,2\,cm^3$$

Gewählt: HEB-500, S235 mit

Widerstandsmoment	$W_y = 4290$	cm^3	Flanschdicke	$t_f = 28$	mm
Höhe	$h = 500$	mm	Radius	$r_1 = 27$	mm
Breite	$b = 300$	mm	Querschnittsfläche	$A = 239$	cm^2
Stegdicke	$t_w = 14,5$	mm	Wichte	$\gamma = 1,876$	kN/m

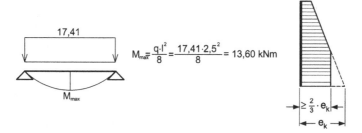

$$M_{max} = \frac{q \cdot l^2}{8} = \frac{17{,}41 \cdot 2{,}5^2}{8} = 13{,}60 \text{ kNm}$$

Abb. 8.37 Schnittgrößenermittlung Holzausfachung

Vollständiger Spannungsnachweis im Bohlträger
Normalkraft in Spundwand:

$$N_d = E_{ah} \cdot \tan(\theta_a) + G_{Spw} = 163{,}25 \cdot \tan\left(\frac{2}{3} \cdot 30°\right) + 1{,}876 \cdot 8{,}0 = 74{,}43 \frac{\text{kN}}{\text{lfd.m}}$$

$$\sigma_d = \frac{76.183 \cdot 1{,}2}{4290} + \frac{74{,}43 \cdot 1{,}2}{117{,}3} = 22{,}07 \frac{\text{kN}}{\text{cm}^2 \cdot \text{lfd.m}} \leq \frac{23{,}5}{1{,}0} \frac{\text{kN}}{\text{cm}^2 \cdot \text{lfd.m}}$$

Zur Dimensionierung der Holzbohlenausfachung wird nach EAB 2/3 der größten Spannung als Belastung angesetzt.
Statisches System: s. Abb. 8.37.
Nachweis:

$$\left.\begin{array}{ll} \text{Material} & \text{C24} \\ \text{NKL} & 3 \\ \text{KLED} & \text{lang} \end{array}\right\} k_{mod} = 0{,}55$$

Bemessungswert der Biegefestigkeit `

$$f_{m,d} = k_{mod} \cdot \frac{f_{m,k}}{\gamma_M} = 0{,}55 \cdot \frac{2{,}4 \frac{\text{kN}}{\text{cm}^2}}{1{,}3} = 1{,}02 \frac{\text{kN}}{\text{cm}^2}$$

$$\sigma_d = \frac{M_d}{W_y} + \frac{N_d}{A} \leq \frac{f_{yd}}{\gamma_M}$$

$$\sigma_d = \frac{1360 \text{ kN cm}}{W_y} \leq 1{,}02 \frac{\text{kN}}{\text{cm}^2} \rightarrow W_y \geq 1333 \text{ cm}^3$$

Gewählt: Bohlen mit $h/b = 16/24$ cm mit $W_y = 1536$ cm^3

Nachweis bodengestützter Wände durch Vertikalbewegung
Früher „Nachweis gegen Versinken"
    Bei diesem geotechnischen Nachweis (System und Belastung gemäß Abb. 8.38) müssen die Vertikalkräfte aus Erddruck, ggf. Verankerung, Eigengewicht oder Anschlusslasten vom Spitzendruck und der Mantelreibung schadlos aufgenommen werden.

Abb. 8.38 System und Belastung

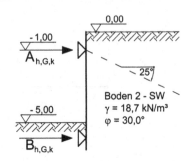

Resultieren die einzigen Vertikalkräfte nur aus Eigengewicht und Erddruck, kann nach EAB dieser Nachweis entfallen, wenn die Bohlträger tiefer als 3,0 m eingebunden sind, die freie Standhöhe 10 m nicht übersteigt und eine ausreichende Festigkeit des Baugrundes ($I_c > 0{,}75$ oder $D > 3$) vorhanden ist. Bei anderen Verbauarten weichen die Vorgaben geringfügig ab, hier wird auf die EAB verwiesen.

8.5.2 Verankerte Verbauwände

Zur Herstellung einer 5 m tiefen Baugrube (BS-T) sollen die verankerten und frei aufgelagerten Varianten einer Spundwand und einer Trägerbohlwand bemessen und mit einander verglichen werden.

Bei Kote $-1{,}0$ wird die Ankerlage festgelegt und eine Ankerneigung $\beta = 25°$ gewählt.

8.5.2.1 Einfach verankerte und frei aufgelagerte Spundwand

Erddruckumlagerung
Zur Bestimmung der Umlagerungsfigur nach der EAB (5. Auflage, 2012) muss zunächst die Ankerlage berücksichtigt werden.

$$h_{\mathrm{k}} = 1{,}0\,\mathrm{m}; \; H = 5{,}0\,\mathrm{m} \to h_{\mathrm{k}} = \frac{1{,}0\,\mathrm{m}}{5{,}0\,\mathrm{m}} H = 0{,}2\,H \begin{array}{l} > 0{,}1\,H \\ \leq 0{,}2\,H \end{array}$$

Somit ergibt sich nach EAB ein Verhältnis von $e_{\mathrm{ho,k}} : e_{\mathrm{hu,k}} = 1{,}20\,\mathrm{m}$.

Zur Umlagerung gilt für die Erddruckspannung oberhalb der Baugrubensohle:

$$E_{\mathrm{agh,U}} = \frac{26{,}12\,\frac{\mathrm{kN}}{\mathrm{m}^2} \cdot 5{,}0\,\mathrm{m}}{2} = 65{,}3\,\frac{\mathrm{kN}}{\mathrm{lfd.m}}$$

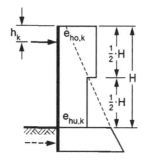

Stützung bei
$0,1 \cdot H < h_k \leq 0,2 \cdot H$
$e_{ho,k} : e_{hu,k} = 1,20$

Da diese Kraft auf die neue Fläche verteilt werden muss, gilt:

$$E_{agh,U} = \frac{H}{2} \cdot e_{hu,k} + \frac{H}{2} \cdot e_{ho,k} = \frac{H}{2} \cdot e_{hu,k} + 1,2 \cdot \frac{H}{2} \cdot e_{hu,k}$$

$$\rightarrow e_{hu,k} = \frac{10 \cdot E_{agh,U}}{11 \cdot H} = \frac{10 \cdot 65,3 \frac{kN}{lfd.m}}{11 \cdot 5\,m} = 11,88 \frac{kN}{m^2}$$

$$\rightarrow e_{ho,k} = 1,2 \cdot e_{hu,k} = 1,2 \cdot 14,90 \frac{kN}{m^2}$$

$$= 14,25 \frac{kN}{m^2}$$

Die umgelagerte Erddruckfigur ist Abb. 8.39 zu entnehmen.

Ermittlung der Einbindetiefe
Eine Verbauwand muss soweit in den Baugrund einbinden, dass der Erdwiderstand aus passivem Erddruck die „Auflagerkraft" aus der einwirkenden Erddruckkraft aufnehmen kann. Somit muss zunächst die Einwirkung bestimmt werden. Eine mögliche Beschränkung der Horizontalverformung hat zur Folge, dass der Erdwiderstand nicht in voller Höhe mobilisiert wird. Der Anpassungsfaktor η ($\leq 1,0$) verringert für diesen Fall den

Abb. 8.39 Umgelagerte Erddruckfigur

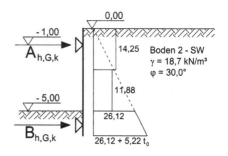

Bemessungswert des Erdwiderstandes. Die hier aufgeführten Beispiele beinhalten keine Beschränkung der Horizontalverschiebung.

Für den hier zu führenden Nachweis gegen Versagen bodengestützter Wände durch Drehung (früher Nachweis gegen Versagen des Erdwiderlagers) gilt:

$$B_{h,d} = B_{h,G,k} \cdot \gamma_G + B_{h,Q,k} \cdot \gamma_Q \leq \eta \cdot E_{ph,d} = \frac{E_{ph,k}}{\gamma_{Re}}$$

Bei frei aufgelagerten Verbauarten kann rechnerisch die ganze Einbindetiefe angesetzt werden ($t = t_0$). Zur Ermittlung der Auflagerkraft $B_{hG,k}$ kann um das Auflager A (Anker) gedreht werden:

$$\sum M_A = 14{,}25 \, \frac{kN}{m^2} \cdot 2{,}5\,m \cdot 0{,}25\,m + 11{,}88 \, \frac{kN}{m^2} \cdot 2{,}5\,m \cdot 2{,}75\,m$$
$$+ 26{,}12 \, \frac{kN}{m^2} \cdot t_0 \cdot \left(4 + \frac{t_0}{2}\right) + 5{,}22 \cdot \frac{t_0{}^2}{2} \cdot \left(4 + \frac{2 \cdot t_0}{3}\right) - 0{,}6 \cdot t_0 \cdot B_{h,G,,k} = 0$$
$$\rightarrow B_{h,G,k} = \frac{1{,}74 t_0{}^3 + 23{,}5 t_0{}^2 + 104{,}48 t_0 + 90{,}58}{4 + 0{,}6 \cdot t_0} \, \frac{kN}{m}$$

Ermittlung des Erdwiderstandes (**Annahme $\delta_p = -\varphi/3$**): $k_{pgh} = 4{,}0$ (nach Sokolovsky/Pregl)

$$e_{ph} = 4 \cdot 18{,}7 \, \frac{kN}{m^3} \cdot t_0 \, [m] = 74{,}8 t_0 \left[\frac{kN}{m^2}\right] \rightarrow E_{ph,k} = \frac{74{,}8 t_0{}^2}{2} = 37{,}4 t_0{}^2 \left[\frac{kN}{m}\right]$$

Nachweis:

$$\left(\frac{1{,}74 t_0{}^3 + 23{,}5 t_0{}^2 + 104{,}48 t_0 + 90{,}58}{4 + 0{,}6 \cdot t_0}\right) \cdot 1{,}2 \leq \frac{37{,}4 t_0{}^2}{1{,}3}$$
$$-19{,}73 t_0{}^3 - 112{,}94 t_0{}^2 + 162{,}99 t_0 + 141{,}3 \leq 0$$
$$t_0 \geq 1{,}69\,m \rightarrow t = t_0 = 1{,}70\,m \text{ (s. Abb. 8.40)}$$

Somit ergeben sich folgende Spannungsverteilung und Auflagerkräfte:

Mobilisierbarer Erdwiderstand

Die nach unten gerichteten Vertikalkräfte (Erddruckbelastung) müssen größer sein als die nach oben gerichteten Vertikalkräfte (Erdwiderstand), denn andernfalls würde die Spundwand aus dem Boden vertikal aufsteigen, was in der Praxis nicht beobachtet werden kann. Dies führt dazu, dass der Wandreibungswinkel δ_p gegebenenfalls reduziert werden muss. Im Gegenzug muss der Nachweis zur Ermittlung der Einbindetiefe mit dem reduzierten Wandreibungswinkel wiederholt werden, da sich eine größere Einbindetiefe ergibt.

Abb. 8.40 Spannungsverteilung und Auflagerkräfte

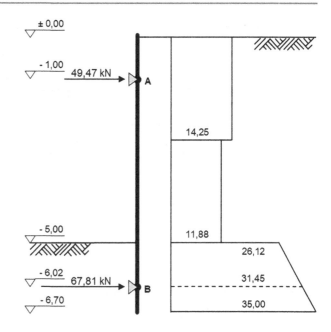

Hierfür gilt:

$$V_k = \sum V_{k,i} = \sum E_{ah,i} \cdot \tan(\delta_{a,i}) \geq \left| \sum B_{h,k} \cdot \tan(\delta_p) \right|$$

$$\sum V_{k,i} = \left(\left(14{,}25\,\frac{kN}{m^2} + 11{,}88\,\frac{kN}{m^2} \right) \cdot 2{,}5\,m + \frac{26{,}12\,\frac{kN}{m^2} + 35{,}00\,\frac{kN}{m^2}}{2} \cdot 1{,}7\,m \right)$$

$$\cdot \tan\left(\frac{2}{3} \cdot 30° \right) + 48{,}61\,\frac{kN}{m} \cdot \tan(25°) = 65{,}75\,\frac{kN}{m}$$

$$\sum B_{h,k} \cdot \tan(\delta_p) = 67{,}81\,\frac{kN}{m} \cdot \tan\left(-\frac{30°}{3} \right) = -11{,}96\,\frac{kN}{m}$$

$$\underline{11{,}96\,\frac{kN}{m} \leq 65{,}75\,\frac{kN}{m}}$$

Nachweis gegen Materialversagen

Der Nachweis gegen Materialversagen wird für die verankerten Verbauvarianten nicht genauer erläutert, hier wird auf weiterführende Literatur, v. A. die DIN EN 1993-5:2010-12.

Gewählte Spundwandbohle
Larssen 600

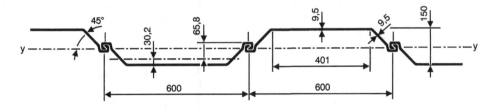

Widerstandsmoment	W_y	=	$510\,\mathrm{cm}^3/\mathrm{m}$
Eigengewicht	EG	=	$94{,}0\,\mathrm{kg/m}^2/56{,}4\,\mathrm{kg/m}$ (Einzelbohle)
Querschnittsfläche	A	=	$119{,}7\,\mathrm{cm}^2/\mathrm{m}$
Umfang	U	=	$225\,\mathrm{cm}^2/\mathrm{m}$

Nachweis gegen Versagen bodengestützter Wände durch Vertikalbewegung

Die Vertikalkräfte aus Eigengewicht (G), Anker (A_v) und aktivem Erddruck ($E_{a,v}$) müssen über die Verbauwand in den Baugrund abgetragen werden, ohne dass diese in den Boden versinkt. In diesem Beispiel kann der Nachweis, im Gegensatz zu den beiden vorangegangenen Beispielen, nicht vernachlässigt werden, da die Einbindetiefe zu gering ist.

Den Vertikalkräften steht der Widerstand des Baugrundes gegen Versinken, resultierend aus dem Spitzendruck (R_b) und der Mantelreibung (R_s), entgegen:

$$V_d = \sum V_G \cdot \gamma_G + \sum V_Q \cdot \gamma_Q \leq R_{s,d} + R_{b,d} = \frac{q_{s,k} \cdot A_s}{\gamma_{R,e}} + \frac{q_{b,k} \cdot A_b}{\gamma_b}$$

Laut EAB (5. Auflage) wird bei Spundwänden nur die Stahlquerschnittsfläche (A_b) und die Baugrubenseitige Mantelfläche (A_s) angesetzt (s. Abb. 8.41).

Die charakteristischen Widerstände ergeben sich bestenfalls durch Probebelastungen, sind diese nicht möglich, kann ausweichend auf Erfahrungswerte zurückgegriffen werden. Die Erfahrungswerte in Tab. 8.11 gelten für nichtbindige Böden und eingerammte Spundwänden. Werden die Spundwandbohlen eingerüttelt sind nur 75 % der Werte anzusetzen,

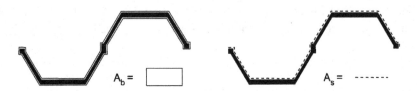

Abb. 8.41 Für die Bemessung maßgebende Querschnitte bei Spundwänden. **a** Ausstandsfläche, **b** Mantelfläche

Tab. 8.11 Erfahrungswerte für charakteristische Widerstände von Spundwänden in nichtbindigen Böden

Mittlerer Spitzenwiderstand q_c der Drucksonde	Spitzendruck $q_{b,k}$ im Bruchzustand	Mantelreibung $q_{s,k}$ im Bruchzustand
[MN/m²]	[MN/m²]	[kN/m²]
7,5	7,5	20
15	15	40
≥ 25	20	50

beim Einbringen mit Spüllanzen oder durch Auflockerungsbohrungen müssen Probebelastungen durchgeführt werden. Bei bindigen Böden sollten ebenfalls Probebelastungen durchgeführt werden und zur Vordimensionierung sollte noch nach dem älteren Verfahren vorgegangen werden, dass in der 4. Auflage der EAB beschrieben wird.

Zu diesem Beispiel

Eine Drucksondierung hat einen Spitzenwiderstand $q_c = 10\,\mathrm{MN/m^2}$ ergeben. Daraus ergibt sich, nach linearer Interpolation, ein charakteristischer Spitzendruck $q_{b,k} = 10\,\mathrm{MN/m^2}$ und eine charakteristische Mantelreibung $q_{s,k} = 26{,}7\,\mathrm{kN/m^2}$.

Widerstand:

$$R_{s,d} + R_{b,d} = \frac{q_{s,k} \cdot A_s}{\gamma_{R,e}} + \frac{q_{b,k} \cdot A_b}{\gamma_b} = \frac{0{,}0267\,\frac{MN}{m^2} \cdot 0{,}01197\,m^2}{1{,}3} + \frac{10\,\frac{MN}{m^2} \cdot 0{,}01125\,m^2}{1{,}1}$$
$$= 0{,}103\,\mathrm{MN}$$

Einwirkungen

Aktiver Erddruck:

$$E_{a,v,k} = \left(\left(14{,}25\,\frac{kN}{m^2} + 11{,}88\,\frac{kN}{m^2}\right) \cdot 2{,}5\,m + \frac{26{,}12\,\frac{kN}{m^2} + 35{,}00\,\frac{kN}{m^2}}{2} \cdot 1{,}7\,m \right)$$
$$\cdot \tan\left(\frac{2}{3} \cdot 30°\right) = 42{,}69\,\frac{kN}{m}$$

Eigengewicht:

$$G_k = 0{,}94\,\frac{kN}{m^2} \cdot 6{,}7\,m = 6{,}3\,\frac{kN}{m}$$

Ankerkraft:

$$A_{v,k} = 49{,}47\,\frac{kN}{m} \cdot \tan(25°) = 23{,}07\,\frac{kN}{m}$$

Nachweis

$$V_\mathrm{d} = \left(42{,}69\,\frac{\mathrm{kN}}{\mathrm{m}} + 6{,}3\,\frac{\mathrm{kN}}{\mathrm{m}} + 23{,}07\,\frac{\mathrm{kN}}{\mathrm{m}}\right) \cdot 1{,}2 \le R_\mathrm{d} = 103\,\frac{\mathrm{kN}}{\mathrm{m}}$$

$$\underline{86{,}95\,\frac{\mathrm{kN}}{\mathrm{m}} \le 103\,\frac{\mathrm{kN}}{\mathrm{m}}}$$

8.5.2.2 Einfach verankerte und frei aufgelagerte Trägerbohlwand

Die in diesem Beispiel verwendeten einzelnen Stahlträger sollen in einem 2,5 m Abstand angeordnet werden und mit Holzbalken ausgefacht werden. Da die Einbindetiefe nur durch Iteration zu ermitteln ist, wird ebenfalls eine Einbindetiefe t = 1,7 m angenommen bzw. vorgegeben.

Erddruckumlagerung

Zur Bestimmung der Umlagerungsfigur nach der EAB (5. Auflage, 2012) muss zunächst die Ankerlage berücksichtigt werden.

$$h_\mathrm{k} = 1{,}0\,\mathrm{m};\ H = 5{,}0\,\mathrm{m} \rightarrow h_\mathrm{k} = \frac{1{,}0\,\mathrm{m}}{5{,}0\,\mathrm{m}}H = 0{,}2\,H \begin{array}{l} > 0{,}1\,H \\ \le 0{,}2\,H \end{array}$$

Somit ergibt sich ein Verhältnis von $e_\mathrm{ho,k} : e_\mathrm{hu,k} = 1{,}50\,\mathrm{m}$.

Zur Umlagerung gilt für die Erddruckspannung oberhalb der Baugrubensohle:

$$E_\mathrm{agh,U} = \frac{26{,}12\,\frac{\mathrm{kN}}{\mathrm{m}^2} \cdot 5{,}0\,\mathrm{m}}{2} = 65{,}3\,\frac{\mathrm{kN}}{\mathrm{m}}$$

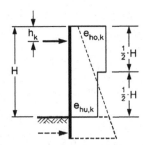

Stützung bei
$0{,}1 \cdot H < h_\mathrm{k} \le 0{,}2 \cdot H$
$e_\mathrm{ho,k} : e_\mathrm{hu,k} = 1{,}50$

Da diese Kraft auf die neue Fläche verteilt werden muss, gilt:

$$E_{\text{agh,U}} = \frac{H}{2} \cdot e_{\text{hu,k}} + \frac{H}{2} \cdot e_{\text{ho,k}} = \frac{H}{2} \cdot e_{\text{hu,k}} + 1{,}5 \cdot \frac{H}{2} \cdot e_{\text{hu,k}}$$

$$\rightarrow e_{\text{hu,k}} = \frac{4 \cdot E_{\text{agh,U}}}{5 \cdot H} = \frac{4 \cdot 65{,}3 \frac{\text{kN}}{\text{m}}}{5 \cdot 5\,\text{m}} = 10{,}45 \frac{\text{kN}}{\text{m}^2}$$

$$\rightarrow e_{\text{ho,k}} = 1{,}5 \cdot e_{\text{hu,k}} = 1{,}5 \cdot 10{,}45 \frac{\text{kN}}{\text{m}^2} = 15{,}67 \frac{\text{kN}}{\text{m}^2}$$

Überprüfung der Einbindetiefe

$$\sum M_A = 15{,}67 \frac{\text{kN}}{\text{m}^2} \cdot 2{,}5\,\text{m} \cdot 0{,}25\,\text{m} + 10{,}45 \frac{\text{kN}}{\text{m}^2} \cdot 2{,}5\,\text{m} \cdot 2{,}75\,\text{m} - (4 + 0{,}6 \cdot 1{,}7) \cdot B_{\text{hG}}$$

$$= 0$$

$$\rightarrow B_{\text{hG}} = 16{,}26 \frac{\text{kN}}{\text{m}} \rightarrow B_{\text{hG,k}} = a_t \cdot B_{\text{hG}} = 2{,}5\,\text{m} \cdot 16{,}26 \frac{\text{kN}}{\text{m}} = 40{,}65\,\text{kN}$$

Die Diagramme und Erläuterungen zum weiteren Vorgehen sind analog der Aufgabe 5.2.1 zu entnehmen. Hier werden nur die Zwischenergebnisse angegeben. (Siehe Abb. 8.42)

Widerstand ohne Überschneidung der Bruchkörper

Eine geschätzte Bohlträgerbreite $b_t = 300\,\text{mm}$ (gängige HEB-Träger) und die rechnerische Einbindetiefe $t_0 = 5{,}0\,\text{m}$ ergibt:

$$\alpha_0 = \frac{b_t}{t_0} = \frac{0{,}3\,\text{m}}{1{,}7\,\text{m}} = 0{,}18 \rightarrow \omega_R = 2{,}8$$

$$E_{\text{ph,r}} = \frac{1}{2} \cdot \gamma \cdot \omega_R \cdot t_0{}^3 = \frac{1}{2} \cdot 18{,}7 \frac{\text{kN}}{\text{m}^3} \cdot 2{,}8 \cdot (1{,}7\,\text{m})^3 = 128{,}62\,\text{kN}$$

Abb. 8.42 Umgelagerte Erddruckfigur

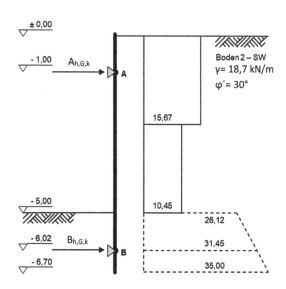

Widerstand mit Überschneidung der Bruchkörper

$$
\left. \begin{array}{ll} \text{Reibungswinkel} & \varphi = 30° \\ \text{passiver Wandreibungswinkel} & \delta_p = -\varphi/3° \end{array} \right\} k_{ph} = 3{,}87
$$

$$
\text{passiver Wandreibungswinkel} \quad \delta_p = 0° \quad \rightarrow k_{ph} = 3{,}00
$$

$$
\omega_{ph} = \frac{0{,}3\,\text{m}}{2{,}5\,\text{m}} \cdot 3{,}87 + \frac{2{,}5\,\text{m} - 0{,}3\,\text{m}}{2{,}5\,\text{m}} \cdot 3{,}0 = 3{,}10
$$

$$
E_{ph}^* = \frac{1}{2} \cdot \gamma \cdot \omega_{ph} \cdot a_t \cdot t_0^2 = \frac{1}{2} \cdot 18{,}7\,\frac{\text{kN}}{\text{m}^3} \cdot 3{,}1 \cdot 2{,}5\,\text{m} \cdot (1{,}7\,\text{m})^2 = 209{,}42\,\text{kN}
$$

Maßgebend ist der kleinere Widerstand, also $E_{ph,r} = 128{,}62$ kN:

Nachweis

$$
B_{hG,k} \cdot \gamma_G = 40{,}65\,\text{kN} \cdot 1{,}2 \leq \frac{E_{ph,r}}{\gamma_{Re}} = \frac{128{,}62\,\text{kN}}{1{,}3}
$$

$$
\underline{\mathbf{48{,}78\,\text{kN} \leq 98{,}94\,\text{kN}}} \checkmark
$$

Gleichgewicht der Horizontalkräfte bei Linienbauwerken

Zusätzlich zum Nachweis für Einzelträger muss überprüft werden, ob der bisher vernachlässigte aktive Erddruck $\Delta E_{ah,d}$ unterhalb der Baugrubensohle zusammen mit der oben berechneten Auflagerkraft $B_{hG,k}$ als Linienlast (inkl. Teilsicherheitsbeiwerte) vom Bemessungswert des Erdwiderstandes aufgenommen werden.

Somit muss gelten:

$$
B_{h,d} + \Delta E_{ah,d} \leq E_{ph,d}
$$

$$
\Delta E_{ah,d} = 1{,}2 \cdot 1{,}7\,\text{m} \cdot \frac{26{,}12\,\frac{\text{kN}}{\text{m}^2} + 35{,}00\,\frac{\text{kN}}{\text{m}^2}}{2} = 62{,}34\,\frac{\text{kN}}{\text{m}}
$$

$$
B_{h,d} = 16{,}26\,\frac{\text{kN}}{\text{m}} \cdot 1{,}2 = 19{,}51\,\frac{\text{kN}}{\text{m}}
$$

$$
\text{Erdwiderstand (Linienbauwerk)} \quad E_{ph,k} = 1{,}7\,\text{m} \cdot 4{,}0 \cdot 18{,}7\,\frac{\text{kN}}{\text{m}^3} \cdot \frac{1{,}7\,\text{m}}{2} = 108{,}09\,\frac{\text{kN}}{\text{m}}
$$

$$
19{,}51\,\frac{\text{kN}}{\text{m}} + 62{,}34\,\frac{\text{kN}}{\text{m}} \leq \frac{108{,}09\,\frac{\text{kN}}{\text{m}}}{1{,}3}
$$

$$
\underline{\mathbf{81{,}85\,\frac{\text{kN}}{\text{m}} \leq 83{,}15\,\frac{\text{kN}}{\text{m}}}}
$$

Mobilisierbarer Erdwiderstand

Da der Erdwiderstand mit sinkendem Wandreibungswinkel immer größer wird, muss der Nachweis der Vertikalkomponente des mobilisierten Erdwiderstands geführt werden, um zu prüfen, ob der angenommene passive Wandreibungswinkel δ_p auch in dieser Höhe gewählt werden durfte.

Hierfür gilt:

$$V_k = \sum V_{k,i} = \sum E_{ah,i} \cdot \tan(\delta_{a,i}) + A_{hG,k} \cdot \tan(\beta)$$

$$\geq \left| \sum B_{h,k} \cdot \tan(\delta_p) \right|$$

$$\sum V_{k,i} = \left(15{,}67\,\frac{kN}{m^2} + 10{,}45\,\frac{kN}{m^2} \right) \cdot 2{,}5 \cdot \tan\left(\frac{2}{3} \cdot 30°\right)$$

$$+ 49{,}04\,\frac{kN}{m} \cdot \tan(25°) = 46{,}63\,\frac{kN}{m}$$

$$\sum B_{h,k} \cdot \tan(\delta_p) = 16{,}26\,\frac{kN}{m} \cdot \tan\left(-\frac{30°}{3}\right) = -2{,}87\,\frac{kN}{m}$$

$$\underline{2{,}87\,\frac{kN}{m} \leq 46{,}63\,\frac{kN}{m}}$$

Nachweis gegen Materialversagen
Der Nachweis gegen Materialversagen wird für die verankerten Verbauvarianten nicht genauer erläutert, hier wird auf weiterführende Literatur, v. A. die DIN EN 1993-5:2010-12.

Gewählter Bohlträger
HEB 300

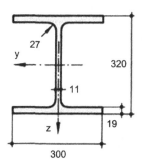

Widerstandsmoment	W_y	$= 1680\,cm^3$
Eigengewicht	EG	$= 117\,kg/m$
Querschnittsfläche	A	$= 149\,cm^2$

Nachweis gegen Versagen bodengestützter Wände durch Vertikalbewegung
Früher „Nachweis gegen Versagen"
   Die Vertikalkräfte aus Eigengewicht (G), Anker (A_v) und aktivem Erddruck ($E_{a,v}$) müssen über die Verbauwand in den Baugrund abgetragen werden, ohne dass diese in den Boden versinkt.

Abb. 8.43 Für die Bemessung maßgebende Querschnitte
bei Trägerbohlwänden. **a** Auf-
standsfläche, **b** Mantelfläche

a

b

Den Vertikalkräften steht der Widerstand des Baugrundes gegen Versinken, resultierend aus dem Spitzendruck (R_b) und der Mantelreibung (R_s), entgegen:

$$V_d = \sum V_G \cdot \gamma_G + \sum V_Q \cdot \gamma_Q \leq R_{s,d} + R_{b,d} = \frac{q_{s,k} \cdot A_s}{\gamma_{R,e}} + \frac{q_{b,k} \cdot A_b}{\gamma_b}$$

Laut EAB (5. Auflage) wird bei Bohlträgern der gesamte umrissene Trägerquerschnitt (A_b) und die Abwicklung des Walzprofils als Mantelfläche (A_s) angesetzt (s. Abb. 8.43).

Die charakteristischen Widerstände ergeben sich bestenfalls durch Probebelastungen, sind diese nicht möglich, kann ausweichend auf Erfahrungswerte zurückgegriffen werden. Für Bohlträger gelten die oberen Widerstände von Verdrängungspfählen. Tab. 8.12 zeigt die charakteristischen Widerstände in nichtbindigen Böden. Charakteristische Widerstände in bindigen Böden sind in Tab. 8.13 aufgelistet.

Zu diesem Beispiel
Eine Drucksondierung hat einen Spitzenwiderstand $q_c = 10\,\text{MN/m}^2$ ergeben. Daraus ergibt sich, nach linearer Interpolation, ein charakteristischer Spitzendruck $q_{b,k} = 7,4\,\text{MN/m}^2$ und eine charakteristische Mantelreibung $q_{s,k} = 81,7\,\text{kN/m}^2$.

Tab. 8.12 Erfahrungswerte für die charakteristischen Widerstände von Bohlträgern in nichtbindigen Böden

Mittlerer Spitzenwiderstand q_c der Drucksonde	Spitzendruck $q_{b,k}$ im Bruchzustand	Mantelreibung $q_{s,k}$ im Bruchzustand
[MN/m²]	[MN/m²]	[kN/m²]
7,5	6,0	60
15	10,2	125
25	11,5	160

Tab. 8.13 Erfahrungswerte für die charakteristischen Widerstände von Bohlträgern in bindigen Böden

Scherfestigkeit $c_{u,k}$ des undrainierten Bodens	Spitzendruck $q_{b,k}$ im Bruchzustand	Mantelreibung $q_{s,k}$ im Bruchzustand
[kN/m²]	[kN/m²]	[kN/m²]
100	750	35
150	1100	60
250	1500	80

Widerstand:

$$A_s = 1{,}236\,\text{m} \cdot 1{,}7\,\text{m} = 2{,}10\,\text{m}^2$$

$$R_{s,d} + R_{b,d} = \frac{q_{s,k} \cdot A_s}{\gamma_{R,e}} + \frac{q_{b,k} \cdot A_b}{\gamma_b} = \frac{0{,}0817\,\frac{\text{MN}}{\text{m}^2} \cdot 2{,}1\,\text{m}^2}{1{,}3} + \frac{7{,}4\,\frac{\text{MN}}{\text{m}^2} \cdot 0{,}3\,\text{m} \cdot 0{,}32\,\text{m}}{1{,}1}$$

$$= 0{,}778\,\text{MN}$$

Einwirkungen

Jeder zweite Bohlträger wird verankert, daraus ergibt sich ein Ankerabstand $a_t = 5\,\text{m}$. Somit ist für den Nachweis gegen Versinken jeder zweite Bohlträger maßgebend, da dieser neben der Erddruckbeanspruchung zusätzlich die Vertikalkomponente aus der Ankerkraft $A_{v,k}$ in den Baugrund leiten muss.

Aktiver Erddruck:

$$E_{a,v,k} = \left(15{,}67\,\frac{\text{kN}}{\text{m}^2} + 10{,}45\,\frac{\text{kN}}{\text{m}^2}\right) \cdot 2{,}5\,\text{m} \cdot \tan\left(\frac{2}{3} \cdot 30°\right) \cdot 2{,}5\,\text{m} = 59{,}42\,\text{kN}$$

Eigengewicht:

$$G_k = 1{,}17\,\frac{\text{kN}}{\text{m}^2} \cdot 6{,}7\,\text{m} = 7{,}84\,\text{kN}$$

Ankerkraft:

$$A_{v,k} = 49{,}04\,\frac{\text{kN}}{\text{m}} \cdot 5\,\text{m} \cdot \tan(25°) = 114{,}34\,\text{kN}$$

Nachweis

$$V_d = (59{,}42\,\text{kN} + 7{,}84\,\text{kN} + 114{,}34\,\text{kN}) \cdot 1{,}2 \le R_d = 778\,\frac{\text{kN}}{\text{m}}$$

$$\underline{217{,}92\,\text{kN} \le 778\,\text{kN}}\ \checkmark$$

8.5.2.3 Nachweis der Verankerung

In diesem Beispiel sollen alle notwendigen Nachweise für die Verankerung aus dem System in Aufgabe 5.2.1: „Einfach verankerte und frei aufgelagerte Spundwand" erläutert werden.

Ankerneigung $\beta = 25°$
Ankerabstand $a_A = 7{,}5\,\text{m}$
Hor. Ankerkraft (Linienlast) $A_{h,g,k} = 49{,}47\,\frac{\text{kN}}{\text{m}}$
Res. Ankerkraft (Linienlast) $A_{g,k} = \frac{49{,}47\,\frac{\text{kN}}{\text{m}}}{\cos(25°)} = 54{,}58\,\frac{\text{kN}}{\text{m}}$
Hor. Ankerkraft (Einzellast) $A_{h,G,k} = 371{,}03\,\text{kN}$
Res. Ankerkraft (Einzellast) $A_{G,k} = \frac{371{,}03\,\text{kN}}{\cos(25°)} = 409{,}39\,\text{kN}$

Erforderliche Nachweise sind neben der Ausbildung des Ankerkopfes und der lastverteilenden Gurtung:

- Nachweis gegen Materialversagen des Stahlzuggliedes
- Nachweis gegen Herausziehen (Vorbemessung und Eignungsprüfung)
- Nachweis in der tiefen Gleitfuge (Ermittlung der Länge des Stahlzuggliedes)

Zur Nachweisführung müssen die Ankerkräfte getrennt in veränderliche und ständige Lasten ermittelt werden und dann mit den jeweiligen Widerständen verglichen werden. Die Gebrauchstauglichkeit wird mittels Abnahmeprüfung nachgewiesen. Für die Bemessung von Ankern gilt (bei vollem Aushub) die permanente Bemessungssituation (BS-P), aus diesem Grund sind auch die dementsprechenden Partialsicherheitswerte für die Tragsicherheitsnachweise anzusetzen.

In diesem Kapitel wird keine Eignungsprüfung ausgewertet, hier wird auf eingehende Literatur verwiesen.

Nachweis des Stahlzuggliedes

Hier wird überprüft, ob das gewählte Stahlzugglied die Zugkraft aufnehmen kann. Die meisten Anker werden als Litzenanker ausgeführt.

$$R_{i,d} = \frac{A_t \cdot f_{t,0.1,k}}{\gamma_M} \geq P_d = A_{G,k} \cdot \gamma_G + A_{Q,k} \cdot \gamma_Q$$

$A_t = 140 \, \text{mm}^2$ ($\emptyset = 0,6''$) Stahlquerschnitt pro Litze

$f_{t,0.1} = 1500 \, \text{N/mm}^2$ Spannung des Stahlzuggliedes bei 0,1 % bleibender Dehnung (Spannstahl)

$$R_{i,d} = \frac{A_t \cdot 1500 \, \frac{N}{\text{mm}^2}}{1,0} \geq P_d = 409.390 \, N \cdot 1,35 \rightarrow \quad A_{t,erf} \geq 368,5 \, \text{mm}^2$$

Somit ist ein **3 Litzenanker** erforderlich mit $A_t = 3 \cdot 140 \, \text{mm}^2 = 420 \, \text{mm}^2$

Nachweis gegen Herausziehen

Der Herausziehwiderstand ist über eine Eignungsprüfung zu bestimmen. Zur Vorbemessung können jedoch die Erfahrungsdiagramme nach Ostermeyer verwendet werden. Die Eignungsprüfung wird in diesem Werk nicht eingehen erläutert, hier wird auf weiterführende Literatur verwiesen.

Die Erfahrungswerte nach Ostermeyer sind getrennt für bindige und nichtbindige Böden. In diesem Beispiel wird der Verpresskörper in einem mitteldicht gelagerten kiesigen Sand verankert.

Über [Grundbau-Taschenbuch, 7. Auflage] wird eine Empfehlung ausgesprochen, dass die Grenzkraft F_k aus Abb. 8.44 nur zur Hälfte angesetzt werden soll. Für das vorliegende Beispiel ergibt sich daraus eine charakteristischen **Grenzkraft von 375, 45 kN · 2 = 750,90 kN**. Mittels des Diagrammes nach Ostermeyer und den bereits bekannten Bodenkennwerten aus Abschn. 8.1.1.2 (Boden 2: Sand, kiesig; $U = 7,2$ und einer dichten Lagerung) ergibt sich eine **Verpresskörperlänge $l_0 = l_{FIXED} \approx 5,0 \, \text{m}$.**

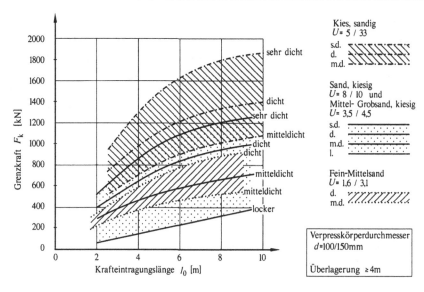

Abb. 8.44 Erfahrungsdiagramme nach Ostermeyer für bindige Böden

Nachweis in der tiefen Gleitfuge

Über den Nachweis in der tiefen Gleitfuge wird nachgewiesen, dass der vom Verpressanker erfasste Bodenkörper nicht abrutschen kann (s. Abb. 8.45). Hierfür ist die Ankerlänge ausreichend groß zu wählen, um die Reibung in der tiefen Gleitfuge durch die höhere Gewichtskraft zu erhöhen. Zusätzlich erzeugt eine große Ankerlänge und/oder eine größere

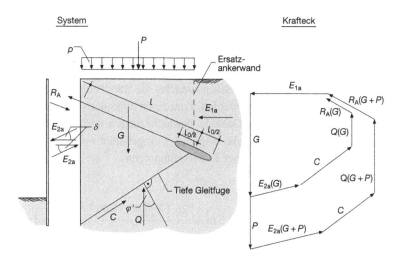

Abb. 8.45 System und Krafteck für den Nachweis in der tiefen Gleitfuge (Wendehorst Bautechnische Zahlentafeln, 35. Auflage, 2018)

Ankerneigung eine flache tiefe Gleitfuge und somit einen höheren Widerstand gegen das Abrutschen des Bodenkörpers.

Für die Dimensionierung des Bruchkörpers bei einem Verpressanker sind folgende Punkte zu beachten:

- Der untere Ansatzpunkt des Bruchkörpers für eingespannte Verbauwände ist der Querkraftnullpunkt
- Bei frei aufgelagerten Verbauwänden ist der Fußpunkt auch der untere Ansatzpunkt des Bruchkörpers
- Der Endpunkt der tiefen Gleitfuge ist die Mitte des Verpresskörpers
- Rückwärtig wird der Bruchkörper durch eine senkrechte Ersatzwand begrenzt

Zur Durchführung des Nachweises müssen die Beanspruchungen und Widerstände getrennt für veränderliche und ständige Lasten untersucht werden.

Zur Erläuterung der Einwirkungen aus dem Bruchkörper gilt:

E_{1a} Resultierende Erddruckkraft auf die Ersatzwand, mit $\delta_a = \beta$
E_{2a} Resultierende Erddruckkraft auf die Verbauwand
G Gewichtskraft des Bruchkörpers
P Äußere Beanspruchung aus veränderlicher Last
C Widerstand der durch Kohäsion in der tiefen Gleitfuge erzeugt wird
Q Reibungskraft in der Gleitfuge mit $C = c\ [\frac{kN}{m^2}] \cdot \text{Länge}_{\text{Tiefe Gleitfuge}}\ [m]$
R_A Ankerwiderstand

Für den Nachweis gilt:

$$P_d = A_{G,k} \cdot \gamma_G + A_{Q,k} \cdot \gamma_Q \leq \frac{R_{A,k}}{\gamma_{R,e}}$$

Bei der Bearbeitung dieses Beispiels müssen zunächst die Randbedingungen für die Ausführung von Verpressankern beachtet werden. Zum einen muss der vollständige Verpresskörper mindestens 4,0 m unter der Geländeoberfläche liegen und zusätzlich muss die Mindestlänge von 5,0 m der freien Ankerlänge l_{FREE} eingehalten werden. Abb. 8.46 zeigt den Bruchkörper unter Einhaltung dieser Randbedingungen.

Ermittlung der Einwirkungen:

$$E_{2,a} = \left(\left(14{,}25\ \frac{kN}{m^2} + 11{,}88\ \frac{kN}{m^2} \right) \cdot 2{,}5\ m + \frac{26{,}12\ \frac{kN}{m^2} + 35{,}00\ \frac{kN}{m^2}}{2} \cdot 1{,}7\ m \right)$$
$$\cdot \frac{1}{\cos\left(\frac{2}{3} \cdot 30°\right)}$$
$$= 124{,}80\ \frac{kN}{m}$$

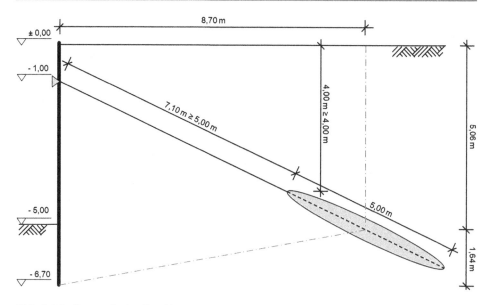

Abb. 8.46 Geometrie des Bruchkörpers

$$G = \frac{5{,}06\,\frac{kN}{m^2} + 6{,}7\,\frac{kN}{m^2}}{2} \cdot 8{,}70\,m \cdot 18{,}7\,\frac{kN}{m^3} = 956{,}62\,\frac{kN}{m}$$

$$\delta_a = \beta = 0° \rightarrow k_{agh} = 0{,}3333 \rightarrow E_{1,a} = 0{,}3333 \cdot \frac{(5{,}06\,m)^2}{2} \cdot 18{,}7\,\frac{kN}{m^3} = 79{,}79\,\frac{kN}{m}$$

Die Wirkungslinien der Ankerkraft und der Reibungskraft können folglich mit den soeben ermittelten Kräften im Kräfteplan angetragen werden. Der Kräfteplan und der ermittelte Ankerwiderstand ist in Abb. 8.47 dargestellt.

Der Winkel ω berechnet sich über den Gleitkeilwinkel des betrachteten Körpers addiert mit 90° und subtrahiert von dem Reibungswinkel φ' des anstehenden Bodens:

$$\omega = \tan^{-1}\left(\frac{1{,}64\,m}{8{,}70\,m}\right) + 90° - 30° = 70{,}68°$$

Aus Abb. 8.47 lässt sich über den verwendeten Maßstab die Ankerkraft $R_{a,k}$ ablesen.

$$R_{a,k} \cong 340\,kN$$

Abb. 8.47 Kräfteplan

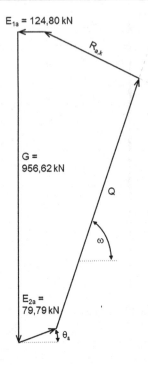

Nachweis

$$P_\mathrm{d} = 54{,}58\,\frac{\mathrm{kN}}{\mathrm{m}} \cdot 1{,}35 \le \frac{340\,\frac{\mathrm{kN}}{\mathrm{m}}}{1{,}4}$$

$$\underline{= 73{,}68\,\frac{\mathrm{kN}}{\mathrm{m}} \le 242{,}86\,\frac{\mathrm{kN}}{\mathrm{m}}}$$

8.6 Wasserhaltung

8.6.1 Filterregel nach Terzaghi

Beim Bau eines Absperrdammes sollen die Böden 1 und 2 aus Abschn. 8.1 verwendet werden. Boden 1 stellt den Baustoff für den Dichtungskern und Boden 2 für den Stützkörper dar. Um die Erosion von Boden 1 nach Boden 2 zu verhindern soll ein Filter dazwischengesetzt werden.

Für den Korndurchmesser bei 15 M.-% des Filtermaterials $d_{\mathrm{f},15}$ muss gelten:

$$\frac{d_{\mathrm{f},15}}{d_{\mathrm{e},85}} < 4 < \frac{d_{\mathrm{f},15}}{d_{\mathrm{e},15}} \quad \rightarrow \quad 4 \cdot 0{,}001\,\mathrm{mm} < d_{\mathrm{f},15} < 4 \cdot 0{,}03\,\mathrm{mm}\ (= \textbf{Intervall 1})$$

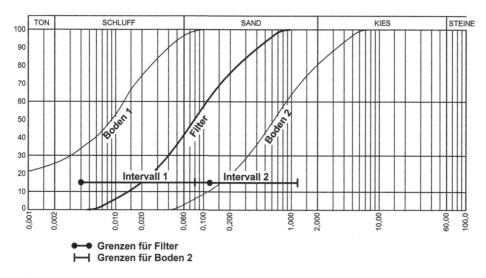

Abb. 8.48 Sieblinien der Dammbaustoffe inklusive des gewählten Filters

Intervall 1 und eine gewählte Sieblinie für den Filter sind in Abb. 8.48 dargestellt. Folglich muss geprüft werden, ob ein weiterer Stufenfilter eingebaut werden muss. Um dies auszuschließen, wird überprüft, ob Boden 2 der „Filter" für die vorher ermittelte Sieblinie sein kann, also im **Intervall 2** liegt.

$$4 \cdot 0{,}02 \, \text{mm} < d_{\text{Boden2,15}} < 4 \cdot 0{,}3 \, \text{mm} \; (= \textbf{Intervall 2})$$

8.6.2 Offene Wasserhaltung

Eine offene Wasserhaltung ist zu dimensionieren, hierfür ist die anfallende Wassermenge q zu bestimmen. Mit der Zuflussberechnung nach Davidenkoff folgt:

$$q = k \cdot H^2 \cdot \left[\left(1 + \frac{t}{H} \right) \cdot m + \frac{L_1}{R} \cdot \left(1 + \frac{t}{H} \cdot n \right) \right]$$

Die geometrischen Randbedingungen und die erforderlichen Bodenkennwerte sind Abb. 8.49 zu entnehmen. Die Reichweite der Wasserhaltung R kann nach dem Verfahren nach Sichardt bestimmt werden:

$$R = 3000 \cdot s \cdot \sqrt{k} \text{ mit } s = H = \text{Abstand zwischen GW} - \text{Spiegel und Baugrubensohle}$$

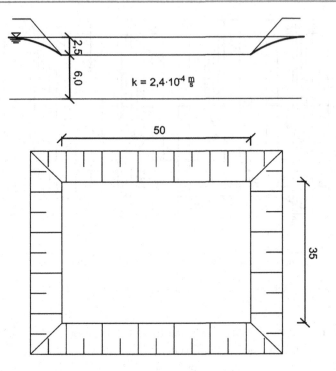

Abb. 8.49 Geometrische Randbedingungen und Bodenkennwerte

Unter Beachtung der geometrischen Randbedingungen und den Diagrammen zur Bestimmung der Parameter für die Zuflussberechnung nach Davidenkoff (Abb. 8.50) folgt:

$$R = 3000 \cdot 2,5 \cdot \sqrt{2,4 \cdot 10^{-4}} = 116,2\,\mathrm{m}$$

$$\frac{L_2}{R} = \frac{35}{116,2} = 0,3 \text{ und } \frac{t}{R} = \frac{2,5}{116,2} = 0,02 \approx 0 \text{ da T} > H \text{ gilt } t = H$$

$$\rightarrow m = 1,4 \text{ und } n = 1,85$$

$$q = 2,4 \cdot 10^{-4} \cdot 2,5^2 \cdot \left[\left(1 + \frac{2,5}{2,5}\right) \cdot 1,4 + \frac{50}{116,2} \cdot \left(1 + \frac{2,5}{2,5} \cdot 1,85\right) \right]$$

$$= 4,4 \cdot 10^{-3}\,\frac{\mathrm{m}^3}{\mathrm{s}}$$

$$\rightarrow \mathbf{15,84\,\frac{m^3}{h}}$$

Abb. 8.50 Diagramme zur
Bestimmung der Parameter für
die Zuflussberechnung nach
Davidenkoff (in Zahlentafeln
für den Baubetrieb)

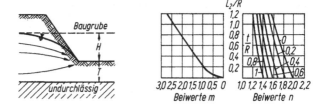

8.6.3 Brunnenanlage

Im Rahmen der Herstellung einer 6 m tiefen Baugrube ist eine Grundwasserabsenkung erforderlich. Die Randbedingungen sind in Abb. 8.51 dargestellt. Der Ruhegrundwasserspiegel liegt 2,0 m unterhalb der Geländeoberfläche. Die Absenkung soll bis mindestens 50 cm unterhalb der Baugrubensohle, mittels sechs außerhalb der Baugrube angeordneten Grundwasserbrunnen, erflogen.

Ermittlung des **Ersatzradius** A_{RE} für den äquivalenten Einzelbrunnen:

$$A_{\mathrm{RE}} = \sqrt{\frac{a \cdot b}{\pi}} = \sqrt{\frac{50\,\mathrm{m} \cdot 35\,\mathrm{m}}{\pi}} = 23,6\,\mathrm{m}$$

Absenktiefe s des Ersatzbrunnens, inklusive 50 cm Mindestabstand unterhalb der Baugrubensohle:

$$s = 4,0\,\mathrm{m} + 0,5\,\mathrm{m} = 4,5\,\mathrm{m}$$

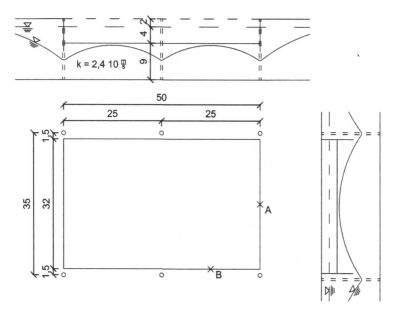

Abb. 8.51 Geometrische Randbedingungen und Bodenkennwerte

Tab. 8.14 Aufsummierung der Abstände der Brunnen zu Punkt A

Brunnen	Abstand in x-Richtung	Abstand in y-Richtung	Gesamtabstand x_i	$\ln(x_i)$
1/4	50	17,5	52,97	3,97
2/5	25	17,5	30,52	3,42
3/6	0	17,5	17,5	2,86

$\sum_{i=1}^{n} \ln(x_i) = 2 \cdot (3{,}97 + 3{,}42 + 2{,}86) = 20{,}5$

Tab. 8.15 Aufsummierung der Abstände der Brunnen zu Punkt B

Brunnen	Abstand in x-Richtung	Abstand in y-Richtung	Gesamtabstand x_i	$\ln(x_i)$
1	37,5	33,5	50,28	3,92
2	12,5	33,5	35,76	3,58
3	12,5	33,5	35,76	3,58
4	37,5	1,5	37,53	3,63
5	12,5	1,5	12,59	2,53
6	12,5	1,5	12,59	2,53

$\sum_{i=1}^{n} \ln(x_i) = 19{,}77$

Reichweite R der Grundwasserabsenkung nach Sichardt:

$$R = 3000 \cdot s \cdot \sqrt{k} = 3000 \cdot 4{,}5 \cdot \sqrt{2{,}4 \cdot 10^{-4}} = 209{,}14 \,\mathrm{m}$$

Gesamtzuflussmenge Q, die von der Brunnenanlage im stationären Zustand aufgenommen werden muss:

$$Q = \frac{\pi \cdot k \cdot (H^2 - h^2)}{\ln(R) - \ln(A_{\mathrm{RE}})} = \frac{\pi \cdot 2{,}4 \cdot 10^{-4} \,\frac{m}{s} \cdot \left((13\,\mathrm{m})^2 - (8{,}5\,\mathrm{m})^2\right)}{\ln(209{,}14\,\mathrm{m}) - \ln(23{,}6\,\mathrm{m})} = 0{,}0334 \,\frac{m^3}{s}$$

Anschließend wird überprüft, ob das Absenkziel auch am ungünstigsten Punkt erreicht wird. An diesem maßgebenden Punkt wird die Summe aller Abstände der Brunnen zu diesem Punkt maximal. Er befindet sich in der Regel in der Nähe einer außenliegenden Ecke.

Zur **Überprüfung des eingehaltenen Absenkziels an der maßgebenden Stelle** muss folgende Gleichung für die dortige Wasserspiegelhöhe H_{p} erfüllt werden:

$$H_{\mathrm{p}}^2 = H^2 - \frac{Q}{\pi \cdot k} \cdot \left(\ln(R) - \frac{1}{n} \sum_{i=1}^{n} \ln(x_i) \right) \qquad s \leq H - H_{\mathrm{p}}$$

Beispielhaft sind hier die Punkte A und B aufgezeigt:

Die Ergebnisse der Aufsummierung der Abstände (Tab. 8.14 und 8.15) der jeweiligen Brunnen zu den Punkten A und B zeigen, dass durch die größere Summe von 20,5 Punkt A maßgebend ist.

Zur Überprüfung des Absenkziels

$$H_A^2 = (13\,\text{m})^2 - \frac{0{,}0334\,\frac{\text{m}^3}{\text{s}}}{\pi \cdot 2{,}4 \cdot 10^{-4}\,\frac{\text{m}}{\text{s}}} \cdot \left(\ln(209{,}14) - \frac{1}{6} \cdot 20{,}5\right) = 83{,}67\,\text{m}^2 \rightarrow H_A$$

$$= 9{,}15\,\text{m}$$

$$H - H_A = 13 - 9{,}15 = \mathbf{3{,}85\,m} \geq s = \mathbf{4{,}5\,m}\ \text{⚡}$$

Da das Absenkziel bei vorher ermittelter Fördermenge im ungünstigsten Punkt nicht eingehalten ist, muss die Fördermenge erhöht werden:

Gewählt Q = 0,038 m³/s

$$H_A^2 = (13\,\text{m})^2 - \frac{0{,}038\,\frac{\text{m}^3}{\text{s}}}{\pi \cdot 2{,}4 \cdot 10^{-4}\,\frac{\text{m}}{\text{s}}} \cdot \left(\ln(209{,}14) - \frac{1}{6} \cdot 20{,}5\right) = 71{,}91\,\text{m}^2 \rightarrow H_A$$

$$= 8{,}48\,\text{m}$$

$$H - H_A = 13 - 8{,}48 = \mathbf{4{,}52\,m} \geq s = \mathbf{4{,}5\,m}$$

Folglich werden die Einzelbrunnen dimensioniert und deren Ergiebigkeit kontrolliert:

Zufluss q' eines Einzelbrunnens

$$q' = \frac{Q}{n} = \frac{0{,}038\,\frac{\text{m}^3}{\text{s}}}{6} = 0{,}0063\,\frac{\text{m}^3}{\text{s}}$$

Einzelbrunnenradius $r = 0{,}2\,$m gewählt:

$$h'_{\text{vorh}} \geq h - s_{\text{EB}} = 8{,}5\,\text{m} - 4{,}42\,\text{m} = 4{,}03\,\text{m}$$

Mit maximalem $R' = 17{,}5\,$m gilt $2 \cdot 17{,}5\,\text{m} = 35\,\text{m} > 10 \cdot \pi \cdot 0{,}2\,\text{m} = 6{,}3\,\text{m} \rightarrow a = 1{,}5$

$$\text{mit } s_{\text{EB}} = 8{,}5\,\text{m} - \sqrt{(8{,}5\,\text{m})^2 - 1{,}5 \cdot 0{,}0063\,\frac{\text{m}^3}{\text{s}} \cdot \frac{\ln\left(\frac{17{,}5\,\text{m}}{0{,}2\,\text{m}}\right)}{\pi \cdot 2{,}4 \cdot 10^{-4}\,\frac{\text{m}}{\text{s}}}} = 4{,}47\,\text{m}$$

Der **vorhandene Grundwasserstand im Einzelbrunnen h'_{vorh}** lässt sich wie folgt bestimmen:

$$h'_{\text{vorh}} = \frac{q' \cdot \frac{15}{2}}{\pi \cdot r \cdot \sqrt{k}} = \frac{0{,}0063\,\frac{\text{m}^3}{\text{s}} \cdot \frac{15}{2}}{\pi \cdot 0{,}2\,\text{m} \cdot \sqrt{2{,}4 \cdot 10^{-4}\,\frac{\text{m}}{\text{s}}}} = 4{,}85\,\text{m} \rightarrow \mathbf{4{,}85\,m \geq 4{,}03\,m}\ \checkmark$$

8.6.4 Hydraulischer Grundbruch

8.6.4.1 Nachweis für ebene Verhältnisse mittels Strömungsnetz

Mittels Strömungsnetz wird eine Sickerströmung im Boden graphisch zweidimensional dargestellt (Abb. 8.52). Es besteht aus Stromlinien (durchgezogen) und Äquipotenzialli-

Abb. 8.52 Geometrische
Randbedingungen und Strö-
mungsnetz mit $n = 14$
Äquipotenziallinien

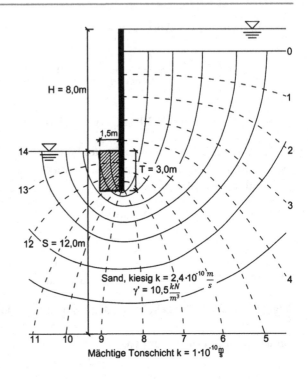

nien (gestrichelt), die rechtwinklig zueinander angeordnet sind. Die Äquipotenziallinien
geben das Potential des Wasserstandes an jedem Punkt im Strömungsnetz an. Der Po-
tentialabbau vom Oberwasserstand zum Unterwasserstand baut sich von Potentiallinie zu
Potentiallinie gleichmäßig ab. Da die Abstände der Linien mit zunehmender Geschwin-
digkeit kleiner werden, erkennt man, dass dann das Potential schneller abgebaut wird. Der
Nachweis gegen hydraulischen Grundbruch anhand eines Strömungsnetzes wird in einem
Beispiel erläutert. Hier wird in einem kiesigen Sand (Boden 2) eine Baugrube mit einer
Grundwasserabsenkung errichtet. Die gewählte Einbindetiefe von 2,5 m soll nun auf die
Gefahr eines hydraulischen Grundbruches überprüft werden.

Somit gilt für den Potentialabbau Δh von Äquipotenziallinie zu Äquipotenziallinie:

$$\Delta h = \frac{H}{n} \text{ mit } n = \text{Anzahl der Äquipotentiallinien}$$

In diesem Beispiel bedeutet das:

$$\Delta h = \frac{H}{n} = \frac{8}{14} = 0,57 \, \text{m}$$

Für die Sickerkraft S_k' gilt:

$$S_k' = V \cdot i \cdot \gamma_W$$

Abb. 8.53 Ausschnitt
Terzaghi-Körper

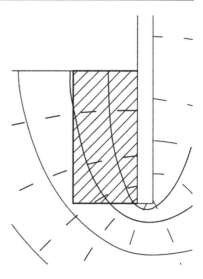

mit

V = Volumen des durchströmten Bodens
i = hydraulischer Gradient im Terzaghi-Körper
γ_{w} = Wichte von Wasser = $10\,\mathrm{kN/m^3}$

Der Potentialunterschied, der innerhalb des Terzaghi-Körpers (dargestellt in Abb. 8.53)
abgebaut wird, kann nun einfach abgelesen werden.

Am linken Rand des Terzaghi-Körpers ist die vom Wasser noch zu überwindende Po-
tentialdifferenz über ca. 2,7 Äquipotenziallinien:

$$\Delta h_{\mathrm{links}} = 2,7 \cdot 0,57 = 1,54\,\mathrm{m}$$

Rechts hingegen sind es sogar das 4,0 fache:

$$\Delta h_{\mathrm{rechts}} = 4,0 \cdot 0,57 = 2,28\,\mathrm{m}$$

Zur Ermittlung des maßgebenden hydraulischen Gradienten oder hydraulischen Gefälles i
kann der Mittelwert der beiden abgegriffenen Potentialdifferenzen angenommen werden.
Die maßgebende Sickerstrecke l ist in diesem Fall die gesamte Terzaghi-Körper-Länge.

$$i = \frac{\Delta h}{l} = \frac{\frac{2,28+1,54}{2}}{3,0} = 0,64$$

Folglich gilt für die Sickerkraft:

$$S_{\mathrm{k}}' = 1,5\,\mathrm{m} \cdot 3,0\,\mathrm{m} \cdot 0,64 \cdot 10\,\frac{\mathrm{kN}}{\mathrm{m^3}} = 28,8\,\frac{\mathrm{kN}}{\mathrm{m}}$$

Für den Nachweis gegen hydraulischen Grundbruch muss nun folgender Nachweis erfüllt sein:

$$S'_k \cdot \gamma_H \leq G'_k \cdot \gamma_{G,stb}$$

Die Gewichtskraft des Terzaghi-Körpers G'_k:

$$G'_k = 1,5\,\text{m} \cdot 3,0\,\text{m} \cdot 10,5\,\frac{\text{kN}}{\text{m}^3} = 47,25\,\frac{\text{kN}}{\text{m}}$$

Daraus folgt:

$$28,8\,\frac{\text{kN}}{\text{m}} \cdot 1,45 \leq 47,25\,\frac{\text{kN}}{\text{m}} \cdot 0,95$$

$$41,8\,\frac{\text{kN}}{\text{m}} \leq 44,9\,\frac{\text{kN}}{\text{m}} \checkmark$$

8.6.4.2 Nachweis für räumliche Verhältnisse nach Aulbach

In diesem Beispiel soll ebenfalls eine Baugrube (40 m × 70 m) im Grundwasser errichtet werden. Die Einbindetiefe T soll über den Nachweis gegen hydraulischen Grundbruch bestimmt werden. Hier ist eine möglichst wirtschaftliche Variante auszuführen.

$$B = 40\,\text{m} \qquad\qquad H = 8,0\,\text{m}$$

$$L = 70\,\text{m} \qquad\qquad \gamma' = 10,5\,\text{kN/m}^3$$

$$S = 12\,\text{m} \qquad\qquad \gamma = 18,7\,\text{kN/m}^3$$

Zuerst muss überprüft werden, ob die Bemessungsformel für homogenen, isotropen Baugrund nach Aulbach angewendet werden kann:

$$\frac{S}{H} = \frac{12}{8} = 1,5 \geq 1,0 \text{ und } \frac{B}{L} = \frac{40}{70} = 0,57 \geq 0,3$$

$$\frac{T}{H} < 0,75 \cdot \frac{S}{H} \rightarrow T < 0,75 \cdot S = 9\,\text{m}$$

Damit die Formel angewendet werden kann, muss die Einbindetiefe $T < 9\,\text{m}$ sein. Das muss nach der Berechnung überprüft werden.

Be	1,065
A/U – Längsseite	1,00/1,32
A/U – Stirnseite	1,04/1,99
A/U – Ecke	2,08/1,69

Für die **Längsseite** gilt:

$$\frac{T}{H} = 1{,}065$$

$$\cdot \left[0{,}32 \cdot 1 + (1{,}244 - 0{,}32 \cdot 1) \cdot e^{\left(\frac{-\frac{40}{8}}{1{,}32 \cdot \left(0{,}541 + 0{,}395 \cdot \left(1 - e^{\left(1 - \frac{12}{8} \right)} \right) \right) \cdot \left(1 + \left(\frac{40}{70} - 0{,}3 \right) \cdot (3{,}156 - 1{,}564 \cdot 1{,}32) \right)} \right)} \right.$$

$$\left. \cdot \left(\frac{11}{10{,}5 \cdot 0{,}902 + 1{,}078} \cdot \frac{1{,}368}{1{,}368} \right)^{\sqrt{2}} \right] = \mathbf{0{,}357} \rightarrow T_L = 0{,}357 \cdot 8\,\text{m} = \mathbf{2{,}9\,m}$$

Für die **Stirnseite** gilt:

$$\frac{T}{H} = 1{,}065$$

$$\cdot \left[0{,}32 \cdot 1{,}04 \right.$$

$$+ (1{,}244 - 0{,}32 \cdot 1{,}04) \cdot e^{\left(\frac{-\frac{40}{8}}{1{,}99 \cdot \left(0{,}541 + 0{,}395 \cdot \left(1 - e^{\left(1 - \frac{12}{8} \right)} \right) \right) \cdot \left(1 + \left(\frac{40}{70} - 0{,}3 \right) \cdot (3{,}156 - 1{,}564 \cdot 1{,}99) \right)} \right)}$$

$$\left. \cdot \left(\frac{11}{10{,}5 \cdot 0{,}902 + 1{,}078} \right)^{\sqrt{2}} \right]$$

$$= \mathbf{0{,}384} \rightarrow T_S = 0{,}384 \cdot 8\,\text{m} = \mathbf{3{,}07\,m} \text{ gewählt } T_S = \mathbf{3{,}1\,m}$$

An den **Ecken** gilt:

$$T/H = 1,065$$

$$\cdot \left[0,32 \cdot 2,08 \right.$$

$$+ (1,244 - 0,32 \cdot 2,08) \cdot e^{\left(\frac{-\frac{40}{8}}{1,69 \cdot \left(0,541 + 0,395 \cdot \left(1 - e^{\left(1 - \frac{12}{8} \right)} \right) \right) \cdot \left(1 + \left(\frac{40}{70} - 0,3 \right) \cdot (3,156 - 1,564 \cdot 1,69) \right)} \right)}$$

$$\left. \cdot \left(\frac{11}{10,5 \cdot 0,902 + 1,078} \right)^{\sqrt{2}} \right]$$

$$= 0,725 \rightarrow T_E = 0,725 \cdot 8\,\text{m} = 5,8\,\text{m}$$

Für alle Einbindetiefen T gilt $T < 9\,\text{m}$, also kann die Bemessungsformel angewendet werden.

Abschließend werden die Unterschiede der 3 vorgestellten Ausführungsvarianten vorgestellt. Da meistens der Preis für bspw. Spundwandbohlen abhängig vom Gewicht und auch bei Bohrpfahlwänden abhängig von der einzubauenden Beton- und Stahlmenge ist, gilt meistens die 3. Variante als die wirtschaftlichste. Im Folgenden wird nur die Verbauwandfläche unterhalb der Baugrubensohle betrachtet.

Variante 1 (dargestellt in Abb. 8.54)

$$A_1 = (70\,\text{m} \cdot (0,6 \cdot 5,8\,\text{m} + 0,4 \cdot 2,9\,\text{m}) + 40\,\text{m} \cdot (0,6 \cdot 5,8\,\text{m} + 0,4 \cdot 3,1\,\text{m})) \cdot 2 = 1027,2\,\text{m}^2$$

Abb. 8.54 Variante 1

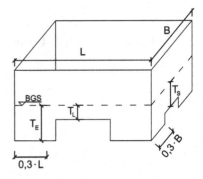

Abb. 8.55 Variante 2

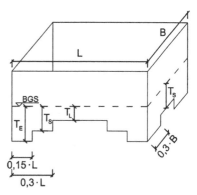

Abb. 8.56 Variante 3

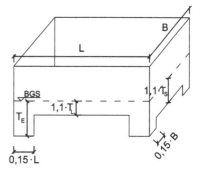

Variante 2 (dargestellt in Abb. 8.55)

$$A_2 = (70\,\text{m} \cdot (0{,}3 \cdot 5{,}8\,\text{m} + 0{,}3 \cdot 3{,}1\,\text{m} + 0{,}4 \cdot 2{,}9\,\text{m})$$
$$+\, 40\,\text{m} \cdot (0{,}6 \cdot 5{,}8\,\text{m} + 0{,}4 \cdot 3{,}1\,\text{m})) \cdot 2$$
$$= 913{,}8\,\text{m}^2$$

Variante 3 (dargestellt in Abb. 8.56)

$$A_2 = (70\,\text{m} \cdot (0{,}3{\cdot}5{,}8\,\text{m} + 0{,}7{\cdot}1{,}1{\cdot}2{,}9\,\text{m}) + 40\,\text{m} \cdot (0{,}3{\cdot}5{,}8\,\text{m} + 0{,}7{\cdot}1{,}1{\cdot}3{,}1\,\text{m})) {\cdot} 2 = 886{,}4\,\text{m}^2$$

Im Vergleich kann bei diesem Beispiel mit Variante 3 ca. 14 % Material im Gegensatz zu Variante 1 eingespart werden.

Schalung und Gerüste

9

Thomas Krause

9.1 Vorbemerkungen

Die grundsätzliche Planung von Schalungsaufgaben wird heute in der Regel im Rahmen der Arbeitsvorbereitung von den entsprechenden Stabsabteilungen oder als Serviceleistung von den Schalungsherstellern mit Anwendung von spezieller Software und den technischen Unterlagen für die jeweiligen Schalungsgeräte durchgeführt. Diese Programme und technischen Unterlagen stehen in der Regel auch den Mitarbeitern in der Bauleitung zur Verfügung, werden dort aber eher seltener genutzt. Zur Anwendung auf der Baustelle stellen die Schalungshersteller neben den technischen Unterlagen Bemessungstabellen zur Verfügung, welche die Auswahl und Dimensionierung einzelner Schalungen wesentlich erleichtern.

Die nachfolgend aufgeführten Beispiele aus dem Bereich Schalung und Gerüste entsprechen nicht der Reihenfolge der „Zahlentafeln für den Baubetrieb", sondern beschreiben Aufgaben, die im Baustellenbetrieb auf die Bauleitung zu kommen können und auch ohne Unterstützung einer Stabsabteilung gelöst werden können.

9.2 Einseitige Wandschalung

Beim Neubau eines Gebäudes in einer Baulücke muss die Außenwand zu einem bestehenden Nachbargebäude mit einer einseitigen Wandschalung hergestellt werden. Aus Gründen der Standsicherheit muss der horizontale Frischbetondruck auf 40 KN/m^2 begrenzt werden.

T. Krause (✉)
FH Aachen
Aachen, Deutschland
E-Mail: t.krause@fh-aachen.de

© Springer Fachmedien Wiesbaden GmbH, ein Teil von Springer Nature 2019   241
T. Krause, B. Ulke (Hrsg.), *Übungsaufgaben und Berechnungen für den Baubetrieb*,
https://doi.org/10.1007/978-3-658-23127-9_9

Zu ermitteln sind folgende Angaben:

- Betoniergeschwindigkeit unter den gegebenen Randbedingungen
- Abstand der Stützböcke und Dimensionierung der Anker für die einseitige Wandschalung

9.2.1 Betoniergeschwindigkeit

Abmessungen eines Wandabschnittes:

$$L = 10,00\,\text{m}$$

$$D = 0,30\,\text{m}$$

$$H = 6,00\,\text{m}$$

Frischbetondruck $\sigma_{\text{hk,max}} = 40\,\text{KN/m}^2$

Konsistenz   F3 (weich)

Frischbetoneinbautemperatur $T_{\text{c,Einbau}} = 12\,°\text{C}$

Referenztemperatur $T_{\text{c,ref}} = 15\,°\text{C}$

Erstarrungsende $t_{\text{E}} = 5\,\text{h}$

Betoniergeschwindigkeit v in m/h

Zur Nutzung der Formel nach DIN 18218 muss der Frischbetondruck reduziert werden:

Reduzierung $\sigma_{\text{hk,max}}$ um $3 \times 3\,\% = 9\,\%$

$$\sigma'_{\text{hk,max}} = 40/1,09 = \textbf{36,7\,KN/m}^2$$

Für die Konsistenz F3:

$$\sigma_{\text{hk,max}} = (14v + 18) \times Kl$$

(Tafel 11.4, Krause/Ulke, Zahlentafeln f. d. Baubetrieb, Abschnitt 11)

Für Erstarrungsende $t_{\text{E}} = 5\,\text{h}$:

$$Kl = 1,0$$

(Tafel 11.5, Krause/Ulke, Zahlentafeln f. d. Baubetrieb, Abschnitt 11)

$$v = \frac{\sigma_{\text{hk,max}}/Kl - 18}{14}$$

$$v = \frac{36,7 - 18}{14} = 1,34\,\text{m/h}$$

Bei $L/H/D = 10,00\,\text{m}/6,00\,\text{m}/0,30\,\text{m}$ ergeben sich:

ges. Betonmenge $V = 10,0 \times 6,0 \times 0,30 = 18\,\text{m}^3$

Betonmenge je h $V_{\text{h}} = 10,0 \times 0,30 \times 1,34 = 4,02\,\text{m}^3/\text{h} \approx \textbf{4,0\,m}^3/\textbf{h}$

Für die Disposition: 3 Fahrzeuge a $6,00\,\text{m}^3$ im Abstand von 90 min.

9.2.2 Bemessung der Abstützung

gewählt: Peri Stützbock SB2 mit Trägerwandschalung

$$D = 0,30 \text{ m} \quad H = 6,00 \text{ m} \quad a = 2,55 \text{ m} \quad \sigma_{hk,max} = 40 \text{ KN/m}^2$$

Hydrostatische Druckhöhe $h_s = 40 \text{ KN/m}^2/25 \text{ KN/m}^3 = 1,60 \text{ m}$

$h_E = v \times t_E = 1,38 \text{ m/h} \times 5 \text{ h} = 6,90 \text{ m} > 6,00 \text{ m}$

$\Rightarrow \sigma_{hk,max}$ ist über die gesamte Höhe anzusetzen

Horizontalkraft H $= 40 \text{ KN/m}^2 \times 4,40 \text{ m} + 40 \text{ KN/m}^2 \times 1,60 \text{ m}/2 = 208 \text{ KN/m}$

Vertikalkraft V_2 $= H \times b/a$

Vertikalkraft V_2 $= [40 \text{ KN/m}^2 \times (4,40 \text{ m})^2/2 + 40 \text{ KN/m}^2/2 \times$

$\quad (1,60 \text{ m}/3 + 4,40 \text{ m})]/2,55 \text{ m}$

$= (387,2 + 98,7)/2,55$

$= 190,5 \text{ KN/m}$

Ankerzugkraft Z $= \sqrt{190,5^2 + 208^1} = 282,1 \text{ KN/m}$

gewählt: 2 Anker Ø 20 je Stützbock mit

Z zul.$= 2 \times 150 = 300 \text{ KN}$

erf e Stützbock $= 300/282,1 = 1,06 \text{ m}$

gewählt: Abstand der Stützböcke $e = 1,00 \text{ m}$

Die Stützböcke sollten wegen der erwarteten Verformung ca. 1 cm vorgeneigt werden.
 (*Angabe aus Tabellenbuch PERI*)

9.3 Konstruktive Planung und Optimierung einer Großflächenträgerschalung

Für eine 5,75 m hohe Wand soll eine Trägerschalung konstruiert werden, die unter den gegebenen Randbedingungen einen kontinuierlichen Betoniervorgang ermöglicht.

Randbedingungen

Wandhöhe	$= 5,75 \text{ m}$
Wanddicke	$= 0,40 \text{ m}$
Wandlänge	$= 15,00 \text{ m}$
Beton	$= \text{C30/37 (B35)}$
Konsistenz	F3 (weich)
Frischbetoneinbautemperatur $T_{c,Einbau} = 12\,°C$	
Referenztemperatur	$T_{c,ref} = 15\,°C$
Erstarrungsende	$t_E = 5 \text{ h}$
Betonierleistung	$16 \text{ m}^3/\text{h}$

s. Abb. 9.1 und 9.2

Abb. 9.1 Peri Stützbock/SB2

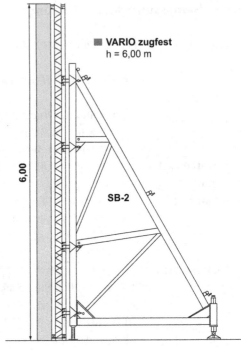

VARIO zugfest
h = 6,00 m

6,00

SB-2

Abb. 9.2 Lastbild

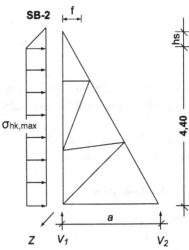

SB-2

f

$\sigma_{hk,max}$

hs

4,40

Z V_1 V_2

a

a) Betoniergeschwindigkeit

Grundfläche Betonierabschnitt $15{,}0\,\text{m} \times 0{,}4\,\text{m} = 6{,}00\,\text{m}^2$

Betoniergeschwindigkeit $\quad v = \frac{16{,}0\,\text{m}^3/\text{h}}{6{,}00\,\text{m}^2} = 2{,}67\,\text{m/h}$

b) max. Frischbetondruck

für die Konsistenz F3:

$$\sigma_{hk,max} = (14 \times v + 18) \times 1{,}0$$
$$= 14 \times 2{,}67\,m/h + 18$$
$$= 55{,}38\,KN/m^2$$

Korrekturfaktor Temperatur:

$$f_2 = 1 + (15 - 12) \times 0{,}03 = 1{,}09$$
$$\sigma_{hk,max} = 55{,}38\,KN/m^2 \times 1{,}09 = 60{,}36\,KN/m^2 \approx 60\,KN/m^2$$

Hydrostatische Druckhöhe

$$h_s = 60\,KN/m^2 / 25\,KN/m^3 = 2{,}40\,m$$

c) Schalhaut

Gewählt: Dreischichtplatte $d = 21\,mm$
$\quad \sigma = 8{,}5\,N/mm^2$
(aus Diagramm Bild 11.2, Krause/Ulke, Zahlentafeln für den Baubetrieb Abschnitt 11)

zulässige max. Durchbiegung: $1{,}0\,mm$
mit $\sigma_{hk,max} = 60\,KN/m^2$: $\quad$ max. Trägerabstand: $32\,cm$

d) Schalungsträger (s. Abb. 9.3)

Länge der Schalungsträger: $5{,}95\,m$
Lage der Gurte: $\quad\quad\quad\quad$ A, B, C, D
Lastordinaten: $\quad\quad\quad\quad$ A, B, C: $\sigma^A = \sigma^B = \sigma^C = 60{,}00\,KN/m^2$
$\quad\quad\quad\quad\quad\quad\quad\quad\quad\quad$ D: $\sigma^D = 60{,}00\,KN/m^2 \times 0{,}85\,m / 2{,}40\,m = 21{,}25\,KN/m^2$

Bemessung als Durchlaufträger, Zusammenstellung der maßgebenden Schnittkräfte
Überschlägliche Handrechnung:

$$\begin{aligned}
\max A &= \quad 60{,}0 \times (0{,}46 + 1{,}48/2) \quad &= 72{,}00\,KN/m \\
\max B &= \quad 60{,}0 \times 1{,}48 \quad &= 88{,}80\,KN/m \\
\max Q &= \quad 60{,}0 \times 1{,}48/2 \quad &= 44{,}40\,KN/m \\
\max M_K &= \quad 60{,}0 \times 0{,}46^2/2 \quad &= 6{,}35\,KN\,m/m \\
\max M &= \quad 60{,}0 \times 1{,}48^2/11 \quad &= 11{,}95\,KN\,m/m
\end{aligned}$$

Abb. 9.3 Lastbild für Schalungsträger

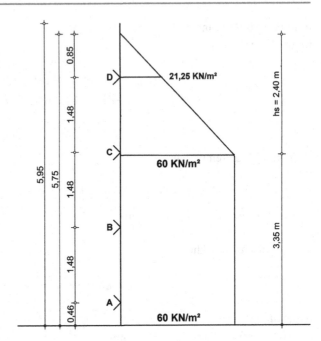

Aus EDV:

$$\max B = \quad 94{,}18 \, \text{KN/m}$$
$$\max Q = \quad 48{,}41 \, \text{KN/m}$$
$$\max M_K = \quad 6{,}35 \, \text{KN m/m}$$
$$\max M = \quad 12{,}28 \, \text{KN m/m}$$

Als Schalungsträger gewählt

*H*20 bzw. VT20 K (*nach Tafel 11.11, Krause/Ulke Zahlentafeln f. d. Baubetrieb, Abschnitt 11*)

$$\text{zul. } M = \quad 5{,}0 \, \text{KN/m}$$
$$\text{zul. } Q = \quad 11{,}0 \, \text{KN}$$

Trägerabstand:

inf. Schalhaut $\leq 0{,}32 \, \text{m}$

inf. Moment: $5{,}0 \, \text{KN m}/12{,}28 \, \text{KN m/m} \leq 0{,}407 \, \text{m}$

inf. Querkraft $11{,}0 \, \text{KN}/48{,}41 \, \text{KN/m} \leq 0{,}227 \, \text{m}$

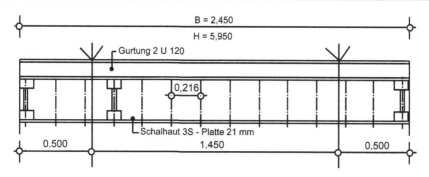

Abb. 9.4 Schnitt durch das konstruierte Schalelement

e) Konstruktion der Elemente (s. Abb. 9.4)

$$\text{Ausgangsgröße} = \text{Stahlgurte mit der Standardlänge 2,45 m}$$
$$\rightarrow \text{Elementgröße 5,95} \times 2,45 = 14,58\,\text{m}^1$$
$$\text{Anzahl der Träger} = (2,45 - 0,08)/0,227 = 10,44 \rightarrow 11 \text{ Felder}$$
$$\text{Trägerabstand: } (2,45 - 0,08)/11 = 21,55\,\text{cm}$$

f) Gurte und Anker

Maßgebend: Gurt in Lage B (max. Auflagerkraft)
Gewählt: Stahlgurtung: SRZ 245/mit 2 U 120
            mit $I = 2 \times 364\,\text{cm}^4$
            $W = 2 \times 60,7\,\text{cm}^3$
            Anker: Spannstahl Ø 20

$F_{\text{zul.}} = 150\,\text{KN}$ (*Tafel 11.12 Krause/Ulke, Zahlentafeln f. d. Baubetrieb, Abschnitt 11*)

Zahl der Anker je Lage
$$2,45\,\text{m} \times 94,18\,\text{KN/m}/150\,\text{KN} = 1,53 \rightarrow 2 \text{ Anker je Lage}$$

System (s. Abb. 9.5)
Es ergeben sich folgende Schnittgrößen:

$$A = B \quad = 94,18 \times 2,45/2 \qquad = \quad 115,37\,\text{KN}$$
$$\text{Max } M_\text{K} \quad = 94,18 \times 0,50^2/2 \qquad = \quad 11,77\,\text{KN\,m}$$
$$\text{Max } M_\text{f} \quad = 94,18 \times 1,45^2/8 - 11,77 = \quad 12,98\,\text{KN\,m}$$
$$\sigma_{\text{vorh.}} = 12,98 \times 10^2\,\text{KN\,cm}/2 \times 60,7\,\text{cm}^3 = 10,69\,\text{KN/cm}^2 < 14,0\,\text{KN/cm}^2$$

Ausnutzung der Gurte $\eta = 10,69/14,0 = 0,76$

Abb. 9.5 Lastbild für Gurte

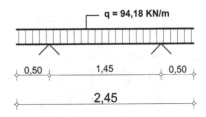

Ankerdehnung

$$\Delta l = \frac{l_o \times \sigma_o}{E}$$

l_o = freie Ankerlänge in mm

σ_o = Stahlspannung in N/mm^2

$E = E -$ Modul Stahl in N/mm^2

$l_o = 2 \times (l \text{ Gurt} + 1 \text{ Träger} + 1 \text{ Schalhaut}) + \text{Wanddicke}$

$\quad = 2 \times (10 + 20 + 2{,}1) + 40$

$\quad = 104{,}2 \text{ cm}$

$\sigma_o = 115{,}37 \times 10^3 \text{ N}/314 \text{ mm}^2 = 367{,}43 \text{ N/mm}^2$

Ankerdehnung

$$\Delta l = \frac{1042 \times 409{,}7}{210.000} \qquad 1042 \times 367{,}4/210.000 = 1{,}8 \text{ mm}$$

9.4 Deckenschalung als Flexschalung

Die Decke in einem Raum mit den Innenabmessungen 9,20 m × 12,15 m soll mit einer Flexschalung (Schaltafeln und Schalungsträger) geschalt werden.

Die lichte Höhe beträgt 2,80 m, die Deckenstärke 35 cm (s. Abb. 9.6)

a) Schaltafeln
3 – Schichtplatten, 21 mm
→ max. Querträgerabstand 0,67 cm

Gewählter Querträgerabstand: 0,50 cm
→ Schalungsplatten   50 × 200 cm
→ max. zul. Jochträgerabstand a = 2,45 cm (aus Tab. 9.1)

Holzschalungsträger H 20

Tab. 9.1 Bemessungstabelle für Deckenträger H 20 aus DOKA – Bemessungshilfen

		max. zul. Jochträgerabstand [m]					max. zul. Stützenabstand [m]								
Deckenstärke	Gesamtlast	für Querträgerabstand (m) von					für gewählten Jochträgerabstand [m] cm								
[cm]	[kN/m²]	0,50	0,625	0,667	0,75	1,00	1,25	1,50	1,75	2,00	2,25	2,50	2,75	3,00	3,50
10	4,40	3,63	3,37	3,29	3,17	2,88	2,67	2,46	2,28	2,13	2,01	1,82	1,65	1,52	1,30
12	4,32	3,43	3,19	3,12	3,00	2,72	2,53	2,33	2,16	2,02	1,81	1,63	1,48	1,36	1,16
14	5,44	3,27	3,04	2,97	2,86	2,60	2,41	2,21	2,05	1,84	1,63	1,47	1,34	1,23	1,05
16	5,96	3,14	2,92	2,85	2,74	2,49	2,31	2,12	1,92	1,68	1,49	1,34	1,22	1,12	0,96
18	6,48	3,03	2,81	2,75	2,65	2,40	2,22	2,03	1,76	1,54	1,37	1,23	1,12	1,03	0,88
20	7,00	2,93	2,72	2,66	2,56	2,32	2,14	1,09	1,63	1,43	1,27	1,14	1,04	0,95	
22	7,52	2,84	2,64	2,58	2,48	2,26	2,06	1,77	1,52	1,33	1,18	1,06	0,97	0,89	
24	8,04	2,76	2,57	2,51	2,42	2,19	1,99	1,66	1,42	1,24	1,11	1,00	0,90	0,83	
26	8,56	2,70	2,50	2,45	2,35	2,14	1,87	1,56	1,34	1,17	1,04	0,93	0,85		
28	9,08	2,63	2,44	2,39	2,30	2,09	1,76	1,47	1,26	1,10	0,98	0,88	0,80		
30	9,66	2,57	2,39	2,34	2,25	2,03	1,66	1,38	1,18	1,04	0,92	0,83	0,75		
35	11,22	2,45	2,27	2,23	2,14	1,78	1,43	1,19	1,02	0,89	0,79	0,71			
40	12,75	2,35	2,18	2,13	2,04	1,56	1,25	1,04	0,89	0,78	0,70	0,63			
45	14,34	2,26	2,10	2,04	1,93	1,39	1,12	0,93	0,80	0,70	0,62	0,56			
50	15,90	2,18	2,01	1,94	1,83	1,26	1,01	0,84	0,72	0,63	0,56				

In diesen Tabellen ist eine Verkehrslast von 20 % der Frischbetoneigenlast, jedoch nicht weniger als 1,5 kM/m² (150 kp/m²) berücksichtigt. Die Durchbiegung in Feldmitte wurde mit $l/500$ beschränkt.

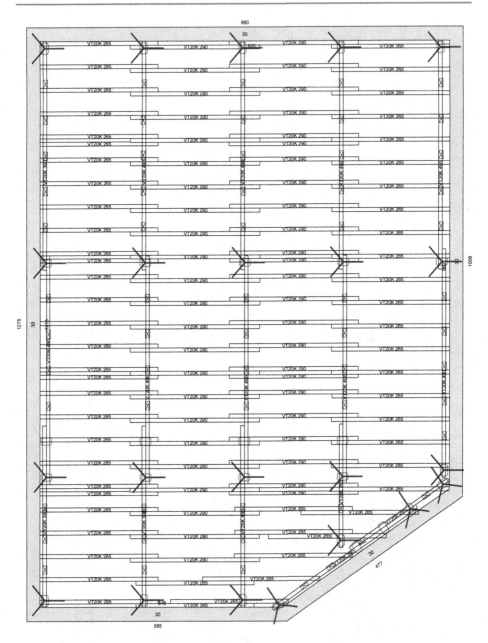

Abb. 9.6 Ausführungsbeispiel für Flexschalung

b) Festlegung des Jochträgerabstands

→ max. zul. Jochträgerabstand $a = 2,45$ cm (Tab. 9.1)

Raumbreite innen	9,20 m
abzügl. Randträgerabstand	$2 \times 0,15$ m → $= 8,90$ m
$8,90/2,45 = 3,68$ →	≈ 4 Felder mit Jochträgerabstand $8,90/4 = 2,225$ m

max. zul. Stützenabstand aus Tab. 9.1

$$b = 0,79\,\text{m}\ (2,25)$$

gewählter Stützenabstand 0,75 m

c) Anzahl der Stützen für jede Jochträgerreihe

$$(12,15 - 2 \times 0,15)/0,75 = 15$$

d. h. 16 Stützen je Jochträger

d) Festlegung der Stützen

Gesamtlast aus Tab. 9.1 11,22 KN/m²
max. Einflussfläche: $2,25\,\text{m} \times 0,75\,\text{m} = 1,69\,\text{m}^2$
max. F: $1,69\,\text{m}^2 \times 11,22\,\text{KN/m}^2 = 18,96\,\text{KN}$
Stützhöhe: $2,80 - 0,021 - 2 \times 0,20 = 2,38\,\text{m}$
Gewählte Stütze: N 300
                         mit $N_{\text{zul.}} = 20,8\,\text{KN} > 18,96\,\text{KN}$
                         bei Auszugslänge 2,40 m

9.5 Hilfsunterstützung für außergewöhnliche Lasten

Die Decke einer mehrgeschossigen Tiefgarage muss für die Montage einer Stahlkonstruktion an einem Nachbargebäude mit einem Mobilkran befahren werden. Die Decke ist für diesen Lastfall nicht bemessen worden, so dass für diese Arbeiten die Zufahrt und der Arbeitsbereich des Mobilkrans mit Hilfsunterstützungen gesichert werden muss. Um die Verformungen der Betondecken möglichst gering zu halten, soll die gesamte Last aus dem Mobilkran über diese Hilfsunterstützung abgeleitet werden.

Randbedingungen

Tiefgarage: drei Untergeschosse
           Oberste Decke 30 cm, lichte Höhe 3,00 m
           Zwischendecken 25 cm, lichte Höhe 2,00 m
           Bodenplatte 60 cm
Mobilkran: 70 t, 4 Achsen
           Fahrgewicht 48 t
           Achslasten 4 × 12 t
           Max. Belastung einer Stütze im Arbeitsbetrieb 50 t
           Lastplatte der Stütze: 600 × 600 mm

Allgemeine Hinweise

- Abstützung durch alle Geschosse bis auf die Bodenplatte
- Überprüfung der Tragfähigkeit der Bodenplatte
- Lage der Abstützungen genau einmessen → direkte Lastweiterleitung gewährleisten
- Abstützung mit Rundholzstützen:
  - günstiger Preis bei hoher Tragfähigkeit
  - einfach zu transportieren
  - einfach zu montieren und demontieren
  - als gewachsenes Vollholz ohne weitere Behandlung preiswert zu entsorgen
  - Wichtig ist die kraftschlüssige Verspannung zwischen den Decken durch Keile
  - wegen der Austrocknung des Holzes bei längeren Standzeiten regelmäßig überprüfen und nachschlagen

a) Abstützung der Fahrgasse

Achslasten jeweils 12 t, Achsabstand min. 1,60 m, → Radlast 60 KN Abstand der Abstützungen nach Angabe Statik: max. 1,50 m max. Belastung Rundholz: 60 KN × 1,50/1,60 = 56,3 KN

aus Tafel 11.13 (Krause/Ulke, Zahlentafeln für den Baubetrieb, Abschnitt 11) ergeben sich:

Obere Decke ($h = 3,00$ m):   Rundholz Ø 14 cm mit $F_{zul} = 65,2$ KN > 56 KN
Zwischendecken ($h = 2,00$ m): Rundholz Ø 12 cm mit $F_{zul} = 64,3$ KN > 56 KN

Abstützung in zwei Reihen jeweils genau in der Fahrspur bis zum Arbeitsbereich des Mobilkrans, Abstand der Stützen 1,50 m.

Fahrspur so planen, dass die Abstützung auch für den Transport der Stahlkonstruktion genutzt werden kann.

b) Abstützung des Arbeitsbereiches

Max. Stützenlast: 50 t   → 500 KN
Min. Stützenlast: 48 t/4 = 12 t → 120 KN

Wenn die Arbeitsrichtung des Mobilkrans genau festgelegt werden kann und auch während der Montage überwacht wird, kann gegebenenfalls eine Unterstützung für die geringere Last bemessen werden. Eine Abstimmung mit dem Mobilkranbetreiber ist unbedingt erforderlich.

Aus Tafel 11.13 (Krause/Ulke, Zahlentafeln für den Baubetrieb, Abschnitt 11) ergeben sich:

Obere Decke ($h = 3,00$ m):   2 Stützen $\varnothing$ 22 cm mit $F_{zul} = 2 \times 256 = 512$ KN

oder: Stütze $\varnothing$ 30 cm mit $F_{zul} = 572$ KN

Zwischendecken ($h = 2,00$ m):   2 Stützen $\varnothing$ 20 cm mit $F_{zul} = 2 \times 254 = 508$ KN

oder: 1 Stütze $\varnothing$ 28 cm mit $F_{zul} = 552$ KN

$$F_{vorh} = 500 \text{ KN}$$

für jeden Abstützpunkt

c) Zum Vergleich: Abstützung mit Schalungsstützen
Fahrgasse:

Belastung 60 KN/1,60 m $= 37,5$ KN/m
gewählt: Stützen N 340 mit $F_{zul} = 28,2$ KN bei 3,00 m
und N 260 mit $F_{zul} = 33,5$ KN bei 2,00 m
Abstand der Stützen: $28,2/37,5 = 0,752 \rightarrow$ gewählt 75 cm.

Arbeitsbereich

Belastung 500 KN je Stützpunkt
Gewählt:

Obere Decke: Stützen $-$ N 340 mit $F_{zul} = 28,2$ KN bei 3,00 m

erf. Anzahl: $500/28,2 = 17,7 \rightarrow 18$ Stück

Zwischendecken: Stützen $-$ N 340 mit $F_{zul} = 35$ KN bei 2,00 m

erf. Anzahl: $500/35 = 14,3 \rightarrow 15$ Stück

für jeden Abstützpunkt

Literatur

1. Krause, Thomas und Ulke, Bernd (Hrsg.), Zahlentafeln für den Baubetrieb, 9. Auflage, Springer-Vieweg, Wiesbaden, 2016
2. Schmitt, O.M.: Einführung in die Schaltechnik des Betonbaus. Düsseldorf: Werner Verlag 1993
3. Schmitt, Roland: Die Schalungstechnik, Verlag Ernst & Sohn, Berlin, 2001

Betriebsorganisation

Joachim Martin

10.1 Aufbauorganisation

Die Bauunternehmung Schmitz GmbH führt Ingenieurbau-, Kanalbau- und Gleisbauarbeiten durch. Die Geschäftsführung bittet Sie um einen Vorschlag, wie das Unternehmen organisiert werden kann, wenn eine eindeutige Ergebnisverantwortung der einzelnen Geschäftsbereiche die Zielsetzung ist.

a) Skizzieren Sie unter der vorgenannten Voraussetzung eine Organisation, in der die Funktionen Kalkulation, Bauleitung, Werkstatt, Geräteverwaltung, Personal-, Rechnungs- und Beschaffungswesen sowie Qualitätsmanagement/Arbeitsschutz enthalten sind. Der Bauhof und die kaufm. Verwaltung sollen jeweils als Zentralbereich geführt, die Stelle QM/Arbeitsschutz der Geschäftsführung beratend zugeordnet werden.
b) Nennen Sie je zwei Vor- und Nachteile dieser Organisationsform!

J. Martin (✉)
FH Aachen
Aachen, Deutschland
E-Mail: martin@fh-aachen.de

© Springer Fachmedien Wiesbaden GmbH, ein Teil von Springer Nature 2019
T. Krause, B. Ulke (Hrsg.), *Übungsaufgaben und Berechnungen für den Baubetrieb*,
https://doi.org/10.1007/978-3-658-23127-9_10

Lösungsvorschlag

a)

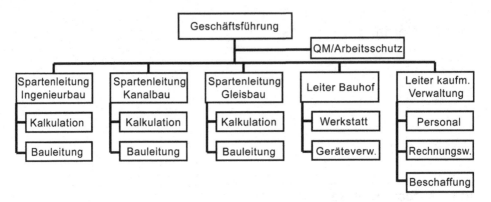

b) Vorteile:
  • bessere Marktorientierung, da Sparten als Profit-Center geführt werden
  • Motivation durch Ergebnisverantwortung
  Nachteile:
  • hohe Management- u. Verwaltungskosten
  • Spartenziele statt Unternehmensziele

Anm.:
vgl. Krause/Ulke, Zahlentafeln für den Baubetrieb, Abschn. 12.2.1

10.2 Projektorganisation

Ihnen wird die Aufgabe des Projektleiters übertragen. Sie sollen ein Projektteam (Arbeits-
kreis) mit Mitarbeitern aus verschiedenen Bereichen bilden, die in ihrer Haupttätigkeit
verbleiben, Ihnen also nicht disziplinarisch unterstellt sind.

a) Nennen Sie drei grundsätzliche Projektorganisationsformen!
b) Bezeichnen Sie die hier zutreffende Projektorganisationsform und nennen Sie je zwei
   Vor- und Nachteile!
c) Wie setzt sich Ihre Projektplanung zusammen? Nennen Sie die Teilplanungen!
d) Erläutern Sie den Zweck der „Projektsteuerung und -kontrolle".
e) Erläutern Sie, wie das Projekt formal beendet werden sollte.

Lösungsvorschlag

a) • Reine Projektorganisation
   • Matrix-Projektorganisation
   • Einfluss-Projektorganisation (Projektkoordination)
b) Einfluss-Projektorganisation (Projektkoordination)
   Vorteile:
   • Projektmitarbeiter verbleiben in der Linienorganisation, daher keine Versetzung von Personal vor Projektbeginn und nach Projektende notwendig
   • Mitarbeiter können gleichzeitig an mehreren Projekten teilnehmen
   Nachteile:
   • Projektkoordinator hat keine Weisungsbefugnis, daher kann er bei Verfehlen des Projektziels nicht verantwortlich gemacht werden
   • hoher Koordinations- und Abstimmungsaufwand
c) Projektplanung setzt sich i. d. R. aus folgenden Teilplanungen zusammen:
   • Projektstrukturplanung
   • Ressourcenplanung
   • Ablauf- und Terminplanung
   • Liquiditäts-, Kosten- und Budgetplanung
d) Zweck der „Projektsteuerung und -kontrolle" ist die frühzeitige Erkennung von Abweichungen hinsichtlich der Zielgrößen:
   • Leistung (Quantität und Qualität)
   • Ressourceneinsatz/Kosten
   • Zeit/Termin
e) Das Projekt sollte formal in einer Schlusssitzung beendet werden. Dabei sind Projektverlauf und Projektergebnis hinsichtlich Termintreue und Kostenentwicklung zu betrachten. Des Weiteren sollte die Zusammenarbeit – im Team, mit anderen Abteilungen und ggf. mit Kunden – analysiert werden.

Anm.:
vgl. Krause/Ulke, Zahlentafeln für den Baubetrieb, Abschn. 12.2.3

10.3 Qualitätsmanagement

Die Geschäftsführung beabsichtigt ein QM-System nach DIN EN ISO 9001:2015 einzuführen. Sie werden gebeten, anhand eines Flussdiagramms (vgl. Krause/Ulke, Zahlentafeln für den Baubetrieb, Abschn. 12.2.2) den Ablauf eines Zertifizierungsverfahrens darzustellen.

Lösungsvorschlag

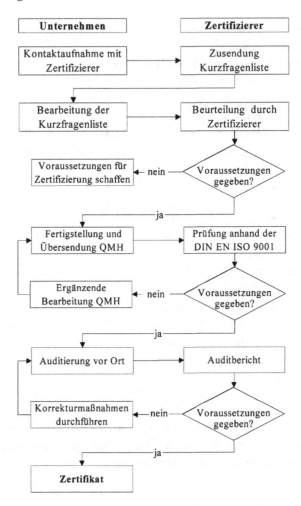

Anm.:
vgl. Krause/Ulke, Zahlentafeln für den Baubetrieb, Abschn. 12.3.3

10.4 Personalfreistellung

Ihnen werden verschiedene Fragen zur Kündigung von Arbeitnehmern vorlegt:

a) Ein gewerblicher Arbeitnehmer „schmeißt" auf der Baustelle im Ärger über seinen Polier – unter Beobachtung zahlreicher Zeugen – „die Brocken hin" und verlässt die Baustelle. Hat der *Arbeitnehmer* durch dieses Verhalten das Arbeitsverhältnis gekündigt?

b) Die Bauunternehmung Schmitz GmbH will den gewerblichen Mitarbeiter Müller, 28 Jahre alt, kündigen. Herr Müller ist seit 6 Jahren im Unternehmen. Welche gesetzliche Kündigungsfrist ist einzuhalten?

c) Um die Betriebsdisziplin nicht zu gefährden, wird Herr Meier wegen wiederholter Unpünktlichkeit am Arbeitsplatz gekündigt. Welche Voraussetzung muss der *Arbeitgeber* bei einer verhaltensbedingten Kündigung erfüllen? Was muss der *Arbeitnehmer* tun, wenn er mit der Kündigung nicht einverstanden ist, um seine Rechte zu wahren?

Lösungsvorschlag

a) Nein, da die Kündigung zu ihrer Wirksamkeit der Schriftform bedarf (§ 623 BGB).

b) Die Kündigungsfrist beträgt zwei Monate zum Ende eines Kalendermonats (§ 622 BGB).

   Anm.: Die Regelung, dass bei der Berechnung der Beschäftigungsdauer Zeiten, die vor dem 25. Lebensjahr des Arbeitnehmers liegen, nicht berücksichtigt werden, wurde durch ein Urteil des EuGH von 1/2010 wegen unzulässiger Diskriminierung jüngerer Arbeitnehmer verworfen.

c) Der Arbeitgeber muss dem Arbeitnehmer in den letzten zwei Jahren eine Abmahnung wegen Unpünktlichkeit erteilt haben, um eine verhaltensbedingte Kündigung aussprechen zu können. Der Arbeitnehmer muss innerhalb von drei Wochen nach Zugang der Kündigung Klage beim Arbeitsgericht erheben.

Anm.:
vgl. Krause/Ulke, Zahlentafeln für den Baubetrieb, Abschn. 12.4.1.3

10.5 Personalführung/-beurteilung

Bauleiter Ungeduldig stellt bei einem Besuch auf der Baustelle fest, dass der Polier Schmitz Schleif- und Schneidearbeiten ohne die vorgeschriebene Schutzbrille ausführt.

Aus Zeitgründen – in fünf Minuten ist eine Baubesprechung mit der Projektleitung des Bauherrn vorgesehen – übergeht er dieses Fehlverhalten, nimmt sich aber vor, den Polier gelegentlich darauf hinzuweisen.

Eine Woche später besucht Bauleiter Ungeduldig wieder die Baustelle und erkennt einen groben Fehler in der Arbeitsleistung der Kolonne.

Obwohl sich der Fehler mit einem geringen Aufwand korrigieren ließe, geht Bauleiter Ungeduldig „in die Luft". Er wirft Polier Schmitz vor seinen Mitarbeitern und anderem Baustellenpersonal mit lauter, gereizter Stimme unpräzise, ungenaue Arbeitsweise vor, und unter anderem, dass er letzte Woche keine Schutzbrille getragen habe.

a) Beurteilen Sie das Führungsverhalten des Bauleiters.

b) Wie sollte ein Kritikgespräch allgemein geführt werden?

Lösungsvorschlag

a) Bauleiter Ungeduldig reagiert zu impulsiv! Durch seinen lauten Vorwurf vor versammelter Mannschaft verletzt er die Würde des Poliers Schmitz. Dadurch demotiviert er ihn für seine weitere Arbeit, was im Extremfall zur inneren Kündigung von Polier Schmitz führen könnte.

Die Kritik am Verhalten von Polier Schmitz bezüglich des Nichttragens der Schutzbrille bezieht sich auf Vergangenes und trifft zum Zeitpunkt der Kritik nicht mehr zu.

Anm.: Kritik sollte nicht aufgeschoben werden, weil sonst der Zusammenhang zwischen Kritik und falschem Verhalten nicht eingesehen werden kann. Der Mitarbeiter empfindet in solchen Fällen die Kritik als unangebracht und unwirksam.

Darüber hinaus hat Bauleiter Ungeduldig gegen seine Aufsichtspflicht verstoßen; da bei Nichteinhaltung der Unfallverhütungsvorschriften (hier: fehlende Schutzbrille) sofort eingeschritten werden muss.

b) z. B.:

- Situation beschreiben (objektive Formulierung)
- Kritik vortragen (ruhig und konkret)
- Fehler erklären lassen (aus der Sicht des Mitarbeiters)
- Fehlerursachen diskutieren
- Konsequenzen festlegen (was folgt daraus?)
- Gemeinsam nach positiven Lösungen suchen
- ggf. Folgetermin festlegen, um Umsetzung von festgelegten Maßnahmen zu überprüfen
- Gespräch positiv abschließen

Anm.:
vgl. Krause/Ulke, Zahlentafeln für den Baubetrieb, Abschn. 12.4.3

10.6 Buchungstechnik

Erstellen Sie auf Basis vorliegender Daten die Anfangsbilanz, lösen Sie die Anfangsbilanz in Bestandskonten auf, tragen Sie unter Verwendung der vorgegebenen Konten hinter den Geschäftsvorfällen die Buchungssätze ein, übertragen Sie die Buchungen auf die Konten und schließen Sie die Buchführung über die Schlussbilanz und die Gewinn- und Verlust-Rechnung ab:

Gegeben sind folgende Anfangsbestände:

Grundstück, Gebäude	420.000,– €
Geräte	390.000,– €
Vorräte „Roh-, Hilfs- u. Betriebsstoffe"	80.000,– €
Forderungen aus Lieferung u. Leistung	435.000,– €

Bank	270.000,– €
Kasse	5000,– €
Eigenkapital	650.000,– €
Darlehensschulden	450.000,– €
Verbindlichkeiten aus Lieferung u. Leist.	500.000,– €

Nr.	€	Geschäftsvorfall	Buchungssatz
1	5000,–	Lieferantenrechnung durch Banküberweisung bezahlen	
2	15.000,–	Material für Baustelle, Zahlung später	
3	80.000,–	Kunde begleicht eine Abschlagsrechnung durch Banküberweisung	
4	70.000,–	Kauf eines Radladers und Bezahlung per Banküberweisung	
5	500,–	Betriebsstoffe aus Vorräten „RHB" an die Baustelle liefern	
6	3000,–	Miete für Verwaltungsgebäude vom Bankkonto bezahlen	
7	40.000,–	Rechnung an Kunde, Zahlung später	
8	10.000,–	Zahlung der Löhne per Überweisung a) für Baustelle 8500,– € b) für Bauhof 1500,– €	
9	500,–	Barkauf eines Flachbildschirmes	
10	20.000,–	Banküberweisung zur Tilgung von Darlehensschuld	
		am Ende des Geschäftsjahres	
11	12.000,–	Abschreibung des Radladers	
12	31.000,–	Bestand an nicht abgerechneter Leistung	

Lösungsvorschlag

Anfangsbilanz			
Aktiva		Passiva	
Grundstück, Gebäude	420.000	Eigenkapital	650.000
Geräte	390.000	Darlehensschulden	450.000
Vorräte „RHB"	80.000	Verbindlichkeiten	500.000
Forderungen	435.000		
Bank	270.000		
Kasse	5000		
	1.600.000		**1.600.000**

Nr.	€	Geschäftsvorfall	Buchungssatz
1	5000,–	Lieferantenrechnung durch Banküber-weisung bezahlen	Verbindlichkeiten an Bank
2	15.000,–	Material für Baustelle, Zahlung später	a) Material an Verbindlichkeit b) Baustelle an Material
3	80.000,–	Kunde begleicht eine Abschlagsrech-nung durch Banküberweisung	Bank an Forderung
4	70.000,–	Kauf eines Radladers und Bezahlung per Banküberweisung	Geräte an Bank
5	500,–	Lieferung von Betriebsstoffen aus Vor-räten „RHB" an die Baustelle	a) Material an Vorräte „RHB" b) Baustelle an Material
6	3000,–	Miete für Verwaltungsgebäude vom Bankkonto bezahlen	a) Miete an Bank b) Verwaltung an Miete
7	40.000,–	Rechnung an Kunde, Zahlung später	Forderung an Bauerlös-Konto
8	10.000,–	Zahlung der Löhne per Überweisung a) für Baustelle 8500,– € b) für Bauhof 1500,– €	a) Löhne an Bank b) Baustelle an Löhne c) Bauhof an Löhne
9	500,–	Barkauf eines Flachbildschirmes	a) EDV-Ausstattung an Kasse b) Verwaltung an EDV-Ausstattung
10	20.000,–	Banküberweisung zur Tilgung von Dar-lehensschuld	Darlehensschuld an Bank
		am Ende des Geschäftsjahres	
11	12.000,–	Abschreibung des Radladers	a) Abschreibung an Geräte b) Radlader an Abschreibung
12	31.000,–	Bestand an nicht abgerechneter Leis-tung	Nicht abgerechnete Leistung an Be-standserhöhung nicht abgerechnete Bauleistung

Bestandskonten

Grundstücke, Gebäude				**Eigenkapital**			
AB	420.000	SB	420.000	SB	650.000	AB	650.000
	420.000		**420.000**		**650.000**		**650.000**

Geräte				**Darlehensschulden**			
AB	390.000	(11a)	12.000	(10)	20.000	AB	450.000
(4)	70.000	SB	448.000	SB	430.000		
	460.000		**460.000**		**450.000**		**450.000**

Vorräte „RHB"				**Verbindlichkeiten a. Lief. u. Leist.**			
AB	80.000	(5a)	500	(1)	5000	AB	500.000
		SB	79.500	SB	510.000	(2a)	15.000
	80.000		**80.000**		**515.000**		**515.000**

Forderungen a. Lief. u. Leist.				**Nicht abgerechnete Bauleistung**			
AB	435.000	(3)	80.000	(12)	31.000	SB	31.000
(7)	40.000	SB	395.000				
	475.000		**475.000**		**31.000**		**31.000**

Bestandskonten

Bank				Kasse			
AB	270.000	(1)	5000	AB	5000	(9a)	500
(3)	80.000	(4)	70.000			SB	4500
		(6a)	3000	**5000**		**5000**	
		(8a)	10.000				
		(10)	20.000				
		SB	242.000				
350.000		**350.000**					

Erfolgskonten

Löhne				Abschreibung			
(8a)	10.000	(8b)	8500	(11a)	12.000	(11b)	12.000
		(8c)	1500				
10.000		**10.000**		**12.000**		**12.000**	

EDV-Ausstattung				Miete			
(9a)	500	(9b)	500	(6a)	3000	(6b)	3000
500		**500**		**3000**		**3000**	

Material			
(2a)	15.000	(2b)	15.000
(5a)	500	(5b)	500
10.000		**10.000**	

Baustelle				Verwaltung			
(2b)	15.000	(I)	24.000	(6b)	3000	GV	3500
(5b)	500			(9b)	500		
(8b)	8500			**3500**		**3500**	
24.000		**24.000**					

Bauhof				Radlader			
(8c)	1500	GV	1500	(11b)	12.000	GV	12.000
1500		**1500**		**12.000**		**12.000**	

Bauerlös-Konto				Bestandserhöhung nicht abg. Bauleistung			
(II)	40.000	(7)	40.000	(III)	31.000	(12)	31.000
40.000		**40.000**		**31.000**		**31.000**	

Schlussbilanz

Aktiva			Passiva	
Grundstück, Gebäude	420.000	Eigenkapital		650.000
Geräte	448.000	Darlehensschulden		430.000
Vorräte „RHB"	79.500	Verbindlichkeiten		510.000
Forderungen	395.000	**Gewinn**		**30.000**
Nicht abgerechnete Bauleistung	31.000			
Bank	242.000			
Kasse	4500			
	1.620.000			1.620.000

Baustellen-Erfolgskonto

Aufwand			Ertrag
(I)	24.000	(II)	40.000
GV	47.000	(III)	31.000
	71.000		**71.000**

GV-Konto

Aufwand			Ertrag
Bauhof	1500	Baustellen-Erfolgskonto	47.000
Radlader	12.000		
Verwaltung	3500		
Gewinn	**30.000**		
	47.000		**47.000**

Anm.:
vgl. Krause/Ulke, Zahlentafeln für den Baubetrieb, Abschn. 12.5.3

10.7   Betriebsabrechnungsbogen (BAB)

Ermitteln Sie auf Basis vorliegender Daten im Betriebsabrechnungsbogen die Baustellen-ergebnisse und das Gesamtbetriebsergebnis sowie die Umlagekosten in Prozent bezogen auf „Löhne und Gehälter AP" bzw. auf die „Herstellkosten".

Betriebsabrechnungsbogen (BAB) nach [2] (alle Beträge in €) Kosten- und Leistungsarten	Gesamt-kosten	Umlagekosten				Hilfsbetriebs- und Verrechnungskostenstellen			Baustellen			Ergebnis-rechnung
		Sozial-kosten	Kleingerät/ Werkzeuge	Busse	Verwaltung	Werkstatt/ Bauhof	Geräte/ LKW	Bauleiter	Baustelle A	Baustelle B	Baustelle C	
Summe Bauleistungen	1.870.000								340.000	950.000	580.000	1.870.000
Löhne und Gehälter AP	428.250					29.750			65.900	186.750	145.850	
Sozialkosten AP	385.425	385.425										
Lohn- und Gehaltsnebenkosten AP	35.200					2.500			6.700	16.250	9.750	
Baustoffe	355.210								73.860	160.850	120.500	
Geräte-/LKW-Kosten	93.000						93.000					
Hilfs- und Betriebsstoffkosten	40.450				4.100	4.800			6.400	15.500	9.650	
Kleingeräte/Werkzeuge	25.695		25.695									
Busse	19.925			19.925								
Gehaltskosten Bauleiter (Baustelle)	42.000							42.000				
Gehaltskosten TK	68.500				68.500							
Fremdleistungen (Nachunternehmer)	172.620								47.720	99.300	25.600	
Allgemeine Kosten	130.065				97.845				4.670	17.500	10.050	
Summe	1.796.340	385.425	25.695	19.925	170.445	37.050	93.000	42.000	205.250	496.150	321.400	
Umlage/Verrechnung:												
Sozialk. / Löhne u. Gehält. * 100% =												
KGW / Löhne u. Gehälter * 100% =												
Busse / Löhne u. Gehälter * 100% =												
Hilfsbetriebs- und Verrechnungskostenstellen:												
Verrechnung Bauleiter lt. Berichtswesen									7.000	28.000	9.000	
Verrechnung Geräte/LKW lt. Berichtswesen									24.800	86.500	42.700	
Verwaltungsk./Herstellk. * 100%												
+ Überdeckung												
- Unterdeckung												

Herstellkosten:
Verwaltungskosten:
= Selbstkosten:
Übertrag Bauleistungen:
Bauleistungen - Selbstkosten = Baustellenergebnisse:
Unter- und Überdeckungen aus den Hilfsbetriebs- und Verrechnungskostenstellen:
Betriebsergebnis:

Betriebsabrechnungsbogen (BAB) nach [2] *(alle Beträge in €)*

Kosten- und Leistungsarten	Gesamt-kosten	Umlagekosten Sozial-kosten	Umlagekosten Kleingerät/Werkzeuge	Umlagekosten Busse	Umlagekosten Verwaltung	Hilfsbetriebs- und Verrechnungskostenstellen Werkstatt/Bauhof	Hilfsbetriebs- und Verrechnungskostenstellen Geräte/LKW	Hilfsbetriebs- und Verrechnungskostenstellen Bauleiter	Baustellen Baustelle A	Baustellen Baustelle B	Baustellen Baustelle C	Ergebnis-rechnung
Summe Bauleistungen	1.870.000								340.000	950.000	580.000	1.870.000
Löhne und Gehälter AP	428.250	385.425				29.750			65.900	186.750	145.850	
Sozialkosten AP	385.425	385.425										
Lohn- und Gehaltsnebenkosten AP	35.200					2.500			6.700	16.250	9.750	
Baustoffe	355.210								73.860	160.850	120.500	
Geräte-/LKW-Kosten	93.000						93.000					
Hilfs- und Betriebsstoffkosten	40.450				4.100	4.800			6.400	15.500	9.650	
Kleingeräte/Werkzeuge	25.695		25.695									
Busse	19.925			19.925								
Gehaltskosten Bauleiter (Baustelle)	42.000							42.000				
Gehaltskosten TK	68.500				68.500							
Fremdleistungen (Nachunternehmer)	172.620								47.720	99.300	25.600	
Allgemeine Kosten	130.065				97.845				4.670	17.500	10.050	
Summe	1.796.340	385.425	25.695	19.925	170.445	37.050	93.000	42.000	205.250	496.150	321.400	

Umlage/Verrechnung:

	Gesamt-kosten	Sozial-kosten	Kleingerät/Werkzeuge	Busse	Verwaltung	Werkstatt/Bauhof	Geräte/LKW	Bauleiter	Baustelle A	Baustelle B	Baustelle C	Ergebnis-rechnung
Sozialk. / Löhne u. Gehält. * 100% = 385.425 / 428.250 * 100 = 90 %		-385.425				26.775			59.310	168.075	131.265	
KGW / Löhne u. Gehälter * 100% = 25.695 / 428.250 * 100 = 6 %			-25.695			1.785			3.954	11.205	8.751	
Busse / Löhne u. Gehälter * 100% = 19.925/(428.250-29.750)*100 = 5 %				-19.925					3.295	9.338	7.293	
		0	0	0		65.610	65.610					
						-65.610	158.610					
Hilfsbetriebs- und Verrechnungskostenstellen:												
Verrechnung Bauleiter lt. Berichtswesen								-44.000	7.000	28.000	9.000	
Verrechnung Geräte/LKW lt. Berichtswesen							-154.000		24.800	86.500	42.700	
					-170.445	0	4.610	-2.000				
					0							

Herstellkosten: A 303.609 | B 799.268 | C 520.409 | Herstellkosten: 1.623.285

Verwaltungskosten: Verwaltung -170.445 | A 31.879 | B 83.923 | C 54.643 | Verwaltungskosten: 170.445

= Selbstkosten: A 335.488 | B 883.191 | C 575.051 | = Selbstkosten: 1.793.730

Übertrag Bauleistungen: A 340.000 | B 950.000 | C 580.000 | Übertrag Bauleistungen: 1.870.000

+ Überdeckung: A 4.512 | B 66.809 | C 4.949 | 76.270

- Unterdeckung: -2.610

Verwaltungsk./Herstellk. * 100% = 170.445 / 1.623.285 * 100 = 10,5 %

Bauleistungen - Selbstkosten = Baustellenergebnisse:

Unter- und Überdeckungen aus den Hilfsbetriebs- und Verrechnungskostenstellen:

Betriebsergebnis: 73.660

10.8 Bauleistungsmeldung

Bearbeiten Sie beiliegende Bauleistungsmeldung per 30.06.18 unter Berücksichtigung der nachstehenden Gegebenheiten:

Der Auftrag für die **Baustelle Musterbau** der NL Aachen wurde Anfang Mai 18 mit der Maßgabe vergeben, dass mit den Arbeiten am 17.05.18 zu beginnen ist. Es wurde eine Kostenstelle mit der Nr. 970105 eröffnet.

Die Auftragssumme beträgt 400.000,– € netto. Des Weiteren wurde bereits im Juni 18 ein Nachtrag mit 50.000,– € netto beauftragt. (*Anm.:* Auch alle nachfolgend genannten Beträge sind immer netto, also ohne MWST.)

Per 31.05.18 wurde ein Leistungsstand von 65.000,– € gemeldet. Eine Rechnung konnte zu diesem Zeitpunkt noch nicht gestellt werden, da im Zahlungsplan eine Mindestsumme von 80.000,– € je Abschlagsrechnung vereinbart wurde.

Per 05.07.18 wird nun eine 1. Abschlagsrechnung in Höhe von 170.000,– € gestellt. Dies entspricht dem Leistungsstand per 30.06.18.

Der Bauherr ist berechtigt, bei Zahlung der Rechnung eine Sicherheit von 10 % einzubehalten.

Im Leistungsstand von 170.000,– € ist ein Materialanteil in Höhe von ca. 10.000,– € enthalten, für die der Lieferant noch keine Rechnung geschickt hat.

Bauleistungmeldung zum ....

(alle Beträge in € ohne Mehrwertsteuer)

Bis zum 8. jeden Monats
an Betriebsabrechnung
schicken!

NL .... Baust. .... Kst. ....

	Auftragsübersicht	Berichts-monat	bis Ende Vormonat	Gesamt bis Ende Berichtsmonat
1	Auftragssumme			
2	Zusatzaufträge			
3	erbrachte außervertragliche Leistungen			
4	Auftragsvolumen (Summe 1 - 3)			
5	erbrachte Gesamtleistung (aus Zeile 14)			
6	Auftragsminderung (+), Auftragsmehrung (-)			
7	Gesamtleistung (Summe 5 + 6)			
8	voraussichtlich noch auszuf. Auftragsumfang (Zeile 4 ./. 7)			

	Leistungsübersicht	Berichts-monat	bis Ende Vormonat	Gesamt bis Ende Berichtsmonat
9	abger. Leistungen (Schlußrechnung)			
10	abger. Leistungen (Abschlagsrechnung)			
11	erbrachte, nicht abger. Leistungen			
12	Summe erbrachte Leistungen			
13	vorverrechnete Leistungen			
14	berichtigte Gesamtleistung (Zeile 12 ./. 13)			

	Abgrenzung der Kosten	Kostenart	im Berichtsmonat Kosten-minderung	im Berichtsmonat Kosten-mehrung
15	lagernde Baustoffe (nicht in Zeile 12 enthalten)			
16				
17				
18				
19	vom Liefer. geliefert u. noch nicht berechnete Baustoffe			
20	vom Sub. noch nicht berechnete Leistungen			
21	vom Sub. noch nicht berechnete Geräte / LKW			
22				
23				

Datum .... BL .... OBL .... Baukfm. ....

Anlagen
Aufmaß
Leistungsermitllung

Lösungsvorschlag

Bauleistungmeldung zum *30.06.18*			
(alle Beträge in € ohne Mehrwertsteuer)			Bis zum 8. jeden Monats an Betriebsabrechnung schicken!

NL ... *Aachen* ...   Baust. ...*Musterbau* ....   Kst. ... *970105* ....

	Auftragsübersicht	Berichts-monat	bis Ende Vormonat	Gesamt bis Ende Berichtsmonat
1	Auftragssumme			*400.000*
2	Zusatzaufträge	*50.000*		*50.000*
3	erbrachte außervertragliche Leistungen			
4	Auftragsvolumen (Summe 1 - 3)			*450.000*
5	erbrachte Gesamtleistung (aus Zeile 14)			*170.000*
6	Auftragsminderung (+), Auftragsmehrung (-)			
7	Gesamtleistung (Summe 5 + 6)			
8	voraussichtlich noch auszuf. Auftragsumfang (Zeile 4 ./. 7)			*280.000*

	Leistungsübersicht	Berichts-monat	bis Ende Vormonat	Gesamt bis Ende Berichtsmonat
9	abger. Leistungen (Schlußrechnung)			
10	abger. Leistungen (Abschlagsrechnung)	*170.000*		*170.000*
11	erbrachte, nicht abger. Leistungen	*-65.000*	*65.000*	
12	Summe erbrachte Leistungen			
13	vorverrechnete Leistungen			
14	berichtigte Gesamtleistung (Zeile 12 ./. 13)	*105.000*	*65.000*	*170.000*

	Abgrenzung der Kosten	Kostenart	im Berichtsmonat	
			Kosten-minderung	Kosten-mehrung
15	lagernde Baustoffe (nicht in Zeile 12 enthalten)			
16				
17				
18				
19	vom Liefer. geliefert u. noch nicht berechnete Baustoffe			*10.000*
20	vom Sub. noch nicht berechnete Leistungen			
21	vom Sub. noch nicht berechnete Geräte / LKW			
22				
23				

Datum *05.07.2018* ....   BL *Fröhlich* ....   OBL *Munter* ....   Baukfm. *Schmitz-Müller* ....

Anlagen
Aufmaß
Leistungsermittlung

Anm.:
vgl. Krause/Ulke, Zahlentafeln für den Baubetrieb, Abschn. 12.6.2

10.9 Betriebsabrechnung (Baustelle)

Ermitteln Sie das Baustellenergebnis anhand der vorliegenden Daten aus der Bauleistungsmeldung sowie der Informationen aus der Betriebsbuchhaltung für **Juni 18**:

Stunden der Arbeiter und Poliere gem. Wochenberichte	1020 h à 17,– €/h
Lohn- und Gehaltsnebenkosten	2200,– €
Materialrechnungen (Baustoffe)	18.830,– €
Rechnung für Hilfs- und Betriebsstoffe	2000,– €
Rechnungen Nachunternehmer	4880,– €
Allgemeine Kosten	1460,– €
Innerbetriebliche Verrechnung	
Transporte durch eigenen LKW	50 h à 38,– €/h
„Rechnung" der Geräteverwaltung	5400,– €
Inanspruchnahme der Werkstatt	20 h à 40,– €
Anteilige Stunden Bauleiter	70 h à 50,– €
Umlage (siehe BAB)	
Lohngebundene Kosten (Sozialkosten)	90 % auf Löhne und Gehälter (AP)
Kosten für Kleingeräte/Werkzeuge	6 % auf Löhne und Gehälter (AP)
Kosten für Busse	5 % auf Löhne und Gehälter (AP)
Verwaltungskosten	10,5 % auf Herstellkosten

Vervollständigen Sie ergänzend die Tabelle in der Spalte „Geschäftsjahr 2018" (entspricht hier der Spalte „Baubeginn bis Juni 18").

Ermitteln Sie die „Wertschöpfung/Stunde" für die Baustelle per 30.06.18!

	Geschäftsjahr 2018 €	Mai 18 €	Jun 18 €	Baubeginn bis Jun 18 €
Abgerechnete Leistung				
Erbrachte, nicht abgerechnete Leist.	65.000			
Bauleistung	65.000			
Löhne und Gehälter (AP)	7650			
Lohn- und Gehaltsnebenkosten (AP)	1050			
Baustoffe	8100			
noch nicht berechnete Baustoffe				
Hilfs- und Betriebsstoffe	1200			
Nachunternehmer	15.000			
Allgemeine Kosten	875			
Innerbetriebliche Verrechnung				
LKW	3800			
Geräte	3000			
Werkstatt, Bauhof	2400			
Gehaltskosten BL	2500			

	Geschäftsjahr 2018	Mai 18	Jun 18	Baubeginn bis Jun 18
	€	€	€	€
Umlage				
Lohngeb. Kosten (AP)		6885		
Kleingeräte/Werkzeuge		459		
Busse		383		
Herstellkosten		53.302		
Umlage Verwaltungskosten		5597		
Selbstkosten		58.898		
Baustellenergebnis		6102		

Lösungsvorschlag

	Geschäftsjahr 2018	Mai 18	Jun 18	Baubeginn bis Jun 18
	€	€	€	€
Abgerechnete Leistung	*170.000*		*170.000*	*170.000*
Erbrachte, nicht abgerechnete Leist.		65.000	*−65.000*	
Bauleistung	*170.000*	65.000	*105.000*	*170.000*
Löhne und Gehälter (AP)	*24.990*	7650	*17.340*	*24.990*
Lohn- und Gehaltsnebenkosten (AP)	*3250*	1050	*2200*	*3250*
Baustoffe	*26.930*	8100	*18.830*	*26.930*
noch nicht berechnete Baustoffe	*10.000*		*10.000*	*10.000*
Hilfs- und Betriebsstoffe	*3200*	1200	*2000*	*3200*
Nachunternehmer	*19.880*	15.000	*4880*	*19.880*
Allgemeine Kosten	*2335*	875	*1460*	*2335*
Innerbetriebliche Verrechnung				
LKW	*5700*	3800	*1900*	*5700*
Geräte	*8400*	3000	*5400*	*8400*
Werkstatt, Bauhof	*3200*	2400	*800*	*3200*
Gehaltskosten BL	*6000*	2500	*3500*	*6000*
Umlage				
Lohngeb. Kosten (AP)	*22.491*	6885	*15.606*	*22.491*
Kleingeräte/Werkzeuge	*1499*	459	*1040*	*1499*
Busse	*1250*	383	*867*	*1250*
Herstellkosten	*139.125*	53.302	*85.823*	*139.125*
Umlage Verwaltungskosten	*14.608*	5597	*9011*	*14.608*
Selbstkosten	*153.733*	58.898	*94.835*	*153.733*
Baustellenergebnis	*16.267*	6102	*10.165*	*16.267*

Ermittlung der „Wertschöpfung/Stunde":

Bauleistung per 30.06.2018	170.000 €
− Baustoffe	36.930 €
− <u>Nachunternehmer</u>	19.880 €
Wertschöpfung	113.190 €
: Prod. Stunden auf der Baustelle	1470 h
= Wertschöpfung/Stunde	77,00 €/h

Literatur

1. Krause/Ulke (Hrsg.), Zahlentafeln für den Baubetrieb, 9. Aufl., Springer Fachmedien Wiesbaden 2016
2. KLR-Bau, Kosten- und Leistungsrechnung der Bauunternehmen. Wiesbaden; Berlin: Bauverlag, Düsseldorf: Werner-Verlag, 2001
3. DIN EN ISO 9001:2015 Qualitätsmanagementsysteme – Anforderungen

Kalkulation

11

Wilfried Streit

11.1 Vorbemerkungen

11.1.1 Berechnungsgrundlagen

Das Kalkulationsbeispiel ist vereinfacht mit stark gekürztem Leistungsverzeichnis dargestellt. Das LV enthält nur die Hauptpositionen. Daher sind die ermittelten Kosten und Preise nicht direkt in die Praxis übertragbar.

Die Beispiele sind so angelegt, dass die Grundlagen und die Rechenvorgänge leicht nachvollziehbar sind. Die Kalkulationen sind mit Hilfe des Tabellenkalkulationsprogramms Excel 2011 for Mac von Microsoft erstellt. Dieses Programm ist lediglich als Rechenhilfe eingesetzt, nicht als vollwertiges Baukalkulationsprogramm. Das Format der Rechenblätter orientiert sich an den in der Praxis üblichen Formularen für die Kalkulation „von Hand".

Auf den Einsatz und die Vorführung von EDV-Programmen für die Kalkulation von Bauleistungen wurde bewusst verzichtet. Diese mächtigen sogenannten Branchenprogramme umfassen das gesamte Zahlenwerk einer Bauunternehmung. Sie sind zum Verständnis und zum Erlernen der Kalkulation von Bauleistungen ungeeignet.

In den Beispielen werden bei der Darstellung der Zahlenwerte die in der Praxis üblichen Schreibweisen verwendet:

W. Streit (✉)
FH Aachen
Aachen, Deutschland
E-Mail: streit@fh-aachen.de

© Springer Fachmedien Wiesbaden GmbH, ein Teil von Springer Nature 2019
T. Krause, B. Ulke (Hrsg.), *Übungsaufgaben und Berechnungen für den Baubetrieb*,
https://doi.org/10.1007/978-3-658-23127-9_11

Stunden mit (hochgestelltem) h, auch wenn über der Spalte die Dimension „Stunden" steht, um Verwechslungen mit € sicher auszuschließen	z. B. 17,5 h oder 17,5 h
EURO-Beträge mit der Dimension €, in Berechnungen ohne Dimension in den folgenden Formen:	
EURO-Beträge auf Cent ausgeschrieben, immer mit 2 Stellen	z. B. 258,00
EURO-Beträge auf volle € gerundet (nicht zulässig bei Preisen, z. B. Einträgen im LV)	z. B. 258,–
Tausend Euro, z. B. in der Leistungsmeldung	z. B. 12 T€

Alle Beispiele basieren auf den Stammdaten einer Musterbaufirma (s. Abschnitt 13 „Kalkulation" in „Zahlentafeln für den Baubetrieb" [1]):

- Stundenansätze
- Gerätekosten
- Materialkosten
- Fremdleistungskosten.

Diese Stammdaten müssen in der Musterbaufirma vorhanden sein. Sie können vom Kalkulator nicht verändert werden. Die Daten werden für jedes Objekt ausgewählt und in Objektdateien abgelegt. Dort können sie verändert werden.

Für das Verständnis der Kalkulationsbeispiele wird die Kenntnis der Bauverfahren (Arbeitsablauf, Geräteeinsatz, Schalsysteme usw.) vorausgesetzt.

11.1.2 Lohnkosten

Tariflöhne
Der letzte Lohntarifvertrag ist am 10. Juni 2016 neu vereinbart worden. Ergebnis: Ab 1. Mai 2017 beträgt der Ecklohn 18,43 € (Ost: 17,14 €).

Mindestlohntarifvertrag
Die tariflichen Mindestlöhne sind zugleich gesetzliche Mindestlöhne. Ab dem 1. Januar 2018 beträgt der Mindestlohn in den alten Bundesländern für Lohngruppe 1 (Ungelernte/Werker) 11,75 €/Stunde, für Lohngruppe 2 (Fachwerker, Maschinisten und Kraftfahrer) 14,95 €/Stunde. In den „neuen" Bundesländern ist nur der Mindestlohn für die Lohngruppe 1 mit 11,75 €/Stunde festgelegt. Die Mindestlöhne unterliegen nicht der Tariferhöhung. Zum 01. März 2019 steigen die Mindestlöhne auf 12,20 bzw. 15,20 €/Stunde, in den neuen Bundesländern auf 12,20 €/Stunde.

Lohnzusatzkosten für 2018
Basis 85 % für 2015, s. [1] Tafel 13.4. Für 2018 ergibt sich eine Änderung der bezahlten Feiertage von 8 auf 11, da weniger Feiertage auf Samstage oder Sonntage fallen

Ermittlung der Arbeitstage im Jahr 2018 (für NRW/Rheinland)		
1. Sonntage und Samstage		104
2. Gesetzliche Feiertage, soweit nicht Sonntag, Samstag		
gesetzlich: Neujahr, Karfreitag, Ostermontag, 1.Mai, Christi Himmelfahrt,		
Pfingstmontag, Tag der dt. Einheit, 1.+ 2. Weihnachtstag		9
regional: Fronleichnam, Allerheiligen		2
3. Arbeitsfreie Tage: 24. und 31. 12.		2
4. Schlechtwetter-Ausfalltage im SW-Zeitraum (Schätzung)	10	
- Ausgleich durch Vor- und Nacharbeit (1.-30.SW-Stunde, 10 Stunden/Tag angesetzt)	-3	
- verbleibt (mit Anspruch auf Saison-Kurzarbeitergeld)	---->	7
5. Schlechtwetter-Ausfalltage außerhalb SW-Zeit: Ausgleich durch Flexibilisierung		0
6. Ausfalltage wegen Kurzarbeit: Ausgleich durch Flexibilisierung		0
Summe 1: Ausfalltage des Betriebes		**124**
7. Urlaub nach §8 BRTV		30
8. Tarifliche Ausfalltage nach §4 BRTV (familiäre Gründe) (betriebl. Erfahrungswert)		1
9. Gesetzliche Ausfalltage (Betriebsrat, Schulung, UVV etc.) (betriebl. Erfahrungswert)		1
10. Krankheitstage mit Lohnfortzahlung (betriebl. Erfahrungswert)		7
11. Krankheitstage ohne Lohnfortzahlung (betriebl. Erfahrungswert)		3
Summe 2: Persönliche Ausfalltage der Arbeiter		**42**
Summe der Ausfalltage		166
Kalendertage		365
Verbleibende produktive Arbeitstage je Arbeitnehmer		**199**
Verbleibende produktive Arbeitstage des Betriebes		**241**
durchschnittliche Arbeitstage je Monat:		**20**
Soziallohn aus bezahlten Feiertagen:		**5,5%**

Abb. 11.1 Produktive Arbeitstage 2018

(s. Abb. 11.1, 11.25). Unter anderem daraus resultiert ein Anstieg der anteiligen Soziallöhne. In den Beispielen wird für 2018 91 % angesetzt.

11.1.3 Gerätekosten

Die Gerätekosten werden nach den Rechenansätzen der Baugeräteliste 2015 [2] mit betriebsinternen Erfahrungswerten für den Kaufpreis, die Nutzungsdauer (Nutzungsjahre und Vorhaltemonate) und die Reparaturkosten ermittelt. Der Zinssatz wird marktgerecht angenommen.

Der Gerätekostenindex auf der Basis 2014 = 100 % wird für 2018 mit 103 % angesetzt.

11.1.4 Stoffkosten

Die Preise für Baustoffe unterliegen seit 2007 stärkeren, aber uneinheitlichen Schwankungen (s. [1]. Tafel 13.13).

Für die Beispiele werden ggfs. entsprechend den Baustoffpreisindizes angepasste Stoffpreise angesetzt. Der Preis für Diesel wird mit 1,10 €/Liter angesetzt, mit der zurzeit gültigen Mehrwertsteuer 1,31 €/Liter.

11.2 Einzelberechnungen

11.2.1 Gerätekosten

Mobilbagger (Leistungsgerät) für das Projekt Kanalbau:

Anlegen der Stammdaten (Abb. 11.2)

Bezeichnung: Hydraulikbagger auf Rädern, EDV: MOBILBAGGER HYD
Hersteller: Caterpillar
Typ: M 315
Kennwert nach BGL [2]: Motorleistung 112 kW

Werte nach BGL
Grundgerät   Bagger ohne Ausleger, Zusatzausrüstungen und Löffel
BGL-Gruppe: D.1.01 Hydraulikbagger auf Rädern > 6 t Eigengewicht
BGL.-Nr.:   D.1.01.91 (Kennwert 112 KW)

Zusatzgeräte und Zusatzausrüstungen Zusatzgeräte: Auslegerunterteil und Auslegeroberteil, Tieflöffel.

Zusatzausrüstungen: Schildabstützung, Hubbegrenzung und Lasthaken am Tieflöffel für Kranarbeiten.

Die Daten werden ebenfalls der BGL entnommen (Abb. 11.3).

Stammwerte Die Vorhaltemonate werden in der BGL von 60 bis 55 Monate angegeben. Für die Beispiele werden – wie üblich – die höheren „von"-Werte angesetzt. Daraus ergeben sich die niedrigeren Prozentsätze für Abschreibung und Verzinsung.

Die Werte für Gewicht und Kosten müssen interpoliert werden, da in der entsprechenden Tabelle die Daten für 100 und 150 kW angegeben sind.

1. Stammwerte nach BGL 2015						
Kurzbezeichnung: **MOBILBAGGER HYD**					BGL-Nr. **D.1.01.0112**	
Bezeichnung	Hydraulikbagger auf Rädern	Nutzungsjahre			n	7
Hersteller u. Typ:	Caterpillar / Cat M 315 F	Vorhaltemonate		("von"-Wert)	v	60
Zusatzgeräte und	Tieflöffel mit Kranhaken	Monatl. Satz für Abschrbg.+Verzinsg.		("von"-Wert)	k	2,0%
-ausrüstungen		Monatl. Satz für Reparaturkosten			r	1,6%
		Kenngröße:		Motorleistung (kW)		112 kW

Vorhaltekosten nach BGL (K = "von"-Werte aus BGL)	BGL-Nr.	Gewicht	mittlerer Neuwert A	Reparaturkosten R = r * A	Abschrg.+Verzg. K = k * A
		kg	€	€ / Monat	€ / Monat
Grundgerät:	D.1.01.0112	20.160	250.000,-	4.000,00	5.000,00
Schildabstützung	D.1.01.0112.AH	800	11.300,-	181,00	226,00
Hubbegrenzung	D.1.01.0112.AH	0	3.270,-	52,30	65,00
Ausleger-Unterteil hydr. verstellbar	D.1.41.0112	1.645	25.024,-	400,00	500,50
Ausleger-Oberteil hydr. verstellbar	D.1.42.0112	1.512	26.020,-	416,00	520,40
Löffelstiel	D.1.43.0112	1.022	13.170,-	211,00	263,40
Tieflöffel 0,5 m³	D.1.60.0500	500	3.740,-	60,00	74,80
Lasthaken am Tieflöffel	D:1.60.0500.AC	0	540,-	9,00	10,80
Stammwerte		25.639	333.064,-	5.329,30	6.660,90

2. Betriebsstoffkosten		Diesel, Benzin		Baustrom	
Motorleistung :		112	kW	0	kW
mittlerer Verbrauch je kWh		0,18	Liter	0,00	kWh
Energiepreis (ohne Mwst)		1,10	€ / Liter	0,00	€ / kWh
Wartungs- und Pflegestoffe		12	%	0	%
Kosten je Betriebsstunde	BS	24,84	€ / Stunde	0,00	€ / Stunde

3. Rüstkosten ohne Transport	Stundenaufwand	Stunden gesamt	Sonstiges	€
Auf- und Abladen zusammen	0,00 h / t	0,0 h		0,00
Auf- und Abbauen zusammen		0,0 h		0,00
Summe Rüstkosten		0,0 h		0,00

Abb. 11.2 Gerätekarte, Stammdaten für einen Mobilbagger

Interpolation: Beispielrechnung für das Grundgerät

Kennwertdifferenz der Tabellenwerte $100\,kW - 150\,kW =$ $50\,kW$

Kennwertdifferenz zwischen unterem Tabellenwert
und Gerät $112\,kW - 100\,kW =$ $12\,kW$

Gewicht $18.000\,kg + 12/50 \cdot (27.000\,kg - 18.000\,kg) =$ $20.160\,kg$

Mittlerer Neuwert A

$223.000,00 + 12/50 \cdot (335.500,00 - 223.000,00) =$ $250.000,-€$

Reparaturkosten $R = r \cdot A = 1,6\,\% \cdot 250.000,00 =$ $4000,-€/Monat$

Abschreibung und Verzinsung $K = k \cdot A$

$= 2,0\,\% \cdot 250.000,- („von"-Wert) =$ $5000,-€/Monat$

Die gleichen Berechnungen werden für die Zusatzgeräte und Zusatzausrüstungen durchgeführt.

Aus der Summe ergeben sich die Stammwerte.

D.1.01   **Hydraulikbagger auf Rädern > 6 t (Eigengewicht)**   BGL 1991-Nr. 3151
Mobilbagger HYD
Standardausrüstung:
Grundgerät mit Dieselmotor, Luftbereifung (8-fach), Allradantrieb, einschl. Hydraulikzylinder für Auslegerunterteil, Fahrerkabine.

Kenngröße: Motorleistung (kW).

Nr.	Motorleistung	Tieflöffelinhalt	Gewicht	Mittlerer Neuwert	Monatliche Reparaturkosten	Monatlicher Abschreibungs- und Verzinsungsbetrag	
	kW	m³	kg	Euro	Euro	von Euro bis	
D.1.01.0050	50	0,3	9 500	92 000,00	1 470,00	1 840,00	2 660,00
D.1.01.0060	60	0,5	11 000	117 500,00	1 880,00	2 020,00	2 930,00
D.1.01.0080	80	0,7	13 500	133 000,00	2 130,00	2 350,00	3 580,00
D.1.01.0100	100	0,9	15500	179 000,00	2 860,00	2 590,00	3 940,00

	Zusatzausrüstungen:						
D.1.01.0***.AH	Schildabstützung SCHILDABSTUETZUNG						
	Werterhöhung	Nr. 0050	500	3 170,00	50,50	63,50	69,50
	Werterhöhung	Nr. 0060	500	4 500,00	72,00	90,00	99,00
	Werterhöhung	Nr. 0080	800	6 350,00	102,00	127,00	140,00
	Werterhöhung	Nr. 0100	1000	10 200,00	163,00	204,00	224,00
D.1.0*.0***.AK	Überlastwarneinrichtung ÜEBERLASTWARNEINR						
	Werterhöhung	Nr. ≤ 0080		920,00	14,50	18,50	20,00
	Werterhöhung	Nr. > 0080 – ≤ 0130		1 530,00	24,50	30,50	33,50

D. 1.41   **Auslegerunterteil mit Hydraulikzylindern für hydraulische Auslegerverstellung**   BGL 1991-Nr. 3152
AUSLEGERUNTERTEIL
Kenngröße: Motorleistung (kW) des Grundgerätes.

Nr.	Motorleistung	Länge	Gewicht	Mittlerer Neuwert	Monatliche Reparaturkosten	Monatlicher Abschreibungs- und Verzinsungsbetrag	
	kW	m	kg	Euro	Euro	von Euro bis	
D.1.41.0050	50	2,0	560	8 550,00	137,00	171,00	188,00
D.1.41.0060	60	2,0	760	10 600,00	170,00	212,00	233,00
D.1.41.0080	80	2,0	950	11 400,00	182,00	228,00	251,00
D.1.41.0100	100	2,3	1280	16 800,00	269,00	336,00	370,00

D. 1.42   **Auslegeroberteil mit Hydrozylindern für hydraulische Höhenverstellung**   BGL 1991-Nr. 3152
AUSLEGEROBERTEIL
Kenngröße: Motorleistung (kW) des Grundgerätes.

Nr.	Motorleistung	Länge	Gewicht	Mittlerer Neuwert	Monatliche Reparaturkosten	Monatlicher Abschreibungs- und Verzinsungsbetrag	
	kW	m	kg	Euro	Euro	von Euro bis	
D. 1.42.0050	50	2,5	450	6 000,00	96,00	120,00	132,00
D.1.42.0060	60	3,1	730	7 400,00	118,00	148,00	163,00
D. 1.42.0080	80	3,6	1 260	11 800,00	189,00	236,00	260,00
D. 1.42.0100	100	3,8	1 500	16 300,00	261,00	326,00	359,00

D. 1.43   **Stiel mit Hydrozylindern**   BGL 1991-Nr. 3152
STIEL M HYDROZYL
Kenngröße: Motorleistung (kW) des Grundgerätes.

Nr.	Motorleistung	Standardlänge	Gewicht	Mittlerer Neuwert	Monatliche Reparaturkosten	Monatlicher Abschreibungs- und Verzinsungsbetrag	
	kW	m	kg	Euro	Euro	von Euro bis	
D. 1.43.0050	50	1,7	240	6 550,00	105,00	131,00	144,00
D. 1.43.0060	60	2,3	560	7 300,00	117,00	146,00	161,00
D. 1.43.0080	80	2,7	900	8650,00	138,00	173,00	190,00
D. 1.43.0100	100	3,0	1 150	11 500,00	184,00	230,00	253,00

D. 1.60   **Tieflöffel**   BGL 1991-Nr. 3153
TIEFLOEFFEL
Kenngröße: Tieflöffelinhalt (l).

Nr.	Tieflöffelinhalt	Schnittbreite	Gewicht	Mittlerer Neuwert	Monatliche Reparaturkosten	Monatlicher Abschreibungs- und Verzinsungsbetrag	
	l	m	kg	Euro	Euro	von Euro bis	
D. 1.60.0400	400	650	465	2300,00	46,00	46,00	50,50
D. 1.60.0500	500	850	500	2400,00	48,00	48,00	53,00
D. 1.60.0700	700	1050	610	3680,00	73,50	73,50	81,00

D. 1.60.***.AC	Lasthaken am Tieflöffel LASTHAKEN						
	Werterhöhung	Nr. ≤ 0085		409,00	16,50	12,00	13,50
	Werterhöhung	Nr. > 0085 – ≤ 0350		409,00	14,50	9,40	10,50

Abb. 11.3 Auszug aus der Baugeräteliste 2015 [2], Zusammenstellung für Mobilbagger

D.1.01 **Hydraulikbagger auf Rädern**
MOBILBAGGER HYD

Beschreibung:
Grundgerät mit Dieselmotor, Luftbereifung, Allradantrieb, einschl. Hydraulikzylinder für Auslegerunterteil, Fahrerkabine ROPS

Ausleger siehe D.1.4, Grabgefäße siehe D.1.6
Mit: Kamera Rückraumüberwachung
Ohne: Ausleger, Löffelstiel, Schnellwechsler, Arbeitswerkzeug, Abstützung
Verschleißteil(e): Bereifung, Schürfleiste am Planierschild

Kenngröße(n): Motorleistung (kW)

Nr.	Motorleistung	Tieflöffelinhalt	Gewicht	Mittlerer Neuwert	Monatliche Reparatur- kosten	Monatlicher Abschreibungs- und Verzinsungsbetrag	
	kW	m³	kg	Euro	Euro	von Euro	bis
D.1.01.0040	40	0,30	7500	89400,00	1430,00	1790,00	1970,00
D.1.01.0060	60	0,55	12500	132500,00	2120,00	2650,00	2920,00
D.1.01.0080	80	0,65	14000	178500,00	2850,00	3570,00	3920,00
D.1.01.0100	100	0,90	18000	223000,00	3570,00	4460,00	4910,00
D.1.01.0150	150	1,70	27000	335500,00	5350,00	6700,00	7400,00
D.1.01.0200	200	2,50	42000	447000,00	6700,00	8500,00	9400,00

D.1.00.**-AH** Schildabstützung
SCHILDABSTUETZUNG

		Gewicht	Mittlerer Neuwert	Monatliche Reparaturkosten	Monatlicher Abschreibungs- und Verzinsungsbetrag	
Werterhöhung	Nr. < 0016	800	11300,00	203,00	327,00	372,00
Werterhöhung	Nr. 0016-0035	800	11300,00	203,00	259,00	293,00
Werterhöhung	Nr. > 0035-0150	800	11300,00	180,00	225,00	248,00
Werterhöhung	Nr. > 0150	800	11300,00	169,00	214,00	237,00

D.1.00.**-AN** Hubbegrenzung
HUBBEGRENZUNG

Werterhöhung	Nr. < 0016		3720,00	67,00	108,00	123,00
Werterhöhung	Nr. 0016-0035		3720,00	67,00	85,50	96,50
Werterhöhung	Nr. > 0035-0150		3720,00	59,50	74,50	82,00
Werterhöhung	Nr. > 0150		3720,00	56,00	70,50	78,00

D.1.41 **Auslegerunterteil mit Hydraulikzylindern für hydraulische Auslegerverstellung**
AUSLEGERUNTERTEIL

Kenngröße(n): Motorleistung (kW) des Grundgerätes

Nr.	Motorleistung	Länge	Gewicht	Mittlerer Neuwert	Monatliche Reparatur- kosten	Monatlicher Abschreibungs- und Verzinsungsbetrag	
	kW	m	kg	Euro	Euro	von Euro	bis
D.1.41.0010	10	1,2	110	4370,00	78,50	127,00	144,00
D.1.41.0020	20	1,4	280	5750,00	104,00	133,00	150,00
D.1.41.0030	30	1,7	450	8700,00	156,00	200,00	226,00
D.1.41.0040	40	2,0	470	11500,00	185,00	231,00	254,00
D.1.41.0060	60	2,3	560	14400,00	231,00	289,00	318,00
D.1.41.0080	80	2,3	650	23200,00	371,00	464,00	510,00
D.1.41.0100	100	2,8	1645	23200,00	371,00	464,00	510,00
D.1.41.0150	150	2,8	1645	30800,00	493,00	615,00	680,00
D.1.41.0200	200	3,2	3000	61000,00	915,00	1160,00	1280,00
D.1.41.0250	250	4,7	4390	77300,00	1160,00	1470,00	1620,00
D.1.41.0300	300	5,1	4800	92700,00	1390,00	1760,00	1950,00

Abb. 11.3 (Fortsetzung)

D.1.42   Auslegeroberteil mit Hydraulikzylindern für hydraulische Höhenverstellung
AUSLEGEROBERTEIL

Kenngröße(n): Motorleistung (kW) des Grundgerätes

Nr.	Motorleistung	Länge	Gewicht	Mittlerer Neuwert	Monatliche Reparatur- kosten	Monatlicher Abschreibungs- und Verzinsungsbetrag	
	kW	m	kg	Euro	Euro	von Euro bis	
D.1.42.0010	10	1,3	130	4540,00	81,50	132,00	150,00
D.1.42.0020	20	1,6	240	6050,00	109,00	139,00	157,00
D.1.42.0030	30	2,0	310	9050,00	163,00	208,00	235,00
D.1.42.0040	40	2,1	420	12100,00	193,00	241,00	266,00
D.1.42.0060	60	2,5	450	15000,00	240,00	300,00	330,00
D.1.42.0080	80	3,2	510	24100,00	386,00	483,00	530,00
D.1.42.0100	100	4,0	1500	24100,00	386,00	483,00	530,00
D.1.42.0150	150	4,0	1550	32100,00	515,00	640,00	705,00
D.1.42.0200	200	4,5	2610	63500,00	950,00	1210,00	1330,00
D.1.42.0250	250	4,8	3700	80400,00	1210,00	1530,00	1690,00
D.1.42.0300	300	5,2	4150	96500,00	1450,00	1830,00	2030,00

D.1.43   Stiel mit Hydraulikzylindern
STIEL M HYDROZYL

Kenngröße(n): Motorleistung (kW) des Grundgerätes

Nr.	Motorleistung	Länge	Gewicht	Mittlerer Neuwert	Monatliche Reparatur- kosten	Monatlicher Abschreibungs- und Verzinsungsbetrag	
	kW	m	kg	Euro	Euro	von Euro bis	
D.1.43.0010	10	0,7	85	1750,00	31,50	50,50	57,5
D.1.43.0020	20	1,0	130	3050,00	55,00	70,00	79,5
D.1.43.0030	30	1,5	205	5350,00	96,00	123,00	139,0
D.1.43.0040	40	1,7	240	6100,00	97,50	122,00	134,0
D.1.43.0060	60	2,0	360	7850,00	126,00	157,00	173,0
D.1.43.0080	80	2,4	390	11900,00	190,00	237,00	261,0
D.1.43.0100	100	2,6	1000	11900,00	190,00	237,00	261,0
D.1.43.0150	150	2,6	1190	17200,00	276,00	345,00	379,0
D.1.43.0200	200	4,1	2030	31900,00	479,00	605,00	670,0
D.1.43.0250	250	5,0	2500	41100,00	615,00	780,00	865,0
D.1.43.0300	300	5,8	4000	42400,00	635,00	805,00	890,0
D.1.43.0350	350	6,2	4320	43600,00	655,00	825,00	915,0
D.1.43.0400	400	6,9	5100	66900,00	1000,00	1270,00	1410,0
D.1.43.0420	420	4,5	5200	81400,00	1220,00	1550,00	1710,0

Abb. 11.3 (Fortsetzung)

D.1.60 **Tieflöffel**
TIEFLOEFFEL

Verschleißteil(e): Auftragsschweißung, Zähne, Schneiden und Verschleißspitzen komplett mit Befestigungsmaterial

Kenngröße(n): Tieflöffelinhalt (l)

Nr.	Tieflöffelinhalt	Schnittbreite	Gewicht	Mittlerer Neuwert	Monatliche Reparaturkosten	Monatlicher Abschreibungs- und Verzinsungsbetrag	
	l	mm	kg	Euro	Euro	von Euro	bis
D.1.60.0025	25	220	30	595,00	23,50	17,00	19,50
D.1.60.0030	30	260	32	690,00	27,50	20,00	23,00
D.1.60.0035	35	280	40	605,00	24,00	17,50	20,00
D.1.60.0040	40	300	44	785,00	31,50	23,00	26,00
D.1.60.0050	50	300	62	905,00	36,00	26,50	30,00
D.1.60.0060	60	400	55	950,00	38,00	27,50	31,50
D.1.60.0070	70	500	60	1020,00	41,00	29,50	34,00
D.1.60.0080	80	400	80	1070,00	42,50	31,00	35,00
D.1.60.0100	100	500	85	1270,00	44,50	29,50	33,00
D.1.60.0150	150	400	160	1830,00	64,00	42,00	47,50
D.1.60.0200	200	500	185	2050,00	71,50	47,00	53,50
D.1.60.0250	250	750	190	2290,00	80,00	52,50	59,50
D.1.60.0350	350	650	330	2860,00	100,00	65,50	74,50
D.1.60.0360	360	650	355	2920,00	102,00	67,00	76,00
D.1.60.0400	400	650	465	3130,00	62,50	62,50	69,00
D.1.60.0500	500	850	500	3740,00	75,00	75,00	82,50
D.1.60.0700	700	1050	610	5350,00	107,00	107,00	117,00
D.1.60.0900	900	1250	700	6950,00	139,00	139,00	153,00
D.1.60.1200	1200	1400	845	8900,00	178,00	178,00	196,00
D.1.60.1350	1350	1400	1250	10200,00	204,00	204,00	224,00
D.1.60.1500	1500	1550	1360	11400,00	228,00	228,00	251,00
D.1.60.2000	2000	1650	1520	14900,00	298,00	298,00	328,00
D.1.60.2700	2700	1900	2060	17800,00	267,00	338,00	374,00
D.1.60.3800	3800	2150	2380	21300,00	319,00	404,00	447,00
D.1.60.4000	4000	2100	4100	21800,00	326,00	413,00	457,00
D.1.60.5800	5800	2250	5700	36000,00	540,00	685,00	755,00
D.1.60.6600	6600	2200	5900	37200,00	560,00	705,00	780,00

Abb. 11.3 (Fortsetzung)

Betriebsstoffkosten
Für Betriebsstoffe wird der Dieselverbrauch mit 0,18 l/kWh eingesetzt, der Dieselpreis mit 1,10 €/Liter (ohne Mehrwertsteuer). Für Schmier- und Pflegestoffe wird ein Zuschlag von 12 % addiert. Die Ansätze für den Verbrauch sollten im Unternehmen laufend überprüft werden, die Kraftstoffkosten müssen der Preisentwicklung vorausschauend für die jeweiligen Einsatzzeiträume angepasst werden.

Rüstkosten
Für Auf- und Abladen sowie für An- und Abbau von Einrichtungen fallen keine Kosten an, da das Gerät im arbeitsbereiten Zustand selbstfahrend zur Baustelle gelangt.

Ansatz für das Projekt mit BGL-Werten (Abb. 11.4)
Die Stammdaten des Gerätes werden für die Kalkulation in das jeweilige Projekt übernommen und aktualisiert und angepasst. Die Werte der BGL 2015 sind auf der Grundlage des Basisjahres 2014 mit dem Index i = 100 % ermittelt. Sie müssen für die Kalkulation mit dem Gerätekostenindex für das Baujahr des Projektes korrigiert werden. Der Gerätekostenindex wird für 2018 mit 103 % erwartet.

$$\text{aktueller Wiederbeschaffungswert} = i_x \cdot A$$
$$= 1,03 \cdot 333.064,- € \qquad\qquad = 343.056,- €$$

aktuelle Abschreibung und Verzinsung:
$$K = 2,05\% \cdot 343.056,- € \qquad\qquad = 7033,- €/\text{Monat}$$

aktuelle Reparaturkosten:

Für die Kalkulation sind für den in der BGL angegebenen Lohnanteil der Reparaturkosten noch die lohnbezogenen Zuschläge und die Werkstattumlage zu ergänzen. Der

Kurzbezeichnung: **MOBILBAGGER HYD**					BGL-Nr. **D.1.01.0112**	
Ansatz für das Projekt:	**Abwasserkanal**				Basisjahr x =	**2010**
Ansätze mit betriebsbezogenen Werten in Prozent (Werte aus "Kalkulationsgrundlagen"):					in % von A_W	in €
Aktueller Wiederbeschaffungswert:	Kaufpreis-Ansatz:	100%	Index i_x =	103,0		**343.056,- €**
Abschreibung und Verzinsung	$k = a + z = \dfrac{100}{v_B} \cdot \dfrac{p_B * n_B}{2 * v_B}$	mit	$p_B =$	6,50%	2,05%	7.018,- € / Monat
			$n_B / n =$	1,00		
			$v_B / v =$	1,00		
Reparaturkosten mit lohnbez. Zuschlag	$r_{gesamt} = r_B * (1 + r_L * r_{LZ})$		$r_B / r =$	1,00	2,66%	9.112,- € / Monat
			$r_L =$	0,60		
		Lohnbezogener Zuschlag $r_{LZ} =$		1,10		
Betriebsbezogene monatliche Vorhaltekosten für das Projekt:					4,70%	16.130,- € / Monat
Kfz-Steuer und -Versicherung je Monat (nur bei Straßenzulassung)						0,- € / Monat
Vorhaltekosten mit Steuer und Versicherung:					94,90 € / Stunde	16.130,- € / Monat
Betriebsstoffkosten für das Projekt		100% * BS (* 170 Std) =			24,84 € / Stunde	4.346,- € / Monat
gewählte Ansätze für		Vorhaltung			Betriebsstoffe	
Leistungsgerät:		95,00 € / Stunde			24,80€ / Stunde	
Bereitstellungsgerät:		€ / Monat			€ / Monat	

Abb. 11.4 Gerätekarte, projektbezogene Daten mit BGL-Ansätzen für den Bagger

Lohnanteil der Reparaturkosten r_L beträgt nach BGL 60 %. Der lohnbezogene Zuschlag LZK wird im Unternehmen für 2018 mit 91 % angesetzt, der Werkstattzuschlag r_W mit 10 %.

Der Zuschlag auf den Lohnanteil der Reparaturkosten ergibt sich daraus zu

$$r_{LZ} = LZK + (100 + LZK) \cdot r_W/100 = 0{,}91 + 1{,}91 \cdot 0{,}10 = 110\,\%$$

gesamte Reparaturkosten in % des Wiederbeschaffungswertes in %

$$r_{gesamt} = r \cdot (1 + r_L \cdot r_{LZ}) = 1{,}6 \cdot (1 + 0{,}60 \cdot 110/100) = 2{,}66\,\%$$

Reparaturkosten: R = 2,66 % · 343.056,–,€ = 9125,– €/Monat
Vorhaltekosten: K + R = 16.158,– €/Monat

Kfz-Steuer und -Versicherung entfallen, da das Gerät zulassungsfrei ist und als selbstfahrende Arbeitsmaschine im Rahmen der Betriebshaftpflicht versichert ist.

Kosten des Gerätes (Angabe bei Leistungsgeräten je Stunde, Ergebnisse gerundet):

Vorhaltekosten je Vorhaltestunde:
16.158, −€/Monat/170 h/Monat   = 95,00 €/Stunde
Betriebsstoffkosten je Einsatzstunde:
112 kW · 0,18 l/kW h · 1,10 €/l · 1,12   = 24,84 €/Stunde

Ansatz für das Projekt mit betriebsinternen Werten (Abb. 11.5)
Nach Vorgabe der BGL sollen die dort angegebenen Werte für den Anschaffungspreis, die Abschreibung und Verzinsung und die Reparaturkosten im Unternehmen laufend geprüft und aktualisiert werden. Im Beispiel ergeben sich für den Bagger aus den Erfahrungen des Unternehmens folgende Abweichungen:

	BGL-Ansatz	Betrieblicher Ansatz
Basisjahr x	2014	2018
Gerätkostenindex i_x	100	103
kalkulatorischer Zinssatz p	6,5 %	4,5 %
Kaufpreis K · i_x	100 %	80 % der BGL
Nutzungsjahre n	7 Jahre	120 % der BGL = 8,4 Jahre
Vorhaltemonate v	60 Monate	120 % der BGL = 72 Monate
Reparaturkosten r	1,6 %	50 % der BGL = 0,8 %
Lohnanteil der Reparaturkosten	60 %	60 %

Mit diesen Werten reduzieren sich die Vorhaltekosten für den Bagger auf 48,00 €/Stunde, das sind etwa 50 % des BGL-Wertes.

1. Stammwerte nach BGL 2015

Kurzbezeichnung:	MOBILBAGGER HYD				BGL-Nr. **D.1.01.0091**
Bezeichnung	Hydraulikbagger auf Rädern	Nutzungsjahre		n	7
Hersteller u. Typ:	Caterpillar / Cat M 315	Vorhaltemonate	("von"-Wert)	v	60
Zusatzgeräte und	Tieflöffel mit Kranhaken	Monatl. Satz für Abschrbg.+Verzinsg.	("von"-Wert)	k	2,0%
-ausrüstungen		Monatl. Satz für Reparaturkosten		r	1,6%
		Kenngröße:	Motorleistung (kW)		91 kW

Vorhaltekosten nach BGL (K = "von"-Werte aus BGL)	BGL-Nr.	Gewicht	mittlerer Neuwert A	Reparaturkosten R = r * A	Abschrg.+Verzg. K = k * A
		kg	€	€ / Monat	€ / Monat
Grundgerät:	D.1.01.0112	20.160	250.000,-	4.000,00	5.000,00
Schildabstützung	D.1.01.0112.AH	800	11.300,-	181,00	226,00
Hubbegrenzung	D.1.01.0112.AH		3.270,-	52,30	65,00
Ausleger-Unterteil hydr. verstellbar	D.1.41.0112	1.645	25.024,-	400,00	500,50
Ausleger-Oberteil hydr. verstellbar	D.1.42.0112	1.512	26.020,-	416,00	520,40
Löffelstiel	D.1.43.0112	1.022	13.170,-	211,00	263,40
Tieflöffel 0,5 m³	D.1.60.0500	500	3.740,-	60,00	74,80
Lasthaken am Tieflöffel	D:1.60.0500.AC		540,-	9,00	10,80
Stammwerte		25.639	333.064 00.-	5.329,30	6.660,90

2. Betriebsstoffkosten

		Diesel, Benzin		Baustrom	
Motorleistung :		112	kW	0	kW
mittlerer Verbrauch je kWh		0,18	Liter	0,00	kWh
Energiepreis (ohne Mwst)		1,10	€ / Liter	0,00	€ / kWh
Wartungs- und Pflegestoffe		12	%	0	%
Kosten je Betriebsstunde	BS	24,84	€ / Stunde	0,00	€ / Stunde

3. Rüstkosten ohne Transport

	Stundenaufwand	Stunden gesamt	Sonstiges	€
Auf- und Abladen zusammen	0,00 h / t	0,0 h		0,00
Auf- und Abbauen zusammen		0,0 h		0,00
Summe Rüstkosten		0,0 h		0,00

Kurzbezeichnung:	MOBILBAGGER HYD			BGL-Nr. **D.1.01.0091**
Ansatz für das Projekt:	**Abwasserkanal**		Basisjahr x =	**2018**

Ansätze mit betriebsbezogenen Werten in Prozent (Werte aus "Kalkulationsgrundlagen"):				in % von A_W	in €
Aktueller Wiederbeschaffungswert:	Kaufpreis-Ansatz:	80%	Index i_x =	103,0	**274.445,- €**
Abschreibung und Verzinsung	$k = a + z = \dfrac{100}{v_B} \cdot p_B \cdot n_B + \dfrac{p_B \cdot n_B}{2 * v_B}$ mit	p_B = n_B / n = v_B / v =	4,50% 1,20 1,20	1,65%	4.532,- € / Monat
Reparaturkosten mit lohnbezog. Zuschlag	$r_{gesamt} = r_B * (1 + r_L * r_{LZ})$	r_B / r = r_L = Lohnbezogener Zuschlag r_{LZ} =	0,50 0,60 1,10	1,33%	3.645,- € / Monat
Betriebsbezogene monatliche Vorhaltekosten für das Projekt:				2,98%	8.177,- € / Monat
Kfz-Steuer und -Versicherung je Monat (nur bei Straßenzulassung)					0,- € / Monat
Vorhaltekosten mit Steuer und Versicherung:				48,10 € / Stunde	8.177,- € / Monat
Betriebsstoffkosten für das Projekt	100% * BS (* 170 Std) =			24,84 € / Stunde	4.346,- € / Monat
gewählte Ansätze für				Vorhaltung	Betriebsstoffe
Leistungsgerät:				**48,00 € / Stunde**	**24,80 € / Stunde**
Bereitstellungsgerät:				**€ / Monat**	**€ / Monat**

Abb. 11.5 Gerätekarte, projektbezogene Daten mit betriebsinternen Ansätzen für den Bagger

11.2.2 Schalkosten

Bestandteile der Schalung und Kostenermittlung
Schalholz: Bretter, Kanthölzer, Rundhölzer, Bohlen, Schalplatten und Schaltafeln: Abschreibung über die mittlere Zahl der möglichen Einsätze. Diese schwankt je nach Beanspruchung und Anforderungen an die Oberfläche. Eine Schalplatte kann im Sichtbetoneinsatz nach 4 Einsätzen unbrauchbar sein, bei Fundamentschalung können es 40 Einsätze sein. Kosten je m² abrechenbare Fläche = Anschaffungskosten je m²/Zahl der Einsätze. Oft wird Schalholz für eine Baustelle gekauft und dort voll abgeschrieben.

Verbrauchsstoffe: Spanndrähte mit Zubehör, Leisten, Nägel, Trennmittel. Diese Kosten fallen für jeden Einsatz an. Meistens werden Erfahrungswerte je m² abrechenbare Schalfläche eingesetzt.

Schalgerät: Schalelemente, die in der Baugeräteliste als Gerät aufgeführt sind. Das sind z. B. Träger, Stützen, Rahmenelemente. Die Kostenermittlung erfolgt wie bei den Baugeräten über Abschreibung, Verzinsung und Reparaturkosten (Vorhaltekosten). Die Kosten je m² abrechenbare Schalfläche ergeben sich aus der Vorhaltezeit und den Vorhaltekosten, dividiert durch die in dieser Zeit geschalten Flächen.

Bezugsbasis ist immer die abrechenbare Schalfläche.

Konventionelle Schalung
Beispiel Brücke, Pos. 03.0020: Fundamentschalung

Die 1,00 m hohen Streifenfundamente werden konventionell mit Schaltafeln und Kanthölzern geschalt. An die Betonoberfläche werden keine besonderen Anforderungen gestellt. Vorgehalten wird ein Schalsatz für ein Fundament, der zweimal eingesetzt wird. Die Schaltafeln und Kanthölzer werden über durchschnittliche Einsätze abgerechnet. Für die Rundhölzer und Bretter wird angenommen, dass sie nach den zwei Einsätzen auf dieser Baustelle (Fundamente 1 und 2) verbraucht sind. Die Berechnung wird im EKT-Formular ausgeführt.

Für die Mengenermittlung ist eine Skizze hilfreich (Abb. 11.6).

Abb. 11.6 Systemskizze für eine konventionelle Fundamentschalung

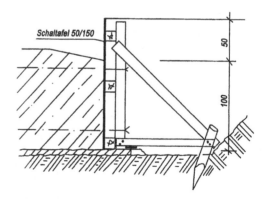

Stundenaufwand aus [1], Tafel 13.17, BAS 312 $= 0,90$ bis $1,10\,\mathrm{h/m^2}$, Mittelwert $1,00\,\mathrm{h/m^2}$

Schalholz, Abschreibung über die Zahl der durchschnittlichen Einsätze. Da Schalholz für jede Baustelle neu gekauft wird, ist die maximale Einsatzzahl diejenige, die auf der Projektbaustelle erreicht wird. Ausnahme: Schaltafeln werden von anderen oder auf andere Baustellen übernommen.

Materialliste für Schalholz je $\mathrm{m^2}$ Schalung (1 m entspricht 1 $\mathrm{m^2}$ abrechenbare Schalfläche)

	Menge	Kosten	Einsätze
Schaltafeln 0,50 · 1,50 m (hochkant)	2 Stück	8,00 €/St	30
Kantholz 8/10 7,50 m + 10 % Verschnitt	0,066 m³	210,– €/m³	10
Rundholz für Pflöcke: 2 St à 0,50 m	1,00 m	0,90 €/m	2
Bretter 2,4/10 als Laschen: 0,1 m²/m²	0,10 m²	4,50 €/m²	2

Kosten (Material) je $\mathrm{m^2}$ abrechenbare Schalfläche:

Schaltafeln 2 St/m² · 8,00 €/St/30 Einsätze	$=$	$0,53\ \text{€/m}^2$
Kantholz 0,066 m³/m² · 210,00 €/m³/10 Einsätze	$=$	$1,39\ \text{€/m}^2$
Rundholz 1,00 m/m² · 0,90 €/m/2 Einsätze	$=$	$0,45\ \text{€/m}^2$
Bretter 0,10 m²/m² · 4,50 €/m²/2 Einsätze	$=$	$0,23\ \text{€/m}^2$
Zwischensumme		$2,60\ \text{€/m}^2$
Verbrauchsstoffe (Spanndrähte, Leisten, Nägel, Trennmittel)	$=$	$0,12\ \text{€/m}^2$
Summe Material		$2,72\ \text{€/m}^2$

Kostenansatz für die Schalung je $\mathrm{m^2}$ abrechenbare Fläche: $1,0\,\mathrm{h} + 2,72$ €

Diese einfache Berechnung kann auch komplett im EKT-Formular durchgeführt werden.

Systemschalung

Beispiel: Schalung der Kernwände

Es werden die Schalkosten für die Kernwände in einem 4-geschossigem Bürogebäude ermittelt. Die Wände sind in jedem der 4 Geschosse jeweils der Aufzugskern und die aussteifenden Wände an Treppenhaus und Nassbereichen. Dicke 20 cm, Höhe im Keller 3,10 m, in den übrigen drei Geschossen 3,30 m. An die Oberfläche werden keine besonderen Anforderungen gestellt.

Für die Schalung wird ein Rahmentafelsystem gewählt, das in der Firma vorhanden ist.

Geschalt und betoniert wird in 8 Abschnitten (2 je Geschoss). Die vorzuhaltende Menge ergibt sich aus dem größten Abschnitt zu 185 $\mathrm{m^2}$. Für den Einsatz werden die Tafeln auf der Baustelle weitgehend vormontiert und jeweils in größeren Einheiten umgesetzt. Die Vorhaltedauer ergibt sich aus einem überschläglichen Ablaufplan aus Einsatzdauer

und Vor- und Nachlaufzeit für Anlieferung und Vormontage und Demontage und Rück-
transport: 3,0 Monate.

Kostenermittlung

Die Rahmentafelschalung ist als Gerät in der BGL enthalten (Abb. 11.7).

Die Kosten ergeben sich wie folgt:

$$\frac{\text{Vorhaltekosten/Monat. Vorhaltezeit in Monaten}}{\text{gesamte abrechenbare Schalfläche}} = \text{Vorhaltekosten/m}^2$$

Zur Ermittlung der Vorhaltekosten müssen die Art und Anzahl der Elemente der Schalung
ermittelt werden. Das kann „von Hand" oder mit einem speziellen Schalungsprogramm
des Herstellers geschehen. Aus dem Neuwert A der vorzuhaltenden Elemente ergeben
sich mit dem Rechengang der BGL und den betriebsinternen Werten die Vorhaltekosten
je Monat.

Der Rechengang und das Ergebnis sind in der Stammkarte der Schalung dargestellt
(Abb. 11.8).

Im Formular „Ermittlung der Schalkosten" werden die auf das Projekt bezogenen Kal-
kulationsansätze je m^2 abrechenbare Schalfläche ermittelt:

Stundenaufwand:

Vor- und Demontage 24 h/1120 m^2	0,020 h/m^2
Ein- u. ausschalen nach [1] Tafel 13.18, BAS 321:	
Rahmenschalung 0,30 bis 0,60 h/m^2, gewählt	0,500 h/m^2
Zulage für Höhe > 3 m und für Aussparungen	0,250 h/m^2
Summe Stundenaufwand	0,770 h/m^2

Gerätekosten:

$$\text{Vorhaltekosten: } \frac{2483,-\text{€/Monat} \cdot 3\,\text{Monate}}{1120\,\text{m}^2} = 6,65\,\text{€/m}^2$$

Material:

Schalholz für die Schalung von Aussparungen usw. 550,-€/1120 m^2	=	0,50 €/m^2
Verbrauchsstoffe (Leisten, Nägel, Trennmittel)	=	0,15 €/m^2
Verbrauchsanteil der Spannanker (Hüllrohre)	=	0,15 €/m^2
Summe Material		0,80 €/m^2

Kalkulationsansatz: 0,77 h + 0,80 € Material + 6,65 € Gerät (Abb. 11.9).
Dieser Ansatz wird in die Kalkulation übernommen.

U.0.25 **Modulschalung -Tafelschalung**   BGL 1991-Nr. 9636

MODULSCHALUNG TAFEL

Standardausrüstung:

Normschalelementtafeln aus Stahl- und Alu-Rahmenkonstruktion, in verschiedenen Höhen- und Breitenrastern einschließlich Schalhaut aus einer 15 mm (Alu) bzw. 21 mm (Stahl) starken Multiple □ platte.

< Nr. 0040:   Stahlrahmen.

≥ Nr. 0040:   Alurahmen.

Kenngröße: Lfd. Nr.

Nr.	Bezeichnung	Abmessungen	Gewicht	Mittlerer Neuwert	Monatliche Reparaturkosten	Monatlicher Abschreibungs- und Verzinsungsbetrag von Euro bis	
		m	kg	Euro	Euro		
U.0.25.0001	Normtafel 30/90 Stahl	0,30 × 0,90	11	50,00	1,80	1,30	1,50
U.0.25.0002	Normtafel 60/90 Stahl	0,60 × 0,90	19	66,00	2,30	1,70	2,00
U.0.25.0003	Normtafel 90/90 Stahl	0,90 × 0,90	26	85,00	3,00	2,10	2,60
U.0.25.0004	Normtafel 120/120 Stahl	1,20 × 1,20	81	331,00	11,50	8,30	9,90
U.0.25.0005	Normtafel 120/270 Stahl	1,20 × 2,70	173	580,00	20,50	14,50	17,50
U.0.25.0006	Normtafel 120/330 Stahl	1,20 × 3,30	207	745,00	26,00	18,50	22,50
U.0.25.0010	Innenecke 90 Stahl		15	72,00	2,50	1,80	2,20
U.0.25.0011	Innenecke 120 Stahl		44	302,00	10,50	7,60	9,10
U.0.25.0012	Innenecke 270 Stahl		87	472,00	16,50	12,00	14,00
U.0.25.0013	Innenecke 330 Stahl		107	600,00	21,00	15,00	18,00
U.0.25.0020	Ausgleichsblech 120 Stahl		21	82,00	2,90	2,10	2,50
U.0.25.0021	Ausgleichsblech 270 Stahl		43	146,00	5,10	3,70	4,40
U.0.25.0022	Ausgleichsblech 330 Stahl		62	193,00	6,80	4,80	5,80
U.0.25.0030	Scharnierecke 90 Stahl		22	142,00	5,00	3,60	4,30
U.0.25.0031	Scharnierecke 120 Stahl		49	368,00	13,00	9,20	11,00
U.0.25.0032	Scharnierecke 270 Stahl		104	580,00	20,50	14,50	17,50
U.0.25.0033	Scharnierecke 330 Stahl		128	765,00	27,00	19,00	23,00
U.0.25.0040	Normtafel 90/60 Alu	0,90 × 0,60	19	232,00	8,10	5,80	7,00
U.0.25.0041	Normtafel 120/90 Alu	1,20 × 0,90	33	285,00	10,00	7,10	8,60
U.0.25.0042	Normtafel 135/75 Alu	1,35 × 0,75	·31	314,00	11,00	7,90	9,40
U.0.25.0043	Normtafel 270/90 Alu	2,70 × 0,90	68	535,00	18,50	13,50	16,00
U.0;25.0050	Innenecke 90 Alu		16	287,00	10,00	7,20	8,60
U.0.25.0051	Innenecke 270 Alu		30	525,00	18,50	13,00	16,00
U.0.25.0060	Außenwinkel 90		24	56,00	2,00	1,40	1,70
U.0.25.0061	Außenwinkel 270		47	137,00	4,80	3,40	4,10

U.0.26 **Zubehör für Tafelschalungen Nr. U.0.25**   BGL 1991-Nr. 9637

MODULSCHALUNG ZUB

Standardausrüstung:

Zubehör für Normschalelementtafeln aus Stahl- und Alu-Rahmenkonstruktion.

Kenngröße: Lfd. Nr.

Nr.	Bezeichnung	Abmessungen	Gewicht	Mittlerer Neuwert	Monatliche Reparaturkosten	Monatlicher Abschreibungs- und Verzinsungsbetrag von Euro bis	
		m	kg	Euro	Euro		
U.0.26.0001	Ausgleichsriegel		13	110,00	2,00	2,60	3,00
U.0.26.0002	Richtschiene	1,50	17	38,00	0,70	0,90	1,00
U.0.26.0003	Eckriegel		11	71,50	1,30	1,70	1,90
U.0.26.0004	Gelenkriegel	2,50/0,14	81	165,00	3,00	4,00	4;50
U.0.26.0005	Wandstärkenausgleich	2,70	17	78,50	1,40	1,90	2,10
U.0.26.0006	Transporthaken		11	106,00	1,90	2,50	2,90
U.0.26.0007	Spannklemme		2	8,70	0,16	0,21	0,23
U.0.26.0008	Schnellspanner		4	30,50	0,55	0,75	0,80
U.0.26.0009	Universalverbinder		1	9,70	0,17	0,23	0,26

Abb. 11.7 Auszug aus der Baugeräteliste 2015 [2], Zusammenstellung für Modulschalungen

U.0.0 Schalungselemente für senkrechte Schalungen

	AfA-Fundstelle				Monatlicher Satz für Abschreibung und Verzinsung	Monatlicher Satz für Reparatur- kosten
	Bau-AfA	allg. AfA	Nutzungsjahre	Vorhaltemonate		
U.0.00-U.0.06			4	40–35	2,8%-3,2%	1,8%

U.0.00 Rahmen - Wandschalungselement
WANDSCHALUNGSELEMENT

Beschreibung:
Wandschalungselemente sind Normelemente aus Stahl- oder Alu- Profilrahmenkonstruktion mit mehreren Querrippen und fest eingebauter Schalhaut. Sie sind in verschiedenen Höhen- und Breitenrastern erhältlich Die Größe der Rahmenschalungselemente sind auf einem Rastermaß aufgebaut. Dadurch ist es mit wenigen Elementgrößen möglich, Schalflächen unterschiedlichster Abmessungen herzustellen. Die Schalungselemente werden mit entsprechenden Verbindungsmitteln zu größeren Einheiten zusammengebaut.

Gruppe 3: 3001 - 3999 Leichte Normschalungselemente aus Alu - Rahmenkonstruktion in verschiedenen Höhen- und Breitenrastern einschließlich verleimter Mehrschichtplatten ca. 21mm mit Filmbeschichtung Für Handmontage - ohne Kran - geeignet; Für einen Betondruck < 60 kN/m²

Nr.	Bezeichnung	Fläche	Gewicht	Laufmeter	Mittlerer Neuwert	Monatliche Reparatur- kosten	Monatlicher Abschreibungs- und Verzinsungsbetrag	
		m²	kg	lfm	Euro	Euro	von Euro	bis
U.0.00.3001	Rahmenelement, Alu FL<0,50m²	<0,50	40		905,00	16,50	25,50	29,00
U.0.00.3101	Rahmenelement, Alu FL=0,51-1,00m²	0,51-1,00	34		650,00	11,50	18,50	21,00
U.0.00.3201	Rahmenelement, Alu FL=1,01-1,50m²	1,01-1,50	32		489,00	8,80	13,50	15,50
U.0.00.3301	Rahmenelement, Alu FL=1,51-2,00m²	1,51-2,00	30		444,00	8,00	12,50	14,00
U.0.00.3401	Rahmenelement, Alu FL>2,01m²	>2,01	28		351,00	6,30	9,80	11,00
U.0.00.3601	Innenecke, Alu		1		19,00	0,34	0,55	0,60
U.0.00.4001	Wanddickenausgleich, ST		1		9,70	0,17	0,27	0,31
U.0.00.4101	Wanddickenausgleich, Alu		1		25,00	0,45	0,70	0,80
U.0.00.4201	Passplattenprofil, Alu		1		15,00	0,27	0,42	0,48
U.0.00.4301	Klemmprofil für Abschal- element		1		20,00	0,36	0,55	0,65
U.0.00.4401	Abschalelement ohne Fugenbanddurchführung		1		7,80	0,14	0,22	0,25
U.0.00.4501	Abschalelement mit Fu- genbanddurchführung		1		7,20	0,13	0,20	0,23
U.0.00.5001	Verbindungsteile, Spann- schlösser		1		12,00	0,21	0,33	0,38
U.0.00.5101	Klemmschienen, Richt- schienen		1		7,30	0,13	0,21	0,23
U.0.00.5201	Stirnabschalzwinge		1		9,90	0,18	0,28	0,32
U.0.00.6001	Umsetzbügel, -klaue		1		19,50	0,35	0,55	0,60
U.0.00.6101	Gehänge (systemkompatibel)		1		28,00	0,50	0,80	0,90
U.0.00.7001	Ankerstab DW 15			1	4,50	0,08	0,13	0,14
U.0.00.7101	Ankerstab DW 20			1	9,70	0,17	0,27	0,31
U.0.00.7201	Anker für einseitige Bedienung		1		19,00	0,34	0,55	0,60
U.0.00.7301	Schliessmutter für einseitige Bedienung		1		18,50	0,33	0,50	0,60
U.0.00.9001	Sonstiges Zubehör		1		13,00	0,23	0,36	0,41
U.0.00.9101	Werkzeug		1		40,50	0,75	1,10	1,30

Abb. 11.7 (Fortsetzung)

Bauteil:	Wandschalung	BGL-Nr.	U.0.00.0000
Hersteller/ Typ:	Alu-Rahmentafelschalung	Nutzungsjahre: n	4
	Alu-Rahmentafeln	Vorhaltemonate: von"-Wert v	40
Gesamte zu schalende Fläche:	1120 m²	Monatl. Abschreibung+Verzinsung: k	2,8%
Schalabschnitte (Einsätze):	8	Monatl. Reparaturkosten r	1,8%
Schalfläche je Abschnitt:	140 m²		

Vorhaltekosten (nach BGL) Bezeichnung	Dimen-sion	Menge	Fläche in m² einzeln	gesamt	Gewicht in kg einzeln	gesamt	mittl. Neuwert A in € je m2 / je kg	gesamt
Normelemente 270/90 cm	St (m2)	55	2,43	133,65	68,0	3.740,0	351,00	46.911,15
Aufstockelemente 90/90 cm	St (m2)	55	0,81	44,55	25,0	1.375,0	650,00	28.957,50
Innenecken 270 cm	St (kg)	6	0,81	4,86	30,0	180,0	19,00	3.420,00
Innenecken 90 cm	St (kg)	6	0,27	1,62	16,0	96,0	19,00	1.824,00
Spannklemmen	St (kg)	244			2,0	488,0	12,00	5.856,00
Schnellspanner	St (kg)	24			4,0	96,0	12,00	1.152,00
Eckriegel	St (kg)	40			11,0	440,0	13,00	5.720,00
Konsolen 90	St (kg)	16			16,0	256,0	7,40	1.894,40
Zug- und Druckstütze GR.2	St	18			21,0	378,0	97,00	1.746,00
Kleinteile	Prozent	5%				352,5		4.874,05
Summen:		vorgehaltene Schalfläche:		185 m²	Gewicht:	7.402 kg	Neuwert A:	102.355,-
je m² vorgehaltene Schalfläche:					Gewicht je m²;	40,0 kg	Neuwert je m²:	553,-

Rüstkosten ohne Transport	Stundenaufwand	Sonstige Kosten
Auf + Abladen (je 1 x)	Stunden	€
Auf + Abbauen	30,0 Stunden	€
Summe Rüstkosten:	30,0 Stunden	€

Ansatz für das aktuelleProjekt: Bürogebäude				Basisjahr (Mittelwert) x =	2014
	Ansätze mit betriebsbezogenen Werten in Prozent			in % von A_W	in €
Aktueller Wiederbeschaffungswert	= Neuwert A *	Kaufpreis-Ansatz in %: 80%	* Index i_x:	1,03	84.341,- €
Abschreibung und Verzinsung k =	a + z =	$\frac{100}{v_B}$ $\frac{p_B * n_B}{+}$ $\frac{}{2 * v_B}$	mit p_B = 4,50% n_B / n = 1,20 v_B / v = 1,20	2,31%	1.948,- € / Monat
Reparaturkosten mit lohnbez. Zuschlag	$r_{gesamt} = r_B * (1 + r_L * r_{LZ})$		r_B / r = 0,50 r_L = 0,60 Lohnbezog. Zuschlag r_{LZ} = 1,10	1,49%	1.257,- € / Monat
Betriebsbezogene monatliche Vorhaltekosten für das Projekt:				3,80%	3.205,- € / Monat
			gewählter Ansatz:		3.205,- € / Monat

Abb. 11.8 Gerätekarte für eine Modulschalung (Kernwände zum Bürogebäude)

11.2.3 Einzelkosten

An den folgenden Beispielen wird die Ermittlung der Einzelkosten der Teilleistungen (EKT) ausführlich gezeigt.

Für die Berechnung werden die Formulare „Einzelkosten der Teilleistungen und Einzelpreisermittlung" verwendet. Die Berechnungsart der EKT ist unabhängig vom Kalkulationsverfahren.

Stundenansätze und Materialpreise werden aus den Stammdaten der Musterbaufirma entnommen und bei Bedarf an die besonderen Verhältnisse des Projektes angepasst. Die Materialpreise gelten „frei Baustelle", d. h. die Kosten des Antransportes und Abkippens (nicht Abladen) sind enthalten. Alle Preise werden ohne Mehrwertsteuer angesetzt.

Die in den Positionen enthaltenen Leistungen werden in Unterpositionen (UP) unterteilt. Für jede Unterposition ist im EKT-Formular eine Erläuterungszeile und eine Rechen-

Projekt: **Bürogebäude**

Bauwerksdaten

Bauteil:	Kernwände, D= 20 cm
Oberflächenqualität:	keine besonderen Anforderungen
zu schalende Fläche:	1120 m² gesamt mit einer Arbeitsfuge
je Arbeitstakt:	140 m² je Arbeitstakt
Einsätze:	8

Kosten der Schalung		Stunden	SoKo	Gerät
1.	**Systemschalung (Schalgerät)**	Std / m²	€ / m²	€ / m²
	Miete (=Soko) oder Vorhaltekosten nach BGL hier: BGL			
	Hersteller/Typ: Alu-Rahmentafelschalung			
	Vorzuhaltende Menge: siehe Ermittlung 185 m² m²			
	Vorhaltedauer: 3 Monate			
	h € Gesamtfläche			
	Projektkosten: / 1120 m² gesamt			
	Transport- und Ladekosten: / 1120 m² gesamt			
	Vor- und Demontage: 24 h / 1120 m² gesamt	0,02 h		
	Vorhaltekosten lt. Einzelermittlung: € / Monat € / Monat / m²			
	für das Schalsystem: 3.205,- 17,32			
	Unterstützung,Rüstung,Aussteifung:			
	3.205,- 17,32			
	Vorhaltekosten oder Miete: 3.205,- x 3,00 Monate			8,58
	1120 m² gesamt			
	Stundensatz für Ein- und Ausschalen	0,75 h		
	Stunden- und Kostenansatz je m² zu schalende Fläche:	0,77 h		8,58
2.	**Schalholz**			
	(Abschreibung über durchschnittliche Einsätze)			
	Einh. Einh./ m² x € / Einh. / Einsätze			
	Schalhaut: .... m² x			
	Schaltafeln 50x150cm St x			
	Bretter m³ x			
	Bohlen m³ x			
	Kantholz m³ x			
	Sonstiges lt. Vorermittlung 550,- € / 1.120 m² gesamt		0,50	
	/			
	Stunden- und Kostenansatz je m² zu schalende Fläche:		0,50	
3.	**Verbrauchsstoffe je Einsatz**			
	Nägel, Leisten, Trennmittel etc. je m²		0,15	
	Spannanker je m²		0,15	
	Sonstiges lt. Vorermittlung:			
	Stunden- und Kostenansatz je m² zu schalende Fläche:		0,30	
4.	**Gesamt-Stunden und Kostenansätze je m² zu schalende Fläche:**	**0,77 h**	**0,80**	**8,58**

Abb. 11.9 Vorhaltekosten für die Modulschalung (Kernwände zum Bürogebäude)

zeile vorgesehen. Die Bezugsgröße für alle Unterpositionen ist immer die Dimension der Hauptposition.

Kanalbau

Position aus dem Kalkulationsbeispiel „Kanal" (Abschn. 11.3):

Pos. 0.5: „400 m Betonrohre liefern und verlegen"	Stunden	+	Material	+	Gerät
UP 1: Betonsohle: D = 10 cm, Breite 1,40 m, Kalkulations-Dimension m^3 Bezugsgröße 1 m Rohrleitung: 1,40 · 0,10 = 0,14 m^3/m Stundenaufwand nach [1] Tafel **13**.17: BAS 224, Mittelwert = 1,1 h/m^3 Stoffkosten Beton 82,50 €/m^3					
Berechnung: 0,14 m^3/m · (1,1 h + 82,50 €/m^3)	= 0,154 h	+	11,55		
UP 2: Rohre liefern: Länge 2,50 m, Lieferkosten „frei Baustelle" 85,00 €/Stück Bezugsgröße 1 m Rohrleitung: 1/2,50 Stück je m					
Berechnung: 1/2,50 · 85,00	=		34,00		
UP 3: Rohre verlegen, Bezugsgröße: 1 m Rohrleitung Erfahrungswert: 2 Arbeiter benötigen 0,60 h/Stück Stundenaufwand: 2 · 0,60 h = 1,2 h/Stück					
Berechnung: 1,2 h/Stück/2,50 m/Stück	= 0,480 h				
Vergleich: nach [1] Tafel **13**.17: BAS 260 = 0,50 h/m					
UP 3: Baggereinsatz 0,25 h/Stück Baggerkosten: Fahrer + Betriebsstoff + Vorhaltung 1,0 h + 25,50 + 50,00 Bezugsgröße 1 m Rohrleitung: 1/2,50 Stück je m					
Berechnung: 0,25/2,5(1,0 h + 25,50 + 50,00)	= 0,100 h	+	2,55	+	5,00
UP 4: Wasserdruckprobe: Stundenaufwand 4 h/Haltung à 50 m					
Berechnung: 4 h/50 m	= 0,080 h				
Wasserdruckprobe: 2 Blasen je Haltung liefern Kosten je Blase 100,00 € Bezugsgröße: 1 m Rohrleitung: 2 Blasen je 50 m					
Berechnung: 2 Blasen/50 m · 100,00 €	=		4,00		
Druckprobe: Wasserverbrauch 0,20 m^3/m Wasserkosten mit Abwasser 4,00 €/m^3					
Berechnung: 0,20 m^3/m · 4,00 €/m^3	=		0,80		
Summe EKT je m Rohrleitung	**= 0,814 h**	**+**	**52,90**	**+**	**5,00**

Berechnung im EKT-Formular, s. Abb. 11.29, 13.40 und 13.48

Dimensionsangaben: Stundenwerte werden **immer** mit h gekennzeichnet (7,2 h), Euro-Beträge mit zwei Nachkommastellen ohne Dimension (13,12) oder bei Rundung auf volle Euro mit Bindestrich (13,–).

Für die Kalkulation mit Zuschlagsermittlung über die Endsumme müssen zusätzlich in den Spalten 8 bis 11 die Summen der Stunden und der Kostenarten Material, Gerät und Fremdleistung gebildet werden, um die Umlagebasis zu berechnen. Für die Bildung der Einheits- und Gesamtpreise der Positionen werden diese Werte nicht benötigt.

Betoneinbau

Beispiel für die Betonkosten einer Spannbetonbrückenplatte:

Vorbemerkung: Da die Fahrbahnplatte eine Spannbetonkonstruktion ist, muss sie in einem Zug betoniert werden. Bei einem Stundenaufwand von etwa $0,35 \, h/m^3$ und 5 Arbeitern je Betonierkolonne (mehr sind nicht sinnvoll) würde das eine Betonierzeit von $275 \, m^3 \cdot 0,35 \, h/m^3 / 5$ Arbeiter $= 19 \, h$ ergeben. Deshalb sind entweder 2 Schichten oder 2 gleichzeitig arbeitende Kolonnen (mit je einer Pumpe) erforderlich. Gewählt werden 2 Kolonnen.

Die Mietkosten der Pumpen werden hier nicht als Fremdleistung, sondern als Materialkosten kalkuliert, da das Pumpen als Zusatzleistung auf der Betonrechnung erscheint. Eine Berechnung als Fremdleistung ist jedoch möglich.

Pos. „275 m³ Ortbeton der Fahrbahnplatte"			Stunden	+	Material
UP 1	Stundenaufwand: Beton einbauen mit Pumpe				
	unterer Wert aus [1], Tafel **13**.17, BAS 436	=	0,300 h		
UP 2	Stundenaufwand: Oberfläche abziehen				
	nach [1], Tafel **13**.18, BAS 481 = 0,05 h/m²				
	Bezugsgröße 1 m³ Beton der Fahrbahnplatte				
	Fläche 283 m²/275 m³ = 1,03 m² je m³				
	Berechnung: 1,03 m²/m³ · 0,05 h/m²	=	0,051 h		
UP 3	Beton C30/37 KR 0/32 PZ45F liefern				
	Bezugsgröße 1 m³ Beton der Fahrbahnplatte				
	Mehrverbrauch (Verlust) 5 %: Faktor 1,05				
	Stoffkosten Beton 95,00 €/m³ frei Baustelle				
	Berechnung: 1,05 m³ · 95,00 €/m³	=			99,75
UP 4	Betonpumpe, Einsatzkosten				
	Bezugsgröße 1 m³ Beton der Fahrbahnplatte				
	2 Pumpen, Einsatzkosten je Pumpe 135,– €				
	Berechnung: 2 · 135,– €/275 m³	=			0,98
UP 5	Pumpkosten je m³ geförderter Beton				
	Bezugsgröße 1 m³ Beton der Fahrbahnplatte				
	Kosten: 9,00 € je m³ geförderter Beton				
	Der Mehrverbrauch muss auch für die Pumpe bezahlt werden;				
	Faktor 1,05				
	Berechnung: 1,05 · 9,00 €/m³	=			9,45
Summe EKT je m³ Beton der Fahrbahnplatte		=	**0,351 h**	**+**	**110,18**

Für die Kalkulation mit Zuschlagsermittlung über die Endsumme müssen zusätzlich in den Spalten 8 bis 11 die Summen der Stunden und der Kostenarten Material, Gerät und Fremdleistung gebildet werden, um die Umlagebasis zu berechnen. Für die Bildung der Einheits- und Gesamtpreise der Positionen werden diese Werte nicht benötigt.

Bewehrung

Die Bewehrung wird nicht wie der Beton nach Bauteilen, sondern nach Stahlsorten als Sammelpositionen ausgeschrieben.

Beispiel: Bauwerk Brücke, Betonstabstahl 500S

Pos. „66 t Betonstabstahl 500B liefern und verlegen"			Stunden	+	Material	+	Fremd-leistung
UP 1:	Stahl liefern (Menge nach Stahlliste) Bezugsgröße 1 t Stahl						
	Kosten frei Baustelle: 740,00 €/t	=			740,00		
	Zuschlag für Schneiden und Biegen im Werk: 184,00 €/t	=			184,00		
UP 2	Verlegen durch Subunternehmer Bezugsgröße: 1 t Stahl						
	Kosten: 450,00 €/t	=					450,00
UP 3	Abstandhalter und Unterstützung Bezugsgröße 1 t Stahl						
	Kosten: 30,00 € je t Stahl	=			30,00		
Summe EKT je t BSt 500B		=			**954,00**	**+**	**450,00**

Für die Kalkulation mit Zuschlagsermittlung über die Endsumme müssen zusätzlich in den Spalten 8 bis 11 die Summen der Stunden und der Kostenarten Material, Gerät und Fremdleistung gebildet werden, um die Umlagebasis zu berechnen. Für die Bildung der Einheits- und Gesamtpreise der Positionen werden diese Werte nicht benötigt.

Mauerarbeiten

Gewerk „Mauerarbeiten" für ein Bürogebäude

Die Kellerinnenwände werden aus Kalksand-Lochsteinen hergestellt. Ausgeschrieben sind „Kalksandsteine DIN V 106-KS L-R 12-1,4-10 DF (240)"

DIN V 106 Norm für Kalksandsteine (siehe auch DIN EN 771-2)

KS L-R	Steinart: Hohlblockstein mit Nut-Feder-System
12	Druckfestigkeitsklasse: mindestens 12 N/mm^2
1,4	Rohdichteklasse 1,21 bis $1,40 \text{ kg/dm}^3$
10 DF	Format $= 10 \cdot$ Dünnformat $= 248 \cdot 240 \cdot 238 \text{ mm}$
(240)	Wanddicke 240 mm

Für die Kalkulation ist zu beachten: Steine mit Nut- und Federsystem erfordern keine Stoßfugenvermörtelung. Blocksteine müssen in der Lagerfuge vermörtelt werden, im Gegensatz zu Plansteinen, die geklebt werden. Aus den Daten oder aus Tabellen (z. B. in [1] Abschnitt 13, Tafel 13.20) muss das Steingewicht ermittelt werden. Der hier ausgeschriebene Stein hat ein Gewicht von 22,4 kg. Bei mehr als 25 kg/Stein ist ein Vermauern von Hand unzulässig, dann müssen Mauerhilfen (Minikrane) eingesetzt werden.

Die Leistungsbeschreibung für die Kellerinnenwände ist in 3 Positionen aufgeteilt:

Pos. 120 m³ „Mauerwerk der Kellerinnenwände KSL, $d = 24$ cm"		Stunden	+	Material	+	Fremd-leistung
UP 1:	Stundenaufwand nach [1] Tafel **13.**17 KSL-Blocksteine 10 DF vermauern ohne Stoßfugenvermörtelung					
	BAS 513 2,8 bis 3,8 h/m³, gewählt	=	3,300 h			
UP 2:	Steine liefern Bezugsgröße 1 m³ Mauerwerk Kosten frei Baustelle: 20 €/m² Verhau und Verluste 10 %					
	Umrechnung: $1,10 \cdot 20$ €/m²$/0,24$ m³/m²	=				91,67
UP 3:	Mörtel für die Lagerfuge, 20 % Verlust nach [1], Tafel **13.**20, Zeile 22: 105 l/m³					
	ohne Stoßfugen: $1,2 \cdot 0,6 \cdot 105 \cdot 77,00$ €/m³	=				5,85
Summe EKT je m³ Mauerwerk Kellerinnenwände		=	**3,300 h**	+		**97,52**

Für das Anlegen der 1,01 m breiten Türöffnungen ist eine separate Position im LV angelegt. Eine Überdeckung der Öffnungen entfällt, da die Türen raumhoch bis unter die Unterzüge reichen. Material fällt nicht an:

Pos. 4.02: 10 St „Öffnungen B = 1,10 m im MWK anlegen"		Stunden	+	Material	+	Fremd-leistung
UP 1:	Stundenaufwand nach [1], Tafel **13.**18 Öffnungen anlegen $d = 24$ cm BAS 564 2,5 bis 2,9, Mittelwert 2,7 h/m³ Bezugsgröße 1 St $= 0,24\cdot1,01\cdot2,75 = 0,667$ m³					
	$0,667 \cdot 2,7$ h	=	1,800 h			
Summe EKT je Öffnung			**1,800 h**			

Das Mauerwerk erhält beim Aufmauern beidseitig einen Fugenglattstrich. Hierfür ist eine Zulageposition ausgeschrieben:

Pos. 4.03: 969 m² „Fugenglattstrich der Kellerinnenwände"	Stunden	+	SoKo	+	Fremd-leistung
UP 1: Stundenaufwand nach [1], Tafel 13.18 Fugenglattstrich 2DF: BAS 552.1 0,10 bis 0,15, Mittelwert 0,125 h/m² Umrechnung 2 DF mit Stoßfugen auf 10 DF ohne Stoßfugen: Lagerfuge 12 m/m² zu 4 m/m²: Faktor 1/3					
$1/3 \cdot 0,125$ h	= 0,043 h				
Summe EKT je m² Fugenglattstrich	**0,043 h**				

11.2.4 Mittellohn

Mittellohn A für eine Kolonnenbaustelle

Die Kolonne aus 3 Arbeitern führt im gesamten westlichen Teil des Bundesgebietes Spezialtiefbauarbeiten aus. Der Mittellohn für die Kolonne soll für die Zeit vom 01.04.2018 bis zum 28.02.2019 gelten. Die Arbeiter werden auf kurzfristig wechselnden Baustellen eingesetzt, mittlere Dauer etwa 1 Woche.

Tarifliche Wochen-Arbeitszeit (Mittelwert aus Sommer und Winter) = 40 h + 6 Überstunden entsprechend 175 + 26 = 201 h/Monat. Die Arbeitskräfte der Spezialtiefbau-Mannschaft sind als feste Kolonne vom ersten bis zum letzten Tag auf der Baustelle. Die Aufsicht führt ein Bauleiter, der mehrere Baustellen überwacht. Seine Gehaltskosten sind in den Gemeinkosten enthalten.

Ermittelt wird der Mittellohn A (**Arbeiter**):

2 Spezialfacharbeiter2 · 19,51 €/h	=	39,02 €/h
1 Baumaschinenführer	=	19,82 €/h
Gesamtlohn	=	58,84 €/h
Mittlerer Gesamttarifstundenlohn (GTL):		
58,84 €/h/3 produktive Arbeitskräfte	=	19.61 €/h

Lohngebundene Zuschläge: Alle Arbeiter erhalten 10 % Stammarbeiterzulage als freiwillige Leistung der Firma und 0,80 €/h Erschwernis-Zuschlag. Die Überstundenzuschläge werden ausbezahlt, da 46 Wochenstunden die regelmäßige Arbeitszeit darstellen. Das Arbeitszeitkonto wird aus darüber hinaus anfallenden Stunden gebildet.

Die Vermögensbildung entfällt, da für die Mitarbeiter Arbeitgeberanteile für die Zusatzrente gezahlt werden. Daher

Mittellohn A	=	23,01 €/h
Lohnzusatzkosten: 91 % des Mittellohns A	=	20,94 €/h
Mittellohn AS (mit Sozialkosten)	=	43,95 €/h

Lohnnebenkosten: Für alle Arbeitskräfte, siehe [1], Abschnitt 13, 3.2.2.

Auslösung: Zu zahlen je Kalendertag bei einer Anfahrt von mehr als 50 km bzw. 1,25 h, die Unterkunft wird vom Arbeitgeber auf der Baustelle gestellt, Höhe 24,00 €/Tag. Auslösung je Woche 5 Tage · 24,00 €/Tag = 120,00 €

Die Arbeiter fahren jedes Wochenende nach Hause. Mittlere Baustellenentfernung 250 km. Dafür werden ihnen über die Arbeitszeit hinaus 4 h Fahrtzeit gezahlt. Fahrtkosten entfallen, da ein Firmenfahrzeug genutzt wird.

Bezahlte Fahrzeit je Woche: 4 h · 23,00 €/h	92,00 €
Summe je Woche	212,00 €
Summe der Lohnnebenkosten 636,00 €/Woche, je Stunde und Arbeiter	4,61 €/h
Ergebnis: Mittellohn ASL	48,56 €/h

Die Berechnung erfolgt im Formular (Abb. 11.10).

Mittellohn AP für eine Kanalbaustelle
Die Arbeitskräfte der Kanalbaustelle sind als feste Kolonne vom ersten bis zum letzten Tag auf der Baustelle. Die Aufsicht führt ein Werkschachtmeister (Lohnempfänger), der produktiv mitarbeitet. Der Aufsichtsanteil von 40 % wird auf die produktiven Stunden umgelegt. Für die Sommerarbeitszeit mit 41 h/Woche ergibt sich der Mittellohn der Kolonne mit Aufsichtsanteil wie folgt:

Kosten einer Kolonnenstunde ab 01.04.2018:

Da die Mindestlöhne der Lohngruppen 2 (für Gelernte) und 1 (für Ungelernte) nicht der tariflichen Regelung unterliegen, sondern gesetzlich geregelt werden, entfällt für sie die Lohnerhöhung.

1 Werkschachtmeister	22,41 €/h
2 Spezialfacharbeiter 2.19,51 €/h =	39,02 €/h
1 Baumaschinenführer	19,82 €/h
1 Fachwerker (Mindestlohn LG 2)	14,95 €/h
1 Werker (Mindestlohn LG 1)	11,75 €/h
Gesamtlohn	109,58 €/h

Produktive Arbeitskräfte: 5 Arbeiter + 0,6 Werkschachtmeister = 5,6
Mittlerer Gesamttarifstundenlohn (GTL)

$$109,58 \ €/h/5,6 \text{ produktive Arbeitskräfte} = 19,57 \ €/h$$

Lohngebundene Zuschläge: Lohnzulagen werden nicht gezahlt. Mehrarbeitszuschläge fallen nicht an, da in der Firma für alle Mitarbeiter ein Arbeitszeitkonto vereinbart ist. Die Vermögensbildung entfällt ebenfalls, da für die Mitarbeiter Arbeitgeberanteile für eine

Projekt: **Bohrkolonne**

Bauzeit: 01.04.2018 bis 28.2.2019

		Arbeitskräfte			Gesamttarif-stundenlohn GTL	Gesamt-lohn	Tarif-h/Woche: 40,0 h
Tarifstand: 01.04.2010		gesamt	Aufsicht	produktiv			Über-h/Woche: [1]
Kennziff	Lohngruppe	Anzahl	Anteil	Anteil	€ / h	€ / h	6,0 h
1	2	3	4	5	6	7	9
Gehalt	Polier/Schachtmeister				28,50		
6	Werkpolier/-schtmstr.				22,41		
5	Vorarbeiter				20,48		
4	Spezialfacharbeiter (Ecklohn)	2,00		2,00	19,51	39,02	
4	Baumaschinenführer	1,00		1,00	19,82	19,82	
3	Facharbeiter				17,87		
	Zwischensumme Lohngruppe 6 bis 3					58,84	
	Tariflohnerhöhung ab						
2	Fachwerker, Maschinist, Kraftfahrer				14,95		ab 1.1.2018
1	Werker = Mindestlohn für Ungelernte				11,75		
	Erhöhung der gesetzl. Mindestlöhne						
	Arbeitskräfte	3,00		3,00	Gesamtlohn	58,84	€ / h

	Mittlerer Gesamttarifstundenlohn mit Lohnerhöhung (GTL)			
	Gesamtlohn	58,84 € / h		
		=		**19,61**
	Produktive Arbeitskräfte	3,0		
	Lohnzulagen	10 % * mittlerer GTL *	100 % der Std.	1,96
	Sonstiges	% * mittlerer GTL *	% der Std.	
	Mehrarbeits-Zuschlag [1]	25 % * mittlerer GTL *	13 % der Std.	0,64
	Nacht- Zuschlag	% * mittlerer GTL *	% der Std.	
	..................- Zuschlag	% * mittlerer GTL *	% der Std.	
	Erschwernis- Zuschlag	0,80 € / h *	100 % der Std.	0,80
	..................- Zuschlag	€ / h *	% der Std.	
	Vermögensbildung [2]	0,13 € / h *	der Belegschaft	
	Mittellohn A / ~~AP~~			**23,01**
	Lohnzusatzkosten		91% vom Mittellohn A(AP)	20,94
	Mittellohn AS / ~~APS~~		=	**43,95**

		€ je Arb.-Tag	Vergüt.Tage je Woche	Anzahl Arbeiter	Gesamt €	
	Art					
	Wegezeitvergütung					
	Fahrtkosten					
	Verpflegungskostenzuschuss					
	Auslösung	24,00	5	3	360,00	
	Reisegeld und Zeitvergütung	23,00	4	3	276,00	
	Sonstiges:					
				Summe LNK:	636,00	
	Summe LNK			636,00 €		
Anteilige Lohnnebenkosten =			=			4,61
		Prod. Arb.kräfte * Std/Woche	3,0	46,0 h		
Sonstiges:						
	Mittellohn ASL / ~~APSL~~					**48,56 € / h**

[1] Anmerkung zu Tarif- und Überstunden: Tarifliche Arbeitszeit ab 01.01.2006 40 Stunden: Im Sommer 41, im Winter 38 Std. Bei Vereinbarung eines Arbeitszeitkontos kein Anspruch auf Mehrarbeitszuschlag, hier jedoch eingerechnet, da die Überstunden regelmäßig anfallen

[2] Anmerkung zur Vermögensbildung: Anspruch nur für Arbeiter, die auf den Arbeitgeberanteil zur Zusatzrente verzichten

Abb. 11.10 Mittellohnberechnung ohne Aufsichtsanteil (ML ASL) für eine Bohrkolonne

	Projekt: **Kanalbaustelle**						
	Bauzeit: (nach 01.04.2018, Sommerarbeitszeit = 41 Std/Woche)					2,00 Monate	

EKT-Stunden + GK-Stunden		1.800,0 h	+	180,0 h			
Bauzeit in Stunden	=	2,00 Monate	*	180 Std./Monat	=	5,5 Arbeiter	

Tarifstand: 01.04.2010		gesamt	Arbeitskräfte Aufsicht	produktiv	Gesamttarif- stundenlohn GTL	Gesamt- lohn	Tarif-h/Woche: 41 Über-h/Woche:[1]
Kennziff	Lohngruppe	Anzahl	Anteil	Anteil	€ / h	€ / h	
1	2	3	4	5	6	7	8
Gehalt	Polier/Schachtmeister				28,50		
6	Werkpolier/-schachtmeister	1,00	40%	0,60	22,41	22,41	arbeitet mit
5	Vorarbeiter				20,48		
4	Spezialfacharbeiter (Ecklohn)	2,00		2,00	19,51	39,02	
4	Baumaschinenführer	1,00		1,00	19,82	19,82	
3	Facharbeiter				17,87		
	Zwischensumme Lohngruppe 6 bis 3					81,25	
	Tariflohnerhöhung ab 1.5.18	4%	für	50,0%	der Bauzeit	1,63	
2	Fachwerker, Maschinist, Kraftfahrer	1,00		1,0	14,95	14,95	
1	Werker = Mindestlohn für Ungelernte	1,00		1,0	11,75	11,75	
	Erhöhung der gesetzl. Mindestlöhne						
	Arbeitskräfte:	6,00	0,40	5,60	Gesamtlohn	109,58	€ / h

Mittlerer Gesamttarifstundenlohn mit Lohnerhöhung (GTL)							
Gesamtlohn				109,58 €			
			=				19,57
Produktive Arbeitskräfte				5,60			
Lohnzulagen				% * mittlerer GTL *		% der Std.	
Sonstiges				% * mittlerer GTL *		% der Std.	
Mehrarbeits-Zuschlag [1]			25	% * mittlerer GTL *		% der Std.	
Nacht- Zuschlag				% * mittlerer GTL *		% der Std.	
	-Zuschlag			% * mittlerer GTL *		% der Std.	
Erschwernis- Zuschlag				€ / h *		% der Std.	
	-Zuschlag			€ / h *		% der Std.	
Vermögensbildung				0,13 € / h *		der Belegschaft [2]	
Mittellohn A̶ / AP							19,57
Lohnzusatzkosten						91% vom Mittellohn A(AP)	17,81
Mittellohn A̶S̶ / APS							37,38

	Art	€ je Arb.-tag	Vergüt.-tage je Woche	An- zahl	Gesamt €		
Wegezeitvergütung							
Fahrtkosten							
Verpflegungskostenzuschuss		4,09	4	5	81,80		
Auslösung							
Reisegeld und Zeitvergütung							
Sonstiges:							
				Summe LNK:	81,80		

			Summe LNK	81,80 €			
Anteilige Lohnnebenkosten =				=			0,36
Sonstiges			Prod. Arb.kräfte * Std / Woche	5,60	41,0 h		
Mittellohn A̶S̶L̶ / APSL						€ / h	**37,74**

[1] Anmerkung zu Tarif- und Überstunden: Tarifliche Arbeitszeit ab 01.01.2006 40 Stunden: Im Sommer 41, im Winter 38 Stunden.
Bei Vereinbarung eines Arbeitszeitkontos kein Anspruch auf Mehrarbeitszuschlag

[2] Anmerkung zur Vermögensbildung: Anspruch nur für Arbeiter, die auf den Arbeitgeberanteil zur Zusatzrente verzichten

Abb. 11.11 Mittellohnberechnung mit Aufsichtsanteil (ML APSL) für eine Kanalbaustelle

Zusatzrente gezahlt werden (s [1], Abschnitt 13, Kapitel 3.2).

Mittellohn AP	**19,57 €/h**
Lohnzusatzkosten = 91 % des Mittellohns AP	17,81 €/h
Mittellohn APS (mit Sozialkosten)	37,38 €/h

Lohnnebenkosten: Alle Arbeitskräfte erhalten von Montag bis Donnerstag einen Verpflegungskostenzuschuss, da sie auf Grund der Arbeitszeit und der Entfernung der Baustelle von der Wohnung mehr als 10 h täglich nicht zuhause sind. Am Freitag ist früher Arbeitsschluss, der Zuschuss entfällt.

$$\frac{5 \text{ Arbeiter} \cdot 4{,}09 \text{ €/Tag} \cdot 4 \text{ Tage/Woche}}{5{,}6 \text{ prod. Arbeitskräfte} \cdot 41 \text{ h/Woche}} = 0{,}36 \text{ €/h}$$

Ergebnis: **Mittellohn APSL**   **37,74 €/h**

Die Berechnung erfolgt im Formular (Abb. 11.11).

11.3 Kanalbaustelle

11.3.1 Beschreibung der Baumaßnahme

Bauaufgabe: Für die Erschließung eines geplanten Neubaugebietes soll ein vorhandener Abwasserkanal um 400 m verlängert werden.

Bauzeit: April und Mai 2018

Bauleistungen: Verlegen eines Abwasserkanals im verbauten Graben. Erd- und Verbauarbeiten, Rohrverlegung, Schachtbau (kein Straßenbau).

Umfang: 8 Haltungen à 50 m mit 8 Schächten, Gesamtlänge 400 m.

Umfeld: Keine besonderen Anforderungen. Das Baufeld ist frei und muss nach Abschluss der Arbeiten nicht wieder hergerichtet werden.

Verfahren: Es handelt sich um eine „Kolonnenbaustelle", die im Ablauf durch die Geräte bestimmt wird:
Raupenbagger für Aushub, Setzen der Verbauelemente, Rohrverlegung. Der Fahrer bedient nur den Bagger und führt keine weiteren Arbeiten aus. Mobilbagger als Hilfsgerät. Er wird nur bei Bedarf bedient.
Lkw-Kipper, zu etwa 50 % im Einsatz. Der Fahrer führt zu 50 % andere Arbeiten aus, z. B. Bedienung des Mobilbaggers.
5 Verbauelemente, bestehend aus Grundelement und Aufstockelement sowie Zwischenrohren zur Verbreiterung.

Kolonne: 1 Werkschachtmeister als Aufsicht, der teilweise produktiv mitarbeitet, und 5 Arbeiter.

11.3.2 Vorgaben der Ausschreibung

Vertragsbedingungen der Ausschreibung (hier nicht wiedergegeben)
Technische Unterlagen (hier nicht wiedergegeben)
Leistungsverzeichnis des Bauherrn (Blankett). Es ist im Beispiel auf die den Preis bestimmenden Hauptpositionen (A- und B-Positionen) beschränkt (Abb. 11.12).

11.3.3 Vorarbeiten zur Kalkulation

Vorermittlungen (Abb. 11.13)
Wichtig für die sichere Preisgestaltung. Hierzu gehören Vertragspartner, Vertragsbasis und Baustellenverhältnisse.

Kalkulationsgrundlagen (Abb. 11.14)
Diese sind die Basis für die Kostenermittlungen. Die Werte für 2018 müssen aus den bekannten Daten von 2017 vorgeschätzt werden. Insbesondere sind dies die Löhne, die Lohnzusatzkosten, der Preis für Dieselkraftstoff und die Preise für die Hauptbaustoffe, hier die Kanalrohre.
Löhne: s. unter 9.1.2, die Lohnzusatzkosten für 2018 sind mit 91 % vorgeschätzt.
Dieselkraftstoff: Ansatz für 2018 1,10 €/Liter (ohne Mehrwertsteuer).
Baustoffpreise: Hier ist zur Zeit nur beim Stahlpreis und bei Produkten auf Rohölbasis Vorsicht geboten.
Kostenvorschätzung: Zur Abschätzung der Größenordnung des Angebotspreises sind Kostenschätzungen üblich. Diese können aus Kennwerten, z. B. Kosten je m Kanal, oder aus Mittelwerten des Unternehmens für Stunden, Löhne, Stoffe und Geräte erstellt werden. Im Beispiel ist dies vorgerechnet (Abb. 11.15).

Prüfung der Hauptmengen (Abb. 11.16)
Die Prüfung der Hauptmengen (z. B. Aushub, Verbau) erhöht die Sicherheit der Preisgestaltung. Die Mengenprüfung ist auch für die Angebotstaktik wichtig. Bei Abweichungen der ausgeschriebenen Positionsmengen von den voraussichtlichen Ausführungsmengen (VA-Mengen) kann durch die Preisgestaltung dieser Positionen das Angebot niedrig gehalten und die Abrechnungssumme höher berechnet werden.

Arbeitsablauf
Ein Raupenbagger mit fest „installiertem" Fahrer wird für den Aushub (30 m^3/Std), für das Einsetzen der Verbauelemente (4 Stück × 3,50 m = 14 m, 1,0 h je Element mit Aufstockung = 1,0 h/26 m^2 = 0,04 h/m^2) und die Rohrverlegung (0,25 h/Rohr) eingesetzt.
Die übrigen Arbeiten wie Verbau ziehen (0,5 h/Element), Schachtbau (0,15 h/Einzelteil) und Verfüllen (20 m^3/Std) erledigt ein Mobilbagger, der von einem der Arbeiter, z. B. dem Werkschachtmeister oder dem Lkw-Fahrer, bei Bedarf bedient wird.

Pos.	Menge	Dim.	Leistungsbeschreibung	EP in Euro	GP in Euro
0.1	1	psch	Einrichten und Räumen der Baustelle für sämtliche in der Leistungsbeschreibung aufgeführten Leistungen	....	....
0.2	2	Mon	Vorhalten der Baustelleneinrichtung für sämtliche in der Leistungsbeschreibung aufgeführten Leistungen	....	....
0.3	2.360	m³	Boden der Rohrgräben und Schächte profilgerecht ausheben, Verbau wird gesondert vergütet, seitliche Lagerung des Aushubs nicht möglich. Bodenverdrängung ca. 30%, verdrängter Boden wird Eigentum des AN und ist zu beseitigen. Verfüllung der Rohrzone mit Sand (ca. 20%), oberhalb mit Aushubmaterial. Verfüllen und Verdichten nach dem Merkblatt für das Verfüllen von Leitungsgräben. Aushubtiefe bis 4,00m, Sohlenbreite des Grabens über 1,00 bis 2,00m. Bodenklasse 3: Kiessand lehmig	....	....
0.4	2.960	m²	Verbau für Gräben und Schächte, Art des Verbaus: Plattenverbau, Verbautiefe von 3,50 bis 4,00m, Sohlenbreite zwischen den Bekleidungen über 1,00 bis 2,00m, Bodenklasse 3, Verbau wieder beseitigen, abgerechnet wird von der vorgeschriebenen Oberkante des Verbaus bis zur Baugrubensohle.	....	....
0.5	400	m	Entwässerungskanal/-leitung DIN 433 aus Betonrohren DIN 4032, KFW-M, Kreisquerschnitt wandverstärkt mit Fuss und Muffe, DN 500, Baulänge 2,50m, Rohrverbindung mit Dichtring, Auflager auf Beton, Auflagerwinkel 90 Grad, in vorhandenem Graben mit Verbau und Aussteifungen, Grabentiefe bis 4,00 m.	....	....
0.6	8	St	Schächte, rund, lichte Weite 1,00 m, aus Betonfertigteilen, Betongüte wie DIN 4034, Hersteller/Typ Dywidag Optadur o.glw., mit Schachtunterteil, Anschlüsse für gelenkige Einbindung der Rohre, Schachtringen, Schachthals, Auflagerring, Steigeisen DIN 1211-A, Steigmass 250 mm, Gerinne gerade, Auskleidung Gerinne mit Zementestrich ZE 20 DIN 18560, größtes Rohr DN 500, lichte Schachttiefe bis 3,50 m.	....	....
			Angebotssumme in Euro		....
			Mehrwertsteuer, zur Zeit 19%		....
			Angebotssumme mit Mehrwertsteuer in Euro		....
			Datum/Stempel/Unterschrift:		

Abb. 11.12 Abwasserkanal, Leistungsverzeichnis (stark verkürzt)

Allgemeine Angaben			
Auftraggeber	*Tiefbauamt Aachen*	Angebotseingang:	*02.02.2018*
Ausführungsort	*Bayernallee Aachen*	Angebotsabgabe:	*25.02.2018*
Ausschreibende Stelle	*Ingenieurbüro XY*	Zuschlagsfrist:	*4 Wochen*
Ausschreibungsart	*öffentlich*	Bauzeit:	*2,00 Monate*

Ausschreibungsbedingungen	
Vertragsbasis (BGB/VOB)	*VOB-B*
Baufristen:	*01.04. bis 31.5.2018*
Vertragsstrafen für	*Terminüberschreitung*
Höhe Vertragsstrafe	*2500,- € / Kalendertag, maximal 25.000,- €*
Sicherheiten/Bürgschaften:	*Gewährleistungsbürgschaft 5%*
Gewährleistungsdauer:	*VOB 4 Jahre*
Zahlungsbedingungen:	*gemäß beizufügendem Zahlungsplan leistungsabhängig*
Gleitklauseln:	*keine*
Besondere Auflagen:	*keine*

Bauleistung	
Sparte (Hoch-/Tiefbau...)	*Kanalbau, ohne Straßenbau*
Art des Bauwerks:	*Neubau als Verlängerung eines vorhandenen Kanals, offene Baugrube 8 Haltungen mit 8 Schächten*
Bauwerkskenngrößen:	*Länge 400 m, Nenndurchmesser 500 mm*

Baustellenverhältnisse:		
Besichtigung durch:	*Dipl.-Ing. Meier*	am: *03.02.2018*
Zufahrtsmöglichkeiten	*ausgebaute Stadtstraße mit Bürgersteig, problemlos*	
Stromanschluß (Art, Lage)	*nicht erforderlich*	
Wasseranschluß	*Hydrant vor Baustelle*	
Bodenverhältnisse	*Weg, Schotter*	
Grundwasser (Stand)	*kein GW*	
Baustraße	*nicht erforderlich*	
Bauzaun	*nein*	
Verkehrsführung	*keine Einschränkung*	
Kippe, Recycling	*Deponie Alsdorf-Warden*	

Für Begleitschreiben:	
Bauzeitenplan	*zum Angebot nicht gef* Vorbehalte *keine*
Geräteverzeichnis	*nicht gefordert*
Empfehlungen	*Beweissicherung der Zufahrt erforderlich*
Sonstige Unterlagen	*keine*

Kalkulationsergebnis:	
Angebotssumme ohne Mwst.	
Mehrwertsteuer	
Angebotssumme mit Mwst.	
Unterschriften:	Kalkulator............... Oberbauleiter:.................................

Abb. 11.13 Vorermittlungen zur Kalkulation

Allgemeine Angaben

Auftraggeber	*Tiefbauamt Aachen*	Angebotseingang:	*02.02.2018*
Ausführungsort	*Bayernallee Aachen*	Angebotsabgabe:	*25.02.2018*
Ausschreibende Stelle	*Ingenieurbüro XY*	Zuschlagsfrist:	*4 Wochen*
Ausschreibungsart	*öffentlich*		
Baufristen	*01.04. bis 31.5.2018*	Bauzeit:	*2,00 Monate*

Kostenansätze

Löhne

Lohnbasis	*1. Mai 2017*
Lohnerhöhung ab 1.5.2018: (geschätzt)	*4,00%*
Lohnzusatzkosten (LZK)	*91%*

Baustoffe

Dieselpreis	*1,10*	€ / Liter
Betonrohre KFW-M DN 500, L=2,50m	*85,00*	€ / Stück
Schacht DN 1000: Unterteil	*840,00*	€ / Stück
Schacht DN 1000: Ring H=0,5m	*85,00*	€ / Stück
Schacht DN 1000: Konus 1000/625	*95,00*	€ / Stück
Schachtdeckel Beton/Guß,Kl.D-400,625mmD, mit Auflagerring	*150,00*	€ / Stück
Beton C8/10	*82,50*	€ / m³
Kippgebühr Aushub: Deponie Warden	*10,00*	€ / t
Verrechnungssatz einer Bauhofstunde	*37,50*	€ / Stunde
Verr. Satz Lkw-Pritsche	*55,00*	€ / Stunde
Verr. Satz Tieflader	*130,00*	€ / Stunde

Baugeräte   Betriebsbezogene Ansätze:

Basisjahr x	***2018***
Geräteindex i_x	*103,0*
kalkul. Zinssatz p_B	*4,5%*
Kaufpreis in % des Wiederbeschaffungswertes K * i_x	*80%*
Nutzungsjahre n_B in % der BGL-Ansätze	*120%*
Vorhaltemonate v_B in % der BGL-Ansätze	*120%*
Reparaturkosten r_B in % der BGL-Ansätze	*50%*
Lohnanteil der Reparaturkosten r_L	*60%*
Zuschlag auf Reparatur-Löhne für Gemeinkosten der Werkstatt r_W	*10%*
Lohnstundenbezogene Zuschläge auf die Reparaturlöhne r_{LZ} = LZK + (100+LZK) * r_W / 100	*110%*

Abb. 11.14 Kalkulationsgrundlagen

<table>
<tbody>
<tr><td colspan="2" align="right">Kenngrößen:</td><td align="right">Länge</td><td align="right">**400 m**</td></tr>
<tr><td colspan="2"></td><td align="right">Rohrdurchmesser</td><td align="right">**500 mm**</td></tr>
</tbody>
</table>

Charakteristik:
Der Bauablauf wird durch die Kolonne bestimmt. Die Kosten der Kolonne setzen
sich aus Geräte- und Personalkosten zusammen.

1. Kosten der Kolonne   Arbeitszeit: 8,0 h/Tag
                                                                                             175 h/Monat

Gerätekosten (mit Betriebstoff, ohne Fahrer)
Raupenbagger Liebherr R916   75,00 € / h
Mobilbagger Cat M 315   75,00 € / h
Lkw: 3-Achs-Kipper   70,00 € / h
Grabenwalze   15,00 € / h
Verbau, 5 Elemente   25,00 € / h
Summe: 260,00 € / h   8,0 h/Tag   2.080,- € / Tag

Personalkosten
1 Werk-Schachtmeister + 5 Arbeiter x Mittellohn ASL
        6 Arbeiter x   35,00 € / h   8,0 h/Tag   1.680,- € / Tag

Summe Kolonnenkosten   3.760,- € / Tag

2. Leistung der Kolonne (preisbestimmender Erfahrungswert)   10 m/Tag
   Bauzeit   40 Tage   2,00 Monate

3. Personal- und Gerätekosten je m Kanal =   **376,00 € / m**

4. Materialkosten
   Kippgebühr   2.360 m³ x 30% x 1,7 t / m³ x 7 € / t / 400m   21,00 € / m
   Sand + Beton   22,00 € / m
   Rohre mit Zubehör (Dichtung)   70,00 € / m
   Sonstiges, z.B. Druckprobe   2,50 € / m
   Schächte   8 Stück x 1.750,- € / Stück / 400 m   35,00 € / m
                                                                     150,50 € / m

5. Gesamteinzelkosten je m Kanal   **527,- € / m**

6. Gesamteinzelkosten EKT   210.800,- €

7. Baustellengemeinkosten GMK (aus Betriebsabrechnung):   20%   42.160,- €

8. Gesamtherstellkosten gerundet   **253.000,- €**

9. Allgemeine Geschäftskosten(AGK) + Wagnis und Gewinn (W+G)
   = 11% der Endsumme --> (Endsumme = Herstellkosten / 0,89) =   31.000,- €

10. Endsumme ohne Mehrwertsteuer gerundet   **284.000,- €**

11. Mehrwertsteuer 19%   53.960,- €

12. Endsumme mit Mehrwertsteuer   **337.960,- €**

13. Kosten ohne Mwst. / Kenngröße (gerundet) =   **710,- € / m**

Abb. 11.15 Kostenvorschätzung

Grabenbreite nach DIN EN 1610 für Abwasserleitungen

Tabelle 1   Mindestgrabenbreiten in Abhängigkeit von der Nennweite DN

DN mm	Mindestgrabenbreite (OD + X) m		
	verbauter Graben	unverbauter Graben	
		β über 60	β bis 60
bis 225	OD + 0,40	OD + 0,40	
> 225 bis 350	OD + 0,50	OD + 0,50	OD + 0,40
> 350 bis 700	OD + 0,70	OD + 0,70	OD + 0,40
> 700 bis 1200	OD + 0,85	OD + 0,85	OD + 0,40
> 1200	OD + 1,00	OD + 1,00	OD + 0,40

Bei den Angaben OD + X entspricht X/2 dem Mindestarbeitsraum zwischen Rohr und Grabenwand bzw. Grabenverbau

Dabei ist   OD   der Außendurchmesser, in mm

                   β   der Böschungswinkel des unverbauten Grabens, gemessen gegen die Horizontale

Tabelle 2   Mindestgrabenbreite in Abhängigkeit von der Grabentiefe

Grabentiefe m	Mindestgrabenbreite m
bis 1,00	keine Mindestgrabenbreite vorgegeben
> 1,00 bis 1,75	0,80
> 1,75 bis 4,00	0,90
> 4,00	1,00

Querschnitt durch den Graben (unmaßstäblich):

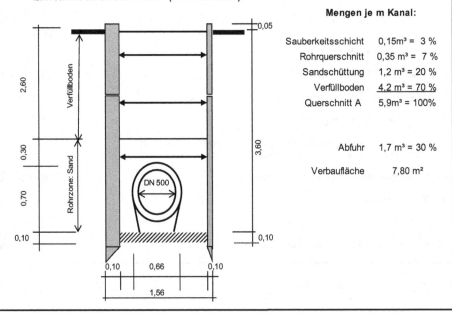

Mengen je m Kanal:

Sauberkeitsschicht	0,15m³	= 3 %
Rohrquerschnitt	0,35 m³	= 7 %
Sandschüttung	1,2 m³	= 20 %
Verfüllboden	4,2 m³	= 70 %
Querschnitt A	5,9m³	= 100%
Abfuhr	1,7 m³	= 30 %
Verbaufläche	7,80 m²	

Abb. 11.16 Querschnitt und Mengenprüfung

Bodentransport auf der Baustelle (Aushub $\geq$ Verfüllung) durch einen über die gesamte Bauzeit vorgehaltenen Allrad-3-Achs-Kipper. Er wird zu 50 % eingesetzt. Ansonsten führt der Fahrer andere Arbeiten aus.

Für die Verdichtung oberhalb der Rohrzone ($20\,m^3/Std$) werden 2 Arbeiter und eine ferngesteuerte Grabenwalze eingesetzt. Die Rohrzone wird mit zwei Kleinrüttlern aus dem Magazin- und Werkzeugcontainer verdichtet.

Plattenverbau: Es werden 5 Verbauelemente $H/B = 2{,}60/3{,}50\,m + 5$ Aufstockelemente $1{,}30/3{,}50\,m$ eingesetzt.

Diese Elemente werden im Zuge des Ausbaus vom Raupenbagger eingebaut und nach der Verfüllung Zug um Zug wieder mit Hilfe des Mobilbaggers gezogen und zum Raupenbagger transportiert. Das ergibt eine offene Baugrube von etwa 14 m.

Gerätekosten
Alle Geräte werden für die gesamte Bauzeit vorgehalten. Die Gerätekosten sollen soweit wie möglich den jeweiligen EKT-Positionen zugeordnet werden. Die Gerätestammdaten werden aus der Stammdatei der Musterbaufirma entnommen. Die Stammdaten sind mit den Basiswerten der Baugeräteliste (BGL 2015) [2] ermittelt. Sie werden für jedes Objekt angepasst. Die Daten zur Anpassung werden in den Kalkulationsgrundlagen (Abb. 11.14 unten) niedergelegt und auf alle Geräte übertragen.

Ansätze für das Projekt und Gerätestammdaten

• Geräte der Baustelleneinrichtung (Abb. 11.17–11.20):
  Der Magazin- und Werkstattcontainer enthält alle für den Kanalbau erforderlichen Kleingeräte und Werkzeuge. Er wird der Baustelle komplett zur Verfügung gestellt. Nach Abschluss der Baumaßnahme werden Verluste und Schäden ermittelt und der Baustelle berechnet. Diese Kosten sind in den BGK der Baustelle (Abb. 11.35) unter „Kleingerät und Werkzeug" enthalten.
• Leistungsgeräte Abb. 11.21–11.24):
  Das sind die zwei Bagger, der Lkw und die Grabenwalze. Der Lkw wird während der gesamten Bauzeit vorgehalten. Er transportiert den wieder einzubauenden Aushub zur Verfüllstation, den überschüssigen Boden zur Kippe. Dafür wird er jedoch nur etwa 50 % der Zeit genutzt. In der übrigen Zeit kann der Fahrer andere Arbeiten ausführen.
• Verbaugeräte (Abb. 11.25):
  Die Verbauplatten und das Zubehör sind Geräte im Sinne der BGL. Über die gesamte Bauzeit werden 5 Verbauboxen vorgehalten, die durch den Raupenbagger entsprechend dem Arbeitsablauf versetzt werden. Nach der Rohrverlegung und Grabenverfüllung zieht der Mobilbagger die Boxen sukzessiv und stellt sie wieder für den Einbau bereit.

1. Stammwerte nach BGL 2015

Kurzbezeichnung: **BAUWAGEN ZWEIACHSIG**					BGL-Nr. **X.2.01.0070**	
Bezeichnung	Bauwagen Unterkunft	Nutzungsjahre			n	8
Hersteller u. Typ:	Cadolto 7M-242-AU 10	Vorhaltemonate		("von"-Wert) v		60
Zusatzgeräte und	Einrichtung für 10 Personen	Monatl. Satz für Abschrbg.+Verzinsg		("von"-Wert) k		2,1%
-ausrüstungen		Monatl. Satz für Reparaturkosten			r	1,4%
		Kenngröße:			Länge (m)	7,00 m

Vorhaltekosten nach BGL	BGL-Nr.	Gewicht	mittlerer Neuwert	Reparaturkosten	Abschrg.+Verzg.
(K = "von"-Werte aus BGL)			A	R = r * A	K = k * A
		kg	€	€ / Monat	€ / Monat
Grundgerät:	X.2.01.0070	2.200	8.800,-	123,00	185,00
Kleinküche	X.2.01.0070.AR	150	1.520,-	21,00	32,00
Stammwerte		2.350	10.320,-	144,00	217,00

2. Betriebsstoffkosten		Diesel, Benzin	Baustrom
Motorleistung :		kW	kW
mittlerer Verbrauch je kWh		Liter	kWh
Energiepreis (ohne Mwst)		€ / Liter	€ / kWh
Wartungs- und Pflegestoffe		%	%
Kosten je Betriebsstunde	BS	€ / Stunde	€ / Stunde

3. Rüstkosten ohne Transport	Stundenaufwand	Stunden gesamt	Sonstiges	€
Auf- und Abladen zusammen				
Auf- und Abbauen zusammen				
Summe Rüstkosten				

4. Ansatz für das Projekt:	**Kanalbau 2018**			Baujahr (Mittel) x	**2018**
Ansätze mit betriebsbezogenen Werten in Prozent (Werte aus "Kalkulationsgrundlagen"):				in % von A_W	in €
Aktueller Wiederbeschaffungswert: Kaufpreis-Ansatz		80%	Index i_x =	103,0	**8.504,- €**
Abschreibung und Verzinsung	$k = a + z = \dfrac{100}{v_B} + \dfrac{p_B * n_B}{2 * v_B}$	mit	p_B =	4,50%	1,69%	144,- € / Monat
			n_B / n =	1,20		
			v_B / v =	1,20		
Reparaturkosten mit lohnbezog. Zuschlag	$r_{gesamt} = r_B * (1 + r_L * r_{LZ})$		r_B / r =	0,50	1,16%	99,- € / Monat
			r_L =	0,60		
	Lohnbezogener Zuschlag r_{LZ} =			1,10		
Betriebsbezogene monatliche Vorhaltekosten für das Projekt:				2,85%	243,- € / Monat
Kfz-Steuer und -Versicherung je Monat (nur bei Straßenzulassung)					
Vorhaltekosten mit Steuer und Versicherung:				1,40 € / Stunde	243,- € / Monat
Betriebsstoffkosten für das Projekt		100% * BS (* 170 Std) =			
gewählte Ansätze für		Vorhaltung		Betriebsstoffe	
Leistungsgerät:		€ / Stunde		€ / Stunde	
Bereitstellungsgerät:		243,- € / Monat		€ / Monat	

Abb. 11.17 Gerätekarte, projektbezogene Daten für einen Bauwagen

1. Stammwerte nach BGL 2015					
Kurzbezeichnung: **WERKSTATTCONTAINER**				BGL-Nr. **X.3.02.0006**	
Bezeichnung Werkstatt- und Magazincontainer		Nutzungsjahre		n	10
Hersteller u. Typ: Alho 3T		Vorhaltemonate	("von"-Wert) v		65
Zusatzgeräte und mit Regalen und Werkbank		Monatl. Satz für Abschrbg.+Verzinsg.	("von"-Wert) k		2,0%
-ausrüstungen ohne Inhalt		Monatl. Satz für Reparaturkosten	r		1,8%
		Kenngröße:	Länge (m)		6,00 m

Vorhaltekosten nach BGL (K = "von"-Werte aus BGL)	BGL-Nr.	Gewicht	mittlerer Neuwert A	Reparaturkosten R = r * A	Abschrg.+Verzg. K = k * A
		kg	€	€ / Monat	€ / Monat
Grundgerät:	X.3.02.0006	2.400	7.650,-	138,00	153,00
Türschloss verstärkt	X.3.02.0006.AW		350,-	6,00	7,00
Stammwerte		2.400	8.000,-	144,00	160,00

2. Betriebsstoffkosten		Diesel, Benzin	Baustrom
Motorleistung :		kW	kW
mittlerer Verbrauch je kWh		Liter	kWh
Energiepreis (ohne Mwst)		€ / Liter	€ / kWh
Wartungs- und Pflegestoffe		%	%
Kosten je Betriebsstunde	BS	€ / Stunde	€ / Stunde

3. Rüstkosten ohne Transport	Stundenaufwand	Stunden gesamt	Sonstiges	€
Auf- und Abladen zusammen				
Auf- und Abbauen zusammen				
Summe Rüstkosten				

4. Ansatz für das Projekt: **Kanalbau 2018**				Baujahr (Mittel) x	**2018**
Ansätze mit betriebsbezogenen Werten in Prozent (Werte aus "Kalkulationsgrundlagen"):				in % von A_W	in €
Aktueller Wiederbeschaffungswert: Kaufpreis-Ansatz:		80%	Index i_x =	103,0	**6.592,- €**
Abschreibung und Verzinsung	$k = a + z = \dfrac{100}{v_B} + \dfrac{p_B * n_B}{2 * v_B}$	mit	p_B = 4,50%	1,63%	107,- € / Monat
			n_B / n = 1,20		
			v_B / v = 1,20		
Reparaturkosten mit lohnbezog. Zuschlag	$r_{gesamt} = r_B * (1 + r_L * r_{LZ})$		r_B / r = 0,50	1,49%	98,- € / Monat
			r_L = 0,60		
		Lohnbezogener Zuschlag r_{LZ} =	1,10		
Betriebsbezogene monatliche Vorhaltekosten für das Projekt:				3,12%	205,- € / Monat
Kfz-Steuer und -Versicherung je Monat (nur bei Straßenzulassung)					
Vorhaltekosten mit Steuer und Versicherung:				1,20 € / Stunde	205,- € / Monat
Betriebsstoffkosten für das Projekt		100% * BS (* 170 Std) =			
gewählte Ansätze für		Vorhaltung		Betriebsstoffe	
Leistungsgerät:		€ / Stunde		€ / Stunde	
Bereitstellungsgerät:		205,- € / Monat		€ / Monat	

Abb. 11.18 Gerätekarte, projektbezogene Daten für einen Werkstatt- und Magazincontainer

1. Stammwerte nach BGL 2015					
Kurzbezeichung: **WERKSTATTCONT.-INHALT**				BGL-Nr.	
Bezeichnung Magazin-Inhalt "Kanalbau"		Nutzungsjahre		n	4
Hersteller u. Typ:		Vorhaltemonate	("von"-Wert) v		30
Zusatzgeräte und		Monatl. Satz für Abschrbg.+Verzinsg	("von"-Wert) k		3,8%
-ausrüstungen		Monatl. Satz für Reparaturkosten	r		2,1%
		Kenngröße:			
Vorhaltekosten nach BGL	BGL-Nr.	Gewicht	mittlerer Neuwert	Reparaturkosten	Abschrg.+Verzg.
(K = "von"-Werte aus BGL)			A	R = r * A	K = k * A
		kg	€	€ / Monat	€ / Monat
Grundgerät:					
Kleingeräte für Kanalbau:		1.700	41.000,-	861,00	1.558,00
Elektrowerkzeuge, Stromaggregat,					
Kleine Rüttelplatte, Tauchpumpe,					
Schweißgerät, Ansachlagmittel,					
etc.					
Stammwerte		1.700	41.000,-	861,00	1.558,00

2. Betriebsstoffkosten		Diesel, Benzin	Baustrom
Motorleistung :		kW	kW
mittlerer Verbrauch je kWh		Liter	kWh
Energiepreis (ohne Mwst)		€ / Liter	€ / kWh
Wartungs- und Pflegestoffe		%	%
Kosten je Betriebsstunde	BS	€ / Stunde	€ / Stunde

3. Rüstkosten ohne Transport	Stundenaufwand	Stunden gesamt	Sonstiges	€
Auf- und Abladen zusammen				
Auf- und Abbauen zusammen				
Summe Rüstkosten				

4. Ansatz für das Projekt:	**Kanalbau 2018**		Baujahr (Mittel) x	**2018**
Ansätze mit betriebsbezogenen Werten in Prozent (Werte aus "Kalkulationsgrundlagen"):			in % von A_W	in €
Aktueller Wiederbeschaffungswert: Kaufpreis-Ansat 80%		Index i_x =	103,0	**33.784,- €**
Abschreibung und Verzinsung $k = a + z = \dfrac{100}{v_B} + \dfrac{p_B * n_B}{2 * v_B}$ mit	p_B =	4,50%	0,03 €	1.013,50 €
	n_B / n =	1,20		
	v_B / v =	1,20		
Reparaturkosten mit lohnbez. Zuschlag $r_{gesamt} = r_B * (1 + r_L * r_{LZ})$	r_B / r =	0,50	0,02 €	675,70 €
	r_L =	0,60		
	Lohnbezogener Zuschlag r_{LZ} =	1,10		
Betriebsbezogene monatliche Vorhaltekosten für das Projekt:			0,05 €	1.689,20 €
Kfz-Steuer und -Versicherung je Monat (nur bei Straßenzulassung)				
Vorhaltekosten mit Steuer und Versicherung:			9,90 €	1.689,20 €
Betriebsstoffkosten für das Projekt 100% * BS (* 170 Std) =				
gewählte Ansätze für		Vorhaltung	Betriebsstoffe	
Leistungsgerät:		**€ / Stunde**	**€ / Stunde**	
Bereitstellungsgerät:		**1.689,- € / Monat**	**€ / Monat**	

Abb. 11.19 Gerätekarte, projektbezogene Daten für den Standard-Magazininhalt „Kanalbau"

1. Stammwerte nach BGL 2015						
Kurzbezeichnung: **FUNKAMPEL**					BGL-Nr. **W.7.21.0001**	
Bezeichnung Funkampel		Nutzungsjahre			n	6
Hersteller u. Typ: Fabema MFB II-E		Vorhaltemonate		("von"-Wert) v		30
Zusatzgeräte und fürEinbahnverkehr		Monatl. Satz für Abschrbg.+Verzinsg		("von"-Wert) k		4,0%
-ausrüstungen		Monatl. Satz für Reparaturkosten		r		2,1%
		Kenngröße:		Lfd. Nr.		1
Vorhaltekosten nach BGL	BGL-Nr.	Gewicht	mittlerer Neuwert	Reparaturkosten	Abschrg.+Verzg.	
(K = "von"-Werte aus BGL)			A	R = r * A	K = k * A	
		kg	€	€ / Monat	€ / Monat	
Grundgerät:	W.7.21.0001	120	6.900,-	145,00	276,00	
Stammwerte		120	6.900,-	145,00	276,00	

2. Betriebsstoffkosten		Diesel, Benzin	Baustrom
Motorleistung :		kW	kW
mittlerer Verbrauch je kWh		Liter	kWh
Energiepreis (ohne Mwst)		€ / Liter	€ / kWh
Wartungs- und Pflegestoffe		%	%
Kosten je Betriebsstunde	BS	€ / Stunde	€ / Stunde

3. Rüstkosten ohne Transport	Stundenaufwand Stunden gesamt	Sonstiges	€
Auf- und Abladen zusammen			
Auf- und Abbauen zusammen			
Summe Rüstkosten			

4. Ansatz für das Projekt:	Kanalbau 2018			Baujahr (Mittel) x	**2018**
Ansätze mit betriebsbezogenen Werten in Prozent (Werte aus "Kalkulationsgrundlagen"):				in % von A_W	in €
Aktueller Wiederbeschaffungswert: Kaufpreis-Ansatz		80%	Index i_x =	103,0	**5.686,- €**
Abschreibung und Verzinsung $k = a + z = \dfrac{100}{v_B} + \dfrac{p_B * n_B}{2 * v_B}$		mit p_B =	4,50%		
		n_B / n =	1,20	3,23%	184,- € / Monat
		v_B / v =	1,20		
Reparaturkosten mit lohnbez. Zuschlag $r_{gesamt} = r_B * (1 + r_L * r_{LZ})$		r_B / r =	0,50		
		r_L =	0,60	1,74%	99,- € / Monat
		Lohnbezogener Zuschlag r_{LZ} =	1,10		
Betriebsbezogene monatliche Vorhaltekosten für das Projekt:				4,97%	283,- € / Monat
Kfz-Steuer und -Versicherung je Monat (nur bei Straßenzulassung)					
Vorhaltekosten mit Steuer und Versicherung:				1,70 € / Stunde	283,- € / Monat
Betriebsstoffkosten für das Projekt		100% * BS (* 170 Std) =			
gewählte Ansätze für		Vorhaltung		Betriebsstoffe	
Leistungsgerät:		€ / Stunde		€ / Stunde	
Bereitstellungsgerät:		283,- € / Monat		€ / Monat	

Abb. 11.20 Gerätekarte, projektbezogene Daten für eine Funkampelanlage

1. Stammwerte nach BGL 2015					
Kurzbezeichnung **RAUPENBAGGER HYD**				BGL-Nr. **D.1.00.0115**	
Bezeichnung Hydraulikbagger auf Raupen		Nutzungsjahre		n	7
Hersteller u. Typ: Liebherr R 916 Litronic		Vorhaltemonate	("von"-Wert) v		60
Zusatzgeräte und Tieflöffel 0,9 m³ mit Kranhaken		Monatl. Satz für Abschrbg.+Verzinsg.	("von"-Wert) k		2,0%
-ausrüstungen		Monatl. Satz für Reparaturkosten	r		1,6%
		Kenngröße:	Motorleistung (kW)		115 kW

Vorhaltekosten nach BGL	BGL-Nr.	Gewicht	mittlerer Neuwert	Reparaturkosten	Abschrg.+Verzg.
(K = "von"-Werte aus BGL)			A	R = r * A	K = k * A
		kg	€	€ / Monat	€ / Monat
Grundgerät:	D.1.00.0115	23.000	262.850,-	4.206,00	5.257,00
HD-Laufwerk	D.1.00.0115.AB	1.800	12.700,-	203,00	254,00
Schildabstützung	D.1.00.0115.AH	800	11.300,-	180,80	226,00
Monoblock-Ausleger	D.1.40.0115	2.350	38.170,-	611,00	763,40
Löffelstiel	D.1.43.0115	1.060	13.490,-	216,00	269,80
Tieflöffel 0,9 m³	D.1.60.0900	700	6.950,-	76,50	139,00
Lasthaken am Tieflöffel	D:1.60.0900.AC		540,-	8,20	10,80
Stammwerte		29.710	346.000,-	5.501,50	6.920,00

2. Betriebsstoffkosten		Diesel, Benzin		Baustrom	
Motorleistung :		115 kW		kW	
mittlerer Verbrauch je kWh		0,18 Liter		kWh	
Energiepreis (ohne Mwst)		1,10 € / Liter		€ / kWh	
Wartungs- und Pflegestoffe		12 %		%	
Kosten je Betriebsstunde	BS	25,50 € / Stunde		€ / Stunde	

3. Rüstkosten ohne Transport	Stundenaufwan	Stunden gesamt	Sonstiges	€
Auf- und Abladen zusammen				
Auf- und Abbauen zusammen				
Summe Rüstkosten				

4. Ansatz für das Projekt: **Kanalbau 2018**			Baujahr (Mittel) x	**2018**
Ansätze mit betriebsbezogenen Werten in Prozent (Werte aus "Kalkulationsgrundlagen"):			in % von A_W	in €
Aktueller Wiederbeschaffungswert: Kaufpreis-Ansatz: 80%		Index i_x =	103,0	**285.104,- €**
Abschreibung und Verzinsung $\quad k = a + z = \dfrac{100}{v_B} + \dfrac{p_B * n_B}{2 * v_B}$	mit p_B =	4,50%	1,65%	4.704,- € / Monat
	n_B / n =	1,20		
	v_B / v =	1,20		
Reparaturkoste n mit lohnbezog. Zuschlag $\quad r_{gesamt} = r_B * (1 + r_L * r_{LZ})$	r_B / r =	0,50	1,33%	3.792,- € / Monat
	r_L =	0,60		
	Lohnbezogener Zuschlag r_Z =	1,10		
Betriebsbezogene monatliche Vorhaltekosten für das Projekt:			2,98%	8.496,- € / Monat
Kfz-Steuer und -Versicherung je Monat (nur bei Straßenzulassung)				
Vorhaltekosten mit Steuer und Versicherung:			50,00 € / Stunde	8.496,- € / Monat
Betriebsstoffkosten für das Projekt	100% * BS (* 170 Std) =		25,50 € / Stunde	4.335,- € / Monat
gewählte Ansätze für	Vorhaltung		Betriebsstoffe	
Leistungsgerät:	50,00 € / Stunde		25,50 € / Stunde	
Bereitstellungsgerät:	€ / Monat		€ / Monat	

Abb. 11.21 Gerätekarte, projektbezogene Daten für einen Raupenbagger 127 kW

1. Stammwerte nach BGL 2015					
Kurzbezeichn **MOBILBAGGER HYD**				BGL-Nr. **D.1.01.0112**	
Bezeichnung Hydraulikbagger auf Rädern		Nutzungsjahre		n	7
Hersteller u. T Caterpillar / Cat M 315 F		Vorhaltemonate	("von"-Wert) v		60
Zusatzgeräte Tieflöffel mit Kranhaken		Monatl. Satz für Abschrbg.+Verzinsg.	("von"-Wert) k		2,0%
-ausrüstungen		Monatl. Satz für Reparaturkosten		r	1,6%
		Kenngröße:	Motorleistung (kW)		112 kW
Vorhaltekosten nach BGL	BGL-Nr.	Gewicht	mittlerer Neuwert	Reparaturkosten	Abschrg.+Verzg.
(K = "von"-Werte aus BGL)			A	R = r * A	K = k * A
		kg	€	€ / Monat	€ / Monat
Grundgerät:	D.1.01.0112	20.160	250.000,-	4.000,00	5.000,00
Schildabstützung	D.1.01.0112.AH	800	11.300,-	181,00	226,00
Hubbegrenzung	D.1.01.0112.AN		3.270,-	52,30	65,00
Ausleger-Unterteil hydr. verstellb	D.1.41.0112	1.645	25.024,-	400,00	500,50
Ausleger-Oberteil hydr. verstellb	D.1.42.0112	1.512	26.020,-	416,00	520,40
Löffelstiel	D.1.43.0112	1.022	13.170,-	211,00	263,40
Tieflöffel 0,5 m³	D.1.60.0500	500	3.740,-	60,00	74,80
Lasthaken am Tieflöffel	D:1.60.0500.AC		540,-	9,00	10,80
Stammwerte		25.639	333.064,-	5.329,30	6.660,90

2. Betriebsstoffkosten		Diesel, Benzin		Baustrom	
Motorleistung :		112 kW			kW
mittlerer Verbrauch je kWh		0,18 Liter			kWh
Energiepreis (ohne Mwst)		1,10 € / Liter			€ / kWh
Wartungs- und Pflegestoffe		12 %			%
Kosten je Betriebsstunde	BS	24,84 € / Stunde			€ / Stunde

3. Rüstkosten ohne Transport	Stundenaufwan	Stunden gesamt	Sonstiges	€
Auf- und Abladen zusammen				
Auf- und Abbauen zusammen				
Summe Rüstkosten				

4. Ansatz für das Projekt: Kanalbau 2018				Baujahr (Mittel) x	**2018**
Ansätze mit betriebsbezogenen Werten in Prozent (Werte aus "Kalkulationsgrundlagen")				in % von A_W	in €
Aktueller Wiederbeschaffungsw Kaufpreis-Ansatz: 80%			Index i_x =	103,0	**274.445,- €**
Abschreibun 100 $p_B * n_B$		mit p_B =	4,50%		
g und k = a + z = ─── + ────────		n_B / n =	1,20	1,65%	4.528,- € / Monat
Verzinsung v_B $2 * v_B$		v_B / v =	1,20		
Reparaturko		r_B / r =	0,50		
sten mit $r_{gesamt} = r_B * (1 + r_L * r_{LZ})$		r_L =	0,60	1,33%	3.650,- € / Monat
lohnbezog.					
Zuschlag Lohnbezogener Zuschlag r_{LZ} =			1,10		
Betriebsbezogene monatliche Vorhaltekosten für das Projekt:				2,98%	8.178,- € / Monat
Kfz-Steuer und -Versicherung je Monat (nur bei Straßenzulassung)					
Vorhaltekosten mit Steuer und Versicherung:				48,10 € / Stunde	8.178,- € / Monat
Betriebsstoffkosten für das Projekt 100% * BS (* 170 Std) =				24,84 € / Stunde	4.223,- € / Monat
gewählte Ansätze für		Vorhaltung		Betriebsstoffe	
Leistungsgerät:		**48,00 € / Stunde**		**24,80 € / Stunde**	
Bereitstellungsgerät:		**€ / Monat**		**€ / Monat**	

Abb. 11.22 Gerätekarte, projektbezogene Daten für einen Mobilbagger 91 kW

1. Stammwerte nach BGL 2015

Kurzbezeichnung **LKW FAHRGEST 6x4**				BGL-Nr. **P.2.01.0260**	
Bezeichnung Lkw Dreiachser	Nutzungsjahre			n	9
Hersteller u. Typ: Mercedes Arocs 2628 6x4	Vorhaltemonate		("von"-Wert) v	45	
Zusatzgeräte und Dreiseitenkipper	Monatl. Satz für Abschrbg.+Verzinsg.		("von"-Wert) k	2,9%	
-ausrüstungen	Monatl. Satz für Reparaturkosten			r	2,2%
	Kenngröße:		zul. Gesamtgewicht (t)	26 t	

Vorhaltekosten nach BGL	BGL-Nr.	Gewicht	mittlerer Neuwert	Reparaturkosten	Abschrg.+Verzg.
(K = "von"-Werte aus BGL)			A	R = r * A	K = k * A
		kg	€	€ / Monat	€ / Monat
Grundgerät:	P.2.01.0260	8.300	118.500,-	2.607,00	3.437,00
Dreiseitenkippeinrichtung	P.2.00.0260-AF	2.490	23.700,-	521,00	687,30
Stammwerte		10.790	142.200,-	3.128,00	4.124,30

2. Betriebsstoffkosten	Diesel, Benzin		Baustrom	
Motorleistung :	200	kW		kW
mittlerer Verbrauch je kWh	0,15	Liter		kWh
Energiepreis (ohne Mwst)	1,10	€ / Liter		€ / kWh
Wartungs- und Pflegestoffe	12	%		%
Kosten je Betriebsstunde BS	36,96	€ / Stunde		€ / Stunde

3. Rüstkosten ohne Transport	Stundenaufwand	Stunden gesamt	Sonstiges	€
Auf- und Abladen zusammen				
Auf- und Abbauen zusammen				
Summe Rüstkosten				

4. Ansatz für das Projekt: **Kanalbau 2018**			Baujahr (Mittel) x	**2018**
Ansätze mit betriebsbezogenen Werten in Prozent (Werte aus "Kalkulationsgrundlagen")		in % von A_W	in €	
Aktueller Wiederbeschaffungswert Kaufpreis-Ansatz 80%		Index i_x =	103,0	**117.173,- €**
Abschreibung und Verzinsung $k = a + z = \dfrac{100}{v_B} + \dfrac{p_B * n_B}{2 * v_B}$ mit	p_B = n_B / n = v_B / v =	4,50% 1,20 1,20	2,30%	2.695,- € / Monat
Reparaturkoste n mit lohnbezog. Zuschlag $r_{gesamt} = r_B * (1 + r_L * r_{LZ})$	r_B / r = r_L = Lohnbezogener Zuschlag r_{LZ} =	0,50 0,60 1,10	1,83%	2.144,- € / Monat
Betriebsbezogene monatliche Vorhaltekosten für das Projekt:			4,13%	4.839,- € / Monat
Kfz-Steuer und -Versicherung je Monat (nur bei Straßenzulassung)				500,- € / Monat
Vorhaltekosten mit Steuer und Versicherung:			31,40 € / Stunde	5.339,- € / Monat
Betriebsstoffkosten für das Projekt 100% * BS (* 170 Std) =			36,96 € / Stunde	6.283,- € / Monat
gewählte Ansätze für	Vorhaltung		Betriebsstoffe	
Leistungsgerät:	31,00 € / Stunde		37,00 € / Stunde	
Bereitstellungsgerät:	€ / Monat		€ / Monat	

Abb. 11.23 Gerätekarte, projektbezogene Daten für einen Lkw-Kipper mit Allradantrieb 6 × 4

Bezeichnung	Doppel-Vibrations-Grabenwalze		Nutzungsjahre		n	4
Hersteller u. Typ: BOMAG			Vorhaltemonate	("von"-Wert)	v	30
Zusatzgeräte und mit Fernbedienung			Monatl. Satz für Abschrbg.+Verzinsg	("von"-Wert)	k	3,8%
-ausrüstungen			Monatl. Satz für Reparaturkosten		r	2,6%
			Kenngröße: max. Betriebsgewicht (kg)			1400 kg

Vorhaltekosten nach BGL	BGL-Nr.	Gewicht	mittlerer Neuwert	Reparaturkosten	Abschrg.+Verzg.
(K = "von"-Werte aus BGL)			A	R = r * A	K = k * A
		kg	€	€ / Monat	€ / Monat
Grundgerät:	D.8.21.0140	1.400	34.300,-	892,00	1.303,00
Fernsteuerung	D.8.40.0140.AA		3.430,-	89,00	130,00
Stammwerte		1.400	37.730,-	981,00	1.433,00

2. Betriebsstoffkosten		Diesel, Benzin		Baustrom	
Motorleistung :		16	kW		kW
mittlerer Verbrauch je kWh		0,18	Liter		kWh
Energiepreis (ohne Mwst)		1,10	€ / Liter		€ / kWh
Wartungs- und Pflegestoffe		12	%		%
Kosten je Betriebsstunde	BS	3,55	€ / Stunde		€ / Stunde

3. Rüstkosten ohne Transport	Stundenaufwand	Stunden gesamt	Sonstiges	€
Auf- und Abladen zusammen				
Auf- und Abbauen zusammen				
Summe Rüstkosten				

4. Ansatz für das Projekt:	Kanalbau 2018			Baujahr (Mittel) x	2018
Ansätze mit betriebsbezogenen Werten in Prozent (Werte aus "Kalkulationsgrundlagen"):				in % von A_W	in €
Aktueller Wiederbeschaffungswert: Kaufpreis-Ansatz:		80%	Index i_x =	103,0	31.090,- €
Abschreibung und Verzinsung $\quad k = a + z = \dfrac{100}{v_B} + \dfrac{p_B * n_B}{2 * v_B}$ mit			p_B =	4,50%	
			n_B / n =	1,20	3,08%	958,- € / Monat
			v_B / v =	1,20		
Reparaturkosten mit lohnbezog. Zuschlag $\quad r_{gesamt} = r_B * (1 + r_L * r_{LZ})$			r_B / r =	0,50		
			r_L =	0,60	2,16%	672,- € / Monat
		Lohnbezogener Zuschlag r_{LZ} =		1,10		
Betriebsbezogene monatliche Vorhaltekosten für das Projekt:				5,24%	1.630,- € / Monat
Kfz-Steuer und -Versicherung je Monat (nur bei Straßenzulassung)					
Vorhaltekosten mit Steuer und Versicherung:				9,60 € / Stunde	1.630,- € / Monat
Betriebsstoffkosten für das Projekt		100% * BS (* 170 Std) =		3,55 € / Stunde	604,- € / Monat
gewählte Ansätze für		Vorhaltung		Betriebsstoffe	
Leistungsgerät:		10,00 € / Stunde		3,60 € / Stunde	
Bereitstellungsgerät:		€ / Monat		€ / Monat	

Abb. 11.24 Gerätekarte, projektbezogene Daten für eine Grabenwalze mit Fernsteuerung

1. Stammwerte nach BGL 2015						
Kurzbezeichnung: **VERBAUPLATTE STAHL**					BGL-Nr. **U.4.00.0100**	
Bezeichnung Stahlverbauplatte, Grundelement		Nutzungsjahre			n	6
Hersteller u. Typ: Krings KS 100		Vorhaltemonate		("von"-Wert)	v	45
Zusatzgeräte und L=3,50 m, H=2,60m		Monatl. Satz für Abschrbg.+Verzinsg		("von"-Wert)	k	2,7%
-ausrüstungen		Monatl. Satz für Reparaturkosten			r	2,5%
		Kenngröße:			kg/m2	100
Vorhaltekosten nach BGL	BGL-Nr.	Gewicht	mittlerer Neuwert	Reparaturkosten	Abschrg.+Verzg.	
(K = "von"-Werte aus BGL)			A	R = r * A	K = k * A	
		kg/m2	€	€ / Monat	€ / Monat	
Grundgerät:	U.4.00.0100	100	386,-	9,70	10,00	
Stammwerte		100	386,-	9,70	10,00	

2. Betriebsstoffkosten		Diesel, Benzin	Baustrom	
Motorleistung :		kW	kW	
mittlerer Verbrauch je kWh		Liter	kWh	
Energiepreis (ohne Mwst)		€ / Liter	€ / kWh	
Wartungs- und Pflegestoffe		%	%	
Kosten je Betriebsstunde	BS	€ / Stunde	€ / Stunde	

3. Rüstkosten ohne Transport	Stundenaufwand	Stunden gesamt	Sonstiges	€
Auf- und Abladen zusammen				
Auf- und Abbauen zusammen				
Summe Rüstkosten				

4. Ansatz für das Projekt:	Kanalbau 2018			Baujahr (Mittel) x	2018
Ansätze mit betriebsbezogenen Werten in Prozent (Werte aus "Kalkulationsgrundlagen"):				in % von A_W	in €
Aktueller Wiederbeschaffungswert: Kaufpreis-Ansatz:		80%	Index i_x =	103,0	318,- €
Abschreibung und Verzinsung	$k = a + z = \dfrac{100}{v_B} + \dfrac{p_B * n_B}{2 * v_B}$ mit	p_B =	4,50%	2,15%	7,- € / Monat
		n_B / n =	1,20		
		v_B / v =	1,20		
Reparaturkosten mit lohnbezog. Zuschlag	$r_{gesamt} = r_B * (1 + r_L * r_{LZ})$	r_B / r =	0,50	2,08%	7,- € / Monat
		r_L =	0,60		
	Lohnbezogener Zuschlag r_{LZ} =		1,10		
Betriebsbezogene monatliche Vorhaltekosten für das Projekt:				4,23%	14,- € / Monat
Kfz-Steuer und -Versicherung je Monat (nur bei Straßenzulassung)					
Vorhaltekosten mit Steuer und Versicherung:				0,10 € / Stunde	14,- € / Monat
Betriebsstoffkosten für das Projekt		100% * BS (* 170 Std) =			
gewählte Ansätze für		Vorhaltung		Betriebsstoffe	
Leistungsgerät:		€ / Stunde		€ / Stunde	
Bereitstellungsgerät:		14,00 € / Monat		€ / Monat	

Abb. 11.25 Gerätekarte, projektbezogene Daten für einen Quadratmeter einer Verbaubox

11.3.4 Einzelkosten

Die Berechnung der Einzelkosten der Teilleistungen erfolgt in den Spalten 3 bis 7 der EKT-Formulare. Die Vorgehensweise bei der Ermittlung ist unabhängig vom Kalkulationsverfahren.

Die Berechnung erfolgt nach den Positionen des LV wie in 13.2.4 gezeigt.

11.3.5 Kalkulation mit vorberechneten Zuschlägen

Vorberechnung der Zuschläge
Auszug aus dem Betriebsabrechnungsbogen für das Planjahr (Abb. 11.26).

Die Zuschläge für Gerätekosten und Sonstige Kosten werden gewählt, der Zuschlag für Lohn wird aus der Restumlage berechnet. Basis sind die Daten des Vorjahres und die erwarteten Änderungen.

Preise
Die Ermittlung der Einheits- und Gesamtpreise sowie der Angebotsendsumme ohne Mehrwertsteuer erfolgt in den EKT-Formularen, Spalten 12 und 13.

Zuerst werden der Angebotslohn und die Zuschlagsätze in die Formulare übertragen. Die Spalten 8 bis 11 werden für dieses Kalkulationsverfahren nicht benötigt.

Dann werden Position für Position die Einzelkosten je Einheit mit dem Angebotslohn bzw. den Zuschlagsätzen multipliziert. Die Summe ist nach Rundung auf 2 Stellen (Cent) der Einheitspreis der Position.

Das Produkt aus Einheitspreis und Menge ist der Gesamtpreis der Position. Bei der Ermittlung der Gesamtpreise ist darauf zu achten, dass mit den **auf 2 Stellen gerundeten** Einheitspreisen und nicht mit den im Rechner gespeicherten Werten mit mehr als 2 Nachkommastellen gerechnet wird. Ansonsten ergeben sich „kaufmännische" Ungenauigkeiten, die bei der Abrechnungen zu Problemen führen.

Beispiel: Pos. 0.5, 400 m Betonrohre liefern und verlegen

Schritt 1: $(0{,}843\,\text{h} \cdot 57{,}00\,€/\text{h} + 1{,}40 \cdot 52{,}08 + 1{,}3 \cdot 5{,}00)\,€ = 127{,}463\,€/\text{m}^3 = EP$
Schritt 2: $127{,}46 \cdot 400\,\text{m}^3 = 50.984{,}00\,€ = GP$

(Rundung des EP auf 2 Stellen, ohne Rundung wäre der Positionspreis 50.985,20 €)

Die Summe aller Positions-Gesamtpreise ergibt den Angebotspreis ohne Umsatzsteuer. Er weicht um Rundungsfehler von der kalkulierten Angebotssumme des Schlussblattes ab.

Angebot (Übertragung der Preise in das LV, Abb. 11.27, 11.30)
Die Mehrwertsteuer wird mit dem zur Zeit des Angebotes geltenden Satz getrennt hinzugerechnet. Das Angebot muss mit Datum, Firmenstempel und Unterschrift versehen werden, um rechtskräftig zu sein.

Aus Betriebsabrechnung   Stand: 1. Dezember 2017

Hochrechnung (Jahresrechnung) für das Planjahr   **2018**
Der Hochrechnung liegt der Jahresabschluß des Vorjahres zugrunde.

Gewerbliche Arbeitnehmer des Unternehmens		48 Arbeiter	
davon <u>produktive</u> Arbeiter (auf Baustellen)		44 Arbeiter	
Mittellohn A (ohne Aufsicht)		19,00 € / h	
tatsächliche Arbeitstage im Planjahr		199 Tage	
mittlere Arbeitszeit je Tag im Planjahr		8,0 h/Tag	

Mittlere jährliche Lohnkosten je produktiver Arbeiter:

Grundlohn A =	199 Tage x	8,0 h/Tag	x	19,00 € / h =	30.248,- € =	100%
Soziallöhne	25%	vom Grundlohn A		=	7.562,- €	
Summe: ausgezahlte Bruttolöhne					37.810,- €	
abgeführte Sozialkoste	64%	vom Grundlohn A		=	19.359,- €	
Lohnbezogene Kosten	3%	vom Grundlohn A		=	907,- €	
Lohnkosten ASL je produktiver Arbeiter				=	58.076,- €	
Lohnkosten ASL in % des Grundlohns A				=		192%

Einzelkosten der Baustellen (EKT):						% vom Umsatz:
Lohnkosten ASL	44 prod. Arbeiter	x	58.076,-	=	2.555.344,- €	25%
Sonstige Kosten	100% der gesamten Lohnkosten ASL			=	2.555.344,- €	25%
Gerätekosten	80% der gesamten Lohnkosten ASL			=	2.044.275,- €	20%
Fremdleistungen	5% der gesamten Lohnkosten ASL			=	127.767,- €	1%
Summe der EKT aller Baustellen					7.282.730,- €	70%
Baustellengemeinkosten (BGK):				=		
Ansatz = Mittelwert aller Baustellen	25,00% der EKT			=	1.820.683,- €	18%
Herstellkosten (HK):					9.103.413,- €	88%
Allgemeine Geschäftskosten (AGK):						
Ansatz bez. auf Umsat	8,00% =	9,091% der HK		=	827.600,- €	8%
Selbstkosten:					9.931.013,-	96%
Wagnis u.Gewinn						
Ansatz bez. auf Umsatz	4,00% =	4,167% der SK		=	413.800,- €	4%
Umsatz: Für das Planjahr erwarteter Jahresumsatz					**10.344.813,- €**	**100%**
Umzulegende Kosten:	BGK + AGK + W+G				3.062.083,- €	30%

Betriebsmittellohn ASL	58.076,- /	199 Tage	/	8,0 h/Tag =	36,48 € / h

Vorbestimmte Zuschläge (frei wählbar)

auf Soko	40%	x	2.555.344,-	1.022.138,- €
auf Geräte	30%	x	2.044.275,-	613.283,- €
auf Fremdleistung	10%	x	127.767,-	12.777,- €
Summe				1.648.198,- €

Vorberechneter Zuschlag (auf Lohn)

Restumlage	3.062.083,-	-	1.648.198,- =	1.413.885,- €
	1.413.885,-			

$$\text{Zuschlag auf Lohn} \quad \frac{}{44 \text{ Arb. x} \quad 199 \text{ Tage} \quad x \quad 8,0 \text{ h/Tag}} = 20,18 \text{ € / h}$$

Betriebs-Angebotslohn	36,48	+	20,18 =	56,66 € / h

$$\text{oder:} \quad \frac{2.555.344,- \quad + \quad 1.413.885,-}{44 \text{ Arb. x} \quad 199 \text{ Tage} \quad x \quad 8,0 \text{ h/Tag}} = 56,66 \text{ € / h}$$

Kalkulationsansatz für das Planjahr (gewählt)	**57,00 € / h**

Abb. 11.26 Kalkulation mit vorberechneten Zuschlägen, Hochrechnung der Kalkulationsdaten für 2018 aus der Betriebsabrechnung 2017

Projekt:	Kanalbau 2018					Betriebs-Kalkulationslohn/Zuschlagsfaktor	57,00 € / h	1,40	1,30	1,10	01.12.2017	Seite 18
	Einzelkostenentwicklung:								zusammen		Angebot:	
Pos.	Menge	Fakt.1 x Fakt.2 / Div.	x (| Std. | SoKo | Gerät | Fremdlst.)	Stunden	SoKo	Gerät	Fremdlst.	Stunden	Material	Gerät	Fremdlst.	Einh.preis	Gesamtpreis

(je Einheit)

Pos.	Menge	Beschreibung	Stunden	SoKo	Gerät	Fremdlst.	Stunden (je Einh.)	Gerät	Einh.preis	Gesamtpreis
0.1	1	**Kalkulation mit vorberechneten Zuschlägen:**								
		psch Einrichten und Räumen der Baustelle								
		Bauwagen für 6 Arbeiter: nur Aufstellen, an anderen Transport angehängt								
		1 x (3,50 h	3.500 h							
		Verbau aufladen: 5 Elemente x (1h hin+1h zurück), jeweils Bauhof+Baustelle					Verrechnungssatz für Bauhofstunden 37,50 € / h			
		5 x 2 x (1,00 h + 37,50	10.000 h	375,00						
		Verbau transportieren:Lkw-Pritsche mit Ladekran 2 x hin + 2 x zurück à 2 Std					Verrechnungssatz Pritsche mit Fahrer 55,00 € / h			
		4 x 2 x (1,00 h + 55,00	10.000 h	440,00						
		Magazin u.Hilfstoffe laden: 10t x 1h/t jeweils Bauhof+Baustelle								
		10 x (1,00 h + 37,50	10.000 h	375,00						
		Magazin u.Hilfstoffe transportieren: wie vor, je 1 Fahrt hin/zurück à 2Std								
		4 x 2 x (1,00 h + 55,00		440,00						
		R'bagger R924 auf Bauhof + auf Baustauf-u.abladen: 2*1* 0,2h/t * Verr.Satz								
		27 x 0,2 x (1,00 h + 37,50	5.400 h	202,50						
		R'bagger transportieren: hin u.zurück je 2Std Tieflader+Zugmaschine					Ver.satz für Tieflader+Zugmaschine 130.- € / h			
		2 x 2 x (1,00 h + 130,00		520,00						
		Mobilbagger transportieren (Selbstfahrer) hin u.zurück je 2 Std								
		2 x 2 x (1,00 h + 24,80 + 48,00	4.000 h	99,20	192,00					
		Sicherungseinrichtung (Absperrungen+Beleuchtung) aufstellen u.abbauen								
		x (10,00 h	20.000 h							
		Funkampel aufstellen und abbauen								
		2 x (3,00 h	6.000 h							
		Sonstiges pauschal, z.B. Standrohr für Wasseranschluß								
		1 x (10,00 h + 300,00	10.000 h	300,00	192,00					
			68.900 h	2.751,70	192,00				8.029,28	8.029,28
0.2	2	**Mon Vorhalten und Betreiben der Baustelleneinrichtung**								
		1 Unterkunftswagen mit Einrichtung für 6 Personen je Monat								
		1,00 x (+ 243,00			243,00					
		1 Magazincontainer "Kanalbau" mit Inhalt x je Monat								
		1,00 x (+ 205,00			205,00					
		1,00 x (+ 1.689,00			1.689,00					
		Miet-WC je Monat								
		1,00 x (+ 80,00		80,00						
		Wasserverbrauch 1m³/Tag x 175/8 Tage je Monat								
		1,00 x 175 / 8 x (+ 4,00		87,50						
		Vorhalten der Ampel je Monat								
		1,00 x (+ 283,00			283,00					
		Warten d.Sicherungsanlage 0,5h/Tag x 175/8Tage je Monat								
		1,00 x 175 / 8 x (0,50 h	10.938 h							
		Allg. Hilfslöhne, Wartestunden der Geräteführer (Betriebsmittelwert=3h/Tag)								
		1,00 x 175 / 8 x (3,00 h	65.625 h							
			76.563 h	167,50	2.420,00				7.744,59	15.489,18
		zu übertragen bzw. Titelsumme:								23.518,46

Abb. 11.27 Kalkulation mit vorberechneten Zuschlägen, Einzelkosten der Teilleistungen (EKT), Baustelleneinrichtung

Projekt:		Kanalbau 2018	Betriebs-Kalkulationslohn/Zuschlagsfaktore				57,00 €/h			01.12.2017		Seite 18
		Einzelkostenentwicklung:		je Einheit				zusammen			Angebot:	
Pos.	Menge	Fakt.1 x Fakt.2 / Div x (Std x (SoKo Gerät Fremdlst.)	Stunden	SoKo	Gerät	Fremdlst.	Stunden	Material	Gerät	Fremdlst.	Einh. preis	Gesamtpreis
0.3	2.360 m²	**Boden der Rohrgräben ausheben und verfüllen**										23.518,46
		Aushub mit Raupenbagger: 30m³/Std										
		1 /30 x(1,00 h x(25,50 +50,00)	0,033 h	0,85	1,67							
		1 Helfer im Graben										
		1 /30 x(1,00 h	0,033 h									
		Transporte m.1Lkw-Kipper-Allrad DB2628AK 2,0 Monate x 175Std/M x 50% (s.rechts)										
		2 x 87,5 /2360 x(1,00 h +37,00 +31,00	0,074 h	2,74	2,30							
		Sand für das Verfüllen des Rohrbereichs liefern = 20%										
		0,2 x1,7 x(+7,00		2,38								
		Verfüllen 70% Aushub+20% Sand, Mobilbagger (Verdichterleistung 20m³/h maßgebend):										
		0,9 x2 /20 x(1,00 h x(24,80 +48,00	0,045 h	1,12	2,16							
		Verdichten 90% des Bodens mit 2 Arbeiten, 20m³/Std										
		0,9 x2 /20 x(1,00 h	0,090 h									
		Verdichten 70% des Bodens mit Einsatz der Grabenwalze, 20m³/Std										
		0,7 /20 x(+3,60 +10,00		0,13	0,35							
		Kippgebühr für 30% des Aushubs x 1,7t/m³:										
		0,3 x1,7 x(+10,00		5,10								
			0,275 h	12,32	6,48							
0.4	2.960 m²	**Verbau für Gräben und Schächte bis 4,00m Tiefe**									41,35	97.586,00
		Einbau mit Raupenbagger 1,0 Std/(Grund+Aufstockelement) à 26m² abrechenbare Fläche										
		1 /26 x(1,00 h x(25,50 +50,00	0,038 h	0,98	1,92							
		Einbau-Aufwand 2 Arbeiter x 1,0 h/(Grund+Austockelement) à 26m²										
		2 /26 x(1,00 h	0,077 h									
		Ausbau und Transport mit Mobilbagger 0,5 Std/Element à 26m²										
		0,5 /26 x(1,00 h +24,80 +48,00	0,019 h	0,48	0,92							
		Ausbau-Aufwand (Ziehen und Transportieren) 2 Arbeiter 0,5h/Element										
		2 /26 x(0,50 h	0,038 h									
		Vorhalten: 5 Grundelemente x18,2 m2 x 2,0 Monate										
		91 x2 /2960 x(+14,00			0,86							
		Vorhalten: 5 Aufstockelemente x 9,1 m2 x 2,0 Monate										
		45,5 x2 /2960 x(+14,00			0,43							
		Vorhalten: 5 Elemente x 6 Verlängerungsrohre x 2,0 Monate										
		30 x2 /2960 x(+15,00			0,30						17,61	52.125,60
			0,172 h	1,46	4,43							
		zu übertragen bzw. Titelsumme:										173.230,06

Anmerkungen (rechte Spalte):

Der Lkw steht während der gesamten Bauzeit für den Transport von Aushubmateriel zur Kippe und zur Verfüllstation zur Verfügung. Einsatz ca. 50%
Fahrer ansonsten als Arbeiter eingesezt, z.B. für Mobilbagger

Verdichtung des Rohrbereichs (20%)mit 2 Kleinrüttlern aus Magazincontainer

Abb. 11.28 Kalkulation mit vorberechneten Zuschlägen, Einzelkosten der Teilleistungen (EKT), Erdarbeiten

Projekt: Kanalbau 2018						01.12.2017	Seite 18
Betriebs-Kalkulationslohn/Zuschlagsfaktor	57,00 €/h	1,40	1,30	1,10		Angebot:	

Einzelkostenentwicklung: Fakt.1 x Fakt.2 / Div

Pos	Menge	Beschreibung	Std.	SoKo	Gerät	Fremdlst.	Stunden	SoKo	Gerät	Fremdlst.	Stunden	Material	Gerät	Fremdlst.	Einh.preis	Gesamtpreis
0.5	400	**m Betonrohre KFW-M, DN 500, L=2,50m, verlegen**														173.230,06
		Betonsohle 1,3m²/m x 0,10m dick, C 8/10														
		1,3 x0,1 x(1,10 h + 82,50)					0,143 h	10,73								
		Rohr: 2,50m lang, einschl. Dichtring														
		1 /2,5 x(+ 85,00)						34,00								
		Rohr verlegen: 2 Arbeiter 0,5 Std/Stück														
		2 /2,5 x(0,50 h)					0,400 h									
		Baggeranteil Raupenbagger: 0,25 Std/Stück														
		0,25 /2,5 x(1,00 h + 25,50 + 50,00)					0,100 h	2,55	5,00							
		Wasserdruckprobe, Aufwand 10 Stunden/Haltung à 50m														
		10 /50 x(1,00 h)					0,200 h									
		Wasserdruckprobe, 2 Blasen/Haltung														
		2 /50 x(+ 100,00)						4,00								
		Wasserdruckprobe, Wasserverbrauch 0,196 m³/m														
		0,2 x(+ 4,00)						0,80								
							0,843 h	52,08	5,00						127,46	50.984,00
0.6	8	**St Schächte DN 1000 bis 3,50m Tiefe**														
		Sohlbeton B10: 3,0m² x 0,10m dick														
		3 x0,1 x(+ 82,50)						24,75								
		Sohlbeton einbringen: 3,0m³, 0,5 h/m²														
		3 x(0,50 h/m²)					1,500 h									
		Schachtunterteil 1000mmLW,1000mmBH,2xDN500,Fertigteil														
		1 x(2,00 h + 840,00)					2,000 h	840,00								
		Zulage für 2 Gelenkstücke (Grundaufwand in Rohrverlegung enthalten)														
		2 x(1,20 h + 250,00)					2,400 h	500,00								
		4 Schachtringe 1000mmLW,500mmBH, mit Dichtung														
		4 x(0,80 h + 85,00)					3,200 h	340,00								
		1 Schachtkonus 1000/625mmLW,600mmBH,exzentr., m.Dchtg.														
		1 x(1,10 h + 95,00)					1,100 h	95,00								
		Schachtdeckel Beton/Guß,KLD-400,625mmD, mit Auflagering														
		1 x(1,40 h + 150,00)					1,400 h	150,00								
		Raupenbaggereinsatz: 1 Schachtunterteil x 0,15 Std														
		1 x0,15 x(1,00 h + 25,50 + 50,00)					0,150 h	3,83	7,50							
		Mobilbaggereinsatz: 6 Einzelteile x 0,15 Std														
		6 x0,15 x(1,00 h + 24,80 + 48,00)					0,900 h	22,32	43,20							
							12,650 h	1.975,90	50,70						3.553,22	28.425,76

zu übertragen bzw. Titelsumme: 252.639,82

Abb. 11.29 Kalkulation mit vorberechneten Zuschlägen, Einzelkosten der Teilleistungen (EKT), Rohre und Schächte

Kanalbau 2018				
Stand: 1. Dezember 2017				
Pos.	Menge Dim.	Leistungsbeschreibung	EP in €	GP in €
0.1	1 psch	Einrichten und Räumen der Baustelle für sämtliche in der Leistungsbeschreibung aufgeführten Leistungen	8.029,28	8.029,28
0.2	2 psch	Vorhalten der Baustelleneinrichtung für sämtliche in der Leistungsbeschreibung aufgeführten Leistungen	7.744,59	15.489,18
0.3	2.360 m³	Boden der Rohrgräben und Schächte profilgerecht ausheben, Verbau wird gesondert vergütet, seitliche Lagerung des Aushubs nicht möglich. Bodenverdrängung ca. 30%, verdrängter Boden wird Eigentum des AN und ist zu beseitigen. Verfüllung der Rohrzone mit Sand (ca. 20%), oberhalb mit Aushubmaterial. Verfüllen und Verdichten nach dem Merkblatt für das Verfüllen von Leitungsgräben. Aushubtiefe bis 4,00m, Sohlenbreite des Grabens über 1,00 bis 2,00m. Bodenklasse 3	41,35	97.586,00
0.4	2.960 m²	Verbau für Gräben und Schächte, Art des Verbaus: Plattenverbau, Verbautiefe von 3,50 bis 4,00m, Sohlenbreite zwischen den Bekleidungen über 1,00 bis 2,00m, Bodenklasse 3, Verbau wieder beseitigen, abgerechnet wird von der vorgeschriebenen Oberkante des Verbaus bis zur Baugrubensohle.	17,61	52.125,60
0.5	400 m	Entwässerungskanal/-leitung DIN 433 aus Betonrohren DIN 4032, KFW-M, Kreisquerschnitt wandverstärkt mit Fuss und Muffe, DN 500, Baulänge 2,50m, Rohrverbindung mit Dichtring, Auflager auf Beton, Auflagerwinkel 90 Grad, in vorhandenem Graben mit Verbau und Aussteifungen,	127,46	50.984,00
0.6	8 St	Schächte, rund, lichte Weite 1,00 m, aus Betonfertigteilen, Betongüte wie DIN 4034, Hersteller/Typ Dywidag Optadur o.glw., mit Schachtunterteil, Anschlüsse für gelenkige Einbindung der Rohre, Schachtringen, Schachthals, Auflagerring, Steigeisen DIN 1211-A, Steigmass 250 mm, Gerinne gerade, Auskleidung Gerinne mit Zementestrich ZE 20 DIN 18560, größtes Rohr DN 500, lichte Schachttiefe bis 3,50 m.	3.553,22	28.425,76
		Angebotssumme in Euro		252.639,82
		Mehrwertsteuer, zur Zeit	19,00%	48.001,57
		Angebotssumme mit Mehrwertsteuer in Euro		300.641,39
		Datum/Stempel/Unterschrift:		

Abb. 11.30 Kalkulation mit vorberechneten Zuschlägen, Angebot, Leistungsverzeichnis mit Einheits- und Gesamtpreisen

11.3.6 Kalkulation mit Zuschlagsermittlung über die Endsumme

Gemeinkosten der Baustelle
Ermittlung Baustellen-spezifisch:
Bauzeit: 400 m/10 m je Tag = 40 Arbeitstage, d. h. mit Einrichten etc. 2,0 Monate.

Geräteliste (Abb. 11.31)
   Sie ist eine Zusammenstellung aller für die Baustelle benötigten Geräte. Aus ihr ergeben sich die Transportgewichte, der Anschlusswert für die Elektroversorgung und die gesamten Vorhaltekosten. Der nicht in den EKT erfasste Teil der Vorhaltekosten und der Stunden des Raupenbaggerführers sind in die BGK einzurechnen.
   Beispiel Raupenbagger: Schachtunterteil mit Raupenbagger versetzen
   Einsatzzeiten des Raupenbaggers in den EKT (als Beispiel für ein Leistungsgerät)

Pos. 0.3: Ausheben	$2360\,m^3/30\,m^3/$Stunde	78,7 h
Pos. 0.4: Verbau einsetzen	$2960\,m^2 \cdot 0,038\,h/m^2$	112,5 h
Pos. 0.5: Rohre verlegen	$400\,m/2,50\,m/$St $\cdot\,0,25\,h/$St	40,0 h
Pos. 0.6: Schachtunterteil einbauen	$8\,St \cdot 0,15\,h/$St	1,2 h
In EKT kalkulierte Baggerstunden		232,4 h
Gesamtvorhaltezeit des Baggers	2,0 Monate × 175 h/Monat	350,0 h
In BGK anzusetzende Rüst- und Wartezeit und Baggerführerstunden:		117,6 h

Gemeinkosten der Baustelle (Abb. 11.32)
   Da der Schachtmeister produktiv mitarbeitet, wird er komplett im Mittellohn (ML AP) erfasst.

Mittellohn (Abb. 11.33)
Die Kanalbaustelle ist eine typische „Kolonnenbaustelle", bei der eine komplette Kolonne über die gesamte Bauzeit auf der Baustelle ist, in diesem Falle 6 Arbeiter einschließlich Aufsicht. Arbeitszeit 41 h/Woche (Sommer), der Werk-Schachtmeister arbeitet teilweise mit. Die erwartete Lohnerhöhung während der Bauzeit ist vom Kalkulator zu schätzen.

Herstellkosten, Angebotssumme und Angebotslohn

Schlussblatt der Kalkulation über die Endsumme (Abb. 11.34)
   Zu den Zeilen 5 und 6: Die Ansätze für AGK und Wagnis und Gewinn werden nach Angabe der Geschäftsleitung eingesetzt. Da die Ansätze aus der Betriebsabrechnung auf den Umsatz (hier Angebotssumme) bezogen ermittelt werden, müssen die Prozentwerte in Zeile 8 auf die Herstellkosten umgerechnet werden.
   Zeile 14: Die Verteilung der Umlage auf die einzelnen Kostenarten kann frei gewählt werden. Auf Material, Geräte und Fremdleistungen werden Vorabumlagen festgelegt, der Rest wird auf den Lohn umgelegt.

BGL-Nr.	Gerätebezeichnung	Stck	Motorleistung elektrisch kW		Transportgewicht (ohne Selbstfahrer) t		Einsatzzeit Gerät Stunden	Fahrer (fest) Anzahl	Rüst-u.Wartezeit Gerät Stunden	Fahrer Stunden	Vorhalte-zeit	Vorhaltekosten €/Einh.	€
	Eigengerät E / Leasinggerät L / Mietgerät M		einzeln	gesamt	einzeln	gesamt	einzeln	gesamt	einzeln	gesamt	einzeln	einzeln	gesamt
				(3) x (4)		(3) x (6)	aus EKT	aus EKT	(12) - (8)	(3)x(9)x(10)	aus BZP		(3) x (12) x (13)
1	2	3		4		5	6	7	8	9	10	11	12	13	14
Bereitstellungsgeräte													
X.2.01.0070	Unterkunftswagen	E 1			Anhänger						Monate	€ / Monat	
											2,00	243,00	486,-
X.3.02.0006	Werkstatt+Magazincontainer	E 1				2,20					2,00	205,00	410,-
	Magazininhalt "Kanalbau"	E 1			1,70						2,00	1.689,00	3.378,-
U.0.33.0022	Verbaubox, Grundelement	E 91			2,23	202,93					2,00	14,00	2.548,-
U.0.33.0022	Verbaubox, Aufstockelement	E 45,5			1,27	57,79					2,00	14,00	1.274,-
U.0.33.0025	Verbau, Zwischenrohre	E 30			0,04	1,20					2,00	15,00	900,-
W.7.21.0001	Funkampel	E 1			0,12						2,00	283,00	566,-
Leistungsgeräte											Stunden (ganze Tage)	€ / Stunde	
P.2.11.0260	Lkw-Kipper-Allrad DB 2628AK	E 1			selbstfahrend		175,0		175,0		350,0 h	31,00	10.850,-
D.1.00.0100	R-Bagger Liebherr R 924	E 1			27,00	27,00	232,4	1	117,6	117,6 h	350,0 h	50,00	17.500,-
D.1.01.0086	M-Bagger Cat M 315	E 1			selbstfahrend		174,4		175,6		350,0 h	48,00	16.800,-
D.8.40.1400	Grabenwalze BOMAG 851	E 1			1,40	1,40	82,6		267,4		350,0 h	+ 10,00	3.500,-
	Gesamtsummen:					292,52				117,6 h	abzüglich in EKT u. GK		58.212,-
	./. Einzeltransporte (Großgeräte und Container):					27,00					erfasste Werte ☒		35.844,-
	Resttransporte:					265,52				117,6 h	Restumlage ☒		**22.368,-**

Abb. 11.31 Kalkulation mit Zuschlagsberechnung über die Endsumme, Geräteliste

Bauzeit				
Netto-Lohnsumme der EKT ohne Aufsicht ca.=	1.687 h x	15,00 € / h	25.000,- €	

Kostenentwicklung	Stunden	Material Kosten	Geräte	Fremd-leistung
	h	€	€	€
1 Baustelleneinrichtung		in EKT kalkuliert		
1.1 einmalige Kosten				
1.2 zeitproportionale Kosten				
2 Gerätekosten				
2.1 einmalige Kosten		in EKT kalkuliert		
2.2 zeitproportionale Kosten	117,6 h		22.368,-	
3 Allgemeine Baukosten Monate				
3.1 Baustellengehälter % Bauzeit Gehalt				
Bauleiter 25 2,00 8.000,-		4.000,-		
Baukaufmann 10 2,00 5.250,-		1.050,-		
Polier/Meister 8.500,-				
3.2 Planbearbeitung, Arbeitsvorbereitung, Vermessen, Baustoffprüfung		2.500,-		
3.3 Abrechnung				
3.4 Kleingeräte und Werkzeug				
6,00 % der Netto-Lohnsumme		1.500,-		
3.5 Baustellenversicherungen				
1,50 % der Netto-Lohnsumme		400,-		
3.6 Verkehrskosten der Baustelle				
3,00 % der Netto-Lohnsumme		800,-		
3.7 Kosten des Bürobedarfs einschl. Handy				
2,00 % der Netto-Lohnsumme		500,-		
3.8 Sonstige allgem. Baukosten				
2,00 % der Netto-Lohnsumme		500,-		
4 Allgemeine Hilfslöhne				
4.1 1 Arb. x 1 h/Tag 2,0 Monate	44,0 h			
4.2				
5 Nebenstoffe und Nebenfrachten				
1,00 % der Lohnsumme		300,-		
6 Sonderkosten				
6.1 Pachten, Mieten				
6.2 Winterbau				
6.3 Lizenzkosten				
6.4 Besondere Wagnisse				
6.5				
7 Außergewöhnliche Bauzinsen				
8 Bauschlußreinigung, Sonstiges	16,0 h			
Gemeinkosten der Baustelle	177,6 h	11.550,-	22.368,-	

Abb. 11.32 Kalkulation mit Zuschlagsberechnung über die Endsumme, Gemeinkosten der Baustelle

| | | | | Produkt. | Gesamttarif- | | Tarif-h/Woche: |
| Bauzeit: | 01.04. bis 31.5.2018 | | | | = | 2,00 | Monate |

Stand: $\dfrac{1.687,3\,h \;+\; 177,6\,h}{2,00\ \text{Monate} \;\times\; 175\ \text{Std/Monat}} = $ **5,3** Arbeiter

	Lohngruppe			Produkt. Arbeits- kräfte	Gesamttarif- stundenlohn GTL	Gesamt	Tarif-h/Woche: 41 Über-h/Woche:
Kennziff		Anzahl	Aufsicht	Anzahl	€ / h	€ / h	
Lohn	Polier/Schachtmeister				28,50		
6	Werkpolier/Schtmstr.	1,00	40%	0,60	22,41	22,41	arbeitet mit
5	Vorarbeiter				20,48		
4	Spezialfacharbeiter (Ecklohn)			2,00	19,51	39,02	
4	Baumaschinenführer			1,00	19,82	19,82	
3	Facharbeiter				17,87		
	Zwischensumme Lohngruppe 6 bis 3					81,25	
	Tariflohnerhöhung ab 1	4%	für	50,0%	der Bauzeit	1,63	
2	Fachwerker, Maschinist, Kraftfahrer			1,00	14,95	14,95	ab 1.1.18
1	Werker = Mindestlohn für Ungelernte			1,00	11,75	11,75	
	Erhöhung der gesetzl. Mindestlöhne						
	Produktive Arbeitskräfte:			5,60	Gesamtlohn	109,58	€ / h

$\dfrac{\text{Gesamtlohn}}{\text{Produktive Arbeitskräfte}}$	$\dfrac{109,58\ €}{5,60}$		19,57
Mittlerer Gesamttarifstundenlohn mit Lohnerhöhung (GTL)			19,57

	Art	€ je Arb.-tag	Vergüt.-tage je Woche	An- zahl	Gesamt €	
Lohngebundene Zuschläge	Lohnzulagen		% x mittlerer GTL x		% der Std.	
	Sonstiges		% x mittlerer GTL x		% der Std.	
	Überstunden-Zuschlag	25	% x mittlerer GTL x		% der Std.	
	Nacht- Zuschlag		% x mittlerer GTL x		% der Std.	
	-Zuschlag		% x mittlerer GTL x		% der Std.	
	Erschwernis- Zuschlag	€ / h x			% der Std.	
	-Zuschlag	€ / h x			% der Std.	
	Vermögensbildung	€ / h x		80%	der Belegschaft	
	Mittellohn AP					19,57
	Lohnzusatzkosten			91%	vom Mittellohn A(AP)	17,81
	Mittellohn APS					37,38

	Art	€ je Arb.-tag	Vergüt.-tage je Woche	An- zahl	Gesamt €
Lohnnebenkosten LNK	Wegezeitvergütung				
	Fahrtkosten				
	Verpflegungskostenzuschuss	4,09	4	5	81,80
	Auslösung				
	Reisegeld und Zeitvergütung				
	Sonstiges:				
				Summe LNK:	81,80

Anteilige Lohnnebenkosten =	$\dfrac{\text{Summe LNK}}{\text{Prod. Arb.kräfte} \times \text{Std / Woche}}$ =	$\dfrac{81,80\ €}{5,60 \quad 41}$	0,36

Sonstiges		
Mittellohn APSL	€ / h	**37,74**

Abb. 11.33 Kalkulation mit Zuschlagsberechnung über die Endsumme, Mittellohn APSL

I.   Ermittlung der Herstellkosten

Mittellohn ASL (APSL): 37,74 € / h		Stun-den h	Lohn €	Material €	Geräte €	Fremd-leistung €	€	Summe €	%
Kostenarten	KA		1	2	3	4	5		
1 Einzelkosten der Teilleistungen	EKT	1.687,3 h	63.679,-	73.123,-	35.844,-			172.646,-	71%
2 Gemeinkosten der Baustelle	GK	177,6 h	6.703,-	11.550,-	22.368,-			40.621,-	17%
3 Gesamtstunden und Herstellkosten	HK	1.864,9 h	70.382,-	84.673,-	58.212,-			213.267,-	88%
in % der HK			33%	40%	27%				

II.   Ermittlung der Angebotssumme

4 Allgemeine Geschäftskosten in % der Angebotssumme	AGK	8,00	8,00	8,00	8,00			
5 Wagnis und Gewinn in % der Angebotssumme	W+G	4,00	4,00	4,00	4,00			
6 Gesamtzuschlag in % der Angebotssumme	(4)+(5)	12,00	12,00	12,00	12,00			
7 Gesamtzuschlag in % der Herstellkosten	(6) % x 100 / 100 - (6) %	13,636	13,636	13,636	13,636			
8 Gesamtzuschlag auf Herstellkosten in Euro		9.597,-	11.546,-	7.938,-			29.081,-	12%
9 Angebotssumme ohne Umsatzsteuer							242.348,-	100%
Kontrollwert: Angebotssumme aus LV							242.336,-	

II.   Ermittlung der Zuschlagssätze und des Angebotslohnes

10 Abzüglich Einzelkosten der Teilleistungen					172.646,-	71%
11 Umzulegende Kosten = Schlüsselkosten (9) - (10)					69.702,-	29%
12 Gewählte Zuschläge in % auf Einzelkosten der Teilleistung	40%	30%	10%			
13 Summe der Vorabumlage in Euro	29.249,-	10.753,-			40.002,-	17%
14 Restumlage (11) - (13)					29.700,-	12%
15 Errechnete Zuschläge in % = Restumlage x 100 / EKT - KA	46,64018					
16 Angebotslohn = Mittellohn + Zuschlag	**55,34 € / h**	Gewählte Kenngröße: "m Kanal"			**400 m**	

Kennwerte, zum Beispiel:

Stunden	1.864,9 h		4,7 h	Σ Angebot	242.348,- €		606,- €
Kenngröße	400 m		m	Kenngröße	400 m	=	m
Leistung	213.267,- €		114,- €				
Arbeitsstund	1.864,9 h		h		=	=	

Abb. 11.34 Kalkulation mit Zuschlagsberechnung über die Endsumme, Schlussblatt der Kalkulation Ermittlung der Herstellkosten, der Angebotssumme und des Angebotslohnes

Preise

Die Ermittlung der Einheits- und Gesamtpreise sowie der Angebotsendsumme ohne Mehrwertsteuer erfolgt in den EKT-Formularen, Spalten 12 und 13. Rundung der Einheitspreise wie unter 9.3.5 (Abb. 11.35–11.37).

Kontrolle: Die Angebotssumme aus dem Schlussblatt wird in den Zeilen 10 und 11 des Schlussblattes mit der Summe der Gesamtpreise verglichen. Hier dürfen nur geringfügige Abweichungen aus Rundungsdifferenzen auftauchen.

Die Einheits- und Gesamtpreise der Positionen sowie die Angebotssumme werden nicht mit denen der Kalkulation mit vorbestimmten Zuschlägen übereinstimmen, da die Zuschläge nicht für den Gesamtbetrieb, sondern speziell für diese Baustelle ermittelt wurden. Im Beispiel liegen sie zufällig etwa gleich hoch.

Angebot (Übertragung in das LV, Abb. 11.38)

Die Mehrwertsteuer wird mit dem zur Zeit des Angebotes geltenden Satz getrennt hinzugerechnet. Das Angebot muss mit Datum, Firmenstempel und Unterschrift versehen werden, um rechtskräftig zu sein.

Projekt:	Kanalbau 2018				01.12.2017	Seite 1
Betriebs-Kalkulationslohn/Zuschlagsfaktoren	55,34 € / h	1,40	1,30	1,10	Angebot:	

		Einzelkostenentwicklung:					je Einheit				zusammen				Einh.preis	Gesamtpreis
Pos	Menge	Fakt.1 x Fakt.2 / Div x (Std SoKo Gerät Fremdlst.)					Stunden	SoKo	Gerät	Fremdlst.	Stunden	Material	Gerät	Fremdlst.		

Kalkulation mit Zuschlagsermittlung über die Endsumme:

Pos 0.1 — Menge 1

psch Einrichten und Räumen der Baustelle

- Bauwagen für 6 Arbeiter: nur Aufstellen, an anderen Transport angehängt
  1 x (3,50 h) → Stunden 3.500 h
- Verbau aufladen: 5 Elemente x (1h hin+1h zurück), jeweils Bauhof+Baustelle
  5 x2 x (1,00 h + 37,50) → Stunden 10.000 h · SoKo 375,00
- Verbau transportieren:Lkw-Pritsche mit Ladekran 2 x hin + 2 x zurück à 2 Std
  4 x2 x (+ 55,00) → Gerät 440,00
- Magazin u.Hilfstoffe laden: 10t x 1h/t jeweils Bauhof+Baustelle
  10 x (1,00 h + 37,50) → Stunden 10.000 h · SoKo 375,00
- Magazin u.Hilfstoffe transportieren: wie vor, je 1 Fahrt hin/zurück à 2Std
  4 x2 x (+ 55,00) → Gerät 440,00
- R'bagger R916 auf Bauhof + auf Baust.auf-u.abladen: 25t * 0,2h/t * Verr.Satz
  27 x0.2 x (1,00 h + 37,50) → Stunden 5.400 h · SoKo 202,50
- R'bagger transportieren: hin u.zurück je 2Std Tieflader+Zugmaschine
  2 x2 x (520,00) → Gerät 520,00
- Mobilbagger transportieren (Selbstfahrer) hin u.zurück je 2 Std
  2 x2 x (1,00 h + 24,80 + 48,00) → Stunden 4.000 h · SoKo 99,20 · Gerät 192,00
- Sicherungseinrichtung (Absperrungen+Beleuchtung) aufstellen u.abbauen
  1 x (10,00 h) → Stunden 20.000 h
- Funkampel aufstellen und abbauen
  2 x (3,00 h) → Stunden 6.000 h
- Sonstiges pauschal, z.B. Standrohr für Wasseranschluß
  1 x (10,00 h + 300,00) → Stunden 10.000 h · Gerät 300,00

Zwischensumme: 68.900 h · 2.751,70 · 192,00
zusammen: 68,9 h · 2.752,- · 192,-   Einh.preis 7.914,91   Gesamtpreis 7.914,91

Verrechnungssatz Bauhofstunden = 37,50 € / h
Verrechnungssatz Pritsche mit Fahrer = 55,00 € / h
Verr.satz Tieflader+Zugmaschine = 130,00 € / h

Pos 0.2 — Menge 2

Mon Vorhalten und Betreiben der Baustelleneinrichtung

- 1 Unterkunftswagen mit Einrichtung für 6 Personen je Monat
  1,00 x (+ 243,00) → Fremdlst. 243,00
- 1 Magazincontainer "Kanalbau" mit Inhalt je Monat
  1,00 x (+ 205,00) → Fremdlst. 205,00
  1,00 x (+ 1.689,00) → Fremdlst. 1.689,00
- Miet-WC je Monat
  1,00 x (+ 80,00) → Fremdlst. 80,00
- Wasserverbrauch 1m³/Tag x 175/8 Tage je Monat
  1,00 x 175 / 8 x (+ 4,00) → Fremdlst. 87,50
- Vorhalten der Ampel je Monat
  1,00 x (+ 283,00) → Fremdlst. 283,00
- Warten d.Sicherungsanlage 0,5h/Tag x 175/8Tage je Monat
  1,00 x 175 / 8 x (0,50 h) → Stunden 10.938 h

Zwischensumme: 10.938 h · 167,50 · 2.420,00
zusammen: 21,9 h · 335,- · 4.840,-   Einh.preis 3.985,81   Gesamtpreis 7.971,62

zu übertragen bzw. Titelsumme: 90,8 h · 3.087,- · 5.032,-   15.886,53

Abb. 11.35 Kalkulation mit Zuschlagsberechnung über die Endsumme, Einzelkosten (EKT), Baustelleneinrichtung

Projekt: Kanalbau 2018 — 01.12.2017 — Seite 2 — Angebot:

Betriebs-Kalkulationslohn/Zuschlagsfaktor: 55,34 €/h   1,40   1,30   1,10

Einzelkostenentwicklung: Fakt.1 x Fakt.2 / Div. x (Std.   SoKo   Gerät   Fremdlst.)

je Einheit: Stunden   SoKo   Gerät   Fremdlst.

zusammen: Stunden   Material   Gerät   Fremdlst.

01.12.2017: Einh.preis   Gesamtpreis

Pos. 0.3 — Menge 2.360 m³ — Boden der Rohrgräben ausheben und verfüllen

Aushub mit Raupenbagger: 30m³/Std
1 / 30 x (1,00 h x (+25,50 +50,00)
→ Stunden 0,033 h; SoKo 0,85; Gerät 1,67

1 Helfer im Graben
1 / 30 x (1,00 h
→ Stunden 0,033 h

Transporte m.1Lkw-Kipper-Allrad DB2628AK 2,0 Monate x 17SStd/M x 50% (s.rechts)
1 x87,5 / 2360 x (1,00 h + 37,00 + 31,00)
→ Stunden 0,074 h; SoKo 2,74; Gerät 2,30

Der Lkw steht während der gesamten Bauzeit für den Transport von Aushubmaterial zur Kippe und zur Verfüllstation zur Verfügung. Einsatz ca. 50% Fahrer ansonsten als Arbeiter eingesetzt, z.B. für Mobilkran

Sand für das Verfüllen des Rohrbereichs liefern = 20%
0,2 x1,7 x (+ 7,00
→ SoKo 2,38

Verfüllen 70% Aushub+20% Sand, Mobilbagger (Verdichterleistung 20m³/h maßgebend)*
0,9 / 20 x (1,00 h + 24,80 + 48,00)
→ Stunden 0,045 h; SoKo 1,12; Gerät 2,16

Verdichten 90% des Bodens mit 2 Arbeitern, 20m³/Std
0,9 x2 / 20 x (1,00 h
→ Stunden 0,090 h

Verdichten 70% des Bodens mit Einsatz der Grabenwalze, 20m³/Std
0,7 / 20 x (+ 3,60 + 10,00)
→ Gerät 0,13; Fremdlst. 0,35

Verdichtung des Rohrbereichs (20%)mit 2 Kleinrüttlern aus Magazincontainer

Kippgebühr für 30% des Aushubs x 1,7t/m³.
0,3 x1,7 x (+ 10,00
→ SoKo 5,10

Summe: Stunden 0,275 h; SoKo 12,32; Gerät 6,48
zusammen: Stunden 649,0 h; Material 29.075,-; Gerät 15.293,-
Einh.preis 40,89; Gesamtpreis 96.500,40

zusammen Stunden 90,8 h; Material 3.087,-; Gerät 5.032,-
Gesamtpreis 15.886,53

Pos. 0.4 — Menge 2.960 m² — Verbau für Gräben und Schächte bis 4,00m Tiefe
(Grund+Aufstockelement) à 26m² abrechenbare Fläche

Einbau mit Raupenbagger 1,0 Std/(Grund+Aufstockelement) à 26m²
1 / 26 x (1,00 h x (+25,50 +50,00)
→ Stunden 0,038 h; SoKo 0,98; Gerät 1,92

Einbau-Aufwand 2 Arbeiter x 1,0 h/(Grund+Austockelement) à 26m³
2 / 26 x (1,00 h
→ Stunden 0,077 h

Ausbau und Transport mit Mobilbagger 0,5 Std/Element à 26m²
0,5 / 26 x (1,00 h + 24,80 + 48,00)
→ Stunden 0,019 h; SoKo 0,48; Gerät 0,92

Ausbau-Aufwand (Ziehen und Transportieren) 2 Arbeiter 0,5h/Element
2 / 26 x (0,50 h
→ Stunden 0,038 h

Vorhalten: 5 Grundelemente x18,2 m2 x 2,0 Monate
91 x2 / 2960 x (+ 14,00
→ Gerät 0,86

Vorhalten: 5 Aufstockelemente x 9,1 m2 x 2,0 Monate
45,5 x2 / 2960 x (+ 14,00
→ Gerät 0,43

Vorhalten: 5 Elemente x 6 Spindeln x 2,0 Monate
30 x2 / 2960 x (+ 15,00
→ Gerät 0,30

Summe: Stunden 0,172 h; SoKo 1,46; Gerät 4,43
zusammen: Stunden 509,1 h; Material 4.322,-; Gerät 13.113,-
Einh.preis 17,32; Gesamtpreis 51.267,20

---

zu übertragen bzw. Titelsumme:
zusammen Stunden 1.248,9 h; Material 36.484,-; Gerät 33.438,-
Gesamtpreis 163.654,13

Abb. 11.36 Kalkulation mit Zuschlagsberechnung über die Endsumme, Einzelkosten (EKT), Erdarbeiten

Einzelkosten der Teilleistungen und Einzelpreisermittlung

musterbaufirma

Projekt: Abwasserkanal — Kalkulation mit Zuschlagsermittlung über die Endsumme — Seite 3

Einzelkostenentwicklung: — Baust.-Angebotslohn/Zuschlagsfaktoren: 45.27 €/h | 1.40 | 1.30 | 1.10 — Angebot:

Pos.	Menge	Einzelkostenentwicklung: Fakt.1 * Fakt.2 / Div. * — Std. / SoKo / Gerät / Fremdlst.	je Einheit — Stunden	SoKo	Gerät	Fremdlst.	zusammen — Stunden	SoKo	Gerät	Fremdlst.	Einh.preis	Gesamtpreis
1	2	3	4	5	6	7	8	9	10	11	12	13
		Übertrag:					1,248.9 h	31,068.-	27,481.-			135,749.12
0.5	400	**m Betonrohre KFW-M, DN 500, L=2,50m, verlegen**										
		Betonsohle 1,4m²/m x 0,10m dick, C8/10 1,4 * 0,1 * 1,10 h +62,50	0.154 h	8.75								
		Rohr: 2,50m lang, Preis mit Dichtung 1 / 2,5 +65.00		26.00								
		Rohr verlegen: 2 Arbeiter 0,6 Std/Stück 2 / 2,5 * 0,60 h	0.480 h									
		Baggeranteil Raupenbagger: 0,25 Std/Stück 0.25 / 2,5 * 1,00 h +25,60 +37.00	0.100 h	2.56	3.70							
		Wasserdruckprobe, Aufwand 4 Stunden/Haltung à 50m 4 / 50 * 1,00 h	0.080 h									
		Wasserdruckprobe, 2 Blasen/Haltung 2 / 50 +50.00		2.00								
		Wasserdruckprobe, Wasserverbrauch 0,20 m³/m 0.2 * 4.00	0.814 h	0.80 / 40.11	3.70		325.6 h	16,044.-		1,480.-	97.81	39,124.00
0.6	8	**St Schächte DN 1000 bis 3,50m Tiefe**										
		Sohlbeton B10: 3,0m² x 0,10m dick 3 * 0,1 * 1,10 h +62,50	2.700 h	18.75								
		Sohlbeton einbringen: 3,0m²; 0,9h/m² 3 * 0,90 h										
		Schachtunterteil 1000mmLW,1000mmBH,2 * DN500,Fertigteil 1 * 2.60 h +725.00	2.600 h	725.00								
		Zulage für 2 Gelenkstücke (Grundaufwand in Rohrverlegung enthalten) 1 * 1.20 h +250.00	2.400 h	500.00								
		4 Schachtringe 1000mmLW,500mmBH, mit Dichtung 4 * 1,60 h +70.00	6.400 h	280.00								
		1 Schachtkonus 1000/625mmLW,600mmBH,exzentr, m.Dchtg. 1 * 1,60 h +80.00	1.600 h	80.00								
		Schachtdeckel Beton/Guß,Kl.D-400,625mmD, mit Auflagering 1 * 2.00 h +120.00	2.000 h	120.00								
		Mobilbaggereinsatz: 7 Einzelteile * 0,15Std 7 * 0.15 * 1.00 h +18.40 +31.00	1.050 h	19.32	32.55							
			18.750 h	1,743.07	32.55		150.0 h	13,945.-		260.-	3,331.43	26,651.44
		zu übertragen bzw. Titelsumme:					1,724.5 h	61,057.-	29,221.-			201,524.56

Abb. 11.37 Kalkulation mit Zuschlagsberechnung über die Endsumme, Einzelkosten (EKT), Rohre und Schächte

Pos.	Menge	Dim.	Leistungsbeschreibung	EP in €	GP in €
			Kanalbau 2018		
			Stand: 1. Dezember 2017		
0.1	1	psch	Einrichten und Räumen der Baustelle für sämtliche in der Leistungsbeschreibung aufgeführten Leistungen	7.914,91	7.914,91
0.2	2	psch	Vorhalten der Baustelleneinrichtung für sämtliche in der Leistungsbeschreibung aufgeführten Leistungen	3.985,81	7.971,62
0.3	2.360	m³	Boden der Rohrgräben und Schächte profilgerecht ausheben, Verbau wird gesondert vergütet, seitliche Lagerung des Aushubs nicht möglich. Bodenverdrängung ca. 30%, verdrängter Boden wird Eigentum des AN und ist zu beseitigen. Verfüllung der Rohrzone mit Sand (ca. 20%), oberhalb mit Aushubmaterial. Verfüllen und Verdichten nach dem Merkblatt für das Verfüllen von Leitungsgräben. Aushubtiefe bis 4,00m, Sohlenbreite des Grabens über 1,00 bis 2,00m. Bodenklasse 3	40,89	96.500,40
0.4	2.960	m²	Verbau für Gräben und Schächte, Art des Verbaus: Plattenverbau, Verbautiefe von 3,50 bis 4,00m, Sohlenbreite zwischen den Bekleidungen über 1,00 bis 2,00m, Bodenklasse 3, Verbau wieder beseitigen, abgerechnet wird von der vorgeschriebenen Oberkante des Verbaus bis zur Baugrubensohle.	17,32	51.267,20
0.5	400	m	Entwässerungskanal/-leitung DIN 433 aus Betonrohren DIN 4032, KFW-M, Kreisquerschnitt wandverstärkt mit Fuss und Muffe, DN 500, Baulänge 2,50m, Rohrverbindung mit Dichtring, Auflager auf Beton, Auflagerwinkel 90 Grad, in vorhandenem Graben mit Verbau und Aussteifungen,	126,06	50.424,00
0.6	8	St	Schächte, rund, lichte Weite 1,00 m, aus Betonfertigteilen, Betongüte wie DIN 4034, Hersteller/Typ Dywidag Optadur o.glw., mit Schachtunterteil, Anschlüsse für gelenkige Einbindung der Rohre, Schachtringen, Schachthals, Auflagerring, Steigeisen DIN 1211-A, Steigmass 250 mm, Gerinne gerade, Auskleidung Gerinne mit Zementestrich ZE 20 DIN 18560, größtes Rohr DN 500, lichte Schachttiefe bis 3,50 m.	3.532,22	28.257,76
			Angebotssumme in Euro		242.335,89
			Mehrwertsteuer, zur Zeit	19,00%	46.043,82
			Angebotssumme mit Mehrwertsteuer in Euro		**288.379,71**
			Datum/Stempel/Unterschrift:		

Abb. 11.38 Kalkulation mit Zuschlagsberechnung über die Endsumme, Angebot, Leistungsverzeichnis mit Einheits- und Gesamtpreisen

Verzeichnis der Abkürzungen

A+P   Arbeiter und Poliere/Meister
A+V   Abschreibung und Verzinsung (s. BGL)
AfA   Absetzung für Abnutzung (Steuertabellen)
AG   Auftraggeber
AGK   Allgemeine Geschäftskosten
AN   Auftragnehmer
ARGE   Arbeitsgemeinschaft
AT   Arbeitstag
BAB   Betriebsabrechnungsbogen
BAL   Baustellenausstattungsliste 2001
BAS   Bauarbeitsschlüssel
BEK   Bauelementekatalog
BGL   Baugeräteliste 2007
BKR   Baukontenrahmen
BRTV   Bundesrahmentarif für das Baugewerbe
BZ   Bauzuschlag (zum Tariflohn)
EFB   Einheitliche Formblätter
EFZ   Entgeltfortzahlung
EKT   Einzelkosten der Teilleistungen
EP   Einheitspreis
EVU   Energieversorgungsunternehmen
BGK   Baustellengemeinkosten
GP   Gesamtpreis
GTL   Gesamttariflohn (mit Bauzuschlag)
GU   Generalunternehmer
GÜ   Generalübernehmer
HK   Herstellkosten
HU   Hauptunternehmer
KLR   Kosten- und Leistungsrechnung
KOA   Kostenarten
LB   Leistungsbereich nach Standardleistungsbuch
LNK   Lohnnebenkosten
LV   Leistungsverzeichnis, Blankett
LZK   Lohnzusatzkosten
ML   Mittellohn
MLA   Mittellohn der produktiven Arbeiter
MLAP   Mittellohn MLA mit Aufsichtsanteil
MWG   Mehraufwands-Wintergeld
MwSt. Mehrwertsteuer = Umsatzsteuer
NU   Nachunternehmer

P	Poliere und Meister
Pos.	Position des Leistungsverzeichnisses
T+K	Techniker und Kaufleute
T€	Tausend Euro
TL	Tariflohn (ohne Bauzuschlag)
TV	Tarifvertrag
SF	schlüsselfertig
SIV	Soll-Ist-Vergleich
ULAK	Urlaubs- und Lohnausgleichskasse
UVV	Unfallverhütungsvorschriften
VTV	Tarifvertrag über das Sozialkassenverfahren
W+G	Wagnis und Gewinn
WAG	Winterausfallgeld
WG	Wintergeld
ZVK	Zusatz
ZWG	Zuschuss-Wintergeld

Literatur

1. Thomas Krause, Bernd Ulke (Hrsg.), Zahlentafeln für den Baubetrieb, 9 Auflage, Springer Fachmedien, Wiesbaden
2. BGL, Baugeräteliste 2015, Hrsg. Hauptverband der Deutschen Bauindustrie e. V. Berlin, Bauverlag BV GmbH, Gütersloh
3. VHB Vergabehandbuch für die Durchführung von Bauaufgaben des Bundes im Zuständigkeits-
   bereich der Finanzbauverwaltungen, Ausgabe 2017 Hrsg. Bundesministerium für Verkehr, Bau-
   und Wohnungswesen, http://www.bmvbw.de

Arbeitssicherheit

12

Jörg Lemke

12.1 Baugruben und Gräben, Kanal

1. In einem Kanalgraben sind auf gleicher Höhe für ein Trennsystem eine Regenwasserleitung und eine Schmutzwasserleitung zu verlegen. Erstellen Sie eine Skizze und
   ermitteln Sie hiermit die mindestens erforderliche Grabenbreite:

Tiefe der Leitungen unter GOK:		2,50 m	
Nennweite Schmutzwasser:	300 mm	Außendurchmesser:	450 mm
Nennweite Regenwasser:	900 mm	Außendurchmesser:	1100 mm
Abstand der Leitungen (Außenkante):		40 cm	
Breite der Verbauplatte:		15 cm	

Die erste Überlegung muss sein, welche Norm heranzuziehen ist. Da es sich bei bei-
den Leitungen um Abwasserleitungen und Kanäle handelt ist die DIN EN 1610 mit
Ihren Tabellen für die Berechnung zu verwenden. Fertigt man dann mit den gegebenen
Maßen eine Skizze an, fehlen noch zwei, aus der Tabelle zu entnehmende Werte.
Da es sich um Werte für Einzelleitungen handelt, müssen diese Mindestarbeitsraum-
breiten noch halbiert werden.

J. Lemke (✉)
BG BAU
Köln, Deutschland
E-Mail: joerg.lemke@bgbau.de

© Springer Fachmedien Wiesbaden GmbH, ein Teil von Springer Nature 2019
T. Krause, B. Ulke (Hrsg.), *Übungsaufgaben und Berechnungen für den Baubetrieb*,
https://doi.org/10.1007/978-3-658-23127-9_12

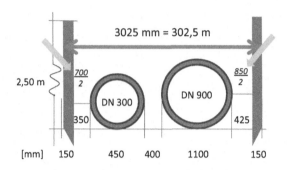

Dabei ist aus der Tabelle der Wert für Leitungen zwischen 225 und 350 mm Nenn-
durchmesser für die Schmutzwasserleitung zu entnehmen, also „OD+70" und der
Wert für Leitungen zwischen 700 und 1200 mm für die Regenwasserleitung, also
„OD+85". Diese beiden Werte, 70 und 85 cm sind dann noch wie oben beschrieben
zu halbieren.

2. Nennen Sie für die nachfolgend aufgeführten Beispiele die Mindestgrabenbreiten, die
   sich aus den aufgeführten Tabellen ergeben.
   a. Elektrokabel, Außendurchmesser 150 mm, 1,00 tief
   b. Wasserleitung, DN 250 (= Außendurchmesser), 1,00 m tief
   c. Kanalgraben, DN 900 (Außendurchmesser 1100 mm), 2,50 m tief
   d. Kanalgraben, DN 400 (Außendurchmesser 500 mm), 2,00 m tief
   Sollten Sie ein Bild brauchen, gehen Sie von Bild 2 der neuen DIN 4124 aus. Eine
   Umsteifung ist nicht vorgesehen
   Zu a.: Der Graben für ein Elektrokabel muss nach der DIN 4124 bemessen werden.
          Hier ergibt sich ein Wert von Außendurchmesser 150 mm zuzüglich 0,40 m,
          also 0,55 m.
          Allerdings muss man noch den Wert in Abhängigkeit von der Grabentiefe er-
          mitteln. Dieser ist laut der Tabelle 0,60 m. Da der größerer Wert maßgebend ist,
          ergibt sich somit eine Mindestgrabenbreite von 0,60 m
   Zu b.: Auch die Grabenbreite einer Wasserleitung wird nach der DIN 4124 berechnet.
          Gemäß Tabelle ergibt sich ein Wert von Außendurchmesser 250 mm zuzüglich
          0,40 m, insgesamt 0,65 m, dies übersteigt den Wert der Mindestgrabenbreite in
          Abhängigkeit von der Tiefe.
   Zu c.: Bei einem Kanalgraben handelt es sich um eine Abwasserleitung, also gilt die
          DIN EN 1610. Der Durchmesser (DN) des Rohres ist 800 mm, somit ist das
          Rohr im Nenndurchmesser größer als 700 mm aber kleiner als 1200 mm. Damit
          ergibt sich aus der Tabelle eine Mindestgrabenbreite von 1100 mm zzgl. 0,85 m,
          also in der Summe 1,95 m. Dieser Wert liegt über dem in Abhängigkeit von der
          Tiefe geforderten Wert von 0,80 m.
   Zu d.: Aus der Tabelle ergib sich eine Mindestgrabenbreite von 500 m plus 0,40 m,
          also 0,90 m, was den Wert der Tabelle in Abhängigkeit von der Tiefe wiederum
          übersteigt.

Lichte Mindestbreite für Gräben mit Arbeitsraum (nach DIN 4124) - außer für Abwasserleitungen und -kanäle.

... in Abhängigkeit vom Rohrschaftdurchmesser

Äußerer Leitungs- bzw. Rohrschaftdurchmesser d in m	Lichte Mindestbreite b in m			
	verbauter Graben		nicht verbauter Graben	
	Regelfall	Umsteifung	$\beta \leq 60°$	$\beta > 60°$
bis 0,40	$b = d + 0,40$	$b = d + 0,70$	$b = d + 0,40$	$b = d + 0,70$
Über 0,40 bis 0,80	$b = d + 0,70$			
Über 0,80 bis 1,40	$b = d + 0,85$		$b = d + 0,40$	$b = d + 0,70$
über 1,40	$b = d + 1,00$			

... in Abhängigkeit von der Grabentiefe bei senkrechten Grabenwänden

Grabentiefe in m	Lichte Mindestgrabenbreite in m
≤ 1,75	0,60 nach Bild 1, 3 der DIN 4124 (alt) nach Bild 2, 3, 4 der DIN 4124 (neu)
	0,70 nach Bild 2 der DIN 4124 (alt) nach Bild 5 der DIN 4124 (neu) und ganz verbaut
> 1,75 ≤ 4,00	0,80
> 4,00	1,00

Der jeweils größere Wert ist maßgebend.

Lichte Mindestgrabenbreiten für Abwasserleitungen und -kanäle (nach DIN EN 1610)

Mindestgrabenbreite in Abhängigkeit von der Nennweite DN

DN	Mindestgrabenbreite (OD + x) m		
	verbauter Graben	unverbauter Graben	
		$\beta > 60°$	$\beta \leq 60°$
≤ 225	OD + 0,40	OD + 0,40	OD + 0,40
> 225 bis ≤ 350	OD + 0,50	OD + 0,50	OD + 0,40
> 350 bis ≤ 700	OD + 0,70	OD + 0,70	OD + 0,40
> 700 bis < 1200	OD + 0,85	OD + 0,85	OD + 0,40
> 1200	OD + 1,00	OD + 1,00	OD + 0,40

Bei den Angaben OD + x entspricht x / 2 dem Mindestarbeitsraum zwischen Rohr- und Grabenwand und Grabenverbau.

Dabei ist:
OD der Außendurchmesser, in m
β der Böschungswinkel des unverbauten Grabens, gemessen gegen die Horizontale

Mindestgrabenbreite in Abhängigkeit von der Grabentiefe

Grabentiefe m	Mindestgrabenbreite m
< 1,00	keine Mindestgrabenbreite vorgegeben
> 1,00 ≤ 1,75	0,80
> 1,75 ≤ 4,00	0,90
> 4,00	1,00

Der jeweils größere Wert ist maßgebend

3. Sie wollen einen 4 m tiefen Graben mit waagerechtem Normverbau sichern. Welche Bohlenstärke müssen Sie mindestens verwenden?
Sie benötigen eine Stützweite der Bohlen von 2,10 m und von 0,70 m der Aufrichter. Bemessen Sie Bohlen und ermitteln Sie die größte Steifenkraft.

Bemessungsgröße		Bohlendicke s				
		5 cm		6 cm		7 cm
Größte Wandhöhe h	[m]	3,00	3,00	4,00	5,00	5,00
Größte Stützweite l₁ der Bohlen	[m]	1,90	2,10	2,00	1,90	2,10
Größte Kraglänge l₂ der Bohlen	[m]	0,50	0,50	0,50	0,50	0,50
Größte Stützweite l₃ der Aufrichter	[m]	1,10	1,10	1,00	0,90	0,90
Größte Kraglänge l₄ der Aufrichter	[m]	0,40	0,40	0,40	0,40	0,40
Größte Kraglänge lᵤ der Aufrichter	[m]	0,80	0,80	0,75	0,70	0,70
Größte Knicklänge Sₖ von Rundholzsteifen	[m]	1,95	1,85	1,80	1,75	1,65
Größte Steifenkraft P	[kN]	49	54	57	59	64

Bemessungsgröße		Bohlendicke s				
		5 cm		6 cm		7 cm
Größte Wandhöhe h	[m]	3,00	3,00	4,00	5,00	5,00
Größte Stützweite l₁ der Bohlen	[m]	1,90	2,10	2,00	1,90	2,10
Größte Kraglänge l₂ der Bohlen	[m]	0,50	0,50	0,50	0,50	0,50
Größte Stützweite l₃ der Aufrichter	[m]	0,70	0,70	0,65	0,60	0,60
Größte Kraglänge l₄ der Aufrichter	[m]	0,30	0,30	0,30	0,30	0,30
Größte Kraglänge lᵤ der Aufrichter	[m]	0,60	0,60	0,55	0,50	0,50
Größte Knicklänge Sₖ von Rundholzsteifen	[m]	1,65	1,55	1,50	1,45	1,35
Größte Steifenkraft P	[kN]	31	34	37·	40	43

Die Bohlenstärke beträgt 7 cm und die größte Steifenkraft 64 kN.

4. In einem Graben mit geböschten Wänden soll eine Regenwasserleitung verlegt werden.

Material: Betonmuffenrohre DN 600 (Rohrschaftdurchmesser 800 mm)
Grabensohle: Rohrsohle 3,50 m unter OKG
Bodenprofil ab OKG: 0,50 m Mutterboden (Schichtdicke)
                              1,00 m Feinsand (Schichtdicke)
                              darunter halbfester Geschiebemergel (bindig)

Stellen Sie den Grabenquerschnitt dar und geben Sie die Böschungswinkel, Tiefen und die Grabenbreite an der Grabensohle an.

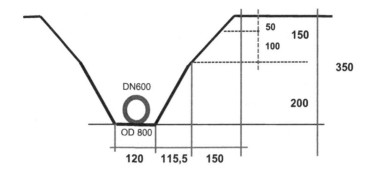

Die Schichtdicke von Mutterboden und Feinsand beträgt zusammen 1,50 m. Beide müssen mit 45° geböscht werden. Der darunter befindliche Geschiebemergel mit einer Schichtdicke von 2,00 m muss mit 60° geböscht werden.

Die Grabenbreite beträgt an der Geländeoberkante dann 1,20 m (Grabensohle) + 2 · 1,50 m (Mutterboden Feinsand) + 2 · 2,00 m/ tan 60° = 1,20 m + 3,00 m + 2,31 m = 6,51 m

12.2 Gerüstbau

1. Ein unbekleidetes Gerüst hat einen Aufbau gemäß der Skizze. Tragen Sie die erforderliche Diagonalverstrebung ein und zeichnen Sie die notwendigen Anker ein.

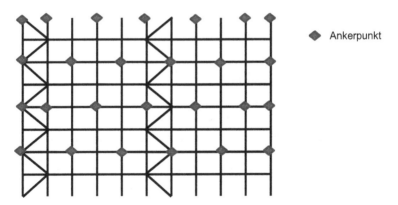

Die Diagonalverstrebung muss grundsätzlich vorhanden sein. Für fünf Gerüstfelder reicht eine Diagonalverstrebung. Bei mehr Feldern wird eine weitere für das 6. bis 10. Feld erforderlich, usw.

Anker müssen bei unbekleideten Gerüsten an den Außenstielen alle 4 m gesetzt werden, an den Innstielen alle 8 m, allerdings diagonal versetzt. Näheres regelt die Aufbau und Verwendungsanleitung.

Setzt man die Diagonalverstrebung im Aufstiegsfeld kann diese als zusätzlicher Seitenschutz zum Verlauf der Leiter genutzt werden.

2. Auf einem 0,9 m tiefen Gerüst steht ein Maurer, der wiegt 100 kg. Neben dem Maurer steht ein Mörtelkübel mit 140 kg Mörtel und ein 0,57 m · 1,25 m großes Steinpaket mit einem Gewicht von 363 kg. Das Paket wurde mit einem Kran abgesetzt.

Das Gerüstfeld ist 2,5 m breit. Können Sie ein Gerüst der Klasse 4 verwenden:

Auszug aus den Lastklassen nach DIN EN 12811-1

Last-klasse	gleichmäßig verteilte Last q_1 [kN/m^2]	Auf einer Fläche von 500 mm · 500 mm verteilte Last F_1 [kN]	Auf einer Fläche von 200 mm · 200 mm verteilte Last F_2 [kN]	Teilflächenlast	
				q_2 [kN/m^2]	Teilflächen-faktor a_p
4	3,00	3,00	1,00	5,00	0,4

Zulässige Last: $2,5\,\mathrm{m} \cdot 0,9\,\mathrm{m} \cdot 3,0\,\mathrm{kN/m^2} = 6,75\,\mathrm{kN}$

Vorhandene Last: 100 kg (Maurer) + 140 kg (Mörtel) + 363 kg (Steine) · 1,2

(Kranzuschlag) = 675 Kg (entspricht 6,75 kN, ist also in Ordnung)

Flächenlast Steine: $363\,\mathrm{kg}/(1,25\,\mathrm{m} \cdot 0,57\,\mathrm{m}) = 509\,\mathrm{kg/m^2}$

$> 500\,\mathrm{kg/m^2}\,(5,00\,\mathrm{kN/m^2})$, also nicht in

Ordnung!

Damit ist das Gerüst für diesen Fall nicht zu verwenden.

12.3 Gefährdungsbeurteilung

Nennen Sie die auf dem Bild sichtbaren Hauptgefährdungen und beschreiben Sie Maßnahmen gegen diese Gefährdungen.

unverbauter Graben – Baugrube sichern
Aufstieg, Leiter zu kurz – ersetzen
Verbau nicht dicht und lückenlos
Bagger Gefahrenbereich
Bagger Entfernung Böschungskante
unzureichend gesicherte bestehende
Leitungen

Böschungen senkrecht	Winkel ändern oder Verbau
Ungesicherte Leitung	Leitung sichern
Arbeitsraum am Schacht zu klein	Arbeitsraum vergrößern
Umgang Gefahrstoffen: Zement	S-/R- Sätze, PSA
Abwasser im Kanal?	
Verkehrsweg an der Baugrube	Abstände nach DIN 4124 einhalten

12.4   Verkehrssicherung

Im Bereich einer innerörtlichen Einmündung muss ein Schacht ausgetauscht werden. Die Baugrube ist 2,50 m · 2,50 m groß, ca. 3,50 m tief und verbaut. Im Bereich der Baustelle kommt es zu keiner Geschwindigkeitsbeschränkung.

Planen Sie die Verkehrssicherungsmaßnahmen unter Beachtung der UVV Bauarbeiten, der RSA 95 und der Arbeitsstättenverordnung unter Berücksichtigung der ASR A 5.2.

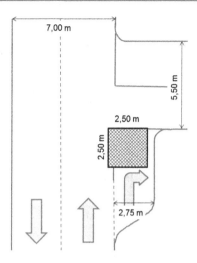

Die ASR A 5.2 „Anforderungen an Arbeitsplätze und Verkehrswege im Grenzbereich zum Straßenverkehr" sieht eine freie Bewegungsfläche von 0,80 m für die Beschäftigten vor, diese muss rund um die Baustelle zur Verfügung stehen.

Daneben fordert die ASR A 5.2 bei der möglichen Geschwindigkeit von 50 km/h einen Sicherheitsabstand von 0,50 m (bis zur Bakenmitte).

Gemäß RSA 95 (Teil A 2.2) werden von der Außenkante der Bake bis zur Fahrbahn nochmals 0,25 m freigehalten. Weiter kommen noch 0,125 m von der Außenkante bis zur Mitte der Bake dazu.

Hieraus ergibt sich, dass die Mindestfahrbahnbreite von 2,75 m (RSA Teil C, 2.2.1) bei einer Restfahrbahnbreite von 5,325 m nicht doppelt (5,50 m) zur Verfügung steht und damit Begegnungsverkehr nicht mehr möglich ist, selbst wenn man den Sicherheitsabstand in die Summen der RSA integrieren würde.

Damit muss eine Ampelregelung (3 Phasen) oder Einbahnstraßenregelung mit Umleitungen eingerichtet werden.

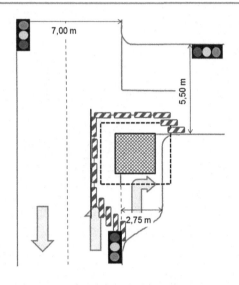

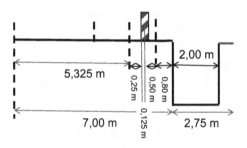

Stichwortverzeichnis

© Springer Fachmedien Wiesbaden GmbH, ein Teil von Springer Nature 2019   345
T. Krause, B. Ulke (Hrsg.), *Übungsaufgaben und Berechnungen für den Baubetrieb*,
https://doi.org/10.1007/978-3-658-23127-9

Printed in the United States
By Bookmasters